U0179694

BREAKTHROUGH
AND PERSISTENCE OF
THE NEW SOCIAL CLASS

新阶层的突破与坚守

互联网信息技术专业人员地位获得

RESEARCH ON THE STATUS ATTAINMENT OF
INTERNET INFORMATION TECHNOLOGY PROFESSIONALS

曹渝 著

社会科学文献出版社
SOCIAL SCIENCES ACADEMIC PRESS (CHINA)

序　一

　　曹渝的博士学位论文《互联网信息技术专业人员地位获得研究》，在通过博士学位论文答辩后，用了近四年的时间进行修改、打磨和提高，成为一部学术专著，由社会科学文献出版社出版。出版前，曹渝博士将书稿送我先睹为快，并嘱我为他的新书写一篇序言。

　　他是科学技术哲学的博士，我是搞社会主义学的。他为什么要我来写一篇序言，而我又欣然同意呢？其中，确实是有一些因缘的。

　　六年前，他在取得攻读科学技术哲学博士学位资格之后，曾经来看我，对我说，他准备选择互联网信息技术专业人员地位获得的研究方向。讨论中，我对他说，这个研究方向很有意义。但是研究不可就事论事，互联网信息技术专业人员是社会学界定的专业技术社会阶层的一个重要分支，要放到现代经济社会发展与变革的历史视域，用一种全新的世界观历史观，去研究和认识它的形成、内涵、地位和作用。它是在后工业社会科技革命与管理革命中崛起，取代企业家阶层担负重要职能的新社会阶层，是发达国家技术的、管理的、经营的变革、创新与发展的柱石和领军者。在世界，新社会阶层的崛起，是经济全球化、世界信息化、生产智能化、社会生活数字化这些大变革、大发展、大升级在社会阶层构成方面的必然表现和历史成果。在中国，新社会阶层的出现，是社会主义改革开放伟大社会变革和现代化强劲发展进程中经济结构战略调整和社会构成变化历史地产生的社会新成员、新力量，是中国特色社会主义的重要社会基础与支柱。自然，也是现代社会主义变革研究的一个重要课题。我觉得这样的研究可能做出有价值的成果。

　　看过现在的文稿，我认为，曹渝的作品，是近年来不多见的、中国青年学者在新社会阶层研究方面的一项有学术价值与实践意义的成果，也为进一步研究提供了基础。这里，结合这本书的出版，讲一些有关新社会阶层研究的看法，和学界同仁交流讨论。

　　我几十年从事科学社会主义理论和实践的教学与研究。正确认识一定的社会经济关系和社会分层结构是社会主义变革的一个历史基石。恩格斯 1893 年就指出，随着科学技术的进步，在未来工人革命中将产生一个发挥重要作用的"脑力劳动无产阶级"。改革开放以来，从现代社会主义变革的视角研究发达资本主义的发展变化，我阅读过美国著名社会学家丹尼尔·贝尔的《后工业社会的来临——对社会预测的一项探索》一书，研究了他关于后工业社会社会阶层变动的深入分析和崭新观点。他的这些观点，那时已经被越来越多经济学、社会学、社会主义学的学者所接受。曹渝的著作也专门叙述了贝尔关于专业技术阶层的基本观点。2011 年，贝尔逝世，我发表了《D. 贝尔：一位穿着"美国服装"的社会主义思想家》一文，认为"贝尔是一位对无产阶级和全人类解放事业的性质、条件、进程和一般目的的考察研究做出贡献的学者，可以划入社会主义的范畴"。贝尔 1967 年就预见到互联网时代的到来，最先系统深入阐明 20 世纪后半期发达国家专业技术阶层崛起的根源、性质、特征、作用和意义，认为"专业与技术阶层是后工业社会的心脏部分"。用马克思主义观点看，后工业社会专业技术阶层的崛起，是资本主义自身发展中一次重大的变革或扬弃，也是现代资本主义发展的一个动能与动因。深入研究不难发现，专业技术阶层的出现和重要地位的确立，是西方发达国家能够对资本主义的生产关系某些环节、经济社会运行、管理机制进行自我调节、改良和改善，推动科技革命、提高生产力、建设社会与缓和某些社会矛盾的一个重要条件。对于世界社会主义运动来说，对这个崛起的新社会阶层，必须作出正确的判断并制定符合实际的战略与策略，以增强和壮大工人政党的阶级基础和群众基础，推动社会主义运动的不断发展。

我们知道，那时，苏联共产党对马列主义采取一种教条主义的理解和态度，不允许与时俱进地、实事求是地根据资本主义的新变化提出新认识、作出新概括，并一律打成现代修正主义反动思潮。苏联人给贝尔戴上了"资本主义制度辩护士"的帽子，把后工业社会理论以及专业技术新阶层理论，作为反马列主义理论加以批判。历史表明，拒斥当代人类社会发展的最新认识成果，否认苏联之外有马克思主义和科学社会主义的发展创新，是苏联共产党思想僵化、拒绝创新、落伍时代、实践停滞的一个原因。苏联人的僵化观点，阻碍了世界社会主义理论和运动的发展，在中国也有相当的传播和影响。

改革开放以来，我们解放思想、拨乱反正，敞开国门、融入世界，追赶时代潮流，向世界上一切先进的东西学习，全面推进了改革开放的伟大革命，取得了国家发展、民族振兴的伟大胜利。江泽民同志总结说，"能否不断了解世界，能否不断学习世界上一切先进的东西，能否不断跟上世界发展的潮流，是关系一个国家、一个民族兴衰成败的大问题"。习近平总书记近来也明确提出，要学习和研究当代世界马克思主义思潮，学习研究他们对现代资本主义发展变化的认识成果。作为一名老的马克思主义研究者，我非常期望中国新一代年轻的学术研究者，能够自觉继承和发扬中国共产党坚持与发展马克思主义的品格和经验，立足中国，胸怀天下，坚持学习、研究和借鉴国外一切先进的成果，推进中国特色社会主义学术理论创新与发展。本书的出版，就是一次很好的学术尝试。

恩格斯指出，"分工的规律就是阶级划分的基础"。我国处在社会主义初级阶段，还是一个社会分工和社会分层必然长期存在并不断演化的社会形态。中国共产党带领中国人民进行的改革开放是一场深刻的社会革命，不仅使我们取得举世瞩目的发展成就，成为世界第二大经济体，也推动我国经济结构和社会构成实现历史攀升、发生积极变动。其中一个引人关注的社会变化新进程就是，包括专业技术人员阶层在内的新社会阶层出现在社会主义中国的大地。江泽民同志 2001 年在庆祝中国共产党成立八十周年大会上的讲话，2002 年在党的第十六次全国代表大会上的报告《全面建设小康社会 开创中国特色社会主义事业新局面》中，以发展着的马克思主义对我国社会阶层构成的新的变化给出了新的阐明和科学界定。他指出，"在社会变革中出现的民营科技企业的创业人员和技术人员、受聘于外资企业的管理技术人员、个体户、私营企业主、中介组织的从业人员、自由职业人员等社会阶层，都是中国特色社会主义的建设者"。他还阐明，要在改革开放新实践中，坚持与发展马克思主义劳动与劳动价值理论，正确认识新社会阶层的特点、地位和作用，"形成与社会主义初级阶段基本经济制度相适应的思想观念和创业机制，营造鼓励人们干事业、支持人们干成事业的社会氛围，放手让一切劳动、知识、技术、管理和资本的活力竞相迸发，让一切创造社会财富的源泉充分涌流，以造福人民"。这里，党中央号召我们理论工作者，以马克思主义中国化的最新成果为指导，对改革开放中我国社会阶层构成的变化、新社会阶层形成及其地位和作用给出马克思主义的阐明，建立中国特色社会主义社会阶层理论和方略，为改革开放和现代化建设全面深入发展提供理论学术的支撑。

我们看到，对于这个问题的研究，有的学者的工作是不大令人满意的。

由于思维的惯性，一些论者的头脑还停留在经典社会主义时代，教条化地把马列主义关于资本主义时代阶级划分的理论硬套到社会主义时代的中国，说什么我国的新社会阶层是"新资产阶级"，鼓吹搞什么两个阶级、两条道路的斗争。这种观点，混淆时代，颠倒是非，把"延安当西安"，逆时代进步潮流，开历史的倒车，误导人们的思想认识，更违背改革开放的前进方向。这是我们贯彻党的十九大精神，坚持习近平新时代中国特色社会主义思想，开展在实践基础上的理论创新，破除各种不合时宜的思想观念的一个重要任务。

新时代中国特色社会主义发展创新的大潮，凸显了曹渝新作出版的意义。本书坚持解放思想、实事求是、与时俱进，坚持科学社会主义基本原则，既总结丰富鲜活的社会实践，又吸取世界各国优秀的学术成果，既坚持马克思主义世界观，又运用现代科学研究方法，对新时代互联网信息技术专业人员地位获得的组成、内涵、本质及特点进行了具体实际的分析和学术学理的概括，从科学技术哲学方面丰富了社会学新社会阶层的理论，坚持和深化了对中国特色社会主义社会分层、新社会阶层出现等问题的学术研究。

本书从社会实际与学术理论上阐明，包括互联网信息技术专业人员在内的新社会阶层形成发展，是世界和平发展时代、经济全球化、社会信息化、生产智能化深刻变革在社会构成方面的必然表现和历史成就；奋斗成长起来、获得相应地位的新社会阶层，是 20 世纪后期以来人类社会推动科技创新、经济变革、管理革命与文化发展的一支崭新的生力军。这深化了对 21 世纪人类社会阶层构成变化的认识。

本书总结当代中国的全新实践和丰富经验雄辩地阐明，中国特色社会主义的制度、体制和政策，适应社会发展和时代变革的要求，发挥党的领导优势，以技术创新促进价值提升，以教育改革促进资源获取公平，以制度改革保证价值实现，以积极合作实现协调发展，为我国新时代新社会阶层的奋斗成长、地位获得、发挥作用，形成了良好的经济社会氛围，提供了体制机制的保证。专业技术新阶层在中国的形成成长，适应了社会主义改革开放、现代化建设发展的历史需要，是一种时代的动能、一支社会发展创新的力量。我们坚信，只要坚持和完善我们对新社会阶层的正确理论与路线政策，就能够"推动中国向公平正义方向发展，最终实现伟大的中国梦"。

总之，读过曹渝的这部作品，我觉得，一代具有时代进步视野、现代学术功力、社会人文追求的学术新人正在成长起来，肩负着历史的担当。长江后浪推前浪。作为一名老学人，我对此充满希望、充满期待、充满自豪、充满信心。

是为序。

教育部社会科学司原司长，
中国人民大学马列主义发展史研究所原所长、教授
奚广庆
2020 年 6 月 30 日于北京世纪城观山园

序 二

自 20 世纪 90 年代计算机、网络和手机在世界范围内普及以来，人类社会真正进入了"信息时代""网络时代"。进入 21 世纪后，信息、网络仍在快速发展、渗透，甚至主导人们工作与生活的所有方面。现在对世界上多数人来说，手机是每天最离不开的东西，网络是工作和生活最主要的方式。思想、信息、观点、情感在网络中交流、传播，企业、政府、学校等几乎所有实体，多数工作在网络中进行，商品、服务在网络中流通。世界已经是一个网络世界，是一个社交媒体的世界，是一个连在一起的世界。

这样的世界和生活还在继续向前发展。5G 通信、物联网、云计算、云储存、云课堂、大数据、人工智能等，还在向前发展，继续改变世界，改变人们生产和生活及相互关系的方式。

这样的世界是由技术创造的，但归根结底是由人创造的。创造计算机、网络、移动通信、社交媒体、电子商务等现代技术和软硬件的都是人，是计算机、移动通信、网络的技术人员，是制作、维护、保障、提升、发展这些技术和服务的信息和网络技术人员。他们是专业技术人员，是各个国家、社会走在时代前列的人群，是使社会其他成员使用、享有、受益于现代信息和网络技术的贡献者和保障者。

信息和网络的普及创造了大量的相关领域的专业技术人员。不但电脑公司、网络公司、社交媒体、电商企业聘用大量的专业技术人员，其他非信息、网络企业和单位，因为要使用和维护自己的信息网络系统，也雇用相当数量的信息网络技术人员，这样就组成了整个国家和社会的信息网络大军。实际上，自 20 世纪 90 年代以来，信息行业就已经成为美国、韩国、中国、日本以及欧洲等国家和地区产值最大、雇用人员最多、对经济社会影响最大的支柱产业和行业之一。在美国，信息产业与健康医疗、金融一起构成 21 世纪美国的"三大支柱产业"，取代整个 20 世纪近一百年的钢铁、汽车和建筑"三大支柱产业"。

　　信息技术及专业人员对技术、经济、国家和社会发展的引领和贡献得到了国家和社会普遍的认可和赞扬。在中国，华为的任正非、阿里巴巴的马云、腾讯的马化腾等成为中国人的骄傲、"民族英雄"和千千万万青少年的榜样和目标。与此同时，对与任正非、马云、马化腾等一起工作，为中国的现代化事业，为所有人工作和生活的高效、便利一起辛苦努力的千千万万"IT人"、信息和网络专业人员及辅助人员的贡献还没有得到系统性、制度性的重视、关注和认可。

　　一个文明、先进、发达的国家和社会，是一个组成国家和社会各类群体都有自己合适的地位和作用，都能发挥自己的潜力，都能得到国家和社会认可和尊重的国家和社会。中国在这方面还有不小的差距。不时出现令人震惊和痛心的"伤医事件"实质上是社会上还有一些人缺乏对医护人员的认可和尊重，对他们专业技术存在不切实际、不合理的要求，对他们的权益甚至生命非法侵犯，希望全体民众对在抗击新冠肺炎疫情中逆行、冒着生命危险离开家庭和亲人投入抗疫一线的医护人员的赞扬不是一时的激动。中国社会长期的"拖欠农民工工资"现象说明不少企事业单位甚至政府部门缺乏平等精神，缺乏对农民工这一社会群体权益的尊重和保障机制。就连一个长期崇尚"官本位"的社会，实际上对在政府、军队、公安等部门辛勤工作的千百万公务人员也缺乏真正的认可和应有的尊重。这些是中国社会现代化进程中需要解决的问题。

　　曹渝博士的新著正式探讨这一社会问题。该书运用中外相关理论和研究方法，通过对大量的文献、资料收集和调研，思考、归纳、总结、探索信息和互联网等专业技术人员的社会地位认可问题。这一问题的实质是社会价值观、人力资源发展、社会群体地位作用和相互关系的问题。这一问题的探讨有助于中国在现代化进程中不断提升对人的认识，对社会各类群体的权益、地位和作用的认识，对社会各群体间相互关系的认识，有助于使社会不断走向进步、走向文明、走向和谐，实现现代化。因此，在这个意义上，曹渝博士的著述是个前沿性的探索，是一个重要的新的贡献，值得人们重视和思考。

清华大学公共管理学院长聘教授

楚树龙

2020年夏月于清华园

摘　要

　　互联网信息技术的创新发展和大规模扩散重塑了中国社会信息、技术、财富、权力、文化、社交等资源的运行逻辑和分配规制，深刻影响了中国社会的地位获得机制和社会结构。尤其是 21 世纪以来互联网信息技术与资本高度结合，互联网信息技术及其特有的"技术规制"已经深入中国社会的各个领域，深刻影响了物质世界和精神世界，个体地位获得的方式和途径也随之发生了改变。随着规模庞大和拥有巨额社会财富的互联网信息技术专业人员群体的崛起，各界越来越关注 4 个命题，即"谁掌握了互联网信息技术？""他们通过互联网信息技术获得了什么，又做了什么？""互联网信息技术究竟如何影响地位获得和社会结构？""互联网信息技术与社会的关系如何？"。由于涉及社会公平正义原则，这些命题成为科学技术哲学关注的焦点问题之一。因此，本研究对互联网信息技术群体的地位获得问题进行了深入研究。

　　本书通过文献分析和对技术批判学派、技术控制学派、技术未来学派、社会学理论学派的地位获得观的梳理，对互联网信息技术专业人员的地位获得的组成、内涵、本质及特点进行了分析和归纳，提出了"制度性与非制度性因素"地位获得研究假设。通过定量和定性的方法对 658 名互联网信息技术专业人员的地位获得的数据，建立专业技术地位、职业地位、社会经济地位 3 个地位获得模型，对"制度性与非制度性因素"地位获得研究假设进行了验证和讨论。

　　研究发现，"制度性与非制度性因素"地位获得研究假设得到了验证：互联网信息技术专业人员地位高，受到了制度性与非制度性因素的深刻影响，非制度性因素发挥了主导作用，传统的制度性因素影响力降低，新型的制度性因素影响力提升。具体而言，一是互联网信息技术专业人员的专业技术地位、职业地位、社会经济地位要远远高于其他社会阶层，处于社会的中上层位置。二是互联网信息技术充分发挥了市场的资源配置作用和个体的主观能动性，改变了资源的分配规制和地位获得机制，使个体能够突破政治、经济、教育、家庭背景等制度性因素壁垒，获得较高的地位和向上流动的机会。三是互联网信息技术专业人员地位获得影响因素的构成十分复杂。从整体的影响因素看，"工龄""自费培训费用""社会网络关系"均对互联网信息技术专业人员地位获得有正向显著性影响，体现了非制度性因素极高的平等性；"英语水平"和"互联网平等精神"对专业技术地位和社会经济地位有正向显著性影响，体现了非制度性因素较高的平等性；"性别"和"互联网信息技术期望"对职业地位和社会经济地位获得有深刻影响，前者体现了传统的制度性因素严重的不平等性，后者则体现了非制度性因素较高的平等性；"单位制"对专业技术地位和社会经济地位获得有负向显著性影响，即体制外的互联网信息技术专业人员在地位获得过程中更占有优势，这种影响体现了新型的制度性因素较高的平等性；"教育分流制度"和"户籍制度"依然对职业地位获得有正向显著性影响，体现了传统的制度性因素极高的不平等性；职业流动对职业地位获得有正向显著性影响，体现了非制度性因素较高的平等性；"城市等级制度"对社会经济地位获得有正向显著性影响，体现了新型制度性因素较高的不平等性；在价值观念层面，"互联网自由精神"对职业地位获得有正向显著性影响，体现了非制度性因素的平等性；由于资本的异化作用，互联网开放精神对社会经济地位获得有负向显著性影响，体现了制度性因素较高的不平等性。四是非制度性因素发挥了主导性作用，个体、技术及市场对资源的影响逐步取代国家和制度的力量。五是制度性因素影响虽然逐渐减弱，但新型的制度性因素的影响逐渐显现。这说明，资本与政治的异化作用随着时代的变迁，其表现形式和内容发生了相应的变化，但其本质并未发生变化。

在互联网信息技术与社会关系方面，本研究发现：一是互联网信息技术经历了由不平等到相对平等的历史发展过程，互联网信息技术的发源是不平等的，但大规模扩散后的结果是相对平等的；二是互联网信息技术通过"技术规制"实践，最大限度地摆脱了资本和政治的异化，使技术环境始终保持开放和竞争的特征，实现了技术本身的进化；三是互联网信息技术"开放、平等、自由、共享"的"技术规制"对地位获得机制有深刻影响，且对资本和政治具有排斥性；四是资本和政治对地位获得机制有显著的异化作用，但这种异化影响不会完全扭曲互联网信息技术的"技术规制"以及地位获得的机制；五是互联网信息技术的"技术规制"如发生较大程度的扭曲，技术环境活跃度就会降低，技术的创新发展就会受阻，甚至凋敝，地位获得机制将会受到严重冲击。

　　从科学、技术与公共政策视角,本研究以"社会共治"为理念,提出了技术创新推动价值实现、教育改革促进资源获取公平、制度改革促进价值实现、积极合作实现协调发展等建议,以营造良好的技术创新氛围,促进技术创新发展,发挥市场配置资源优势,减少制度性因素对地位获得的不平等影响,推动社会运行逻辑和资源配置以及地位获得机制的完善,使个体通过努力奋斗能够获得相应的地位,推动中国向公平正义方向发展,最终实现伟大的中国梦。

　　关键词: 互联网信息技术　技术规制　专业人员　地位获得机制

Abstract

The innovative development and wide spread of information technology have reshaped operation logic and distribution regulation of China's resources, including information, technology, wealth, power, culture and social contact. Social relations and structure in China has been remarkable changed. Especially, internet information technology and capital have highly combined since twenty-first century. Internet information technology and its unique "technology regulation" have penetrated into every area such as politics, economy, culture and technology, which has a profound impact on the real world and the spiritual world. Accordingly, the methods and ways of individual status attainment has been changed accordingly. With the rapidly increase of the number of internet information technology professionals who have huge amount of properties, four propositions have been increasingly concerned. That is, "Who are in charge of the Internet information technology?", "What have they got through the Internet information technology and what have they done?", "how on earth does the internet information technology impact status attainment and social structure?", "what is the relationship between internet information technology and society?". since it involves the principle of social fairness and justice, these propositions have become the focus issue in the field of science, technology and philosophy. Therefore, status attainment of Internet information technology professionals has been profound studied.

In this book, through literature analysis and reorganize of status attainment in the technological criticism group, technical control group, future technical and sociology theory group, composition, connotation, essence and characteristics obtained in the study status of the Internet information technology professional personnel were analyzed and summarized. What's more, the research hypothesis of institutional factors and non-institutional factors were put forward. This dissertation takes 658 Internet information technology professionals for the random samples to do qualitative and quantitative research on the status attainment, including professional status, occupation status and socioeconomic status. Thus, the research hypothesis of status attainment in institutional and non-institutional was validated and discussed.

The study found that "the factors of institutional and non-institutional" status attainment research hypothesis has been verified: the high status of Internet information technology professionals was deeply influenced by institutional and non-institutional factors. Non-institutional factors play a leading role, and the influence of traditional institutional factors was reduced. The influence of new institutional factors was enhanced. To be specific, firstly, the professional technical status, professional status, social and economic status of Internet information technology professionals are much higher than other social strata, and the status maintains at the middle and upper level in the community. Secondly, The Internet information technology and give full play to the role of the market allocation of resources and individual subjective initiative, change the allocation of resources and the status of regulation mechanism, enable individuals to break the barriers of politics, economy, education, family background and other institutional factors, get a higher position and upward mobility opportunities. Thirdly, the composition of affecting factors of status attainment in internet information technology professionals is very complex. From the overall effect, "age", "occupation skill training" and "the social network" on the status has positive significant influence. The high equality of non institutional factors was reflected; "English" and "Internet equality spirit" to the professional status and social economic status has positive significant influence, the higher equality of non institutional factors was reflected; "gender division system" and "Internet information technology expectations" has a profound effect on the occupation status and social economic status. The former reflects the traditional serious inequality of the institutional factors, and the latter reflects the higher equality of the non institutional factors; the "unit system" has a significantly negative effect that is outside the system of Internet information technology professionals in the process of the status of professional status. Social economic status attainment reflects the equality of higher institutional factors model; "education tributary system" and "household registration system" are still on the occupation status, which have significant positive effect, reflecting the high institutional factors of traditional inequality; occupation flow has a significant direct impact on the occupation status that reflects the equality of non-institutional factors is higher; "city grade system" has a significant direct impact on the social and economic status, reflecting the high new institutional factors are unequal in value; on the concept of "value" level, "Internet freedom" has a significant direct impact on the occupation status, embodies the equality non-institutional factors; because the dissimilation of capital, open Internet spirit has a negative significant impact on the social and economic status, reflecting the higher inequality system and other factors. Fourthly, Non-institutional factors play a leading role. The power of the state and the system impact on resources was gradually replaced by individual, technology and market. Fifthly, although the influence of institutional factors is gradually weakened, the influence of the new institutional factors is gradually emerging. This shows that the role of capital and political alienation with the changes of the times. Specifically, its manifestations and contents have some corresponding changes, but its essence has not changed.

On the level of internet information technology and social relations, the study has found the following results. Firstly, from the perspective of history, Internet information technology has experienced from inequality to relative equality. The origin of Internet information technology is not equal, but the result of social development is relatively equal. Secondly, through the "technical regulation" practice, to the maximum extent, internet information get out of the capital and political alienation. So that the technological environment has always maintained an open and competitive characteristics, and achieving the evolution of technology. Thirdly, the characteristics such as "open, equal, free, sharing" in the technical regulation of Internet information technology has a profound impact on the access mechanisms of status attainment, and the capital and political was rejected. Fourthly, capital and politics have a significant effect on the status attainment, but this effect will not distort the "technical regulation" and the mechanism of the information technology. Fifthly, the Internet information technology "technical regulation" as there is a greater degree of distortion, active environmental technology will reduce the degree of innovation, the development of the technology can be blocked, and even depression. The status mechanism will be severely impacted.

Therefore, from the perspective of STPP (Science, Technology and Public Policy), four proposals have been put forward based on shared governance society. They are "technology innovation promoting the value realization", "education reformation promoting resource for fair", "system reform promoting value realization" and "positive cooperation realizing the coordinated development", respectively. The construction of good technical innovation atmosphere, with the purpose of promoting technological innovation and development, giving full play to the advantages of the market allocation of resources. It also reduce the influence of inequality on the status of institutional factors, improving the social operation logic and the allocation of resources and status mechanism. It also make the individual through work hard to be able to obtain the corresponding position, the development of fairness and justice in China need to be promoted. Finally, the great "Chinese dream" will be realized in the future.

Keywords: Internet Information Technology; Technical Regulation; Professionals; Mechanism of Status Attainment

目　录

第一章

导　论

本章首先通过背景分析，提出了本研究需要回应的问题；其次，对研究意义、研究难点和可能的创新点进行了分析和把握；再次，通过对相关核心概念的分析，研究了互联网信息技术专业人员地位获得的内涵、本质及特征；最后，对研究的方法和基本框架进行了阐述。

第一节　研究背景

一　地位获得问题亟待科学技术哲学回应

"任何真正的哲学都是自己时代精神的精华"。[①] 科学技术哲学要把握时代精神，就需要对当今科技及其伴生的问题和挑战进行哲学回应。[②] 作为 20 世纪人类最伟大的科学技术和社会创新产物，互联网信息技术及其形成的"技术—社会互构"系统虽然不尽完美，但它已经覆盖了全球 510 亿公顷面积，触及了 150 亿台机器，影响了 29 亿人的心智。[③] 一个无视地理界限的互联网信息技术的出现带来了崭新的现象，从而使社会关系和社会结构以及个体的地位获得陷入重塑之中。在信息社会中，基于互联网信息技术的编辑代码工作编辑的

---

① （德）马克思，恩格斯．马克思恩格斯全集［M］．北京：人民出版社，1956：121.

② 刘大椿．科学技术哲学导论（第 2 版）［M］．北京：中国人民大学出版社，2005：01.

③ 本书所指的互联网信息技术起始时间指的是：1994 年 4 月 20 日，NCFC（中国国家计算机与网络设施工程）通过美国 Sprit 公司接入 Internet 的国际专线开通，中国实现了与国际互联网的全功能连接。中国实现与国际互联网的全功能连接，标志着中国进入互联网发展期，互联网的应用和推动力量快速向民间和商业转移。参见（美）凯文·凯利．必然［M］．周峰，董理，金阳译．北京：电子工业出版社，2016.

不仅是程序和软件，更是信息社会中的社会关系与个体地位获得的规制。通过规制的改变，互联网信息技术不断促进生产力的发展，改变传统社会生产关系，促进人类社会走向马克思所憧憬的"自由王国"。在那里人类不仅通过发展生产力，而且通过建立新型的生产方式和生产关系，把自己从奴役中解放出来。① 可以发现，这个由"开放、自由、平等、共享"的互联网信息技术所构建的政治、经济、文化、社会的信息社会，正在加快现代中国迈向"自由王国"的历程。

中国，这个曾经封闭落后的国家，虽然曾不断遭受到技术强国侵略和欺辱，但其追求"自由平等、富国强兵"的希望从未放弃过。从洋务运动的"中学为体，西学为用"、五四运动的"德先生"与"赛先生"，到邓小平提出的"科学技术是第一生产力"，再到习近平"倡导互联互通共享共治，建设网络强国"的执政理念，各个历史阶段的仁人志士都认为"只有科学技术才能使中国免于内部崩溃和外部侵略"，② 也只有科学技术才能实现"富国强兵"，③ 使中华民族获得平等的地位。在错过第一、二次工业革命和第三次工业革命前期机会后，中国终于在 1994 年"勉强"接入了互联网，④ 搭上了互联网信息技术革命这趟"快车"。⑤ 在中国共产党领导的政界、学界、业界、社会的通力合作下，实现了信息技术科技与知识社会的全面融合，⑥ 促成了全球最大的互联网用户群体以及史无前例的互联网信息技术与社会互构试验场。⑦ 在这个互联网信息技术与社会"互构"网络中，中国 7.01 亿网民，⑧ 通过一个共同的平台将家庭与企业、中国与世界、虚拟与现实等各个社会因子连

---

① 刘大椿. 科学技术哲学导论（第 2 版）[M]. 北京：中国人民大学出版社，2005：459 - 460.
② 陈独秀是新文化运动的知识界领导者之一，在他 1919 年 1 月发表的论文里，他赋予民主和科学各自的昵称，即"德先生"和"赛先生"。他认为，"只有这两位先生可以救治中国政治上、道德上、学术上、思想上一切的黑暗"。
③ （新加坡）郑永年. 技术赋权 [M]. 邱道隆译. 北京：东方出版社，2014：01.
④ 1987 年 9 月 20 日中国第一封电子邮件成功发往德国。但由于政治、经济、意识形态、基础建设等多种原因，此时中国互联网并未接入国际互联网。直至 1994 年 4 月 20 日，在时任国务院总理李鹏和副总理朱镕基以及中科院、清华大学、北京大学的努力下，中国正式接入国际互联网。
⑤ "快车"互联网最大的效用和成功在于商业对互联网的运用和推动，国际商业互联网于 1992~1993 年基本建成，随后中国加入，意味着中国互联网技术开始在社会中大规模扩散。
⑥ 蒋美仕，雷良等. 科学技术与社会引论 [M]. 长沙：中南大学出版社，2005：08.
⑦ 李强，刘强. 互联网与转型中国 [M]. 北京：社会科学文献出版社，2014：前言.
⑧ CNNIC，第 38 次中国互联网络发展状况统计报告 [EB/OL]. 2016 - 08 - 03. http://www.cnnic.net.cn/hlwfzyj/hlwxzbg/hlwtjbg/201608/t20160803_54392.htm.

接上。① 它不仅创造了扁平化的交往结构，创造了信息共享、虚拟互动、多点沟通的社会关系，② 还将其特有的"开放、自由、平等、共享"的"技术规制"融入中国的"十三五"战略规划和国家意识之中。其不仅极大地加快了中国社会的现代化步伐，而且使中国的社会关系和社会结构获得了强大的新动力，逐渐使"互联网信息技术＋社会结构"和"互联网信息技术＋地位获得"以及"增加人民群众获得感"成为公共话题。

因此，科学技术哲学应当以"互联网信息技术专业人员地位获得问题"为切入点，研究当下中国"科学技术与社会""社会新阶层地位获得""互联网信息技术特征"等重要议题，特别是其中困扰当今中国人生活和中国社会发展的难题以及最根本的价值观念和思维方式。③ 把握在以国家和制度运行为核心的传统中国向以市场为核心的现代中国转型过程中，互联网信息技术专业人员如何实现技术、自身和社会价值，制度性与非制度性因素如何影响地位获得，地位获得过程中的正义如何实现、科学技术与社会的关系、科学技术与公共政策的关系等问题，彰显出科学技术哲学的时代问题意识和精神。

二　地位获得变化引起社会高度关注

互联网信息技术改变了地位获得规制，引发社会各界的高度关注。在前信息社会时期的层层叠叠的传统社会结构中，其结构形态呈金字塔形，地位往往是通过矿石、奴隶、农奴、土地、牲畜以及继承、婚姻、征服、没收等方式获得。④ 一旦获得优势地位，优势阶层则通过财富的继承、权力的获得、信息的垄断等政治、经济、文化、军事等制度性因素巩固和维护自身地位。无论是在传统社会还是现代社会，人们每时每刻都在给自己和别人排等级，总会关注各自的阶层是什么，各自的地位是什么。就像猴子一样彼此梳理着皮毛，依次维持着彼此的地位，并且扪心自问——我的等级是什么？我的地位怎么样？由于优势群体存在制度性因素优势，大量的信息传播损耗也被扭曲，平民甚至技术

---

① 蒋美仕，雷良等．科学技术与社会引论［M］．长沙：中南大学出版社，2005：10.
② 李强，刘强．互联网与转型中国［M］．北京：社会科学文献出版社，2014：内容提要.
③ 冯平．面向中国问题的哲学［J］．中国社会科学，2006（6）：44－49.
④ （美）保罗·格雷厄姆．黑客与画家［M］．阮一峰译．北京：人民邮电出版社，2013：108.

群体都无法与依靠继承财富和权力等制度性因素的阶层抗衡。① 但是进入信息社会，互联网信息技术穿透了社会结构的岩层，使所有相邻或距离遥远的层级彼此面对。身份、财富、权力、地域，都不再是赋予地位意义的重要标准。人们通过互联网信息技术进行交流和传播，逐渐穿破层级壁垒，实现了各个阶层交流互动，② 导致通过继承得来的财富和权力等制度性因素获得地位的重要性下降，依靠个人努力和奋斗等非制度性因素获得地位的重要性大幅度上升，个体的价值实现和地位获得机制开始发生变化。正如 1958 年英国迈克尔·扬在《能者统治的出现》所作出的判断，人类社会在 21 世纪开始"成就的原则"战胜了"世袭的原则"（即靠指任或继承而取得地位）。在信息社会，"社会进步的速度决定于权力与勤奋的较量程度"，每个人在社会上的地位根据"智商与努力"的基础商定。③ 互联网信息技术专业人员的快速崛起和"统治"不仅证明了迈克尔·扬判断，也印证了卡斯特的预言：伴随着一个依赖互联网信息技术，特别是依赖信息的生产和传播的社会的崛起，一个新的训练有素的互联网信息技术专业人员群体的地位逐渐上升至主导地位，并且最终将成为后工业资本主义的领导。④

就中国而言，1987 年 9 月 20 日 20 点 55 分，当中国的互联网信息技术专业人员将第一封电子邮件"Across the Great Wall we can reach every corner in the world"发送世界时，互联网信息技术的扩散、分化、发展所形成的"平等"和"不平等"力量便加入了中国社会和社会阶层转型，互联网信息技术专业人员群体开始崛起，中国人的地位获得开始发生巨大的变化。

作为一种具有强大现代性和连接功能的生产力，互联网信息技术通过其"数字赋权"（Digital empowerment）和"数字离散"（Digital disengagement）能力，不仅使中国社群成功地挑战了既得利益集团，并迫使既得利益集团改变了不受欢迎的政策实践，⑤ 而且由于互联网信息技术的"技术规制"实现了资

---

① 央视网. 互联网时代 ［EB/OL］. 北京：中央电视台. 2014 – 08 – 11. http：//jingji. cntv. cn/special/internetage/01/.

② 央视网. 互联网时代 ［EB/OL］. 北京：中央电视台. 2014 – 08 – 11. http：//jingji. cntv. cn/special/internetage/01/.

③ （美）丹尼尔·贝尔. 后工业社会的来临——对社会预测的一项探索 ［M］. 高铦等译. 北京：新华出版社，1997：445.

④ （加）文森特·莫斯可，凯瑟琳·麦克切尔. 信息社会的知识劳工 ［M］. 曹晋等译. 上海：上海译文出版社，2014：2.

⑤ （新加坡）郑永年. 技术赋权 ［M］. 邱道隆译. 北京：东方出版社，2014：97.

源重新积聚与财富格局变化，其也成为中国深化体制改革中与"权力""市场"等制度性因素具有同等重要的力量。以 2002 年"非典"信息被迫公开事件为开端，2003 年孙志刚事件、厦门 PX 事件，2008 年贵州瓮安事件、BAT 上市事件，2011 年乌坎强拆事件，2015 年滴滴、UBER"互联网＋出租车"政策博弈事件等，都已经改变或正在改变着社会权力运行、民主法制进程、公民参与公共事务方式、利益群体的话语权、社会利益分配，重塑了个体的价值实现以及地位获得。依靠制度性因素的强势阶层开始面对和接受通过"技术赋权"的新阶层的诉求，逐步采取对话、解释甚至"让权"等方式实现利益重新分配，维护社会的整体运行。尤其是进入 21 世纪，互联网信息技术专业人员群体，通过个人努力等非制度性因素，获取了新的知识和能力，逐渐打破了传统社会的相对封闭的地位获得机制，降低了家庭背景、户籍制度、政治制度、单位制度、教育制度等制度性因素对地位获得的影响，使自身和其他社会成员冲破了阶层流动壁垒，更实现了自身和其他社会成员较高的地位。

互联网信息技术专业人员的崛起，引发社会高度关注。通过互联网信息技术的"开放、自由、平等、共享"的"技术规制"实践，互联网信息技术专业人员形成了一个全球技术、信息、资源、职业交流的跨国界技术阶层网络，逐步实现了全球互联网信息技术专业人员的崛起。正如美国 Elance 公司首席执行官法比奥·罗萨蒂所说：互联网信息技术可以把全球两亿三千万知识工作者连接起来，[①] 这种连接的影响力是无与伦比的。从 2014 年、2015 年世界互联网大会，世界各国政府的重视程度和参与程度可以看到，互联网信息技术专业人员群体通过其强大的技术、经济、政治、社会、精神影响力已经对全球产生了极大影响。同时，从全球远景发展看，互联网信息技术专业人员群体还将迅速扩张。根据美国著名的 Elance 网站统计：2005～2015 年，仅该网站已为全球 150 个国家的 400 万互联网信息技术专业人员提供了职业岗位，最大限度地实现了互联网信息技术专业人员的自由对接和职业流动。据该网站估算，每年还将产生 120 万个与互联网信息技术相关的工作机会，相当于 2013 年上海市新增就业岗位的两倍。[②]

作为全球最大的互联网信息技术使用地区的中国，互联网信息技术专业人

① 央视网．互联网时代［EB/OL］．北京：中央电视台．2014 – 08 – 11. http：//jingji. cntv. cn/special/internetage/01/.

② 央视网．互联网时代［EB/OL］．北京：中央电视台．2014 – 08 – 11. http：//jingji. cntv. cn/special/internetage/01/.

员群体崛起非常迅猛且规模庞大。根据中国工信部统计信息：虽然受到全球经济的冲击和中国产业结构调整以及失业冲击，但是中国的互联网信息技术专业人员的岗位需求和竞争逆势而上。截至 2015 年 11 月，中国软件和信息技术服务从业人员人数约 552 万，同比增长 6.4%，增速比 1 ~ 10 月提高 0.2 个百分点，低于 2014 年同期 3.3 个百分点；从业人员工资总额增长 12.6%，增速比 1 ~ 10 月下降 1.7 个百分点，低于 2014 年同期 5.1 个百分点。[①] 互联网信息技术专业人员的未来就业人数也非常庞大。进入信息社会的 30 多年，在规模惊人的中国高等教育园地里，正在就读信息技术和计算机专业的学子超过 180 万人，占理工科学生总数的 1/3。[②] 可以发现，在互联网信息技术短短 20 多年发展历程中，互联网信息技术专业人员迅速崛起，引起了社会各界的高度关注。

互联网信息技术专业人员地位获得、财富获得以及价值观特征，引起了社会各界的高度关注。首先，互联网信息技术专业人员获取社会财富的能力极强。互联网信息技术专业人员类似于传统时代的手工艺人或者建筑师，他们将做出来的东西直接放在商店里售卖，获取社会财富和承认。互联网信息技术专业人员坐在电脑前就能创造财富，他们通过智力和创造力，一行行地写代码把产品做出来。在互联网信息技术专业人员看来，事情再明显不过，财富就是被做出来的，而不是某个想象出来的神秘人物分发的大饼，优秀软件本身就是一件有价值的东西。Viaweb 的一个程序员有着惊人的生产力，他工作一整天，拿出来的产品估计可以使公司的市场价值增加几十万美元。一个优秀程序员连续工作几个星期也许可以创造价值 100 万美元的财富。[③] 同样，互联网信息技术工作组织创造和获取的社会财富也是极高的。2007 年 11 月 6 日，中国互联网公司阿里巴巴在香港上市。通过这次上市，阿里巴巴融资 16.9 亿美元，超过当年 Google 股票上市募集的资金。阿里巴巴上市后有 1000 名员工成为百万富翁。此前百度上市，创造了 8 位亿万富翁、50 位千万富翁、240 位百万富翁。毫无疑问，阿里巴巴 IPO 将成为有史以来互联网普及面最广的一次造富运动。[④] 据统计，2016 年中国互联网企业百强规模实力进一步壮大，保持了较快

---

① 2015 年 1 ~ 11 月软件业经济运行情况 ［EB/OL］. 2015 - 12 - 21. http：//www. miit. gov. cn/ n1146312/n1146904/n1648374/c4549108/content. html.

② （美）曼纽尔·卡斯特. 网络星河 ［M］. 郑波，武炜译. 北京：社会科学文献出版社，2007：88 - 89.

③ （美）保罗·格雷厄姆. 黑客与画家 ［M］. 阮一峰译. 北京：人民邮电出版社，2013：95 - 96.

④ 徐千翔. 阿里巴巴演绎网络神话 ［N］. 中国证券报，2007 - 11 - 05 （B04）.

增长，百强企业 2015 年的互联网业务收入总额达 7561 亿元，同比增长
42.7%，带动信息消费增长 8.1%，超过五成企业互联网业务收入超过 10 亿
元，12 家企业超过 100 亿元。① 可以看到，由于互联网信息技术与生产力高度
相关，互联网信息技术工作组织和专业技术人员创造和获得社会财富能力极
强，相比其他社会群体容易获得更高的地位。因此，中国共产党的"社会新
阶层"理论将该群体纳入重点研究和关注对象。其次，在创造和获得财富的
同时，互联网信息技术的"开放、自由、平等、共享"的"技术规制"对地
位获得的巨大影响，使互联网信息技术专业人员地位获得的价值观引发了社会
的高度关注。"我们和其他富人不一样"，② 互联网信息技术专业领域领军人物
比尔·盖茨明确表达了该群体在世界上的崛起和与众不同。从 1989 年全球互联
网互联互通伊始到 2000 年之后的 Facebook、维基百科、中国互联网商业帝国的
建立和发展，再到世界互联网大会的多次召开，可以看到无数的财富、声望、权
力的集聚以及各国政治精英对互联网信息技术的重视与积极姿态已经显示了互联
网信息技术专业人员群体突破了传统社会的制度性因素的壁垒开始崛起了，并将
互联网信息技术的"技术规制"一并深植广泛的信息社会之中。正如吴曜圻对
互联网信息技术专业人员的论述：互联网信息技术专业人员是代码工人、概念编
者、理性标榜、创新居士、和谐大使、文化风标、政治工具、经济异客、财富英
雄、社会先锋十大身份和地位的集大成者。③ 可以发现，互联网信息技术专业
人员地位获得和扮演的社会角色极为复杂，承担的历史使命也是艰巨的。

　　互联网信息技术专业人员的价值观异化问题引发社会各界的关注。由于意
识形态的迅速发展，作为知识分子的一部分，互联网信息技术专业人员需要承
担相应的公民和技术角色义务。但由于资本和政治的异化作用，互联网信息技
术和互联网信息技术专业人员逐步异化了，这些人已无法指望自己在任何意义
上维护自由知识分子的地位，他们加入了不断扩张的靠思想为生者的世界。无
论是从地位，还是从自我形象来看，他们都已成为纯粹意义上的中产阶级，成
为伏案办公、有妻室儿女、住在显示一定地位的郊外宅邸中的人。他们的职业
依旧依靠出售思想而定，他们的生活天地十分狭窄，代替他们对生活和世界的
直接经验的是中产阶级和大众的文化，而首要一点，是这些人已经变成了在金

---

①　2016 年中国互联网企业 100 强正式发布 [J]. 互联网天地，2016（7）：85 – 86.

②　（美）克莱·舍基. 人人时代：无组织的组织力量 [M]. 胡泳等译. 中国人民大学出版社，
2012：77.

③　吴曜圻. 软件工程师的十种社会属性（上）[J]. 软件工程师，2006（6）：36 – 37.

钱统治一切的社会里谋职求生的人。① 正如乔治·卢卡奇所言：当智慧与思想已成为商品，知识分子就只是在写提示别人做什么事情的备忘录，而不去写告知人们该如何做的书籍。文化与知识的产品或许有着像装饰品那样的价值，然而却未给他们的制造者带来装饰价值。这种模式建立了一套令人担忧的评判经济价值与社会荣誉的标准，它越发使人难以摆脱对管理官员的思想恐惧。因此，作为互联网信息技术的"技术规制"的承担者和实践者，互联网信息技术专业人员的价值观状况引发了社会的高度关注。

正如科技哲学所关心的技术公正问题那样，我们也必须从社会关系和社会结构方面来考察科学技术的两面性，其问题集中表现在谁使用这种生产力或破坏力，去做对谁有利的事情。科学技术究竟在什么场合、以什么样的角色出现，这不取决于科学技术本身，而取决于处于一定生产关系下的人。② 同理，研究互联网信息技术对地位获得的影响就必须考察互联网信息技术掌握者究竟获得了什么？掌握者地位获得存在何种不公平？就如同核技术若掌握在战争分子手上，随时可以启动核战争，导致人类和地球灭亡；也可以由"良知工程技术人员"掌握，为人类发展提供强大的能源，和平利用，造福人类。同样互联网信息技术既可以穿破层层叠叠的社会结构壁垒，促进社会公平正义的实现，也可能成为既得利益集团用来巩固自身经济、文化、社会地位的工具。因此，研究代表互联网信息技术的"技术规制"精神群体——互联网信息技术专业人员的地位获得问题具有典型的代表性和高价值性。

三 地位获得不平等挑战互联网信息技术的"技术规制"

互联网信息技术的"技术规制"要求实现"开放、自由、平等、共享"的信息社会。作为地位获得的重要标志的社会财富占有量，其严重的两极化发展趋势对互联网信息技术的"技术规制"提出了挑战。诺里斯的研究表明：在互联网产生后的头十年里，"互联网的使用情况加剧了现有的经济不平等，

---

① （美）C. 赖特·米尔斯. 白领——美国的中产阶级 [M]. 杨小东等译. 杭州：浙江人民出版社，1987：183.
② 刘大椿，何立松等. 现代科技导论（第 2 版）[M]. 北京：中国人民大学出版社，2009：354.

而没有克服或改造这种不平等"。① 托马斯·皮凯蒂在比较美国"1910～2010
年收入前 10% 人群的收入占国民收入的比重"数据，即"库兹涅茨曲线"后
认为，信息时代的美国不平等的程度达到前所未见的水平，并催生一个全新的
不平等结构。信息社会以前，"美国收入前 10% 人群的收入占美国国民收入的
比重"从 1910～1920 年的 45%～50% 下降到 20 世纪 50 年代的不足 35%；进
入信息社会初期，20 世纪 70 年代的比重不足 35%；但进入信息社会发达时
期，2000～2010 年美国信息社会高度发展阶段其比重升至 45%～50%。② 根据
美国商务与劳工部收集的 100 个大城市的数据，2013 年，如将这 100 个城市按
房价由高到低排列，排第 10 位的城市与排第 90 位的城市间的收入差距，为
1969 年有记录以来最大。③ 可以发现，信息社会发展过程中，美国的社会财富
两极分化和地位获得不平等问题日益凸显。

中国的情况又如何呢？来自中国社会科学院陆学艺教授团队的追踪研究显
示：中国进入信息社会前，1978～1984 年中国的基尼系数徘徊于 0.2～0.3
"相对平均"区间，1985～1992 年基尼系数徘徊在 0.3～0.4"相对合理"区
间。但是在中国信息社会开始起步时期，1993～2000 年基尼系数一路飙升至
0.417，超过国际认定社会安全发展"警戒线"；随着互联网信息技术的进一
步扩散，2008 年的基尼系数达到顶峰 0.491，并于 2014 年徘徊于 0.469 附
近。④ 根据 CGSS 2006、CASS 官方与半官方的数据：2006 年 20% 的中国居民
占有了 72.41% 的社会财富，20% 的居民仅仅占有 1.35% 左右的社会财富。来
自中国人民银行 2005 年的五等份金融资产调查进一步印证了中国居民社会财
富和地位的严重不平等。2005 年"户均储蓄存款拥有城镇人民币比重"调查
中，户均最多的 20% 的家庭拥有 64.4% 的金融资产，户均最少的 20% 的家庭
仅仅拥有 1.3% 的金融资产；"户均储蓄存款拥有城镇外币存款比重"调查中，
户均最多的 20% 占有 88.1% 的金融资产，户均最少的 20% 的家庭仅仅占有

① Norris P. Digital Divide: Civic Engagement, Information Poverty, and the Internet Worldwide [M].
Cambridge University Press, 2001: 66-67.
② （法）托马斯·皮凯蒂. 21 世纪资本论 [M]. 巴曙松，陈剑，余江等译. 北京：中信出版
社，2014.
③ 199IT 中文互联网数据中心. 美国商务与劳工部：2013 年美国贫富差距为 65 年来最大
[EB/OL]. 2014-08-13. http://www.199it.com/archives/265640.html.
④ 国家统计局首次公布 2003 至 2012 年中国基尼系数 [BE/OL]. 2013-01-18. http://
politics.people.com.cn/n/2013/0118/c1001-20253603.html；陆学艺. 当代中国社会结构
[M]. 北京：社会科学文献出版社，2010：176.

0.3%的金融资产。① 来自独立学术机构的调查数据也进一步印证了官方的结果。2012年西南财经大学中国家庭金融调查与研究中心 CHFS 数据显示，2010年中国基尼系数为 0.61。② 北京大学中国社会科学调查中心发布的《中国民生发展报告2014》的 CFPS 数据也显示：中国前 25% 的家庭拥有 79% 的国民财产，前 10% 的家庭拥有 62% 的国民财产，前 5% 的家庭拥有 50% 以上的国民财产，1% 的精英阶层拥有 33% 以上的国民财产。但是排在后 25% 的家庭财产总量仅占全国财产总量的 1.2%，排在后 50% 的家庭仅占全国财产总量的7.3%。孙立平、陆学艺、李强等团队的研究都承认目前中国社会发展并不平等，整个社会呈现"倒丁字"结构，一个巨大的社会中下层和一个极为"精致"的既得利益阶层逐渐形成，社会流动在某种程度上呈现较为严重的"固化"。现实中依靠权力、家庭背景等制度优势因素获得较高地位的现象逐渐形成一种"常态"，中国社会出现了社会流动阻滞、社会阶层固化等特征，地位获得机制逐渐成为"精英"的"集体世袭"，即所谓的"富二代""官二代"甚至"富三代""官三代"等阶层固化问题。③

如果个体无论通过什么样的努力都不能获得相应的地位高度和流动以及价值实现时，和谐社会建设基本目标就无法实现，④ 社会稳定更是无从谈起，千百年来的历史反复证明，一个人的地位不是终生不变的，一个家庭的地位也不是世代不变的。如果个人的价值得不到应有的实现，地位获得阻滞，阶层流动固化，社会就会积蓄巨大张力，社会变革就会蓄势待发。当前中国社会"反腐倡廉""盛世蝼蚁""富人移民""高考减招""二代炫富"等社会热点事件的强烈反响均显示，中国社会的贫富差距的不平等已经到了必须解决的地步。地位获得的不平等严重挑战了互联网信息技术的"技术规制"，扭曲了信息社会的发展目标和方向。因此，冲破阶层固化和利益固化的藩篱已经成为中国政界、学界、商界、业界，乃至全社会的共识。

可以看到，无论是中国还是美国，信息时代的人类的社会财富并未像预期那样随着互联网信息技术的扩散带给社会大多数群体地位的提升和改善，反而

---

① 陆学艺. 当代中国社会结构 [M]. 北京：社会科学文献出版社，2010：180.

② 杜冰. 中国家庭收入基尼系数达 0.61 [N]. 金融时报，2012 - 12 - 10 (005).

③ 习近平，敢啃硬骨头，敢于涉险滩——改革要勇于冲破观念障碍和利益藩篱 [EB/OL]. 中国共产党新闻网，2014 - 11 - 25. http://theory. people. com. cn/n/2014/1125/c390916 - 26091903. html。

④ 杨继绳，张弘. 正在固化的社会阶层 [J]. 社会科学论坛，2011 (12)：128 - 136.

随着技术的扩散和深入加剧了不平等。因此，没有理由相信，改善信息技术使用权就会改善社会不平等状况。① 必须看到，一种先进技术带来的政治、社会和经济副产品，对整个社会结构产生的影响是多方面的。② 众多研究显示：技术的出现必然会导致社会不平等现象。③ 一种技术上的不平等似乎在减少，那么另一种不平等就会出现。④ "网络社会与信息科技不是'平'的，也不是自由平等的。阶级资源接驳网络，既有科技的解放性，亦同时强化了权力的不平等"。⑤ 不过，也许没有互联网信息技术，社会会更加不平等，现代意义上的社会阶层力量会更加羸弱，中国的现代化进程会更慢。因此，通过考察互联网信息技术专业人员的地位获得，研究制度性因素和非制度性因素对地位获得的影响，地位获得过程中存在何种艰难和不平等，互联网信息技术跨越长城后，能否跨越阶层的"篱笆"等问题是摆在科学技术哲学工作者面前亟待回应的时代问题，也是科学、技术与公共政策决策者面对的重大社会问题。

第二节　问题提出

基于哲学理论背景和中国现实背景，本研究以科学技术哲学和科学社会学及马克思主义哲学为视角，融合哲学、社会学、信息学、经济学、管理学等多学科知识，主要关注以下 5 个核心问题。

（1）互联网信息技术专业人员专业技术地位、职业地位、社会经济地位概况、流动、分层、特征、影响因素、影响程度、地位获得机制及信息社会的开放程度。

（2）在互联网信息技术专业人员地位获得过程中，制度性与非制度性因素影响程度如何？哪种因素具有主导作用？

（3）地位获得过程中，谁掌握了更多的互联网信息技术和资源？他们使

---

① Servon L J. Bridging the Digital Divide: Technology, Community, and Public Policy [M]. Blackwell Publishers, Inc. 2002: 24.

② （美）罗伯特·K. 默顿. 社会理论和社会结构 [M]. 唐少杰等译. 南京：译林出版社，2006：837.

③ （法）霍尔巴赫. 自然的体系 [M]. 管士演译. 北京：商务印书馆，1977.

④ （美）曼纽尔·卡斯特. 网络星河 [M]. 郑波，武炜译. 北京：社会科学文献出版社，2007：271.

⑤ 邱林川. 信息时代的世界工厂——新工人阶级的网络社会 [M]. 桂林：广西师范大学出版社，2013：绪论.

用互联网信息技术和资源做了什么？又获得何种优势？存在何种正义问题？

（4）互联网信息技术的"技术规制"在地位获得过程中发挥的作用如何？

（5）何种公共政策能够促进或阻碍互联网信息技术的创新发展及其专业技术人员的地位获得和价值实现。

第三节　研究意义

一　理论意义

1. 践行了中国共产党"社会新阶层"理论

梳理现阶段"社会新阶层"理论研究发现：以往研究关注点主要集中在采矿业、制造业、快消业、房地产业等传统领域的私营企业主、管理人员等新阶层，而对 1994 年以来在互联网信息技术强大的造富浪潮下出现的一批依靠互联网信息技术获得较高地位的技术新阶层群体的关注不多。因此，研究互联网信息技术专业人员的地位获得问题，能够践行中国共产党的"社会新阶层"理论。

2. 促进了科学技术哲学的理论发展

科学技术哲学、马克思主义哲学、社会学等学科都非常关注互联网信息技术对地位获得以及社会发展的影响。20 世纪 80 年代初期互联网信息技术开始向中国深入和蔓延时，中国科学技术情报研究所、世界知识出版社、中国社会科学院、科学出版社等研究和出版机构就敏锐地发现了互联网信息技术对未来中国的巨大影响。为此，陈树楷、孙延军、彭祖钤、傅骊元、秦麟征等人通过各种途径翻译或编著了《信息社会》《信息社会的秘密》《信息社会论和新技术革命》《计算机·信息·社会》《信息社会的社会结构》等著作。这个时期该话题主要集中在哲学领域。由于历史和现实及其他学科重建、发展以及学科研究方法的创新等多种原因，20 世纪 90 年代至今地位获得研究主要一直属于政治学、经济学、社会学研究的重点。但由于互联网信息技术深入而广泛的影响，他们发现脱离了哲学的研究始终无法摆脱认识的局限，不能把握好该问题的本质。因此，利用科学技术哲学"兼收并蓄"优势研究地位获得问题，能够促进科学技术哲学的理论发展。

3. 增强了 STPP 理论的解释性和现实性

在科学技术哲学中，STPP（Science，Technology and Public Policy）是"科学、技术和公共政策"的英文缩写。它主要是通过从实践论而非知识论的方法，坚持科学技术审度立场、对公共政策保持平衡效率和公平的原则、科学技术以人为本的最高宗旨，深入理解科学技术与人的关系，应用公共政策杠杆，让科学技术为人民服务，让科学技术惠及全社会。① 因此，社会转型时期，通过理论和实证的方法研究中国的互联网信息技术专业人员地位获得问题，进而研究互联网信息技术公平问题以及社会不平等问题，能够增强 STPP 理论解释性和实践性。

4. 推动了多学科理论的交叉和融合

互联网信息技术对个体的专业技能获得、就业机会实现、交流沟通、社会网络关系、社会财富获取以及价值观等各个方面有着强烈的影响和冲击，出现了许多依靠单一或者某两个学科理论无法预测和解释的新事物、新现象、新问题，需要使用哲学、管理学、社会学、心理学、信息学等多学科理论支撑来解释。因此，系统地研究互联网信息技术专业人员地位获得以及背后的深层问题能够促进多学科理论的交叉和融合。

二　现实意义

1. 有利于实现科技哲学理论的现实价值

"没有应用，就没有前途"。② 地位获得问题实质是阶层问题，而阶层问题是一个重大的理论问题。③ 对重大理论问题的回答和研究，往往具有现实价值。在旧中国向新中国的革命历程中，毛泽东的第一篇研究报告《中国社会各阶级分析》就是把马列主义哲学理论与中国现实相结合的结果。通过剖析社会分层与新兴崛起社会阶层的关系，让共产党和仁人志士充分认识了中国国情尤其是阶级特征，④ 提出了符合国情的革命战略，从而领导中国革命取得胜利。正如习近平所说：干革命、搞建设、抓改革，从来都是为了解决中国的现实问题。⑤ 研究互联网信息技术专业人员地位获得问题不仅是理论问题，更是摆在公共决策者和社会大众以及技术群体面前的重大的社会公共问题。因此，

① 刘永谋. 科学、技术与公共政策研究述评 ［J］. 中国人民大学学报，2013（3）：148 - 156.
② 陈昌曙. 保持技术哲学研究的生命力 ［C］// 中国自然辩证法研究会第五次全国代表大会文件. 2001：43 - 45.
③ 王怀超. 突破利益固化的藩篱为深化改革扫清障碍——在"中国社会发展问题高端论坛·2014"上的致词 ［J］. 科学社会主义，2014（4）：24 - 25.
④ 阶级实证就是地位获得，地位获得过程也就是阶级斗争过程。
⑤ 习近平. 改革是由问题倒逼而产生 ［J］. 党政论坛（干部文摘），2013（12）：4.

研究该问题能够科学认识到当前中国社会结构和地位获得机制，寻找到科学技术哲学理论的生存和发展土壤，把握住互联网信息技术变革中的主动脉，具有重大的现实价值。

2. 有利于为国家现代化治理提供科学的决策依据

地位主要由专业技术地位、职业地位、社会经济地位等要素构成，与人民群众的衣食、住房、通行、医疗、教育、发展机会等诸多方面密切相关，其不仅是人民群众"获得感"重要的具体体现，更是社会主义和谐社会建设的重要衡量指标。2015 年党中央全面深化改革领导小组第十次会议强调，要科学统筹各项改革任务……把改革方案的含金量充分展示出来，让人民群众有更多"获得感"，实质上就是对地位获得问题的关注。面对日益加剧的阶层固化问题，要实现互联网信息技术革命中"冲破阶层固化和利益固化的藩篱，为全面深化改革扫清障碍"① 目标，就必须对优势群体的地位获得问题进行研究。因此，研究代表新兴生产力的互联网信息技术以及技术承载者的地位获得问题，能够为深化改革以及全面推进国家治理现代化提供科学的决策依据。

第四节　研究难点和可能的创新点

一　研究难点

1. 选取理论交汇点存在难度

地位获得问题涉及技术批判学派、技术控制学派、技术未来学派、社会学理论学派等多个学派的理论。如何在这些哲学、社会学、经济学、法律学、信息学理论中寻找到"理论交汇点"，将其统领至科学技术哲学层面，围绕"互联网信息技术地位获得问题"进行指导研究设计和逻辑建构，是本研究首先需要把握的难点问题。

2. 突破已有的研究框架与指标存在难度

地位获得问题主流的研究主要集中在社会学领域。学者们提出了"先赋—后致"地位获得理论、"人力资本"地位获得理论、"结构分割"地位获得理论、"社会网络关系"地位获得理论及其相关模型，但其对技术和个体

---

① 王怀超. 突破利益固化的藩篱为深化改革扫清障碍——在"中国社会发展问题高端论坛·2014"上的致词 [J]. 科学社会主义，2014（4）：24–25.

的价值观因素在地位获得中的影响研究不够深入，可参考的相关的理论和文献不多。与本研究较为相关的仅为范晓光在 2011 年发表的《威斯康辛学派挑战"布劳—邓肯"的地位获得模型》的简论，① 其他相关研究大多散存在报纸、学术简论之中。因此，建立本研究框架与指标体系的直接参考资料甚少；另外互联网信息技术改变了地位获得的两大支柱"财富和权力"，地位获得的机制发生了一定的变化。因此，要根据之前的研究基础，形成新的研究框架，确立新的体系有一定的难度。

3. 科学取样和样本代表性存在难度

本研究取样主要为编程员、高级软件工程师、网络构架师、项目管理经理、互联网企业 CEO、行业专家等互联网信息技术专业人员。由于其行业和职业属性，该群体素质较高、行事较为低调且对于社会调查有一定的回避性，接触和沟通存在一定的困难。互联网信息技术与金融、医疗、教育、交通、能源等多个行业交融发展，其呈现职业形态多样化、职业内容复杂化等特点。如果在样本选取及抽样方法方面考虑不周，很有可能导致样本在代表性方面存在问题，理论模型无法合理建立和检验。因此，在如何选取研究范围、选择研究对象、选择研究规模、选择研究方法等方面存在难点。

二　研究可能的创新点

1. 为地位获得提供了科学技术哲学的新解释

本研究通过结合交叉学科优势尤其是科学技术哲学对互联网信息技术专业人员地位获得问题的解释，考察了互联网信息技术和互联网信息技术专业人员地位获得问题的本质和内涵，将具体层面的研究升华到哲学层面探讨。同时，本研究以 STPP 为视角，引入互联网信息技术专业人员的技术期望与价值观取向等非制度性因素对地位获得的影响以及互联网信息技术对社会关系的影响，可以为地位获得提供哲学尤其是意识形态影响方面的解释，为今后研究当代新兴技术群体地位获得和价值观问题提供一种新的解释框架和理论依据。

2. 为研究互联网信息技术专业人员提供新视角

互联网信息技术正在与金融、医疗、教育、交通、能源等多个学科和行业交融发展。互联网信息技术专业人员职业属性既与信息技术科学直接相关，也

---

① 范晓光，威斯康辛学派挑战"布劳—邓肯"的地位获得模型 [N]. 中国社会科学报，2011 - 05 - 03（012）.

与医学、教育学、传播学、出版学、能源科学、化工科学相关。工程活动的社会性决定互联网信息技术专业人员职业内嵌于社会之中。[①] 因此，研究互联网信息技术专业人员时应该采取交叉学科视野，从更加宽泛、多元的视角去把握这个群体的特点。本研究通过查询中国知网的"学术研究趋势"和"学科学术热点"发现：以往国内外学者单纯从科技哲学、科学研究管理、高等工程教育、企业经济学、应用心理学、工程伦理学等学科视角，研究互联网信息技术专业人员的科学共同体问题、人力资源开发问题、职业心理问题、工程职业伦理教育问题等传统问题，而本研究以科学技术哲学视角研究地位获得问题能够为该群体研究提供新视角。

3. 发现中国特色地位获得理论新模型

本研究将吸取"威斯康斯地位获得模型""先赋—自致地位获得模型""人力资本地位获得模型""社会网络关系地位获得模型""结构分割地位获得模型"等的优点，结合技术批判学派、技术乐观学派、技术控制学派、社会学理论学派 4 个学派的理论地位观，研究互联网信息技术专业人员的地位获得的现状、特点、成因等问题，探析制度性与非制度性因素对地位获得的影响，逐步推动地位获得问题研究向哲学层面的反思，最终提出具有中国特色的互联网信息技术专业人员地位获得理论新模型。

4. 为地位获得问题增加了新群体

目前的地位获得问题研究主要集中在同一地区国家人口普查居民、不同性别群体、不同种族群体、外来移民群体、传统商业精英群体、政治精英群体、文化精英群体以及不同主权国家尤其是制度下的工程师地位获得上。国内地位获得研究对象则主要集中在政治精英群体（干部群体、中共党员群体）、传统经济精英群体（私营企业主）、农民工群体、大学生群体等。国内外对专业技术人员等技术精英群体地位获得尤其是互联网信息技术专业人员群体地位获得研究比较少。因此，研究代表新兴生产力的互联网信息技术专业人员的地位获得问题，可以为地位获得问题研究增加一个新群体。

第五节　相关概念剖析

库恩（Kuhn）一直推广一个观点：批判和研究要对概念进行有效的把握。

---

① 任娟娟. 工程师群体的地位获得问题研究 [D]. 南开大学，2013：12.

而把握与本研究相关的核心概念是基础。因此，本节首先对本研究涉及的互联网信息技术、互联网信息技术专业人员、地位、地位获得等 4 个相关概念的内涵、本质和特点进行剖析。

一　互联网信息技术

互联网信息技术（Information Technology，IT），其又可以称为 Information and Communications Technology，简称 ICT，被译为信息和通信技术、信息技术、网络信息技术、互联网技术等。① 它的主要三个支撑技术具体为：传感技术，即人的感觉器官的延伸与拓展技术，如腾讯公司的远程视频技术、淘宝网络购物技术、微软的 Cortana 语音控制技术、微信二维码扫描技术等②；通信技术，即人的神经系统的延伸与拓展，承担传递信息的功能，如网易 126 邮箱、微信语音技术、百合网征婚网络平台、Facebook 社交技术等③；计算机技术，即人的大脑功能延伸与拓展，承担对信息进行处理的功能，如大数据技术、互联网 + 工业 4.0、GPS 或者北斗定位系统、伽利略电子天文望远镜等。④

根据本研究需要以及业界认可，本书将软件和信息技术、信息技术、软件信息技术、信息和通信技术、网络信息技术全部统称为"互联网信息技术"，即 Information Technology。其具有以下四个"技术规制"特征。

一是具有"开放"技术规制。互联网信息技术结构是按照"包交换"的方式连接的分布式网络。在技术层面上，它不设立中央控制机构，也不存在明确的中央控制。也就是说，不存在某一个国家、某一个利益集团通过某种技术手段完全控制互联网信息技术和互联网的问题。反过来，也无法把它们封闭在一个国家、地区之内，除非建立的只是局域网。⑤ 通过网络的连接，技术和信息资源跨越了社会制度、意识形态、地域和文化隔阂以及种族和国家界限，搭建了全球便捷无障碍的交流平台，推动了信息社会的进程。正如孙伟平所讲，网络的"全球性"并不是一个空洞的政治口号，而是基于信息的特性、网络

---

① 工业和信息化部信息化和软件服务业司.支撑制造强国和网络强国建设 开启信息化和软件服务业新征程 [N].中国电子报，2015 - 12 - 24（009）.
② 刘一骊.传感器如同人的感觉器官 [J].软件，2008（7）：40.
③ 李殿仁.现代社会的"神经系统"——高新通信技术一瞥 [J].求是，1994（19）：44 - 47.
④ 曹中.基于小波神经网络的传感器校正和补偿的研究与实现 [D].南京航空航天大学硕士学位论文，2006.
⑤ 孙伟平.信息时代的社会历史观 [M].南京：江苏人民出版社，2010：90.

的结构及网络技术决定的。①

二是具有"自由"技术规制。互联网信息技术通过构建网络、移动网络、社交网络等载体最大限度地体现了使用者和组织的独立自由。网络中，每一台主机都需要有一个域名，除非强制性对隐私进行干涉和管理，域名不显示某台主机的区域、文化、身份、地位等信息。接入网络的途径非常便捷，一台电脑、一部手机、一条网线或者 WiFi 即可，进入后使用者可以自由搜索、自主操作、互联互通、共享资源……是否互联，是否参与，是否关闭，是否互动，是否转化现实线下都是由使用者独立自主决定。同时，互联网信息技术通过技术进化、隐匿和接入便捷等多种方式，最大限度地保护了使用者和组织的个体独立自由。

三是具有"平等"技术规制。虽然各个地区的社会经济发展水平与政治意识形态存在差异，互联网信息技术及其网络也存在一定差异，但是丝毫不影响"技术规制"的平等性，连接到网络的物理系统和连接权利是平等的，接入网络中的每台电脑、每部手机、每个同域网都是平等的。无论是何种类型和规模的电脑、手机、网络，网络协议都没有规定优先通行之类的特权，他人也没有避让、服务之类义务，且接入网络后，连接趋势是不可逆向的。

四是具有"共享"技术规制。接入互联网信息技术构建网络中的电脑、手机、网络是统一于共同的协议下的。虽然互联网信息技术构建的网络的主机和技术更多在美国或者欧洲，但是这个协议并不单属于美国，也不仅仅属于白种人群，或者西方文化。网络更多的是全球性物理和技术以及互联网价值观认同，可以说缺少任何部分文化、任何部分种族、任何地域都不能称为网络。②这种制定共同遵守的"协议"的权力，也不意味着控制的权力。这就决定了网络的使用者通过共享连接权利，获得网络中其他人的资源的同时，也实现了自身资源的共享。

二 互联网信息技术专业人员

"专业人员"，又称为"专业人士"，英文为 Professional，德文为 professionelle，其词源依然来自法语 des professionnels。Harvey L 和 Sullivan William 等认为，"Professional"是指专门从事某个领域的技术职业人员或者是通过从事某个特

---

① 孙伟平．信息时代的社会历史观［M］．南京：江苏人民出版社，2010：91.
② 本研究更多的现代意义上的组织和人群，极端国家、地区、民族除外。

定的活动获得收入的人。同时，"Professional"必须经过一定标准的教育和培训，获得专业知识和必要的技能，能够执行该专业的职业要求。此外，"Professional"必须承担这一专业的伦理道德义务，行为必须严格受到该伦理道德义务的规范。某个特定的"专业"领域的实践和道德的专业标准，通常是通过广泛认可的专业协会同意并保持。① 此外，随着现代社会和职业的发展，那些为某些重要公共利益服务以及为社会公众利益服务的人员，如动物保护专员、NGO非政府组织人员，也可以称为"Professional"。②

本研究将"互联网信息技术专业人员"定义为：利用计算机、通信网络等技术对信息进行生产、收集、处理、加工、存储、运输、检索和利用，获得劳动收入或者报酬的技术人员。互联网信息技术专业人员的具体职业名称与多元开放的互联网技术一样包罗万象。据不完全统计，其职业名称包括：码农、编码员、代码员、IT工程师、程序员、电脑设计师、软件设计师、软件工程师、后端工程师、前端工程师、传统软件工程师、数据库工程师、服务器工程师、移动端开发工程师、架构师、黑客、骇客、红客、白帽子、黑帽子、灰帽子、脚本小子、首席信息官（CIO）等。同时，本研究认为其主要具有以下四个主要特征。

一是互联网信息技术专业人员主要依靠掌握的互联网信息技术实现价值，具有极强的专业属性。也就是说互联网信息技术专业人员要具有独立完成市场需求分析、软件代码编写、软件测试、软件维护等一系列程序的IT能力。③

二是互联网信息技术专业人员地位获得要经过严格的考核程序和认定，尤其是经得起市场和用户的检验。

三是互联网信息技术专业人员地位获得有着明确的职业道德规范。不仅要求其爱岗敬业，认真负责，具有良好的团队精神和协作能力，能够承受工作压力并充满热情，还要对其关于客户和公司的隐私、项目的风险沟通等职业操守问题有严格的约束。

---

① Harvey L, Mason S. The Role of Professional Bodies in Higher Education Quality Monitoring [J]. Journal of Medical Ethics, 1994, 21 (3): 162-165; Sullivan W M. Work and Integrity: The Crisis and Promise of Procfessionalism in America [J]. World Futures, 2008, 64 (3): 222-225.
② Gardner H, Shulman L S. The Professions in America Today: Crucial but Fragile [J]. Daedalus, 2005, 134 (3): 13-14.
③ 猎聘网. 高级软件工程师考试要求 [EB/OL]. 2012-06-25. http://article.liepin.com/20120625/87323.shtml.

四是互联网信息技术专业人员有一定规模的正式组织和非正式的组织，且这些组织具有明显的技术共同体的倾向和价值观倾向。正式组织一般分为学会和协会两类。非正式组织一般是因技术兴趣和技术目的而成立的线上或线下组织。它们主要以互联网或者计算机的黑客、爱好者、企业为对象。这些组织没有明确的宗旨和管理机构，但它们是推动互联网信息技术创新和发展的主要力量之一。互联网信息技术专业人员中地位显赫的大多数均来自这些非正式组织，如国际知名社区、世界上最大的开源软件开发 SourceForge 网站。这些组织往往具有"开放、自由、平等、共享"的价值观，反对严格的知识产权保护。它们的存在不仅促进了整个行业和技术的创新发展，更维护和实践了互联网信息技术的"技术规制"。

三 地位与地位获得

地位，英译 Status、Place、Position、Standing、Station、Term。根据研究目标和学界共识，本研究采用"Status"这个词。可以说，自人类社会诞生之日起，"Status"就如影随形。在原始社会，社会中就存在性别地位、血缘地位、代际地位、族群内部地位等。在文明社会中，"Status"的含义就更加丰富，它可以指专业技术地位、职业地位、分工地位、角色地位、职务地位、身份地位、政治地位、文化地位、民族地位、国家地位、社会经济地位等。因此，几千年来英语和德语"Status"以及法语"Statut"，与古拉丁语的形式和内涵保持了高度一致。在东方文化语境中，"地位"的历史发展更加悠久，含义更加丰富。地位可以称为阶层、阶级、名望、身份、社会位置、社会地位、经济地位、文化地位等。但其本质上都是根据资源的占有情况，给一定的社会关系中的"人"排位置。

本研究认为"地位"的概念是指：以技术、职业、声望、财富为衡量标准，人与人之间现代社会关系中的阶层位置，其具体包括专业技术地位、职业地位、社会经济地位三个部分。该概念与社会地位、阶级、阶层、身份等级、角色位置概念基本一致。地位的高低可以通过技术、职业、财富等标准来衡量，且侧重的资源也存在差异。其中，专业技术地位倾向于对技术资源和人力资源的获得，职业地位倾向于对职业资源和声望资源的获得，社会经济地位则倾向于对社会财富的获得。

同时，根据"地位"的定义和特点，本研究将"地位获得"定义为：在各种因素的影响下，互联网信息技术专业人员为获得专业技术地位、职业地位、社会经济地位的努力过程和变化及结果。因此，本研究认为"地位获得"概念具有以下三个特征。

一是地位获得是技术、信息、资源依托个体的主观能动性的价值实现，具有较强的社会实践性和主观能动性。

二是地位获得深刻地嵌入一定的社会关系之中，深受制度性与非制度性因素的影响且构成和影响机制较为复杂。

三是在地位获得过程中，如果制度性因素占主导地位，则说明社会是较为封闭的，阶层流动是相对固化的，社会是相对不公平的；如果非制度性因素占主导地位，则说明社会是较为开放的，阶层流动是相对通畅的，社会是相对公平的。

四　制度性与非制度性因素

根据影响因素与"制度"的相关程度，本研究将地位获得的影响因素中性别分割制度、政治制度、户籍制度、教育制度、就业制度、城市等级制度、地区分割制度、单位制度、社会历史发展机遇等与"制度"高度相关的因素统一称为制度性因素；而将互联网信息技术专业人员的个人努力程度、个人努力所构建的社会网络关系、价值观等与"制度"相关程度较弱或不相关的因素统称为非制度性因素。

第六节　研究方法与思路及基本框架

一　研究方法

1. 文献分析法

本研究通过中国知网、长春网络图书馆、国家图书馆、Proquest、Elsevier、EI 等数据库搜索关于"地位""角色""身份""阶层""阶级""职业地位""社会结构""社会流动""社会地位""专业技术地位""社会经济地位"等关键词，累计查询相关的 1600 篇电子期刊和 230 多本图书资料。同时，通过国内 199IT、中国互联网络信息中心、智联招聘网以及美国劳工部网、美国最大的求职网 Monster. com 等相关网站，获得国内外互联网信息技术专业人员专业技术地位、职位地位、职业规划等方面的文献并进行分析。同时，本研究将安在公司的《黑客列传》等与研究相关的音频材料文字化，获取目前国内著名互联网信息技术专业人员的地位获得特点，以研究互联网信息技术专业人员地位获得的状况、特点、影响因素及地位获得机制。

2. 理论与实践相结合方法

本研究首先探析了技术批判学派、技术控制学派、技术未来学派、社会学理论学派地位获得观中互联网信息技术专业人员地位获得的本质、特点及影响因素，提出地位获得理论模型和研究假设。其次，通过对北京、上海、长沙、广州、杭州等地的实证调查和数据分析进行验证和解释。最后，通过历史分析法和哲学思辨方法提升对互联网信息技术专业人员地位的本质、特征、影响因素及存在问题的认识水平，并提出公共政策。

3. 历史分析法

根据掌握的文献和案例，本研究将按照历史发展的脉络对 1953～2015 年互联网信息技术发展、互联网信息技术专业人员对互联网信息技术的创新、互联网信息技术地位获得的影响因素变化、互联网信息技术专业人员地位获得以及其间的相互关系进行归纳和总结。

4. 问卷法与访谈法

本研究将设计"互联网信息技术专业人员地位获得问卷"，对其地位获得进行调研，获得相关数据；通过问卷获得的数据进行模型建立与分析，研究经济制度、政治制度、户籍制度、教育制度、城市制度、家庭背景、地区分割制度等制度性因素和个人努力程度、社会网络关系、价值观等非制度性因素对互联网信息技术专业人员地位获得的影响。对问卷法无法触及的其他问题进行了深度访谈，补充了问卷不足。

二 研究思路

通过审视互联网信息技术专业人员地位获得的历史和现状，反思地位获得相关理论研究与实证分析，按照"提出问题，理论分析问题，实证分析问题，解决问题"的研究程序，在将互联网信息技术专业人员地位获得纳入本书研究对象的基础上，确定了本书的基本逻辑（见图 1 - 1）。

三 本书的章节安排

根据研究需要，全书共包括八个章节，具体如下。

第一章，导论。本章首先通过对互联网信息技术专业人员地位获得的哲学理论背景和现实背景的研究，提出了本研究需要回答的 5 个主要问题。其次，

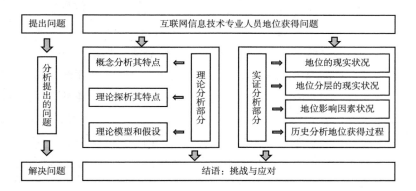

图 1-1　本研究的逻辑思路

阐述本书研究理论和现实意义以及研究难点和可能的创新点；再次，对互联网信息技术专业人员地位获得的概念进行剖析，把握互联网信息技术专业人员地位获得的本质和内涵以及特点，为实证研究提供参考和依据。最后，本章对研究方法、研究思路等方面进行阐述。

第二章，国内外文献研究综述。本章将着重对国内外互联网信息技术专业人员的专业技术地位、职业地位、社会经济地位的文献进行综述和评论，分析其地位的内涵、构成、特点、影响因素及地位获得机制，为研究奠定文献基础。

第三章，关于地位获得的相关理论梳理和评价。本章主要对技术批判学派、技术控制学派、技术未来学派、社会学理论学派中关于互联网信息技术专业人员地位获得的相关理论观点进行了探析，为全书研究假设和实证设计奠定理论基础。

第四章，理论模型与实证研究设计。本章主要阐述了本书的理论模型和特点、研究假设、影响因子设计、研究工具、研究思路与方法以及研究样本情况等方面的内容。

第五章，互联网信息技术专业人员专业技术地位获得。本章首先从最高学历、专业技术水平、英语水平、项目完成经历四个方面考察互联网信息技术专业人员专业技术水平概况；其次，在合成"专业技术地位"变量的基础上，通过聚类分析方法，考察了互联网信息技术专业人员内部的专业技术地位获得概况；再次，通过二元逻辑回归分析了影响专业技术地位的因素；最后，根据第三章的理论分析和二元逻辑回归结论，考察了互联网信息技术专业人员专业技术地位获得的制度性与非制度性因素的影响机制，尤其是分析了互联网信息技术的"技术规制"与专业技术地位获得、技术与社会等方面的关系。

第六章，互联网信息技术专业人员职业地位获得。本章首先考察了受访者的年龄、学校、最高学历、教育轨迹、获得途径、单位性质、单位规模、职务等级、现职薪酬、职业流动量度和向度等问题，深入研究了互联网信息技术专业人员职业水平的基本情况；其次，在合成"职业地位"变量的基础上，考察受访者内部存在的职业地位分层状况；再次，通过二元逻辑回归分析了互联网信息技术专业人员职业地位获得的影响因素；最后，结合深入访谈和案例分析以及第三章的理论分析，讨论了制度性与非制度性因素对职业地位获得的影响机制，尤其是互联网信息技术的"技术规制"与职业地位获得、互联网信息技术与社会的关系。

第七章，互联网信息技术专业人员社会经济地位获得。本章首先考察互联网信息技术专业人员主客观社会经济水平状况；其次，在合成"社会经济地位"变量基础上，考察互联网信息技术专业人员社会经济地位内部的分层状况；再次，通过考察互联网信息技术专业人员的"父亲社会经济地位""比较5年前自身社会经济地位流动""预测5年后自身社会经济地位流动"等因素，分析受访者代内和代际社会经济地位流动状况以及社会经济流动期望；又次，通过二元逻辑归回方法研究了影响受访者社会经济地位流动状况的制度性与非制度性因素；最后，通过深入访谈和案例研究探析互联网信息技术专业人员社会经济地位获得的机制以及互联网信息技术的"技术规制"对社会经济地位的影响、技术与社会的关系。

第八章，讨论和结论。根据其他章节的分析，从 STPP 视角，结合研究发现进行反思，并提出相应的对策和建议及今后的研究展望。

第二章

国内外文献研究综述

本章对国内外互联网信息技术专业人员的地位的 3 个组成部分：专业技术地位、职业地位、社会经济地位的文献进行了综述和评述，分析了互联网信息技术专业人员地位获得的内涵、特征、影响因素及实现途径等问题。

第一节　国外关于互联网信息技术专业人员地位获得研究

一　互联网信息技术专业人员专业技术地位获得

"专业技术地位"英文中更多地翻译为"IT Skill""Professional Technology"。因此，本研究主要围绕这两个核心词进行国外文献综述。

国外学者对互联网信息技术专业人员专业技术地位做了较为全面的研究。他们发现，作为新技术承载体的互联网信息技术专业人员以技术立身，专业技术地位获得是其地位获得的根本基础。Albin M 等是较早研究互联网信息技术专业人员专业技术问题的学者。他们通过关于计算机信息系统和一般商务类专业潜在雇主的调查以及公司需求的学术价值评估发现：雇主和市场对互联网信息技术专业人员专业技术的水平要求越来越高。互联网信息技术专业人员应该具备沟通技巧能力、调试和列表能力、COBOL 语言和 IMS（或数据库）处理能力、分布式数据处理能力、在线编程能力、自上向下结构化设计能力、文档处理能力、满足用户指令能力、业务要素能力（市场营销、销售、生产和财务）、个人电脑的应用能力等方面。①

---

① Albin M, Otto R W. The CIS Curriculum: What Employers Want From CIS and General Business Majors [J]. Journal of Computer Information Systems, 1987, 27 (4): 15 – 19.

虽然互联网信息技术商业化已经发展了 20 多年，市场对互联网信息技术专业人员的 IT 技能要求从未发生实质性变化，但随着市场和技术的发展，互联网信息技术专业人员的 IT 技能内容愈加丰富。众多学者都认为：互联网信息技术专业人员专业技术地位获得不仅对 IT 技能有极高的要求，而且对其业务能力、沟通能力、组织能力、情绪控制等其他方面的能力也提出了较高要求。互联网信息技术专业人员必须最大限度地拥有这些复合型能力，才能满足市场和技术的需要，实现个体和技术的价值。该结论在随后的研究中得到了众多学者的有效验证。Blanton J E 等是较早关注互联网信息技术专业人员复合型能力的学者。他们发现："互联网信息技术经过多年的发展，程序员和公司管理人员对 IT 技能要求越来越高。用人单位越来越多地要求互联网信息技术专业人员拥有计算机科学专业背景，而不是跨专业学科的背景。同时，为了适应激烈的市场竞争，用人单位也要求互联网信息技术专业人员在提高专业能力的同时，增加更多的学习和培训时间，以提高商务和处理人际关系的能力。"[1] Gallivan M 等通过招聘广告的数据采集分析了互联网信息技术专业人员未来就业的专业技能要求。"虽然企业仍然把重点放在'硬技能'上，但在面试的过程中'软技能'也是企业评估信息技术专业人员职业技能的一部分。"[2] Gallagher K P 等学者对互联网信息技术专业人员的专业技术进行了定性和定量的类型学分析。他们认为，"互联网信息技术专业人员的专业技术水平可以划分为技术、业务、沟通技巧、项目管理、组织管理、软件开发 6 个技能类别和 6 个技能等级"。[3] Bassellier G 等在对专业技术水平定义和构成研究中指出："互联网信息技术专业人员的专业技术水平的构成是多种知识的交汇融合，不仅包含所拥有的专业知识，而且还包括互联网信息技术专业人员所具备的特定的组织知识和人际管理素质。从特定的组织知识上讲，主要包括组织概述、组织单位、组织责任、IT 行业资源整合等方面的能力；而从人际管理素质上讲，主要是人际交流、领导素质、知识网络化等方面的能力。这种能力能够增强

---

① Blanton J E, Schambach T, Trimmer K J. Factors Affecting Professional Competence of Information Technology Professionals [J]. Acm Sigcpr Computer Personnel, 1998, 19 (3): 4 - 19.

② Gallivan M, Truex Iii D P, Kvasny L. An Analysis of the Changing Demand Patterns for Information Technology Professionals [C] // Acm Sigcpr Conference on Computer Personnel Research. ACM, 2010: 1 - 13.

③ Gallagher K P, Goles T, Hawk S, et al. A Typology of Requisite Skills for Information Technology Professionals [C] //2011 44th Hawaii International Conference on System Sciences. 2011.

IT 专业人员的专业技术地位获得，达到巩固和业务客户之间关系的目的。"①

来自亚洲、欧洲等地区的研究也进一步印证了该结论。Lee P 通过对新加坡 1983～1998 年报纸上出现的互联网信息技术专业人员的招聘信息中的技能要求编码分析发现："IT 行业越来越重视专业技术能力和业务能力即 IT 能力。这一重视程度从未发生过改变。更重要的是，现阶段的市场还越来越重视专业计算机人才的商业和人际交往能力。"② 可以发现，互联网信息技术专业人员的专业技术具有"以专业技术为核心、多种业务复合"的特征。

这些学术研究结论也在近些年大样本的行业调查中得到了有效验证。2015 年 Drdobbs 对 2200 名美国的程序开发人员调查显示："随着 IT 部门开发手机 App、云端 App，IT 处理大数据的压力加大……新技术和新要求带来的变化，对上岁数的管理人员和程序员提出了更高的要求。"③同时，随着市场和技术的发展，互联网信息技术专业人员的专业技术地位分层也较为明显。Chi M T H 根据"专业水平"高低，将 IT 工程师的成长历程划分为六个不同层次，依次为新手（Novice），入门者（Initiate），学徒（Apprentice），学徒期满的职工、熟练工人（Journeyman），专家（Expert）和大师（Master）。④ 可以发现，互联网信息技术专业人员专业技术地位内涵丰富，分层明显，专业技能要求极高。

众多的研究还发现，不同层次的互联网信息技术专业人员的专业技术要求是存在较大差异的。"IT 行业的变化性伴随着的是技能的变化，类别和技能就必然不再是固定不变的，应该在此基础上加入流动性因素"⑤ 也就是说，互联网信息技术的高度发展和时代变化，对互联网信息技术专业人员的专业技术水平要求还会发生相应的变化。Ang S 和 Slaughter S 搜集了横跨 41 个公司的 8

① Bassellier G, Benbasat I. Business Competence of Information Technology Professionals: Conceptual Development and Influence on IT-Business Partnerships [J]. Mis Quarterly, 2004, 28 (4): 673 – 694.

② Lee P. Changes in Skill Requirements of Information Systems Professionals in Singapore [C] // Proceedings of the 35th Annual Hawaii International Conference on System Sciences (HICSS'02) – Volume 8. IEEE Computer Society, 2002: 264 – 264.

③ 2014 年美国程序员薪资调查 [EB/OL]. 2016 – 07 – 02. http: //blog. jobbole. com/68033/.

④ Chi M T H. Two Approaches to the Study of Experts' Characteristics [J]. The Cambridge Handbook of Expertise and Expert Performance, 2006: 21 – 30.

⑤ Gallagher K P, Goles T, Hawk S, et al. A Typology of Requisite Skills for Information Technology Professionals [C] //2011 44th Hawaii International Conference on System Sciences. 2011.

个主要 IT 职位在 Internet Labor Market（ILM）策略和流动率方面的数据，并且将数据进行了阶层聚集分析，然后发现："由于技术的创新和市场的需求以及职位要求，清晰的 ILM 策略适用于不同的 IT 职位。不同周期中的 IT 专业技术的具体要求都存在较大的差异。"① Koh S H 等研究发现："由于市场、技术的变化以及工作流程减少，互联网信息技术专业人员需要提升甚至放弃旧技能，通过学习获得新技能。因而，在互联网信息技术专业人员的职业发展前期阶段，拥有较强的专业能力有利于其在劳动力市场获得工作。而在职业发展中后期，互联网信息技术专业人员则需要根据市场和技术的需求以及自己的工作经验学习不同的技能。"② 但是，也有部分研究得出了相反的结论：互联网信息技术专业人员的社交需求较低，他们更倾向于与机器打交道，而不需要太多地和人交流。不过，主流研究结论仍然认为，互联网信息技术专业人员的专业技术是"以专业技能为核心，多种业务需求复合"。

那么，互联网信息技术专业人员如何获得更高的 IT 技能呢？学者们亦做了深入探析。

有的研究则发现工作组织对专业技术地位获得有着深刻的影响。Lee P C B 研究发现，一方面工作组织能够帮助互联网信息技术专业人员克服工作瓶颈，提升 IT 技能。但由于适应互联网信息技术的高速发展和自身 IT 技能的提升，互联网信息技术专业人员更倾向于具有强烈挑战性的工作。因此，一旦工作组织不能提供相应的职业要求，互联网信息技术专业人员会更容易产生工作负面情绪，进而影响 IT 技能。③ 因此，有的学者提出工作组织要积极进行创新，紧跟互联网信息技术发展浪潮，不断提供富有挑战性的工作给互联网信息技术专业人员。另一方面，工作组织还应该注意互联网信息技术专业人员的情绪状况和职业满意度的情况，以积极应对他们的职业瓶颈和职业平台问题。④

---

① Ang S, Slaughter S. Turnover of Information Technology Professionals：the Effects of Internal Labor Market Strategies［J］. Acm Sigmis Database，2004，35（3）：11 – 27.

② Koh S H，Lee S，Yen D C，et al. The Relationship Between Information Technology Professionals' Skill Requirements and Career Stage in the E-Commerce Era：An Empirical Study［J］. Journal of Global Information Management，2004，12（1）：68 – 82.

③ Lee P C B. Career Strategies，Job Plateau，Career Plateau，and Job Satisfaction Among Information Technology Professionals［C］// ACM Sigcpr Conference on Computer Personnel Research. ACM，1999：125 – 127.

④ Kabia M. Contributions of Professional Certification and Information Technology Work Experience to Self-reported Job Performance［J］. Dissertations & Theses-Gradworks，2012，8（2）：96 – 97.

　　教育毋庸置疑是影响专业技术地位获得的重要原因。但是学历教育与职业培训教育哪个更重要呢？这成为研究互联网信息技术专业人员专业水平的一个热点问题。有的研究发现职业培训教育比学历教育更有利于提升互联网信息技术专业人员的专业技术水平。Yao W 通过对 "再就业的互联网信息技术专业人员" 和应届毕业生专业技术水平的差异化研究和实验发现：专业技术水平受到学历的影响是显著的，但职业培训教育的影响更为显著。如果行为习惯被移除，再就业的互联网信息技术专业人员完全可以和应届大学毕业生表现出同样的水准，甚至比毕业生更好。而这表明在评估专业技术地位的时候，学历因素中要考虑到接受过再培训的 IT 专业人员的特殊性。[①] 有的研究认为，加强职业培训教育是获得专业技术地位的重要途径。Bassellier G 和 Benbasat I 研究认为：公司要保持在 IT 方面的竞争优势，弥补竞争劣势，不仅要在经济上为 IT 专业人员支付大量的劳务薪酬，更要进行科学的职业规划指导、积极的商业引导，尤其是通过专业的职业培训教育提升组织和个体的 IT 竞争能力。[②] 但是有的研究则认为职业培训教育对专业技术的提升是有限的，个体的兴趣、爱好、性格等因素对专业技术地位获得有着深刻的影响。Kabia M 通过对 241 名印度 IT 人员进行的在线和纸质问卷调查发现：MCP 的职业认证不能完全作为衡量互联网信息技术专业人员 IT 技能的指标。互联网信息技术专业人员的工作绩效和自我报告的工作能力存在较大的差异。互联网信息技术行业的技能与实际工作场所没有相关性。IT 技能可能更多与个人的实际工作和个体特征有关系。[③]

　　因此，全球学者研究发现互联网信息技术专业人员的心理、生理以及劳动绩效标准因素对专业技术地位获得有着积极的影响。Blanton J E 等通过问卷调查，获得了 161 份有效的系统分析员的自我报告，评估互联网信息技术专业人员的个人性格差异和管理因素对专业能力的影响，结果表明："个人性格差异

①　Yao W. A Study on the Difference of IT Skill between Retrained Professionals and Recent Graduates ［M］// Advances in Information Technology and Education. Springer Berlin Heidelberg, 2011：115 – 119.

②　Bassellier G, Benbasat I. Business Competence of Information Technology Professionals：Conceptual Development and Influence on IT-Business Partnerships ［J］. Mis Quarterly, 2004, 28（4）：673 – 694.

③　Kabia M. Contributions of Professional Certification and Information Technology Work Experience to Self-reported Job Performance ［J］. Dissertations & Theses-Gradworks, 2012, 8（2）：96 – 97.

和工作环境影响了互联网信息技术专业人员的 IT 技能水平。"① Menon P 等通过使用皮尔森的相关、偏相关和逐步回归分析方法，对印度 211 名 IT 人员的工作满意度调查数据进行分析后发现："经济衰退时期，虽然工作性质和性格因素成为重要的工作情境影响因素，但是性格对工作绩效产生更为显著的影响。外向的性格特征比内向的性格特征更容易获得市场和组织的认可。"②

有的学者则采用心理学的测量方法，进一步证实性格、气质、情绪、心理等个体性因素对专业技术水平的影响。Witt L A 和 Burke L A 则结合 94 个 IT 访谈结果，以及对心理能力和性格测试的成绩分析发现："IT 人员的 GMA 成绩和技术熟练程度密切相关。与能力稍差的同事相比，拥有更好的 GMA 成绩的人可能会在编写代码时产生更少的错误，更有效地解决系统问题，更快地提出解决方案和实现技术创新……但责任心与技术水平并无关系。"③ 此外，还有相当部分的研究认为：奉献精神和敬业精神是互联网信息技术专业人员提升专业技术水平的重要因素。Rutner P 等通过对互联网信息技术专业人员的深入访谈和人际交往以及职业倦怠感的模型分析发现："互联网信息技术专业人员在 IT 企业的作用越来越大，且处于核心地位。企业和技术的增值以及 IT 用户对互联网信息技术专业人员的依赖性越来越高，同时期望也越来越大。所以互联网信息技术专业人员受到了职业内部和外部的双重压力，其情绪受到了较大的负面影响，极易产生心理疲惫和职业倦怠，导致职业技能下降甚至离职。"在随后的实验中，他们还发现："积极的情绪管理指导和不良情绪的疏导以及合理的期望，能够有效地提高互联网信息技术专业人员的职业技能和工作绩效。"④

有的研究则发现，互联网信息技术专业人员对技术和知识的态度对专业技术水平提升有深刻的影响。在专业技术地位提升问题中，"限制知识还是共享知识，谁能促进 IT 能力的提高"是学者们研究的重要话题之一。当然，后者的观点逐渐被众多的研究所证明。Radhika Santhanam 等通过对用户和信息技术

① Blanton J E, Schambach T, Trimmer K J. Factors Affecting Professional Competence of Information Technology Professionals [J]. Acm Sigcpr Computer Personnel, 1998, 19 (3): 4 – 19.

② Menon P, Thingujam N S. Recession and Job Satisfaction of Indian Information Technology Professionals [J]. Journal of Indian Business Research, 2012, 4 (4): 269 – 285.

③ Witt L A, Burke L A. Selecting High-Performing Information Technology Professionals [J]. Journal of Organizational & End User Computing, 2002, 14 (4): 37 – 50.

④ Rutner P, Riemenschneider C, O'Leary-Kelly A, et al. Work Exhaustion in Information Technology Professionals: the Impact of Emotion Labor [J]. Acm Sigmis Database, 2011, 42 (1): 102 – 120.

专业人员之间的知识转移进行观察和研究认为："建立知识型的连接和传输方式能够有效推动 IT 专业人员之间的互动和交流，提高专业技术水平。"① Joseph B 和 Jacob M 以"印度 IT 专业人才中的知识共享意向"为例研究认为："知识被认为是建立和维持竞争优势的重要来源。知识共享和由此产生的知识创造是 IT 企业获得和保持竞争力的关键。IT 的组织气候因素和社会心理因素等外部因素对知识共享的内涵有积极的作用。IT 知识共享的态度、主观意识会影响个人知识共享的内涵。与普遍认为的相反的是，人们发现预期的外在报酬对个人知识共享的态度有负面影响。"② 更重要的是他们发现，合作意识更强的 IT 人员通过知识共享以及建立起来的社会网络关系能够有效地提升个体和组织的 IT 竞争力。该结论得到来自国际大型工作组织的验证。Dyer J H 等通过研究丰田公司和美国供应商之间的高性能网络知识共享设计经验，解释了为什么丰田公司一直能够保持其生产力的持续发展和优质的质量体系，研究发现："共享知识可以提高个体和组织的竞争优势。"③ 在这个网络经济时代，组织间知识共享是简化价值链活动和最大限度地提高运营效益的关键驱动力之一。跨文化的研究也印证了类似的结论。Chen Y H 等基于台湾主要工业园区的 226 个样本，对整个供应链的知识共享模型进行构建，并对共同目标的因素、社会关系的嵌入、影响策略进行了研究，以确定它们是不是各个供应链成员之间信任关系建立的主要驱动力因素。研究结果显示：由于社会关系的嵌入也能影响公司的发展策略，知识共享可以发展业务伙伴之间的长期信任关系，而这种信任有利于公司形成知识共享。④ 因此，如何提高个体和工作组织的知识共享意识成为学者一个重要的研究方向。Turner S 通过对美国 NASA/KSC 服务中心的建立和运行研究发现，建立工作服务平台能够有效地提供知识共享和建立社会网络关系，提高科学家的效率。Wang S 等以中国某软件公司的 100 名员工为样本

① Radhika Santhanam, Larry Seligman, David Kang. Postimplementation Knowledge Transfers to Users and Information Technology Professionals [J]. Journal of Management Information Systems, 2007, 24 (1): 171 – 199.

② Joseph B, Jacob M. Knowledge Sharing Intentions Among IT Professionals in India [C] // International Conference on Information Intelligence, Systems, Technology and Management. Springer Berlin Heidelberg, 2011: 23 – 31.

③ Dyer J H, Nobeoka K. Creating and Managing a High-performance Knowledge-sharing Network: The Toyota Case [J]. Strategic Management Journal, 2000, 21 (3): 345 – 367.

④ Chen Y H, Lin T P, Yen D C. How to Facilitate Inter-organizational Knowledge Sharing: The Impact of Trust [J]. Information & Management, 2014, 51 (5): 568 – 578.

数据，利用人格的五因素模型从受托责任理论、互动心理学的角度，采用
KMS方法探讨知识共享的"管理""实践""评估""评价奖励""人格特征"
的影响因素发现：知识共享也受到评价、奖励、责任感和经验开放性之间相互
作用的影响；评价和奖励因素与知识共享有积极的关系；更高层次的知识共享
发生在评价和奖励的条件中。[1]

可以发现，随着技术和市场的要求，互联网信息技术专业人员的专业技能
的内容越来越丰富，专业技术要求也越来越高，其对组织和个体价值实现的影
响亦越来越大。互联网信息技术专业人员专业技术地位不仅受到了来自性别分
割制度、经济制度、工作组织制度、教育制度等制度性因素的影响，而且受到
了个人努力程度、职业培训、社会网络关系、知识共享意识、个体性格和心理
等非制度性因素的深刻影响。

二 互联网信息技术专业人员职业地位获得

职业地位是互联网信息技术专业人员的地位获得的关键组成部分，其直接
关系到对个体和技术价值的实现。因此，职业地位获得问题是本研究重点把握
的问题。根据以往的研究成果，本研究关于互联网信息技术专业人员职业地位
获得的文献将围绕"Occupational Status Attainment" "Occupational Floating"
"Occupational Mobility" 3个核心词展开。

众多研究发现，互联网信息技术专业人员的职业具有较高地位和声望。国
外的招聘网站CareerCasr. com根据每种职业环境、收入、就业前景、具体要求
和压力的标准评估了200种职业，评出了最佳职业。其中，软件工程师与数学
家、精算家、生物学家、统计师等职业位列前五。[2] 其还发现，互联网信息技
术专业人员职业地位呈现高职业流动性特征。技术发展和创新对信息和资源流
动的本质性要求直接促进了互联网信息技术专业人员的职业地位获得。互联网
信息技术及其形成的组织是开放性的，互联网信息技术专业人员的职业也是流
动的。Arnold L R通过对美国休斯敦、得克萨斯地区10名IT管理者的半结构
式访谈发现：由于互联网信息技术专业人员的职业流动会导致工作组织的成本
增加和项目的延缓，全球工作组织都在努力降低互联网信息技术专业人员的离

① Wang S, Noe R A, Wang Z M. Motivating Knowledge Sharing in Knowledge Management Systems a Quasi – field Experiment [J]. Journal of Management, 2011, 40 (4)：978 – 1009.
② 十字舵. 软件工程师：IT行业里的"大众情人"[J]. 中国大学生就业, 2009 (5)：38 – 41.

职率。Ang S 等学者搜集了美国横跨 41 个公司的 8 个主要 IT 职位在 ILM 策略和流动率方面的数据分析后发现：以技术为导向的 IT 工作人群中尤其有较高的流动率，然而以管理为导向的 IT 工作人群中流动率较低。①

有的研究发现，互联网信息技术专业人员职业地位获得呈现开放性的特点。"想在美国当程序员？可能没你想象的那么难。就算没钱去正经大学念个计算机科学专业，也有其他出路，如在线学习编程，很多真实的案例都为一些有志于此的人指出了一条光明大道。无论你是想找工作的穷学生，还是想改行的中年危机男，程序员的世界都欢迎你。"同时，发达的职业培训教育更强化了互联网信息技术专业人员职业地位开放性这一特点。"现阶段，互联网信息技术专业人员和焊接工或者木匠一样，编程其实就是一门手艺，是一门任何人都可以在几周或者几个月内稍加学习就具备基础技能的手艺。而且一旦那些刚刚开始的编程菜鸟靠着这些基本技能混到了第一个工作，此后的职业发展道路上，他们就和其他正规学校出来的程序员同行们获得了相等的机会，只要各凭本事就好。"② 可以发现，互联网信息技术职业具有较强的开放性。只要个体积极努力，都能获得相应的职业地位。

那么，为了更加深入地探析各种影响因素对互联网信息技术专业人员的地位获得的影响，学者们做了有益的探索。

大多数研究发现，经济发展状况对互联网信息技术专业人员的职业地位获得有深刻的影响。"由于快速增长的技术市场导致专业人员的需求和可用性之间的差距越来越大，信息技术不断发展以及公司继续投资新技术，导致需要更多的 IT 人才，但 IT 从业人员的高离职率加重了新技术的人才缺口。"③ 高速发展的信息经济使市场环境中互联网信息技术专业人员资源呈现稀缺性特点，而且市场的最优化配置给予了互联网信息技术专业人员的职业地位获得巨大的推动力。IT 公司都在通过各种途径寻找专业技术人员，导致人力资源出现高度的稀缺性和极高的职业流动率。美国政府和行业报告显示，人力资源稀缺性是 IT 劳动力市场的主要特征。欧洲的 IT 人员短缺性问题同样存在，甚至更为严重。欧盟委员会 "数字技术" 报告显示："2015 年欧洲将有 90 万的 IT 职位缺

① Ang S, Slaughter S. Turnover of Information Technology Professionals: the Effects of Internal Labor Market Strategies [J]. Acm Sigmis Database, 2004, 35 (3): 11 – 27.

② 宋冰. 美国 "程序员世界" 无门槛 [N]. 第一财经日报, 2014 – 08 – 07 (A06).

③ Mofulatsi, Carol. IT Professional Premature Turnover in IT Transformation Programmes: Telecommunication Industry [D]. University of Pretoria, 2016.

口，每年欧洲会增加约 10 万个 IT 职位，但未来 IT 毕业生的数量满足不了这一职位需求。"① 随着互联网信息技术行业的发展这种情况可能会日益加剧。可以看到，由于经济的发展尤其是互联网信息经济的发展，市场和技术的巨大需求为互联网信息技术专业人员的职业地位获得提供巨大的推动力。从本质上讲，这是市场对人力资源的最优化配置所造成的环境性因素对互联网信息技术专业人员职业地位获得的影响。

同样，有的研究发现，经济衰退和技术更新等制度性因素也会导致互联网信息技术专业人员职业地位向下流动，甚至丧失。"经济泡沫和过去的经济危机导致 IT 行业大量裁员……这些专业人员参加再培训项目的主要原因是他们缺乏关于 IT 行业的新知识。"② Arnold L R 认为："经济衰退不仅对工作组织产生负面影响，而且会对个人、家庭、社区、组织和经济产生负面影响。通过各方面实施降低离职率的策略，可以帮助和保持个人员工与他们的家庭成员在一起，并降低失业率。"③

众多研究发现，由于广泛深植在社会系统中的性别不平等文化和制度依然牢固存在，互联网信息技术行业中的性别歧视不可避免。即使对于拥有良好技术资本的女性群体，性别分割制度对职业地位获得的影响依然强烈。这点在 Clark E A 的研究中得到印证。他发现，IT 组织中高等教育层次的女性高管职业地位获得受到结构性因素的影响。高层的 IT 工作组织中，依然存在较为严重的性别歧视。高等教育中的 IT 文化是基于男性特征来进行规范的，这在某种程度上助长了 IT 行业内对女性领导人的偏见。④ 来自全球 IT 安全领域的数据也显示了类似的情况。非营利性认证组织（ISC）和技术咨询公司博思艾伦基于对全球近 14000 名 IT 安全专业人士的研究发现，安全 IT 领域存在严重的纵向和横向性别不平等。IT 安全领域就业人员存在性别失衡状况。在过去的几年里，女性在计算机科学与工程方面取代男性，并且高等学历比例超过男

---

① 顾舟峰. 欧盟启动"数字就业"计划 [N]. 人民邮电，2013 – 03 – 20（005）.

② Yao W. A Study on the Difference of IT Skill between Retrained Professionals and Recent Graduates [M] // Advances in Information Technology and Education. Springer Berlin Heidelberg, 2011: 115 – 119.

③ Arnold L R. Strategies for Reducing High Turnover Among Information Technology Professionals [D]. Walden University, 2016.

④ Clark E A. Women as Chief Information Officers in Higher Education: A Mixed Methods Study of Women Executive Role Attainment in Information Technology Organizations [D]. Boston College, 2013.

性。但妇女在 IT 安全工作人员当中的比例只有 10%。但其中，58% 的就业女性具有硕士或博士学位，男性只有 47%。在受访者的分组当中，女性平均年薪比男性低 4.7%。如果不尽快缩小 IT 安全领域工作人员性别差距，那么到 2020 年，IT 安全领域工作人员短缺数量将达到 150 万人，严重制约技术的创新和产业发展。①

　　性别分割制度的影响会一直持续下去吗？当然不是。不少研究发现，技术和市场以及个人努力等因素正在缓解性别分割制度造成的不平等。在过去的 10 年里，女性已经努力克服性别所带来的不便。② 虽然这种努力没有最大限度实现互联网信息技术领域的性别不平等，但互联网信息技术的创新与行业发展已经减少了性别的不平等程度。更重要的是，由于 IT 行业对技术人员的需求增加，IT 行业面临女性从业人员短缺的困境。Beasley R E 认为：市场的发展和技术的创新，一方面美国有超过 40 万个空缺的 IT 职位，有助于减少行业内的性别不平等，吸引和留住有经验的女性互联网信息技术专业人员。另一方面，互联网信息技术塑造的发达的社会网络关系和远程办公管理有望缓解男性与女性之间的不平等问题。③ Claggett G P 采用定性和探索性的案例研究发现：女性丰富的知识技能和帮助他人的能力正在逐渐改变 IT 界的性别失衡。④ 来自跨文化国家或地区的情况也反映了类似的改善。Mohammed 等对伊斯兰国家的研究得到了更有价值的结论：作为伊斯兰文化的典型国家，在过去几年，伊拉克信息技术领域的女性劳动力人数严重不足，好在社会媒体已经被广泛应用在伊拉克，这可以有效保证女性在 IT 领域的从业机会。同时，新型的社交媒体能够有效促进女性在 IT 领域的就业。女性意识的崛起和使用社会媒介对鼓励女性参与 IT 行业有着重要作用。⑤ 可以看到，互联网信息技术行业的市场需求正在减少性别分割的不平等。

① 2015 年全球 IT 安全工作人员中女性仅占 10% ［EB/OL］. 2015 - 09 - 29. http：// sz. edushi. com/bang/info/113 - 115 - n2376004. html.

② Claggett G P. The Perception of Women Contending for First Place in the Information Technology World：A Qualitative Case Study ［D］. Capella University, 2016.

③ Beasley R E. Telework and Gender：Implications for the Management of Information Technology Professionals ［J］. Industrial Management & Data Systems, 2001, 101 （8 - 9）：477 - 482.

④ Claggett G P. The Perception of Women Contending for First Place in the Information Technology World：A Qualitative Case Study ［D］. Capella University, 2016.

⑤ Mohammed, Rammah Ghanim. The Role of Social Media in Empowering the Involvement of Women in Information Technology Workforce in Iraq ［D］. Universiti Utara Malaysia, 2016.

有的学者还发现工作组织水平对互联网信息技术专业人员职业地位有深刻影响。Guha S 等发现：互联网信息技术专业人员职业地位的获得受生活和工作的状态的影响较大。撇开家庭和年龄因素，更高职位地位许诺与工作组织的声望水平对人们的职业地位获得尤其是年轻人有强烈的影响。① 大多数研究则发现，工作组织给予互联网信息技术专业人员的薪酬水平是职业地位获得的重要原因。Tan M 和 Igbaria M 是较早研究该问题的学者。他们发现：工作组织给予的职业地位上升空间和薪酬是职业地位获得的重要影响因素。② Chakrabarti S 等调查显示：不管职位、年龄、性别因素，工作组织给予的薪水水平和更高职业地位吸引始终是最重要的因素。③ 但更多的研究发现了更为复杂的成因。Dhar R L 通过对 16 名印度互联网信息技术专业人员的深度访谈发现：工资差异、职业瓶颈、组织文化等工作组织因素是互联网信息技术专业人员职业地位获得的重要原因。④ 有的学者则发现，工作组织赋予的岗位胜任要求与个人的努力程度对职业获得有一定的影响。Lee P C B 提出了带有高度解释性的离职变量：增长所需要的努力程度与工作满意度的交互决定离职倾向。也就是说，增长所需的努力程度能够降低因工作满意度低而导致的职业地位的丧失。⑤ 有学者根据类似研究结论开展了进一步研究。Boatright C M 博士通过研究 Survey Monkey 市场研究公司的信息技术专业人员职业流动数据发现：工作安排与离职倾向之间没有显著关系，但任务特点和离职倾向之间有较小正相关关系，人身自由是任务特点与离职倾向相关的唯一特征。⑥ 因此，更多的学者将研究视角集中在职业培训、职业规划、价值观、性格、气质、心理、个体构建的社会网络关系等非制度性因素对职业地位获得的影响方面。

① Guha S, Chakrabarti S. Differentials in Attitude and Employee Turnover Propensity：A Study of Information Technology Professionals ［J］. Global Business & Management Research, 2016, 8（1）.
② Tan M, Igbaria M. Turnover and Remuneration of Information Technology Professionals in Singapore ［J］. Information & Management, 1994, 26（4）：219-229.
③ Chakrabarti S, Guha S. Differentials in Information Technology Professional Category and Turnover Propensity：A Study ［J］. Global Business Review, 2016, 17（3）.
④ Dhar R L. Reality Shock：Experiences of Indian Information Technology（IT）Professionals ［J］. Work, 2013, 46（3）：251-262.
⑤ Lee P C B. Turnover of Information Technology Professionals：A Contextual Model ［J］. Accounting, Management and Information Technologies, 2000, 10（2）：101-124.
⑥ Boatright C M. A Quantitative Examination of the Effect of Work Design on Turnover Intention of Information Technology Professionals ［J］. Dissertations & Theses-Gradworks, 2014.

职业培训教育被众多研究证明是提高职业地位的有效途径。该结论在欧盟委员会的"数字就业"计划中得到了充分显现：创新学习及教学方法，扩展、改善教育和培训机制，为更多的人走向成功提供技能。提供技能认证，IT 人才的技能水平都能得到各国企业认可；提高就业意识，无论是男性还是女性IT 人才，都能感受到数字行业广阔的职业前景。① 对于具体的职业地位获得而言，每一个工程师进入该公司要做的第一件事，就是 6 个星期的集中训练，大部分的课程自然都和编程相关。公司设立这个规定流程，是因为在大部分的高校里，计算机系都更注重理论学习而不是实打实的编程。后者其实包括各种最流行的编程语言、项目管理与合作等一系列庞杂知识，这意味着一个合格的程序员往往需要和几十个其他程序员以及几百万个运行程序同时打交道。

有研究还发现，职业培训教育能够有效地抗击职业地位丧失的风险。"IT专业人才具有良好的专业知识和多年的行业经验，所以在裁员期间，由于社会、国家对 IT 技术的需要，这些失业的技术人员才有资格参加政府主办的训练项目，并可以领取失业救济金。这些项目旨在让这些失业的专业人员重新返回工作岗位。在软件开发中，这些技术人员的行业知识将可以帮助填补行业空白。"② Yao W 则发现："不管是有一点经验或者毫无经验可言，一直不间断学习 IT 技能和积极参加培训的学生，足可以超越那些依靠工作经验的 IT 专业人士。如果给那些 IT 专业人士使用互联网、书籍、课程的幻灯片等学习材料，他们也能获得与年轻的应届毕业生相应的职业地位。"③

有的研究还发现，职业规划对职业地位获得有显著性的影响。Eve R A 对巴西的互联网信息技术专业人员职业地位的研究发现：职业生涯规划对职业地位获得有显著性的影响，而更高的薪酬并不能挽留这些要离岗的专业人员。④ Lee P C B 发现：良好的职业规划对促进职业生涯战略的实施产生了较大的影响，也对职业地位的获得和职业满意度的增强有积极影响。⑤ 他们还发现，选

---

① 顾舟峰. 欧盟启动"数字就业"计划 [N]. 人民邮电报，2013 - 03 - 20（005）.

② 刘洋. 政府在再就业培训中的定位和职能 [D]. 首都经济贸易大学，2012.

③ Yao W. A Study on the Difference of IT Skill between Retrained Professionals and Recent Graduates [M] // Advances in Information Technology and Education. Springer Berlin Heidelberg，2011：115 - 119.

④ Eve R A. "Adolescent Culture," Convenient Myth or Reality? A Comparison of Students and Their Teachers [J]. Sociology of Education，1975，48（2）：152 - 167.

⑤ Lee P C B. Career Goals and Career Management Strategy Among Information Technology Professionals [J]. Career Development International，2002，7（7）：6 - 13.

择创业是职业发展路线中获得较高职业地位的最直接的方式。因此，是创业自己做老板，还是继续做雇员，是互联网信息技术专业人员职业路线一直面临的问题。最新的研究发现，个体金融能力和创业意愿对创业型专业人员职业地位获得有显著性的影响。Kirchoff 与 Noorderhaven 等的研究都认为：选择创业的互联网信息技术专业人员都源于他们强烈的意愿。该结论也在 Goel R K 等的实证研究中得到验证，"到底是成为一个企业家还是顾问，是摆在拥有较高专业技术地位的 IT 人士面前的重大问题。"[①] 他们发现：现阶段出现了一个较为明显的趋势，即选择"自主创业"路线的互联网信息技术专业人员越来越多了。为此，他们与加拿大 IT 专业协会联合调查发现："IT 专业人士选择创业主要是因为他们具有显著的金融优势，并想对自己的实际工作加强控制，工作与生活的平衡并没有明确成为自主创业选择 IT 行业的一个重要因素。自主创业者的主要缺点是缺乏就业优势。同时，自主创业能够有效克服性别分割制度的不平等。"[②] 可以看到，有效地提升个体的技术、金融、协作能力有利于互联网信息技术专业人员的职业地位获得和向上流动。但金融能力越大，越有利于互联网信息技术专业人员创业吗？有的学者对此做出了有益的探索。Goel R K 通过对互联网信息技术专业人员面临成为企业家或雇员之间的选择行为模型分析发现："专业技术水平、项目价值、项目成本投入、风险投资、创业人作用对创业路线的选择有深刻的影响。特别是当风投作用大于专业技术水平和创业人作用的时候，风投的作用反而不利于其做出创业的决定。"[③]

既然个体对职业地位获得有着显著性的影响，相当部分的研究则将重点集中在个体的情绪、心理、气质、情商、意识、道德等非制度性因素方面。

有的研究发现，互联网信息技术专业人员的个人情绪对职业地位获得有较大的影响。Niederman F 等发现："大多数自愿离职的互联网信息技术专业人员更多的是出于非理性的情绪决定。这种非理性的决定更多地源于'自我意识被侵犯'。与以前的'理性'决策途径研究结论相比，大部分受访者离职原因

---

① Goel R K, Hasan I. An IT Professional's Dilemma: Be an Entrepreneur or a Consultant? [J]. NETNOMICS: Economic Research and Electronic Networking, 2005, 7 (1): 17 – 25.

② Tremblay D G, Genin E. Money, Work-Life Balance and Autonomy: Why do IT Professionals Choose Self-Employment? [J]. Applied Research in Quality of Life, 2008, 3 (3): 161 – 179.

③ Goel R K, Hasan I. An IT Professional's Dilemma: Be an Entrepreneur or a Consultant? [J]. NETNOMICS: Economic Research and Electronic Networking, 2005, 7 (1): 17 – 25.

表现为各种'情绪'的影响。"① 有的学者则发现，职业倦怠是职业地位获得的重要影响因素。Maudgalya T 等研究了 IT 专业人员和倦怠环境之间的关系：由工作缺乏挑战性造成的职业倦怠对互联网信息技术专业人员的地位有一定的影响。② Lee P C B 的研究发现：职业瓶颈对职业和工作满意度也有负面影响。职业瓶颈导致的职业倦怠比事业瓶颈的更大，更容易导致职业地位的丧失和向下流动。③ Rutner P 等从预期情绪显示的角度探讨了 IT 专业人员的职业倦怠问题：工作场所的情绪反应会对工作疲惫产生影响，并提出了经营管理建议，以帮助缓解压力和共同工作场所的相互作用，减少 IT 专业人员的职业倦怠。④

有的研究发现，互联网信息技术专业人员的性格、气质、情商等特征是职业地位获得的显著性影响因素。Lounsbury J W 等研究发现：自信、情绪稳定、外向、开放、团队合作意识、客户服务意识、乐观和工作责任心等 8 种性格和气质对职业地位获得有显著性的影响。⑤ Eckhardt A 等以 813 名互联网信息技术专业人员的数据为基础，建立了 IT 员工离职倾向个性影响的五因素模型后发现："在个性和工作态度方面，4 组人员有着显著的差异；人格特质对工作态度有显著影响，间接影响到了 IT 从业人员的职业地位获得；在开放性、尽责性和外向性方面，系统工程师排名最高。"⑥

有的学者则发现，情商对互联网信息技术专业人员的职业地位有显著性的影响。Kaye S 通过对互联网信息技术专业人员的情商（EI）水平的考察发现：

---

① Niederman F, March S T. Design Science and the Accumulation of Knowledge in the Information Systems Discipline [J]. Acm Transactions on Management Information Systems, 2012, 3 (1)：505 – 511.

② Maudgalya T, Wallace S, Salem N D S. Workplace Stress Factors and 'Burnout' Among Information Technology Professionals：A Systematic Review [J]. Theoretical Issues in Ergonomics Science, 2006, 7 (3)：285 – 297.

③ Lee P C B. Career Strategies, Job Plateau, Career Plateau, and Job Satisfaction Among Information Technology Professionals [C] //ACM SIGCPR Conference on Computer Personnel Research. ACM, 1999：125 – 127.

④ Rutner P, Riemenschneider C, O'Leary-Kelly A, et al. Work Exhaustion in Information Technology Professionals：the Impact of Emotion labor [J]. Acm Sigmis Database, 2011, 42 (1)：102 – 120.

⑤ Lounsbury J W, Moffitt L, Gibson L W, et al. An Investigation of Personality Traits in Relation to Job and Career Satisfaction of Information Technology Professionals [J]. Journal of Information Technology, 2007, 22 (2)：174 – 183.

⑥ Eckhardt A, Laumer S, Maier C, et al. The Effect of Personality on IT Personnel's Job-related Attitudes：Establishing a Dispositional Model of Turnover Intention Across IT Job Types [J]. Journal of Information Technology, 2016, 31 (1)：48 – 66.

低情商的互联网信息技术专业人员对个人和组织的生产力可能会产生不利影响，获得的职业地位也相对较低。① King R C 等对 187 个 IT 专业人士的调查数据分析发现：IT 专业人员更喜欢在工作过程中保持他们自身的较强的个人技能和人格特点。如果工作组织认可那些技能和人格特点（指对于他们的个性或特点予以保留，并不强行压制），IT 专业人员会觉得更加契合组织（企业）的价值观和准则，因而会感受到更少的角色压力、更高的组织认同，离开组织（企业）的可能性就越小。同时，高度角色冲突的 IT 专业人员倾向于有更低的工作满意度，从而导致职业地位的丧失和向下流动。②

随着国外研究学者对互联网信息技术专业人员的情绪、心理、意识、意愿等方面的研究逐步完善和丰富，越来越多的学者在"价值观"领域展开了深入研究。他们发现，价值观对互联网信息技术专业人员的职业地位获得有着深刻的影响。作为互联网信息技术革命发源地，美国学者首先对互联网信息技术专业人员的价值观进行了深入研究。这其中首推默顿和科尔兄弟，以及朱克曼的科学社会学学派。他们通过大量的实证研究发现：在科学界存在明显的分层，且科学家的精神在不同的时期和领域存在差异。在随后的几十年中，众多学者根据其研究范式和结论展开了各种有益的研究。与"科学家共同体"拥有"科学家精神"一样，互联网信息技术专业人员同样拥有强烈的"技术精神"。Lounsbury J W 等借鉴 Holland 的职业理论和 Schneider 的 ASA 模型以及五大类人格特征或者狭隘的性格特征模型，比较研究了 12695 个互联网信息技术专业人员和 73140 个其他职业的人员关键的五大类的人格特征后发现：优秀的互联网信息技术专业人员具有鲜明的个性和价值观倾向，尤其是随和外向、坚韧豁达、情绪稳定、自信乐观、充满激情的价值取向。因此，工作组织在招聘、选择、管理和提拔时，互联网信息技术专业人员拥有较强的技术价值观，能够更好地适应互联网信息技术时代的变革，获得更高的职业地位。③ O'Boyle E J 则在讨论《美国计算机协会道德守则》和道德决策的研究基础上，围绕"道德决策过程""计算机行业中的道德责任""计算机行业道

① Kaye S. Assessing Emotional Intelligence Among Information Technology and Non-information Technology Professionals [J]. Dissertations & Theses-Gradworks, 2009.
② King R C, et al. Socialization and Organizational Outcomes of Information Technology Professionals [J]. Career Development International, 2005. 10 (1): 26 – 51.
③ Lounsbury J W, Sundstrom E, Levy J J, et al. Distinctive Personality Traits of Information Technology Professionals [J]. Computer and Information Science, 2014, 7 (3): 38 – 49.

德""道德决策的六步模型""计算机行业软件工程的道德议题"五个主要
问题，建立了互联网信息技术专业人员道德决策模型。他们的研究发现：
"道德水平能够对互联网信息技术专业人员行为和地位获得产生较大的影响。
《美国计算机协会道德守则》在塑造职业行为方面发挥了积极的作用，但不
能保证每一个该专业人员都能以一个正确的方式去指导其行为。因此，高级
管理人员需要着重通过招聘、培训、执行等工作，创造和保持一个良性的工
作环境，对员工行为施加积极的影响，使其行为合乎道德规范。"① 研究还发
现，处于不同工作组织层次的互联网信息技术专业人员的价值观是存在差
异的。Jin K G 等调查了互联网信息技术专业管理人员与专业人员的伦理态
度和关键组织的价值观关联性，探讨了 IT 从业人员中非管理层专业人员、
中层管理人员和高层管理人员的道德态度和看法，发现："两者之间在某些
关键伦理问题上有着显著性差异。"②

　　跨文化的学者们从道德特点、道德实践、环境对职业地位获得的影响，进
一步验证了相关研究结论。他们发现，不同地域和文化的互联网信息技术专业
人员的价值观存在一定差异。印度学者对互联网信息技术专业人员的价值观研
究比较早。Pavan Varma 在《伟大的印度中产阶级》中，就批判了通过技术致
富的印度中产阶级自私的唯物论和"逃离唯心论"。而与此相对，印度学者
Das G 在题为《解放印度》的论文中则提出了相反的观点。他认为，印度新兴
的技术中产阶级比传统的中产阶级具有更高的责任意识和价值观水平。他认
为，"通过技术崛起的中产阶级是一个自信的新兴中产阶级"。并且他坚称，
新兴的中产阶级不但并不比传统的中产阶级"更贪婪"，而且有着更少的虚伪
和更多的自信。③ Das G 的观点在随后的学者们的研究中得到了进一步验证。
Fuller C J 和 Narasimhan H 作为研究印度技术中产阶级价值观的代表人物，
通过对印度钦奈新富中产阶级中的互联网信息技术专业人员的研究发现：
"互联网信息技术专业人员的价值观受到了全球化的深刻影响。虽然互联网

---

① O'Boyle E J. An Ethical Decision-making Process for Computing Professionals [J]. Ethics & Information Technology, 2002, 4 (4): 267 – 277.

② Jin K G, Drozdenko R, Bassett R. Information Technology Professionals' Perceived Organizational Values and Managerial Ethics: An Empirical Study [J]. Journal of Business Ethics, 2007, 71 (2): 149 – 159.

③ Das G. India Unbound: The Social and Economic Revolution from Independence to the Global Information Age [M]. New York: Anchor Books, 2002: 290.

信息技术专业人员拥有巨大的财富和迁移能力，可以轻易地离开这个贫穷而复杂的国家，但是在较高的社会责任和理想主义以及强烈的抱负的价值观驱动下，他们还是根据世俗化的文化传统选择在本土生活和工作。他们大多不是自私的物质主义者，也不是片面认识印度的技术家，更不是狭隘的尼赫鲁的民族主义者，而是全球信息经济的技术承担者和推动印度社会的进步者。他们的价值观和使命致力于促进技术的全球化，实现印度人民生活水平的提高。"① 国际性的比较研究也进一步验证了该结论。Tahat L 等学者通过对中东和美国互联网信息技术专业人员的职业道德、与道德有关的问题，以及人口学统计调查的研究发现："中东和美国的互联网信息技术专业人员道德取向的整体平均值是 3.58 左右，② 处于相对较高的水平；男性受访者和女性受访者存在不同，女性会遵守更为严格的家庭道德和传统的价值观，她们在某些情况下会发现社会和她们的家庭在某些程度上能够容忍不道德的行为。在知识产权保护上，由于国家利益的不同，一个旨在财政奖励创新，而另一个旨在让公众享受创新的好处。美国严格的教育体系导致美国的 IT 业拥有更强烈的知识产权意识，而中东地区则实施较为开放的教育，其地区的 IT 知识产权意识比较弱。"他们提出了三个建议："工作组织要积极提高员工的道德意识，并且应当考虑他们的职业地位和性别差异。工作组织还应特别注意在组织内部构建道德框架，来指导员工制定道德的决策。同时作为教育的主体，国家和政府以及学校应该积极加强工作场所的道德实践，学校应将道德教育纳入它们的课程，以提高那些代表未来市场的互联网信息技术专业人员的道德意识。"③

此外，还有研究发现，社会网络关系也是互联网信息技术专业人员职业地位获得的重要影响因素。拥有发达的社会网络关系，能够形成较强的社会支持，可以增加个体的职业稳定性和实现较高的地位。Temple J C 通过在线调查方式对美国加州 14 所社区学院的 198 名互联网信息技术专业人员进行了近 5 年的工作满意度调查后发现：无论工龄有多长，与同事的关系和配合程度是职

① Fuller C J, Narasimhan H. Information Technology Professionals and the New-rich Middle Class in Chennai (Madras) [J]. Modern Asian Studies, 2007, 41 (1): 121–150.
② 5 分为最高分。
③ Tahat L, Elian M I, Sawalha N N, et al. The Ethical Attitudes of Information Technology Professionals: A Comparative Study Between the USA and the Middle East [J]. Ethics and Information Technology, 2014, 16 (3): 241–249.

业地位获得的显著性影响因素。① Lee P C B 通过对团队关系、社会支持、工作满意程度、离职率等维度的实证模型分析发现："较好的上下级关系和同事社会关系有助于获得最大限度的职业支持和社会支持。对于组织来说，给予团队成员最大的社会支持能够最大限度地减少互联网信息技术专业人员的离职，确保工作组织的价值实现。"② 可以发现，政治环境、工作组织、文化环境、个体性等因素对互联网信息技术专业人员的价值观产生了较为复杂的影响。同时，价值观反过来对工作组织、技术创新、职业地位获得和流动有着显著性的影响。

综上所述，互联网信息技术专业人员职业地位专业属性极强、内涵构成丰富且复杂，呈现高流动性、高声望等特征。同时职业地位获得受到了经济制度、工作组织、性别分割制度等制度性因素影响，也受到了来自个体情绪、心理、价值观等非制度性因素的影响。

三　互联网信息技术专业人员社会经济地位获得

在市场经济和技术占主导的背景下，收入是衡量个体社会经济地位的重要指标，也是地位获得的最重要的体现之一。本研究把收入作为互联网信息技术专业人员社会经济地位的直接衡量标准。③ 相对于专业技术地位和职业地位的影响因素而言，收入的影响因素种类更多，影响机制也更为复杂。因此，社会经济地位获得成为国外研究的重点，本研究将围绕"Salary""Remuneration""Income"三个核心词展开文献综述。

社会财富占有量是衡量社会经济地位的重要标准，从整体上看互联网信息技术专业人员已经占据了社会阶层的中上层位置，拥有极高的社会经济地位和持续的向上流动性。2015 年国际权威期刊《商业内幕》根据拥有员工数量与支配资源以及在产业界的话语权，评出了全美最具影响力前 50 家公司，微软、

---

① Temple J C. A Quantitative Study of Factors Contributing to Perceived Job Satisfaction of Information Technology Professionals Working in California Community Colleges [D]. University of La Verne, 2013: 159.

② Lee P C B. The Social Context of Turnover Among Information Technology Professionals [C] // Proceedings of the 2002 ACM SIGCPR Conference on Computer Personnel Research. ACM, 2002: 145 - 153.

③ 对社会经济地位概率的具体分析，本研究将在后文的章节进行具体的分析和论述。

苹果、IBM、谷歌、优步等16家互联网信息技术企业位列其中。[①] 同时，根据福布斯2015年全美400富豪榜，微软的比尔·盖茨、亚马逊的CEO杰夫·贝索斯、Facebook的马克·扎克伯格等互联网信息技术精英均跻身美国十大富豪之列。Luisa等发现，互联网信息技术专业人员占福布斯排行榜总人数的40%。[②] 对于广泛个体而言，互联网信息技术专业人员的社会经济地位整体提升较高。美国劳工部近10年的数据统计也显示：美国互联网信息技术专业人员薪酬的增长率，除2009年金融危机出现0.4%的微幅负增长外，其余年份均为持续性的正增长。[③] 可以看到，这些依靠技术优势获得极高的专业技术和职业地位的人员，集聚了大量的财富和资源，形成了一个超过400万人的互联网信息技术专业人员群体。[④]

从市场岗位需求数据上看，互联网信息技术专业人员社会经济地位处于社会的中上层且拥有明显的优势。美国权威求职网站Glassdoor发布的《2015年美国最好的工作》报告显示，美国25个热门工作中，软件工程师、网络工程师、移动开发人员、数据库管理员、QA工程师、IT项目经理等互联网信息技术岗位占据了10个。[⑤] 纽约大学和俄亥俄州立大学的经济学家进行的UMETRICS调查也显示：数学与计算机专业的博士初职薪酬约7万美元，是其他专业岗位的2倍甚至数倍。同时，互联网信息技术专业人员的社会经济地位呈现持续提高的特征。《21世纪经济报道》针对硅谷的互联网信息技术专业人员的报道，也进一步印证了美国劳工部的结论。它们发现，2011年经济的黯然失色丝毫没有影响高科技企业尤其是互联网信息技术企业的人才争夺。在硅谷，从谷歌这样的大型企业到最小规模的初创型公司，各家都在争相挖掘最优秀的IT人才。为了防止有经验的老员工跳槽，美国加州的大公司纷纷提高了薪酬和奖金，例如《金融时报》称，毕业不久的初级工程师的薪酬2010年上

① 中关村在线. 美国Top50企业榜单出炉：微软高于苹果 [EB/OL]. 2015－10－02. http：// news. zol. com. cn/544/5443082. html.

② Luisa，Kroll. Inside the 2015 Forbes 400：Facts And Figures About America's Wealthiest [EB/ OL]. Frobes. 2015－09－30. http：//www. forbeschina. com/review/201509/0045643. shtml.

③ Computerworld Staff and Contributors. IT Salary Survey 2016 Results [EB/OL]. Computerworld, 2016. http：//www. computerworld. com/resources/100333/it－salary－watch/computerworlds－it－ salary－survey－2016－results.

④ 美国劳工统计局. 预测未来10年的最佳职业 [EB/OL]. 2016－09－05. http：//www. 199it. com/archives/514336. html.

⑤ Glassdoor. Get Hired. Love Your Job [EB/OL]. 2016－11－10. https：//www. glassdoor. com/ index. htm.

涨了 30% ~ 50%。而微软早在 2011 年就在计划为员工加薪，并提高薪酬中现金部分的比例。①

　　同样，最新的行业报告也显示了互联网信息技术专业人员社会经济地位较高且极具增长性。Drdobbs 近期对 2200 名美国程序开发人员的调查发现：高薪领域的工资与经济的增长呈正相关关系。TechTarget 2015 年 IT 工程师薪资调查显示：IT 软件开发工程师平均工资 9.6 万美元，工资加奖金总收入为 10.1 万美元，最高可达 16.6 万美元；2014 年 IT 网络工程师的平均工资为 8.3 万美元，总金额约为 8.8 万美元。② 同样来自美国劳工部 2014 年的数据显示，相比其他行业互联网信息技术专业人员薪酬较高，计算机和信息技术职业员工的年工资中位数为 7.9 万美元，高于 3.6 万美元的所有职业员工的中位年薪。预计计算机和信息技术行业薪酬从 2014 年到 2024 年将增长 12%，超过所有职业的平均水平。这些职业预计将增加约 48.9 万个新的工作岗位，从大约 390 万个工作岗位增加到大约 440 万个岗位。③ IT 岗位增长的主要原因在于现在 IT 行业更注重云计算、大数据的收集和存储，日常生活用品和互联网结合打造了物联网，将来对移动计算有着持续的需求。来自专业领域的行业报告的结论也是高度一致。2016 年美国著名 IT 杂志《计算机世界》基于对 3300 个互联网信息技术专业人员的调查结果显示："高级管理人员年薪可以达到 17 万美元；中层管理人员年薪可以达到 12 万美元；普通的互联网信息技术专业人员的年薪可以达到 9 万美元，预计其年薪还会以 3.9% 的速度增长。"④ 可以看到，美国的互联网信息技术专业人员数量庞大且优势地位已变得日益明显。

　　那么，究竟是哪些因素影响互联网信息技术专业人员社会经济地位？学者们从多个方面进行了有益的探索。较早研究互联网信息技术专业人员薪酬影响因素问题的是美国和新加坡学者。Tan M 和 Igbaria M 研究显示：互联网信息

①　黄锴．程序员的加薪指数 [N]．21 世纪经济报道．2012 – 01 – 13（022）．

②　Payscale. Average Salary for Industry：Information Technology（IT）Services [EB/OL]．2015 – 10 – 18. http：//www. payscale. com/research/US/Industry = Information_ Technology_（IT）_ Services/Salary.

③　US Department of Labor. Computer and Information Technology Occupations [EB/OL]．2015 – 12 – 17. http：//www. bls. gov/ooh/computer – and – information – technology/home. htm.

④　Computerworld Staff and Contributors. IT Salary Survey 2016 Results [EB/OL]．Computerworld，2016. http：//www. computerworld. com/resources/100333/it – salary – watch/computerworlds – it – salary – survey – 2016 – results.

技术专业人员的收入受到了多种因素的影响。其主要因素包括：职业地位高低、工作经历、国籍、学历、性别等。① 美国 *The Journal* 杂志对美国 IT 各个级别从业人员的平均年薪和工作满意度的调查发现：学校类别、区域或工作经验等多种因素对 IT 薪水的影响是显著的。②

为了深入探讨影响社会经济地位获得的因素，学者们从多个方面进行了探讨。他们发现：市场对互联网信息技术专业人员社会经济地位获得有显著性的影响。行业市场盈利水平越高，互联网信息技术专业人员的社会经济地位越高。"在一个行业市场的不同时期，其供需关系是不同的。一般来讲，在一个所谓的朝阳产业中，行业发展迅速、前景广阔，人才需求量大，人才待遇将会处于高水平；慢慢地，行业的发展速度会放缓，趋于平稳，进入成熟期，待遇水平相对平稳；而当一个产业经过成熟期，出现瓶颈，甚至进入衰退期时，行业中的人相应地可能会丢掉饭碗，被迫转型。"③根据艾瑞的数据分析：全球互联网活跃人数不断增长且活跃程度越来越高。互联网信息技术行业目前仍处于上升发展期，远未触及"天花板"。这就保证了互联网信息技术行业的大规模运营和行业发展的持续动力。同时，在行业劳资关系领域，互联网信息技术专业人员的薪酬始终处于优势地位，并不断地增加。

有的研究发现，行业特征对于社会经济地位的获得有显著性的影响。④ 一般情况下，职业所处的行业类型是薪金高低的首要决定条件。从互联网行业传统的开发模式来看，产品经理、架构师、开发工程师、测试工程师、项目经理、运维及其他技术支持类工程师均处于核心位置，而这些核心岗位必然是互联网公司的最大用人需求所在。其他支撑类、职能类岗位则依附于核心岗位而存在，在薪金方面不能占据主动。美国 Computerworld 网站研究发现："互联网信息技术行业的发展前沿决定了无论是颠覆还是布局，都需要依仗于互联网信息技术专业人员来完成。这就造成了无论是政治组织、经济组织、科技组织，

---

① Tan M, Igbaria M. Exploring the Status of the Turnover and Salary of Information Technology Professionals in Singapore ［C］// Conference on Computer Personnel Research. ACM, 1993: 336 – 348.

② Nagel D, Schaffhauser D. 2016 Salary & Job Satisfaction Survey ［J］. The Journal, 2016.

③ 哪些因素决定着互联网从业人员的薪金水平？［EB/OL］. 2014 – 09 – 28. http:// www. 360doc. cn/article/13916623_ 413097576. html.

④ Drdobbs. 2014 年美国程序员薪资调查报告 ［EB/OL］. 2014 – 05 – 28. http://www. 199it. com/archives/232534. html.

还是文化组织，移动互联网相关专业技术人才都将会是更加稀缺的。而有多年经验的移动互联网、云数据、大数据人才更是少之又少，他们今后必将成为人才市场中薪金处于塔尖的那一部分。因此，工作组织均开出了高薪吸引这些人才的加入。"[1]

　　有的研究发现，地区分割制度对互联网信息技术专业人员的薪酬有显著性的影响。美国游戏从业者平均收入领先加拿大和欧洲地区，且欧洲游戏从业人员年薪最低。[2] 来自全球的数据也证实了类似的结论。MyHiringClub 网站通过直接咨询全球近万家公司的人力资源经理层，询问该公司各岗位平均薪资数据发现：不同地区的互联网信息技术专业人员的年薪存在明显的分层。排在前三位的分别是瑞士、比利时和丹麦，其 IT 专业人员的平均年薪分别为 17.2 万美元、15.3 万美元和 14.0 万美元。而印度中端 IT 人士的平均年薪为 4.2 万美元，略微落后于中国的 4.3 万美元，且该国 IT 领域雇员薪水的涨幅近年来已经显示出明显的放缓趋势。而美国的中端 IT 人士的年薪则高达 13.3 万美元。排在印度之后印度尼西亚、菲律宾、马来西亚和泰国的中端 IT 人士薪水则更加摆不上台面，其中排名倒数第一的保加利亚中端 IT 人士年薪仅为 2.6 万美元。以保加利亚的薪酬为标准，瑞士、比利时、丹麦等国家是其 6.67 倍、5.96 倍、5.45 倍，中国、印度则是其 1.67 倍、1.6 倍。这进一步说明，地区分割制度、经济制度等制度性因素对互联网信息技术专业人员的社会经济地位有着深刻影响。

　　有的研究发现，工作组织的性质和规模等方面对获得较高的社会经济地位有显著性的影响。Nagel D 和 Schaffhauser D 在探讨三组具有最高平均薪水的互联网信息技术专业人员时发现："公立单位与私立单位的互联网信息技术专业人员的薪水预期和满意度存在较大的差异，单位性质与工作收入有显著性的关系。"[3] 有的研究还发现，工作组织规模与社会经济地位获得呈正比关系。Drdobbs《2014 年美国程序员薪资调查报告》显示：公司规模越小，获得的薪

---

①　Computerworld's IT Salary Survey 2016 Results ［EB/OL］. Computerworld，2016. http：//www. computerworld. com/resources/100333/it - salary - watch/computerworlds - it - salary - survey - 2016 - results.

②　GameLook. 2013 年欧美游戏从业者收入调查 ［EB/OL］. 2014 - 07 - 23. http：//www. gamelook. com. cn/2014/07/171486.

③　Nagel D，Schaffhauser D. 2016 Salary & Job Satisfaction Survey ［J］. The Journal，2016.

资越少；公司规模越大，获得的薪资越多。①

作为经典的研究命题，性别分割制度不仅对职业地位产生了深远的影响，对社会经济地位产生的影响甚至更大。大量研究显示：互联网信息技术领域中妇女的社会经济地位呈现低回报、低认可性以及低层次等特点。② 该结论也在随后的行业调查报告中得到了印证。游戏开发者网站 Gamasutra 发布的《2014 年美国游戏开发者薪酬调查报告》显示："2013 年美国男性游戏行业从业者平均年薪为 8.5 万美元，而女性从业者平均年薪仅为 7.3 万美元。换句话说，美国男性游戏从业者每赚 1 美元，女性从业者则只能赚到 86 美分。"③ 性别分割制度不仅使女性与男性在社会经济地位获得上存在较大差异，同时在职业起步和职业发展阶段都有深刻的负面影响。该结论在学者对应届毕业生就业的研究中得到了印证。应届毕业生的起始薪水被认为是预示职业地位获得和社会经济地位获得的潜在指标。然而，很少有研究探讨互联网信息技术专业毕业生起始薪水的决定因素。Ge C 等的研究则弥补了这一空白。他们针对 IT 类毕业生就业情况和薪水展开调查发现："性别和国籍影响 IT 就业人员的起始薪水和应届毕业生的就业水平。换言之，部分原因是性别差异导致女性毕业生比男性毕业生进入 IT 行业更难，同时外国的 IT 专业毕业生更容易找到工作，但他们的起始工资比当地的毕业生要低。"④ 这说明，性别分割的不平等影响在职业地位和社会经济地位获得初期就产生了深刻的影响。

作为性别分割制度不平等影响的主体——女性互联网信息技术专业人员应对性别不平等问题是学者们关注的焦点问题之一。有的研究发现，女性加强职业流动可以有效地减少社会经济地位获得中的性别不平等状况。Fitzenberger B 等使用了纵向数据调研发现：从职业生涯早期的选择上来看，女性和男性追求不同的职业生涯；性别之间存在持久的工资差距，差距随着时间的推移缩小，但是在低工资层次的男性与女性的工资差距是最高的；职业流动性较低的女性

① Drdobbs. 2014 年美国程序员薪资调查报告 [EB/OL]. 2014 - 05 - 28. http：//www. 199it. com/archives/232534. html.

② Kleist V F. Social Networking Ties and Low Interest, Underrepresentation and Low Status for Women in Information Technology Field [J]. Sex Roles, 2011, 66 (3 - 4)：253 - 255.

③ Gamasutra：2014 年美国游戏开发者薪酬调查报告 [EB/OL]. 2014 - 07 - 23. http：// www. 199it. com/archives/258202. html.

④ Ge C, Kankanhalli A, Huang K W. Investigating the Determinants of Starting Salary of IT Graduates [J]. Acm Sigmis Database, 2015, 46 (4)：9 - 25.

与男性的工资差距不大。① 有的学者发现，女性互联网信息技术专业人员正在通过个人的努力和使用新技术克服性别所带来的不利影响。Claggett G P 采用了定性和探索性的案例研究方法分析了女性在 IT 领域从业的障碍和优势，回顾探讨了女性在 IT 领域取得的胜利和面临的挑战，研究发现："女性丰富的知识技能和帮助他人的能力正在逐渐改变 IT 领域的性别失衡。"② 来自跨文化的研究也发现了类似的情况。即使在战火纷飞的地区，女性互联网信息技术专业人员也正在积极努力降低性别分割制度的不平等影响。Mohammed 等通过在伊拉克高校的女大学生中选择 162 个女学生样本研究发现：在过去几年中，虽然伊拉克整个国家处于战乱状态，政治动荡不安，经济破坏殆尽，劳动保障条件极为恶劣，但是由于互联网信息技术领域的女性劳动力人数严重不足和社会媒体被广泛应用以及社会鼓励，伊拉克的女性依然在 IT 领域获得了从业机会。③ 可以发现，个体的价值观和努力程度以及互联网信息技术工具的使用能够对性别分割制度施加影响，使女性互联网信息技术专业人员获得更高的社会经济地位。

大多数研究发现：互联网信息技术行业高度依赖人力资本，这就决定了个体获得较高的社会经济地位可以通过意识提升、职业培训、工作经验、价值观水平提升等方式实现。

有的研究发现，个体参与职业培训的程度是社会经济地位获得的显著性影响因素。Gonçalves W A 等通过研究加拿大联邦特区的互联网信息技术专业人员的案例后发现："人类与信息技术世界互动的建立必然是一个逐渐学习的过程。学历能力与互联网信息技术专业人员薪酬水平有紧密的关系。"自我学习和职业培训作为学习以及"技术与人互动"的重要形式则成为获得较高社会经济地位的重要方式和途径。因此，不少学者研究发现，加强职业培训有利于个体获得较高的社会经济地位。Computerworld 对 3300 名互联网信息技术专业人员的调查发现：2016 年的薪水调查受访者是一个受过良好教育的技术群体，72% 拥有学士或更高学位。许多人通过继续自

① Fitzenberger B, Kunze A. Vocational Training and Gender: Wages and Occupational Mobility among Young Workers [J]. Oxford Review of Economic Policy, 2005, 21 (3): 392–415.

② Claggett G P. The Perception of Women Contending for First Place in the Information Technology World: A Qualitative Case Study [D]. Capella University, 2016.

③ Mohammed, Rammah Ghanim. The Role of Social Media in Empowering the Involvement of Women in Information Technology Workforce in Iraq [D]. Universiti Utara Malaysia, 2016.

学和职业培训取得了事业的进一步发展。当被问及选择什么类型的培训最有利于他们的职业发展时，61%的受访者选择了特定技术培训，40%的是IT认证培训，34%的是领导力培训，29%的是项目管理培训。① Hargrave 研究了职业培训的价值和效果后认为："职业培训能够提高学生的就业率，并且能使 TANF 学生获得更好的薪酬待遇"。有的研究更发现，职业培训能够有效提升抗击失业风险的能力。Bellakhal R 等使用来自突尼斯的职业培训和就业部的数据，采用不同的计量经济学方法，研究了突尼斯全国职业培训的毕业生。结果表明，培训中的个人参与程度越高，他们找到工作的概率和月工资水平就越高。②

有的研究发现，工龄和年龄与社会经济地位获得存在一定的关系。Topel R通过使用纵向数据对薪酬结构进行研究发现：工龄是人力资本的基础，也是薪酬的重要衡量标准。工龄越长通常能获得更高的工资。拥有 10年工龄的美国职业男性工人的工资水平要高于其他类似职业工人25%。③ Abraham K G等研究了关于劳动力市场的一个重要的程式化的事实，研究结果显示：工资在很大程度上与工龄有一定的关系。在相同的技术情况下，工龄越长，获得薪酬越高。④ 但薪酬会随着工龄的增长而增长吗？Altonji J G 等通过研究发现，工龄对薪酬的正向影响是有条件的。在一定程度上，薪酬的提升与工龄的积累有一定的相关性，特别是公司处在盈利阶段时。但在常态下，工龄对工资的影响不大，大部分的工资增长因素还是由技术的提升和岗位紧缺造成。⑤ 该结论在随后其他学者的研究中先后被证实。Quan J 等通过使用人力资本模型研究发现：年长的工人较少得到鼓励，并且缺少晋升机会。年龄歧视不仅在美国存在，在世界其他地区都存在。在英国多达 60%的雇主不愿意招聘超过 35 岁的员工，占比高达 40%的企业承认存在年龄歧视。此外，老

---

① Computerworld：IT Salary Survey 2016：How to Pump Up Your Paycheck [EB/OL]. 2016 - 03 - 30. http：//www. cwi. it/it - salary - survey - 2016 - how - to - pump - up - your - paycheck_ 87883/.

② Bellakhal R，Mahjoub M B. Estimating the Effect of Vocational Training Programs on Employment and Wage：The Case of Tunisia [J]. Economics Bulletin, 2015, 35 (3).

③ Topel R. Specific Capital, Mobility, and Wages：Wages Rise with Job Seniority [J]. Journal of Political Economy, 1990, 99 (1)：145 - 76.

④ Abraham K G, Farber H S. Job Duration, Seniority, and Earnings [J]. American Economic Review, 1986, 77 (3)：278 - 297.

⑤ Altonji J G, Shakotko R A. Do Wages Rise with Job Seniority？[J]. Review of Economic Studies, 1987, 54 (3)：437 - 59.

年工人往往在招聘过程中受到歧视，部分企业通过规定或者潜规则对从业者的年龄进行限制。该模型的结果表明："年龄歧视问题普遍存在，但不同的行业和工作可能略有差异。"该结论在 Drdobbs 的《2014 年美国程序员薪资调查报告》中得到了验证：经验会导致薪酬的增长，但是超过 45 岁工资就停滞不前甚至缩水。① 也就是说，互联网信息技术专业人员的专业技术水平没有随着年龄的增长而增长的话，工龄对社会经济地位的获得将没有正向影响或者呈现负向影响。

有的研究发现，价值观尤其是期望对获得较高的社会经济地位有显著性的影响。Computerworld 对 3300 名互联网信息技术专业人员的调查发现：互联网信息技术专业人员的薪酬普遍较高。他们的满意程度能够有效地促进任务的完成，实现个体和组织的价值。高达 85% 的互联网信息技术专业人员对职业感到满意或非常满意。约有 60% 的 IT 从业人员表示，他们相信计算机职业道路和工资增长的可能性比其他职业更有前途；31% 的人认为有前途的是其他职业，只有 9% 的人认为它没有希望。同时，该报告还发现：互联网信息技术专业人员不会安于现状，他们更希望获得具有挑战性的工作，向更好的技术和职业岗位方向努力，以实现自己的理想价值。② 可以发现，积极的价值观取向有利于互联网信息技术专业人员获得较高的社会经济地位。

社会经济地位的获得对互联网信息技术专业人员的影响是学者们研究的另外一个重要问题。有的研究发现，较高的社会经济地位获得对职业获得和发展有着极为显著性的影响。③ Guha S 等通过对离职模型的分析发现，高薪酬是导致青年互联网信息技术专业人员离职的主要因素。④ Linda Ashcroft 对薪酬状况的调查发现："薪酬能够有效增加图书馆员和互联网信息技术专业人员的工作

①　Drdobbs. 2014 年美国程序员薪资调查报告 ［EB/OL］. 2014 - 05 - 28. http：//www. 199it. com/archives/232534. html.

②　Computerworld：IT Salary Survey 2016：How to Pump Up Your Paycheck ［EB/OL］. 2016 - 03 - 30. http：//www. cwi. it/it - salary - survey - 2016 - how - to - pump - up - your - paycheck_87883/.

③　Gamasutra：2014 年美国游戏开发者薪酬调查报告 ［EB/OL］. 2014 - 07 - 23. http：//www. 199it. com/archives/258202. html.

④　Guha S, Chakrabarti S. Differentials in Attitude and Employee Turnover Propensity：A Study of Information Technology Professionals ［J］. Global Business & Management Research, 2016, 8 (1)：1.

绩效。因此，建议通过提高薪水达到薪酬公平以提高图书馆员和互联网信息技术专业人员的工作积极性。"①

但是有的研究给出了截然不同的答案。Game Look 整理的《2013 年游戏开发者生活调查报告》发现：高薪酬往往伴随的是挑战极大的岗位要求，比如长期加班、工作不稳定、业务的变化、好游戏越来越难做以及文化冲突问题等。但是也有研究表明，薪酬水平并不一定能对互联网信息技术专业人员施加正向影响。Mccafferty D 指出："美国互联网信息技术专业人员可以通过职业的流动、公司绩效的增加、奖金的增长等其他因素增加收入，而一味的高薪水平会导致普通员工挫败感的增加。"类似的结论也在巴西学者 Eve R A 的研究中得到了证实："增加工资的强制性方式对互联网信息技术专业人员的影响是负面的，并不能提升他们的工作积极性。"

可以发现，国外学者对互联网信息技术专业人员的社会经济地位获得的研究起步较早，研究内容十分丰富，研究的方法使用较为成熟，研究的持续性也较强。还可以看到，互联网信息技术专业人员社会经济地位总体呈现高水平性、持续增长性、高技术依赖性等特征，并且其影响因素较为复杂。根据与制度的相关程度这些影响因素大致可以分为性别分割制度、地区分割制度、工作组织等制度性因素和工龄、职业培训、价值观等非制度性因素。这些研究成果能够为本书建立互联网信息技术专业人员地位理论模型和研究假设等奠定坚实的基础。

第二节　国内关于互联网信息技术专业人员地位获得研究

国内关于互联网信息技术专业人员地位获得的研究，与国外学者的研究时间基本同步。相关研究文献主要由期刊和图书以及互联网信息技术行业报告组成。同样，本研究将围绕互联网信息技术专业人员的专业技术地位、职业地位、社会经济地位展开文献综述。

一　互联网信息技术专业人员专业技术地位获得

国内互联网信息技术专业人员的专业技术地位文献主要集中在互联网信息

---

① Linda Ashcroft. Raising Issues of Salaries and Status for Library/Information Professionals ［J］. New Library World，2003，104（4）：164 – 170.

技术专业人员的专业技术地位的构成、特点、影响因素及获得途径等方面。

无论技术和市场如何发展，互联网信息技术专业人员的专业技术地位的构成和内涵会发生怎样的变化，专业技术始终都是互联网信息技术专业人员的安身立命之本。研究普遍发现，互联网信息技术专业人员的专业技术地位拥有极强的专业属性。2007 年的《程序员》杂志指出，程序员的基本技能主要有七种："数组、字符串与哈希表，正则表达式，调试，两门语言，一个开发环境，SQL 语言，编写软件的思想。这些都是最根本的软件开发技术，也是软件开发人员向更高层次迈进的绊脚石。"①

有的研究发现，随着市场的发展，互联网信息技术专业人员的专业地位逐渐从单一的专业属性要求向多元化方向发展。华驰等研究发现，互联网信息技术专业人员专业技术涉及 IT 产业专业领域，不仅需要具备极强的业务能力，而且需要极强的管理能力。业务能力是指管理者对组织业务活动的理解和熟悉程度，是管理者的基本功。越是了解业务，熟悉组织内的活动特点，IT 管理者就越能够为本组织提供更适合、更优化的思路、方法和方案。不了解本组织的业务知识，IT 管理者就很难就具体的事项开展工作。而管理能力是管理者最为重要的能力，包括要求管理者具备管理的基本理论、原则、方法等原理性知识，并且应当在实践中加以运用，不断提高管理能力，积累管理经验。②

来自一线的工作组织和权威机构的研究也得出同样的结论。卢苇等根据市场和软件产业的要求认为，精英型互联网信息技术专业人员的专业技术地位应该从基础知识与工程技术、专业技能与素质、团队协作与沟通、系统与产品 4 个模块构建。而 4 个模块具体则由八大领域知识结构、6 种能力与 10 种专业素质组成。八大领域知识结构为：计算基础、数学和工程基础、软件建模与分析、软件确认与验证、软件演化、软件过程、软件质量和软件管理。6 种能力为：发现/解决问题的能力、学习能力、创新/创业能力、沟通表达能力、团队协作能力、英语实用能力。10 种专业素质为：具备扎实的工科基础科学知识、计算机科学技术基础知识和软件工程学科核心基础知识，具备未来从事复杂技术研究与工程应用的潜能；了解软件开发流程、国际标准与规范；具有复合学科和系统的观点；了解工程知识；善于交流和表达；较高的职业道德水准；系

---

① 佚名．程序员的七种武器 [J]．程序员，2007（2）：122．
② 华驰，廖海，朱建成．IT 工程师成长历程中的关键阶段研究 [J]．武汉职业技术学院学报，2015（1）：41 - 46．

统化思维、辨析思维与创新思维的能力，既能独立思考，又能博采众家之长；具有适应多变环境的自信和能力；具有终身学习的愿望和求知欲；深刻了解团队工作的重要性及具备的能力。①

有的研究发现，专业技术地位的支撑技术和使用工具存在差异。杨中华等则发现：在专业技能方面，Windows 仍然是操作系统的首选，数据库 Oracle、SQL Server 是程序员主要掌握的数据库产品。而在程序设计语言方面，Java、C 和 C ＋ ＋ 排在企业需求的前 3 位。② Codeforge《2015 上半年中国程序员调查报告》发现：在浏览器的选择上，54.52% 的程序员都喜欢用 Google Chrome，12.75% 喜欢用 IE 浏览器。而在工作的过程中，97.33% 都是使用 PC 端工作和查资料，零碎时间可能使用手机查查资料或者浏览新闻。在编程语言的选择上，80% 以上倾向于 C ＋ ＋、Matlab、C、Java 四种语言。其中，26.15% 倾向于使用 C ＋ ＋、20.5% 倾向于使用 Matlab、18.71% 倾向于使用 C、15.47% 倾向于使用 Java。在操作系统方面，60% 以上的程序员将 Windows 7 作为他们的首选。③

有的研究则发现，不同等级的职业岗位对互联网信息技术专业人员的专业技术地位要求是存在较大差异的。初中级职位主要侧重于纯技术的掌握，业务和管理水平要求相对较低。而中级岗位任职阶段的互联网信息技术专业人员的技术基本成熟，在技术方面有较多的积累。因此，这个时期的互联网信息技术专业人员在技术层面投入的学习精力相对较少，更多的精力主要关注所处行业和公司内部核心业务以及管理理论、方法、技巧的提升，以期尽快完成"纯技术人员"向"管理能力者"的转变。高级岗位阶段，由于互联网信息技术专业人员拥有较高的技术水平和丰富的管理经验，其投入在技术方面的精力相对可以少一些，对技术的关注更多是主流偏前沿新技术的发展及运用。④ 仪芳媛的调查发现："初级测试工程师的工作通常是按照测试方案和流程对产品进行功能测试，检查产品是否有缺陷；高级测试工程师不但要掌握测试与开发技

---

① 卢苇，李红梅，张红延. 精英型软件工程师人才培养模式的探索与实践 [J]. 中国大学教学，2010（2）：17 – 19.

② 杨中华，汪勇. 程序员技能需求：基于内容分析法的分析 [J]. 现代情报，2007（8）：166 – 168.

③ Codeforge. 2015 上半年中国程序员调查报告 [EB/OL]. 2015 – 08 – 01. http：//www. 199it. com/archives/371563. html.

④ 华驰，廖海，朱建成. IT 工程师成长历程中的关键阶段研究 [J]. 武汉职业技术学院学报，2015（1）：41 – 46.

术，而且要对所测试软件对口的行业非常了解，能够对测试方案可能出现的问题进行分析和评估。中级测试工程师需能够编写测试方案测试文档，与项目组一起制订测试阶段的工作计划，能够在项目中合理利用测试工具来完成测试。"①

可以看到，无论是对专业技术地位内涵和构成的研究，还是对专业技术地位的技术要求和使用工具倾向的研究，国内外对互联网信息技术专业人员的专业技术地位的内涵和要求是基本一致的，都具有"以技术为核心、复合型能力"的特点。

究竟哪些因素影响互联网信息技术专业人员的专业技术地位获得呢？学者们从市场、技术、教育、性别等多个方面进行了有益的探索。有的研究认为，技术的创新发展和大规模扩散给予了互联网信息技术专业人员专业技术地位获得的巨大动力。《2014 年中国软件开发者调查报告》认为："随着互联网迅速发展，云计算、大数据由'热点'到落地，使得软件开发者不再为数据存储、数据分析而焦头烂额；互联网进入移动时代，Android、iOS 平台给予了软件开发者更大的舞台空间；硬件设备的发展，这十年间出现了诸如 iPad、Kindle 等手持阅读设备，使得学习渠道更加便捷；开源环境日趋成熟，国内外开源共享平台发展迅速，开源软件造就了诸多传奇产品；在线教育迅速发展，在国内外各类公开课平台上，免费的计算机课程比比皆是。"② 因此，互联网信息技术专业人员可以通过互联网信息技术创造出来的开放式教育平台和途径，突破传统相对封闭和制式的教育壁垒，获得信息和知识，以实现地位获得和提升。

有的研究认为，"软件产业的竞争既然是人才的竞争，这个产业的发展就不能不依赖于教育的发展。"③ 基于这样一个逻辑关系，不管是学历教育还是职业教育都是互联网信息技术专业人员专业技术地位获得和向上流动的重要途径。Codeforge《2015 上半年中国程序员调查报告》发现："由于生理特性，程序员学历主要集中在高中至本科，这个时期是学习编程语言的最佳时间，个体往往精力充沛。同时，受到更好的学历教育对他们理解编程语言和从事开发都具有较大的帮助。"④

① 仪芳媛．软件测试工程师缘何有价无市 ［N］．科技日报，2006－03－20（007）．
② 魏兵．2014 年中国软件开发者调查报告 ［J］．程序员，2014（7）：16－21.
③ 高丽华．软件精英是这样炼成的 ［M］．北京：高等教育出版社，2010：17.
④ Codeforge．2015 上半年中国程序员调查报告 ［EB/OL］．2015－08－01．http：//www.199it.com/archives/371563.html.

但有的研究发现，现阶段的学历教育无法适应市场和技术发展的需求，必须突破传统教育，实施创新学历教育培养计划，才能促进互联网信息技术专业人员获得较高的专业技术地位。高丽华通过对 100 多位两院院士、高校师生、政府官员、企业领袖等对软件精英的必备专业技能等方面的研究认为：软件几乎完全依靠人的知识和技能，人才就是一切，机器无关紧要。中国软件人才教育改革的走向，软件精英培育的质量和规模，决定着中国软件产业的未来。因此，突破传统的教育培养模式，实施创新和有效教育培养模式很有必要。① 叶安胜等认为，提高互联网信息技术专业人员的专业技术地位要紧跟社会需求，以推进卓越工程师培养计划为突破口，在课程体系设置、学制设置、校企联合培养、师资队伍准备、教学方法及教学手段改革等工程型人才培养模式方面做出全面探索及实践。② 在随后的实证研究中，该培养模式的效果也得到了来自实证研究的验证。姜万昌通过对教学实践的考核发现："借助卓越工程师教育培养计划，经过四年的培养，使学生具有系统的软件工程理论以及扎实的软件工程素质，可以在电力企业、信息技术产业及其他行业胜任大型软件项目系统分析、设计、开发、测试、维护和软件项目管理等软件工程工作，并具有一定软件项目开发创新能力，以及具有良好的团队协作能力。"③

有的学者认为，教育培养模式改革还应该注重思维分析能力的培养。张红等通过对北京信息科技大学计算机学院的实证研究认为：对于理工科的学生专业技术培养，必须加强分析社会问题的能力培养，以便他们在面对伦理选择时，能够做出正确的判断；课程案例的选择要与时俱进，提高职业的警惕性；更重要的是要让学生理解一个合格软件工程师的定义和 IT 行业知识产权的重要性以及职业道德对以后的职业生涯具有的重要指导意义。④ 可以发现，互联网信息技术专业人员的学历教育方向正在回归到以"市场和企业"为中心的模式上来。

作为技术实践的平台，工作组织对互联网信息技术专业人员专业技术地位

---

① 高丽华. 软件精英是这样炼成的 ［M］. 北京：高等教育出版社，2010：17.
② 叶安胜，周晓清. 软件工程专业卓越工程师计划人才培养探索 ［J］. 福建电脑，2012（12）：37 - 39.
③ 姜万昌. 省属重点高校卓越工程师计划软件工程实践探讨 ［J］. 黑龙江科技信息，2012（28）：216.
④ 张红，孟宪青，齐晓峰. "软件工程师职业道德与责任"课程教学实践 ［J］. 计算机教育，2012（10）：93 - 96.

获得有一定影响。有研究发现，工作组织的建设对互联网信息技术专业人员获得较高的专业技术地位有着显著性的影响。许晓辉研究发现：一个优秀的、具有团队协作精神的研发团队，既要有足够的培训提升能力，又要有和谐舒适的工作氛围让人身心愉悦，从而保持队伍的稳定。① 杨燕基于国外工作场所学习研究发现：加强互联网信息技术专业人员的工作场所建设，有助于专业技术和职业认同。② 更多的行业研究报告也显示，就职于百度、阿里巴巴、腾讯、搜狐、网易、华为等大型公司的互联网信息技术专业人员比就职于小型的公司更能够接触到高水平项目，更容易提升专业技术水平，获得较高的专业技术地位。

　　由于互联网信息技术与人高度的结合性，专业技术的承载体是人，互联网信息技术专业人员的专业技术地位获得更多地会依赖个人努力程度和工作经验积累。因此，个人努力程度是专业技术地位获得的重要影响因素。尹华山认为：当今社会技术更迭迅速，IT 专业人员必须不断加强学习，及时获得新的知识，掌握新技能，随时完善自己的知识结构，才能确保核心竞争力，获得较高的专业技术地位。③ 华驰等则发现："工作中的经验积累和不断实践是技术能力、业务能力和管理能力提升的最核心途径。全面提高思考问题、解决问题的能力，是作为一个管理者最重要的基本素质。"④ 郝克明等的研究表明：培养出一名合格的工程师，必须使其经历工程科学知识的学习、工程实践的训练和工作实际的体验三个环节的长时间的工作。3 个环节的实现时间长达 8 ~ 10 年。⑤

　　有的研究则发现，个体在英语方面的努力对专业技术地位的获得有深刻影响。"国内程序员在编程和开发能力上并非不如其他国家，但由于计算机软件技术大多来源于英语国家，在引进这些技术时往往受到语言障碍的制约，严重影响到程序员对新技术的理解和消化。"⑥ 因此，"较强的英语阅读和写作能力是程序员的基本素质之一。英语作为编程工具软件的主流语言、作为程序编写的主要工作语言、作为互联网上占主导地位的语言，对于程序员的技能和业务

① 许晓辉. "金山"程序员团队的四大修为 [J]. 全国新书目, 2008 (10)：22 - 23.
② 杨燕. IT 行业软件工程师的工作场所学习研究 [D]. 华东师范大学, 2007.
③ 尹华山. 程序员学习能力提升三要素 [J]. 程序员, 2013 (2)：78 - 81.
④ 华驰, 廖海, 朱建成. IT 工程师成长历程中的关键阶段研究 [J]. 武汉职业技术学院学报, 2015 (1)：41 - 46.
⑤ 郝克明等. 应用学科高层次专门人才培养途径多样化研究 [M]. 北京：人民教育出版社, 1991：18 - 19, 46 - 47.
⑥ 刘艺. 程序员如何掌握计算机英语 [J]. 程序员, 2002 (2)：107 - 109.

水平提高的重要性不言而喻。优秀的软件人员在软件工程专业英语方面都已达到了娴熟运用的水平，能第一时间掌握最先进、效率最高的软件工具的使用方法是他们在业界立足的根本"。① 他们发现，不仅企业对程序员的英语技能表现出较高的要求，② 而且熟练掌握至少一门外语，能够从事商务谈判的高端 IT 人才更容易获得较高的职位和年薪。这些学者的结论也被随后的行业调查报告所验证。《2013 年中国软件开发者薪资调查报告》研究发现：有 77.53% 的互联网信息技术专业人员掌握了第二语言，其中以英语为主；且有 41.08% 开发者所掌握的第二语言属于中级以上水平，能够熟练阅读外文文档。③ 可见，通过个人努力提高对英语的掌握，有利于获得较高的专业技术地位。

更多的研究则发现：除了提高英语水平外，借助职业技术培训也是获得较高专业技术地位的重要途径。随着传统学历教育的作用逐步下降，国内蓬勃兴起的互联网职业培训产业也证明了传统的教育已经无法满足市场的需求和技术进步节奏。早在 1983 年，Reifer D J 和张茂绩对软件管理性质的分析认为，加强内部职业培训有利于互联网信息技术专业人员专业技术水平的提升。④ 有的研究发现，采用科学的培训平台能够有效地提升专业技术水平。2005 年刘玉就提出，在 Framework 平台上开展程序员教育和实训是提高互联网信息技术专业人员的专业技术水平的有效途径。⑤ 吴超英等发现：对大学高年级学生和企业的软件开发工程师进行 PSP 训练能够塑造合格的、专业化的软件工程师。⑥ 许晓辉则通过对金山公司的研究认为：并非每个程序员都天赋异禀。通过培训、学习来提高编程实战、团队协作能力是必不可少的环节。⑦ 有的研究认为，借助职业培训体系和产品有利于获得较高的专业技术地位。王庆岭等认为，提升互联网信息技术专业人员的职业技术能力可以借鉴 ACCP 教育产品。⑧ 刘胜艳认为，PSP 培训能够从下向上地改进编程过程，明确改进过程的

① 邵雨舟. 程序设计人员应具备的基本素质 [J]. 北京市经济管理干部学院学报，2004（1）：30 - 32.
② 杨中华，汪勇. 程序员技能需求：基于内容分析法的分析 [J]. 现代情报，2007（8）：166 - 168.
③ 魏兵. 2013 年中国软件开发者薪资调查报告 [J]. 程序员，2014（3）：26 - 29.
④ Reifer D J，张茂绩. 软件管理性质浅淡 [J]. 计算机科学，1983（1）：79 - 83.
⑤ 刘玉. Framework 与程序员教育 [J]. 河北职业技术学院学报，2005（4）：15 - 16.
⑥ 吴超英，程超. 用 PSP 塑造合格的软件工程师 [J]. 计算机教育，2007（22）：157 - 161.
⑦ 许晓辉. "金山"程序员团队的四大修为 [J]. 全国新书目，2008（10）：22 - 23.
⑧ 王庆岭，宋贤钧. 培育软件工程师——ACCP 教育产品分析 [J]. 兰州石化职业技术学院学报，2002（2）：54 - 56.

原则，使互联网信息技术专业人员明白如何有效地生产出高质量的软件，提高专业技术水平。① 有的研究认为，获得职业证书有利于专业技术水平的提高。何志永认为：将程序员考证纳入课程教学体系中，以提升计算机专业毕业生的专业技能，能够有效保证其毕业后能适应程序员工作。② 有的研究认为，国际化的证书认证更能够衡量和促进互联网信息技术专业人员专业技术水平的提高。一直专注于 IT 资格认证的 Cert-IT 总裁 Thomas Michel 和上海市软件行业协会副会长兼秘书长杨根兴教授一致认为，国际认可的 ISTQB 软件测试工程师培训和认证有利于专业技术水平的提升。③ 来自个体的经验总结也支持了类似的结论。成晓旭认为："学历代表过去、能力代表现在、学习力代表未来。IT 工程师一定要确定并专注于自己的发展方向，重视自己的学习能力和职业培训，多通过自学途径和培训汲取知识，及时更新自己的知识库。多总结思考，注重实践。IT 行业只有自己的技术水平达到一定的程度，才能够收获该有的尊重。"④

　　价值观是人的行为的内部驱动力，其深刻影响个人对技术和行为的价值判断，对专业技术地位获得有着深刻的影响。不少研究认为，个体的价值观对专业技术地位获得有着显著影响。许晓辉发现："执着、坚韧不拔"的性格、"技术全面、涉猎广泛"的修为、"热爱编程、个性执着、追求完美"的价值追求、积极的"团队协作"精神，是获得较高专业技术地位的重要个体因素。⑤ 孟岩对 Andy Rubin 的独家专访认为：软件的世界里，一切美好事物都是干出来的，专业技术人员要用心开发出高水平的应用。此外，积极参与社群的讨论和交流，与具有相同目标和兴趣的人沟通，互相学习，也有利于获得较高的专业技术地位。只要用自己的兴趣和好奇心引导自己去探索、学习、理解、跟踪科技的进展，迟早有一天会发现自己也处于创新者的行列。⑥ 可以发现，个体特征对获得较高的专业技术地位有着深刻的影响。

---

① 刘胜艳. 使用 PSP 对软件工程师的素质影响浅析 [J]. 湖北经济学院学报（人文社会科学版），2012（4）：94 - 95.

② 何志永. 程序员考证融入课程教学的实施与探索 [J]. 价值工程，2012（36）：209 - 210.

③ 职业软件测试工程师国际认证势在必行——本刊专访 Cert - IT（策越）总裁 Thomas Michel 先生 [J]. 软件产业与工程，2012（4）：18 - 19.

④ 成晓旭. 正确地做事与做正确的事同样重要：一位软件工程师的 6 年总结 [J]. 今日电子，2008（2）：78 - 80.

⑤ 许晓辉. "金山"程序员团队的四大修为 [J]. 全国新书目，2008（10）：22 - 23.

⑥ 孟岩. 创新源于兴趣——Andy Rubin 独家专访 [J]. 程序员，2008（1）：46 - 48.

综上所述，互联网信息技术专业人员的专业技术地位内涵丰富、构成复杂、特点明显，市场需求、技术使用、学历水平、职业培训、个人努力程度以及个体的兴趣、爱好和价值观对其专业技术地位的获得有着深刻的影响。

二 互联网信息技术专业人员职业地位获得

国内研究主要集中在互联网信息技术专业人员的职业地位的构成、特点、获得途径、流动影响因素以及职业价值观等方面。因此，本研究将围绕"职业""职业地位""职业流动"等核心词进行文献分析。

学者们普遍发现，互联网信息技术专业人员职业地位获得有较强的综合素质属性要求。"程序设计不再单单是一份纯技术性的工作。由于团队合作、管理应用系统开发的需要，程序员需要有较好的人际交往能力和一定的管理经验胜任较高的职务。"刘胜艳认为："软件工程师需要的一个重要能力是软件工程能力，有了好的技术功底和设计知识可以称其为优秀的程序员，可还未必是个好的软件工程师。好的软件工程师必须懂得软件工程。"[①] 马红则认为，互联网信息技术专业人员应该具备四种基本能力：一是具有扎实的计算机专业知识。软件工程师必须精通高等数学、离散数学、电子学、编程语言、数据结构等课程。二是良好的语言表达能力和沟通能力。软件工程师是为用户开发软件的，常常需要直接面对用户。三是较强的工程经济分析能力。做软件开发的软件工程师应当具有较强的工程经济分析能力，能够分析软件产品的市场前景和经济价值，并做出合理的投资效益预测。四是健康的心理素质。开发软件是一项艰苦的脑力和体力劳动，要经过反复修改，要花费大量的时间和精力，这要求软件工程师要有较好的心理承受能力。这些研究结论也在个体获得较高职业地位的经验总结中得到了证实。行舟根据个人经历认为，优秀的程序员需要具备八种不同的职业素养：一是数据结构和算法等编程基本功；二是会一种以上的主流程序设计语言；三是程序设计能力；四是熟悉软件运行环境的能力；五是行业知识；六是擅长某方面的开发；七是个人兴趣；八是创新精神和成就感。[②] 王永翔博士作为 IT 行业的企业主管，以个人经历对程序员的发展前景做了归纳，认为现今程序员的职业规划发展目标应该是超越本行业概念的"行

---

① 刘胜艳. 使用 PSP 对软件工程师的素质影响浅析 [J]. 湖北经济学院学报（人文社会科学版），2012（4）：94－95.

② 行舟. 程序员之路 [J]. 程序员，2008（3）：46－47.

业专家"，即具备"业务管理 + 技术实现"的双能人才。①

　　大多数的研究发现，互联网信息技术专业人员的职业呈现高学历化特征。刘江的研究显示：互联网信息技术专业人员学历为本科以上的为 68.4%，硕士及以上的为 14.2%。② 随后的报告也显示：本科学历人群依然组成了主力军，占比为 64.3%，大专学历人群次之，占 21.68%，而硕士及以上学历人群占比约为 11.53%。魏兵的《2014 年中国软件开发者调查报告》显示：随着中国教育普及度增长及高校的不断扩招，软件开发者的学历水平在逐渐提升，64.09% 拥有本科学历，硕士及以上学历占比也超过 15%。③ Codeforge《2015上半年中国程序员调查报告》发现：程序员学历主要集中在大专及以上，其中，40.53% 的学历为本科及以上，16.68% 的学历为大专。④

　　有的研究则发现，互联网信息技术专业人员职业呈现年轻化特点。CSDN发布的《2015 中国开发者调查报告》显示：21 ~ 35 岁的开发者人数已达88%，其中年龄在 30 岁以下的开发者占比达七成。⑤ Codeforge 发布的调查报告显示：程序员年龄主要集中在 20 ~ 40 岁。这跟程序员这个职业自身的属性密切相关，从事开发需要大量的精力和体力。20 ~ 40 岁是程序员工作的黄金时期，在这个时期，程序员无论是精力还是体力都相当的充沛，适合从事程序开发。同时，10.33% 的程序员从事技术管理工作，主要集中在 40 ~ 49 岁。⑥吴庆才对中关村 IT 人力资源状况的调查发现：引领中国 IT 业潮流的中关村 17万 IT 大军中，平均年龄不到 30 岁，其中大专以上学历占 90%。⑦

　　有的研究则发现，"随着互联网科技注定要向人类社会的每一方面继续快速渗透，程序员也会像其他被其所代替的劳动分工一样，变得越来越形形色色"。⑧ 也就是说，互联网信息技术专业人员的职业呈现多样性和交融性等特征。华驰等的研究认为，IT 专业公司中的软件企业工程师主要职能是软件产

①　王永翔. 从"程序员"到"行业专家"［J］. 程序员，2008（3）：54 - 55.
②　刘江. 新技术新动向——2009 中国开发者大调查［J］. 程序员，2010（2）：58 - 60.
③　魏兵. 2014 年中国软件开发者调查报告［J］. 程序员，2014（7）：16 - 21.
④　Codeforge. 2015 上半年中国程序员调查报告［EB/OL］. 2015 - 08 - 01. http：//www. 199it. com/archives/371563. html.
⑤　北京晨报. 七成"程序猿"年龄小于 30 岁［EB/OL］. 2015 - 08 - 14. http：//bjcb. morningpost. com. cn/html/2015 - 08/14/content_ 362266. htm.
⑥　Codeforge. 2015 上半年中国程序员调查报告［EB/OL］. 2015 - 08 - 01. http：//www. 199it. com/archives/371563. html.
⑦　吴庆才. 中关村 17 万 IT 人年龄低、学历高［J］. 党建文汇：下半月版，2002（13）：36.
⑧　宋冰. 美国"程序员世界"无门槛［N］. 第一财经日报，2014 - 08 - 07（A06）.

品的设计与开发，所以按照 IT 工程师的不同发展路径可以分为技术线、产品线、管理线及销售线四条线。①

有的研究还发现，互联网信息技术专业人员职业呈现高压力、高强度、高节奏等特征。江波是较早研究这个群体的职业特征的学者，他认为这个群体有9 个典型特征：一是他们在工作时间上无明显界限；二是对工作条件通常要求较高；三是以任务为目标工作；四是纪律约束相对灵活；五是工作主动性较强；六是最大的激励因素是个人的潜能的发挥；七是重视学习培训的机会；八是工作的安全感需求低；九是工作的趣味性要求低且枯燥。② 刘艺则发现："做程序员是一项很辛苦的工作。"③ 众多研究结果与此保持了高度一致。艾瑞咨询等企业专门针对中国 BAT 及互联网领域企业员工睡眠质量的调查报告也指出：2016 年，互联网信息技术专业人员的睡眠状况堪忧。将近 60% 的员工经常加班，40% 的员工反映压力很大，近 80% 的员工睡眠质量不好，超过70% 的员工存在失眠问题，将近 40% 的员工起床精神不好。④ 因此，"加班""屌丝""单身狗""技术民工""工作强度大"已经成为程序员身上的固有标签，互联网信息技术专业人员往往会出现焦虑紧张、情绪低落、频繁流失、职业倦怠、工作幸福感低、过度崇尚金钱等心理和价值观等问题。互联网信息技术专业人员过劳致病、致残甚至致死的案例屡屡发生。

那么，究竟哪些因素主导影响互联网信息技术专业人员职业地位的获得和流动呢？学者们进行了多方位的探索。

有的研究发现，互联网信息技术专业人员的职业地位获得的影响因素十分复杂。莫雨讲述了一个菜鸟程序员到技术专家的故事，展示了程序员群体的生存环境和影响程序员职业地位上升的各种主客观因素。⑤ 肖骏等通过运用内容分析法，在研究了 1400 份 IT 驻点外包员工离职访谈记录的基础上认为："个人发展与项目安排考虑、薪酬待遇因素、工作地域与家庭因素、工作压力不适

①　华驰，廖海，朱建成. IT 工程师成长历程中的关键阶段研究 [J]. 武汉职业技术学院学报，2015 (1)：41 - 46.
②　江波. 零成本激励——从人力资源视角激励 IT 工程师 [J]. 黑龙江对外经贸，2004 (1)：45 - 46.
③　刘艺. 程序员如何掌握计算机英语 [J]. 程序员，2002 (2)：107 - 109.
④　中国智能睡眠科技企业 Sleepace 享睡联合艾瑞咨询等企业. 2016 年首份中国互联网员工睡眠调查报告 [EB/OL]. 2016 - 03 - 21. http：//www. aiweibang. com/yuedu/99813592. html.
⑤　莫雨. 一个程序员的奋斗史 [M]. 北京：人民邮电出版社，2013.

应 4 类因素是 IT 驻点外包员工的主要离职影响因素。"① 黄静琳采取实证方法，以西安 15 家 IT 公司的 470 名技术员工为样本，采用 OLS 回归分析对 PriP 离职意图路径模型研究发现：个体主动放弃职业地位的原因主要有 4 种：一是个人因素层面，主要来源于工作压力和人职匹配两个方面；二是企业因素层面，主要源自权力距离、同事间的谏言行为、高层的信任、绩效因素的影响；三是薪酬因素的影响；四是职业发展因素的影响。②

有的研究发现，随着技术的创新和国际化的发展，市场因素是互联网信息技术专业人员职业地位获得和流动的主要原因。2000 年，北京大学企业研究中心调查发现："大约有 30% 以上的软件工程师希望到美国去发展，因为在国外工资普遍比在国内高，而且也不用担心产品卖不出去……大部分软件工程师流失到国外或者到其他行业，主要原因是盗版限制了企业的收益，从而限制了软件工程师的收益。"③ 2005 年中华英才网发布的研究报告显示：市场需求和人才培养缺失导致互联网人力资本市场供需不平衡。④ 并且随着 "互联网 +" 战略实施，2015 年 IT 业的在线职位增幅达到 50%，远高于全行业增幅的 26%。⑤

但也有研究发现，工作组织是职业地位获得的重要平台和影响因素。工作组织对互联网信息技术专业人员的回报是其职业地位流动的重要影响因素。《2013 年中国软件开发者薪资调查报告》数据显示："32.98% 的开发者在过去一年中曾跳槽，45.12% 的开发者在新一年有跳槽计划；开发者跳槽三大原因：薪水低、福利少、公司技术水平差。"⑥ 赵靖研究发现离职原因主要为：一是行业里无法施展自己的才能，找不到自己要的那份成就感；二是目前所从事的行业的收入不能令自己满意，从而想换行业。⑦ 《深圳中小企业员工跳槽调查分析报告》从不同收入水平的跳槽经历差异分析发现：越是高收入群体，其

①　肖骏，刘玉青，黄霞. 基于内容分析法的 IT 驻点外包员工离职因素研究 [J]. 管理学报，2015 (10)：1473 - 1478.

②　黄静琳. IT 外企核心员工流失研究 [D]. 云南财经大学，2015.

③　北京大学企业研究中心. 软件工程师在流失 [N]. 中国经济时报，2000 - 08 - 15 (006).

④　海子. 人才缺口巨大职业前景广阔：软件测试工程师成 IT 就业新热点 [J]. 网络与信息，2005 (4)：35.

⑤　李双溪. "互联网 +" 推动 IT 人才需求全行业增长 [N]. 中华工商时报，2016 - 07 - 19 (4).

⑥　魏兵. 2013 年中国软件开发者薪资调查报告 [J]. 程序员，2014 (3)：26 - 29.

⑦　赵靖. 程序员转行应谨慎 [J]. 软件工程师，2008 (9)：48 - 49.

跳槽的经历越丰富。从中也可以看出，较高的收入是促使员工跳槽的重要因素。胡孝德通过对浙江省中小型 IT 企业的调查发现："知识型员工流失因素的重要程度排在前五位的分别是晋升制度、薪酬水平、福利待遇、企业发展前景和培训制度；非知识型员工排在前五位的是薪酬水平、福利待遇、培训制度、企业发展前景和工作保障。知识型员工更注重其自身的发展，而非知识型员工更注重工作是否稳定、工资待遇如何。"① 该结论与张骏对深圳 IT 业公司员工的研究结论基本一致：公司是否提供培训和深造的机会、是否根据工作成绩及时给予晋升、是否及时提高薪酬水平是影响深圳 IT 员工离职的三大因素。② 2004 年《程序员》杂志通过对"程序员享受的各项福利现状"等话题进行投票统计分析发现：81% 的程序员在乎公司是否提供福利；61% 的程序员不相信公司福利政策的诚意；64% 的程序员不能享受年度体检；57% 的公司不向员工支付加班工资；59% 的公司没有完整的补贴政策；33% 的公司不提供员工的午餐补助。相当部分的程序员认为公司的这些情况是其离职的重要原因。

此外，工作组织对个体的关注程度和组织决策的参与程度以及组织承诺对互联网信息技术专业人员职业流动有着显著性的影响。杨志洪对 381 名互联网信息技术专业人员的研究发现：企业忽视入职人员的积极参与性是导致工作效率低下和较高的离职率的重要原因。③ 程芳对大连的中小 IT 企业的调查发现：企业提供 IT 工程师深造和发展机会、薪酬水平、工作强度和压力是其职业地位获得和流动的重要原因。朱春蕊则发现："组织人际关系对组织承诺也具有较高的解释度，人际关系和谐与否直接影响员工的情绪，IT 企业中多数工作是由团队内的所有成员共同完成，一个不和谐的同事领导关系氛围势必会降低员工的组织归属感，从而影响组织承诺。"④

作为有几千年"男尊女卑"历史的中国，虽然经历了较为彻底的妇女解放运动，但是性别分割制度依然对互联网信息技术专业人员职业地位获得有着深刻的影响。刘利等研究认为：男性主导了 IT 领域，中国女性 IT 人员的就业情况不容乐观。女性受到社会、组织和自身阻碍因素的影响，离职和流

① 胡孝德. 中小型 IT 企业员工流失问题的实证研究 [J]. 互联网天地, 2015 (2)：80－88.
② 张骏. 深圳 IT 企业离职现状调查及对策分析 [D]. 华中师范大学, 2012.
③ 杨志洪. IT 工程师工作生活质量调查研究及其对离职意愿的影响分析 [D]. 上海外国语大学, 2013.
④ 朱春蕊. 北京 IT 企业员工离职影响因素及对策研究 [D]. 华北理工大学, 2014.

动比男性大。在被调查的女性 IT 人员中，仅有 2.1% 的女性位居企业的高管层，基层干部和普通员工占了绝大部分。性别歧视对女性获得更多的向上职业流动机会有着深刻的影响。"女性不能领导男性研究 IT 课题""女性在专业技术领域不够权威性和说服性" 等误解在很大程度上抑制了女性 IT 人员的发展，打击了她们的就业积极性和岗位的竞争性，导致她们在生育期后重回工作岗位时更难适应新职位的需求。① 最新的行业研究报告也反映了类似的情况。Codeforge《2015 上半年中国程序员调查报告》发现："从事程序员工作需要较大精力投入，并需要经常加班。由于体力和精力优势，程序员以男性为主体，占比 80% 以上。"② 同时，男性与女性的互联网信息技术专业人员的职业流动和职业感受均有较大的差异。《深圳中小企业员工跳槽调查分析报告》发现，从男女比例上来看，女性零跳槽经历的人多于男性，占到 11.2% 。但是吕学璋的研究发现则相反，成都市互联网信息技术专业人员的工作压力和形成的工作倦怠男性要略大于女性。在工作压力方面，男性与女性的互联网信息技术专业人员职业生涯发展压力和家庭工作相互作用压力的差异是显著的；在工作倦怠上，三个维度均表现出显著性差异；离职意愿男性显著大于女性。③

但是，随着教育和技术的大规模扩散以及女性的自身努力，性别分割制度的不平等程度正在缓解。中国女性互联网信息技术专业人员依然能够通过个人的努力获得较高的职业地位。《程序员羊皮卷》的作者张大志发现：研发领域给女性提供的职位少也许是个客观现象，大学中相关专业的男女程序员比例与实际工作中的比例相当，说明大多数公司并不存在性别歧视的问题，更可能是由于学习计算机专业的女生本来就不多，相应的职位自然不会太多。当今的社会机制让有能力、愿付出的人会有更多机会，所以女程序员能够通过个人努力，找到适合自己的环境和发展机会。④ 郭娟则发现，女性程序员在 20 多岁，处于职业生涯的起点，她们可以通过不断地尝试，寻找适合自己的职业方向。

① 刘利，马慧琼. 信息化对女性就业问题的影响——基于我国女性 IT 人才就业现状的研究 [J]. 就业与保障，2015（Z1）.

② Codeforge. 2015 上半年中国程序员调查报告 [EB/OL]. 2015 – 08 – 01. http：//www. 199it. com/archives/371563. html.

③ 吕学璋. 成都市 IT 企业员工工作压力、工作倦怠与离职意愿关系研究 [D]. 西南财经大学，2011.

④ 潘正磊. 铿锵玫瑰更从容——女程序员自我成就三步曲 [J]. 程序员，2011（3）：31 – 33.

到 30 多岁的时候，因为软件测试不要求复杂的程序，软件测试职业则更适合女程序员。到了 40 岁左右，女程序员亲和力强，擅长与人打交道和沟通，更适合管理岗位。因此，女程序员需结合自己的实际情况对个人择业进行选择。[①] 黄洁华等通过深度访谈法和 Q 分类技术分析后发现：IT 行业女经理职业发展的一个主要障碍是工作和家庭生活的冲突；女性互联网信息技术专业人员可以通过科学的职业规划和个人努力获得较高的职业地位。[②] 来自个体的职业发展经验也验证了该结论。VMware 中国研发中心总经理李严冰认为：只要对技术有足够的热情，把编程当作自己的兴趣爱好去追求，勇于探索新技术，就能获得较高的职业地位。通过李严冰的个人经历发现：女性技术管理者更能精准把握人际关系。[③] 可以发现，虽然面临生理、家庭尤其是性别分割制度的不平等影响，但是通过技术的扩散和个人努力，女性依然可以在教育和技术大规模扩散的环境中获得较高的职业地位。

作为高度依赖人力资本的互联网信息技术行业，个体性因素对职业地位获得产生深刻的影响。有的研究发现，年龄和工龄对获得职业地位有着较大的影响。行舟的研究认为："程序员将在 27～28 岁达到职业生涯中能力的一个高峰。"[④] 朱春蕊的研究发现：在北京工作的不同年龄的员工离职意向存在显著性差异。年龄处在 26～30 岁的员工离职意向最强，其次是年龄分布在 31～35 岁的员工。[⑤]《中国大学生就业》杂志报道指出：获得较高的职业地位一般要求 3 年以上工作经验，并有全程参与过大型项目开发、设计和构架的经验；一定要精通 UML，数据库开发至少精通两个，以 DB2 和 Oralce 居多。没有工作经验的应届毕业生初职是不可能获得较高的职业地位的。[⑥] 但是，年龄和工龄的增加一定会促进职业地位的获得和稳定吗？有的学者给出了相反的答案。极客学院发布的 2016 年行业报告显示，IT 技术的高速发展也带来人才的加速流动：应届毕业生是流动性最高的群体；工作 3 年以上的人群，出于更好的职业发展或诉求，1～2 年也会跳槽一次；而工作 10 年以上的人群，由于各个方面

① 郭娟. 女程序员的 20、30 和 40 [J]. 中国信息化, 2008 (7)：90－91.
② 黄洁华, 伊丽思·阿蒂约. 我国 IT 行业女经理职业脚本研究 [J]. 华南师范大学学报（社会科学版）, 2005 (1)：117－124.
③ 潘正磊. 铿锵玫瑰更从容——女程序员自我成就三步曲 [J]. 程序员, 2011 (3)：31－33.
④ 行舟. 程序之路 [J]. 程序员, 2008 (3)：46－47.
⑤ 朱春蕊. 北京 IT 企业员工离职影响因素及对策研究 [D]. 华北理工大学, 2015.
⑥ 十字舵. 软件工程师：IT 行业里的"大众情人" [J]. 中国大学生就业, 2009 (5)：38－41.

均已成形，对于跳槽会更加慎重。可以发现，年龄和工龄对职业地位获得的正向影响是有一定条件的。

有的研究发现，学历教育和职业教育是获得较高职业地位的重要途径。有的研究发现，学历教育依然是互联网信息技术专业人员职业地位获得的重要影响因素。杨中华等发现：学历方面需求主要集中在本专科，这点与程序员工作的实践性和知识累计的特征是相符的。① 马娜超发现：学历越高、收入越高的IT职业地位越高，工作幸福感越强，工作效率也越高。② 以大数据行业为例，其岗位对于本科和硕士学历的求职者占比超过一半。③ 学历越高，获得职业地位的机会会越多吗？权威研究机构的报告给出了相左的结论。2016年程序员就业形势分析报告显示：本科以及研究生学历的程序员最受公司HR的青睐，更容易获得职业地位。④

当学历教育对职业获得的影响逐渐降低，职业技能培训对获得较高职业地位的影响则逐渐上升了。中国最早的IT培训可以追溯至1994年。最早进入中国的厂商培训项目是Novell。起初，全国仅有三四个城市有IT培训和考试，而参与培训和通过认证的人也寥寥无几。但是随着市场和技术的发展，职业培训对于互联网信息技术专业人员获得较高的职业地位的重要性越来越高。⑤ 随后研究也逐步证实了该结论。王晔发现：互联网信息技术专业人员要实现职业地位提升，应该充分发挥培训效果，提升自我的能力和效能感。⑥ 来自个体的经验总结也证实了该结论。王永翔博士也认为：利用一切培训，可以提高专业技能，获得更高的职业地位。⑦ 唐月伟则进一步证明了该结论：由于互联网信息技术行业主要使用的是工程化人才和产业化人才，IT企业内的大量工程化技术人才不需要学历"高消费"，许多只具有高中学历的人在通过系统化的职

---

① 杨中华，汪勇. 程序员技能需求:基于内容分析法的分析 [J]. 现代情报，2007（8）：166 – 168.

② 马娜超. IT企业员工心理契约违背、工作倦怠与工作幸福感的关系研究 [D]. 河北经贸大学，2015.

③ 极客学院. 2016年中国程序员职业薪酬报告 [EB/OL]. 2016 – 06 – 16. http：//www. 199it. com/archives/484914. html.

④ 北风. 重磅! 2016年程序员就业形势分析报 [EB/OL]. 2016 – 08 – 31. http：//www. yixieshi. com/42544. html.

⑤ 唐月伟. 漫漫IT培训路，几多"功成"程序员 [J]. 成才与就业，2002（10）.

⑥ 王晔. IT工程师组织承诺与自我效能感、组织支持感的关系研究 [D]. 南京师范大学，2013.

⑦ 王永翔. 从"程序员"到"行业专家" [J]. 程序员，2008（3）：54 – 55.

业培训后即可在特定的行业中寻到合适的岗位。因此，在北京、上海、广州等城市诸如北大青鸟等各类职业教育正在蓬勃发展，为许多高考落榜者提供了新的职业发展机会。不管是哪种程序员，只要能开发出实用的程序就是好程序员，与学历关系不大。① 在随后的研究中，学者们还发现，职业教育比专业教育更有利于 IT 从业人员的职业发展。彭玉泉认为，企业需要的人才更多是专业技能和职业素质同样优秀的综合型人才。短期的培训虽然可以强化专业技能，职业素质的培养却是一个长期过程。因此，企业更需要动手能力强和职业素质高的综合型人才，而不仅是学历高的人才。②

有不少学者发现，科学的职业规划有利于互联网信息技术专业人员获得较高职业地位。雷建丽发现：职业规划对职业发展具有不可估量的指导意义。随着年龄的增长，IT 人员应该做好职业规划，逐步向 IT 培训师转型、向 IT 营销转型、向项目管理努力。③ Easy 在《程序员跳槽全攻略》和《程序员必读的职业规划书》两本著作中认为，程序员要在抓住需求定位、关注技术潮流、规划职业生涯、打造个人品牌等方面实现职业地位的向上流动。④

有的研究还发现，性格、心理、价值观、期望等个体性因素对获得较高的职业地位有着深刻的影响。李勋针对程序员的个性品格，运用专家打分等方法建立相关的模糊评价模型并进行了实例分析："软件系统的质量及其中所含的缺陷很大程度上取决于开发它的程序员。程序员的个性品格，如进取心、责任心、自我控制、自信心、洞察力、创造性、灵活性、独立性、支配愿望、社交能力、宽容性、敏感性，对提高所开发的软件质量有着重要的影响。"⑤ 来自个体的经验总结也证实了相同的结论。王永翔博士也认为：一定要自信，相信我是专家，才能实现职场成功。⑥ 也有人认为，兴趣与职业的结合程度对获得较高的职业地位有着重要影响。李铭根据个人经验认为："兴趣是最好的老师，只有对编程感兴趣，才能从在看似抽象枯燥的理论中找到实实在在的快乐，才能如饥似渴地学习和钻研。"⑦

① 唐月伟. 漫漫 IT 培训路，几多"功成"程序员 [J]. 成才与就业，2002 (10).
② 彭玉泉. IT 人才培养过程中的学历与职业教育相互结合 [J]. 中国科教创新导刊，2007 (10)：183 – 184.
③ 雷建丽. 程序员的职业转型 [J]. 中小企业管理与科技，2009 (1)：158.
④ Easy (陈理捷). 程序员必读的职业规划书 [M]. 北京：机械工业出版社，2015.
⑤ 李勋. 程序员个性品格的模糊评价模型 [J]. 现代商贸工业，2008 (3)：133 – 134.
⑥ 王永翔. 从"程序员"到"行业专家"[J]. 程序员，2008 (3)：54 – 55.
⑦ 李铭. 非程序员也能成高手 [J]. 电脑编程技巧与维护，2005 (10)：4 – 5.

　　有的研究则发现，性格特征是职业地位获得的显著性影响因素。刘如鸿从社会心理学的角度剖析程序员群体的性格与软技能的关系得出，任何一个群体都具有格式塔的特征，团体是一个整体，团体中每个成员之间，都会有彼此交互影响的作用和交互依存的动力，一个人是否有能力，主要是根据其在工作中所表现出的行为性格做出判断的。① 施文祥则发现，技术开发人员能否成功，归根到底取决于自身的性格和所愿意担负的责任多少，一个充满活力、开朗且不畏惧困难的性格，往往能成就一番事业，实现自己人生的职业理想。② 左轻侯也认为，程序员的个人技术水平和他的谦虚程度呈严格的正比关系。一个伟大的程序员必定是一个伟大的哲学家。③ 王宇翔则认为，从事互联网技术开发人员的态度决定一切，具有怎样的心态，决定了能做怎样的事情；有什么样的性格，就会成就什么样的职业与人生。④ 不仅是性格品质对职业地位获得有深刻的影响，对互联网信息技术的期望也发挥着重大的影响。

　　有的研究则发现，心理是职业地位获得的显著性影响因素。廖明月对 IT 企业员工的职业倦怠研究发现：互联网信息技术专业人员工作压力对工作倦怠有着显著的影响。⑤ 阴成林则发现：性别、婚姻状况、学历、工作年限对软件工程师工作倦怠有一定影响。⑥ 刘羽以 IT 从业人员的工作倦怠程度为研究对象，发现 IT 行业的员工工作倦怠水平接近中等，情绪衰竭程度最为严重，不同性质的 IT 企业员工的工作倦怠存在明显差异；工作要求对工作倦怠具有正向影响，工作资源对工作倦怠具有负向影响。⑦ 杨志洪则发现："互联网信息技术专业人员的工作生活质量满意度较低，特别是工作任务满意度格外突出，尤其是刚入职的专业人员因理想和期望过高、企业的忽视、参与决策程度较低导致其较低的工作生活满意度……但年龄越大、工作年限越长、教育程度越高、职位越高的专业人员的工作任务满意度则越高。"⑧ 难道提高了职业满意度，互联网信息技术专业人员职业地位流动就能减缓吗？张英奎和程毓等对

　　① 刘如鸿．从性格看技术人员的软技能 [J]．程序员，2010（1）：65–66.
　　② 施文祥．性格决定成败——软件开发人员如何成长 [J]．程序员，2009（6）：30–31.
　　③ 左轻侯．如何成为一名优秀的程序员 [J]．程序员，2006（3）：76–78.
　　④ 王宇翔．血性与狼性：产品经理与团队的塑造 [J]．程序员，2008（8）：135.
　　⑤ 廖明月．浅析组织对程序员工作压力的应对策略 [J]．东方企业文化，2012（6）．
　　⑥ 阴成林．浅析 IT 从业人员工作倦怠 [J]．软件工程师，2011（5）：30–33.
　　⑦ 刘羽．我国软件工程师工作倦怠的影响因素研究 [D]．东北大学，2009.
　　⑧ 杨志洪．IT 工程师工作生活质量调查研究及其对离职意愿的影响分析 [D]．上海外国语大学，2013.

IT 行业人才流动的因素和离职倾向进行了分析，发现提高工作满意度的方法并不能有效降低互联网信息技术专业人员的离职和流动率。①

因此，相当部分的互联网信息技术专业人员因为厌倦高频率的新知识学习和高强度的工作，选择"转行"和自主创业。② 雷军在金山公司工作了 16 个年头之后，选择辞职并自主创业，创办了小米科技公司，从技术员转型成为职业经理人。③ 孟兵则离开了 IT 圈，利用互联网卖起了肉夹馍。④ 他们都通过各自的优势最大限度地克服了职业困境，实现了更大的个人价值，获得了较高的职业地位。

有的研究发现，期望和目标是职业地位获得的显著性影响因素。刘小娟等发现，有高成就动机和学习目标导向的 IT 员工更善于利用学习性跨边界活动获取更多知识以提高工作满意度，获得较高的职业地位。⑤ 赵明则发现，IT 产业员工的工作现状以及心理状况，尤其是期望对职业地位获得影响较大。⑥

有的研究则发现，职业道德等价值观因素对职业地位获得也有一定影响。⑦ 陈尚义总结了互联网信息技术专业人员的十大职业道德失范行为："一是对外交付半成品；二是不遵守标准和规范；三是不积极帮助他人；四是版权意识不敏感；五是对待计划不严肃；六是公事私事相混淆；七是不注意更新自己；八是不主动与人沟通；九是不遵守游戏规则；十是不够诚实和正直。"⑧ 这些职业道德失范问题会直接导致经济和技术损失，影响互联网信息技术专业人员的职业地位获得。

因此，拥有"让人放心"的职业道德能够使个体获得较高的市场认可和较高的职业地位。曾洁等研究认为：临床医学中应用计算机会导致道德失范问题。因此，要求设计者和使用者应该遵循"仁慈、自主权、无恶意、公正"的伦理道德使用技术，注意和避免计算机在医疗服务中所带来的伦理道德方面

---

① 张英奎，李洋．IT 行业程序员主动离职影响因素分析 [J]．现代商业，2013（30）：194 - 195；程毓．IT 企业知识员工满意度与离职倾向的关系研究 [D]．南京师范大学，2010.

② 赵靖．程序员转行应谨慎 [J]．软件工程师，2008（9）：48 - 49.

③ 陈晓鹏．雷军和他的程序员 [J]．软件工程师，2001（8）.

④ 张盖伦，陈澍祎．孟兵：卖的是肉夹馍，玩的是互联网 [J]．大学生，2014（11）：10 - 14.

⑤ 刘小娟，邓春平，王国锋．基于角色重载与知识获取的 IT 员工跨边界活动对工作满意度的影响 [J]．管理学报，2015（9）：1402 - 1412.

⑥ 赵明．IT 企业员工目标定向、工作投入、延迟满足的关系研究 [D]．曲阜师范大学，2015.

⑦ 军规二十二．手游程序员跳槽引爆天价索赔案 [J]．法律与生活，2015（13）.

⑧ 陈尚义．软件工程师的十个"不职业"行为 [J]．程序员，2009（10）：132 - 133.

的弊端和矛盾。① 张晓明通过澳大利亚的学术交流认为：计算机和信息网络的伦理问题伴随技术的发展将会越来越多。但不管如何发展，其伦理应该把握住"你中有我，我中有你""公平公正""遵循市场原则"等道德规则，这样才能促进社会和技术的良性发展。② 王正平在分析西方计算机伦理状况和问题后认为：应当批判地借鉴西方计算机伦理学研究的有益经验，积极构建具有中国特色的计算机伦理学的理论和道德规范体系，这样才能确保计算机使用者和计算机技术向有利于人类的方向发展。③ 钟晓鸣考察计算机软件和伦理价值观之间的相互作用后认为：伦理价值观对软件的渗透表现在软件立项和软件本身且都非价值中立，有必要对软件从业者加强伦理教育。④ 综上所述，性格、心理、兴趣、品质、期望、道德等价值观层面的因素对互联网信息技术专业人员的职业地位的获得有着深刻的影响。

此外，朱春蕊则研究了个人的住房等经济状况对职业地位的获得和流动的影响：住房情况不同的员工离职意向存在显著性差异。处于租房状态人员的离职意向均值最高，自购房有房贷者离职意向均值次之，自购房无房贷者离职意向均值最低。⑤

综上所述，国内互联网信息技术专业人员的职业地位呈现高学历、年轻化、多元化、高流动、高压力、高强度、高节奏等特征。相比专业技术地位，互联网信息技术专业人员职业地位的构成更为丰富。行业市场、工作组织、教育制度、性别分割制度等制度性因素和职业培训、个人努力、个人心理、气质、价值观等非制度性因素深刻影响互联网信息技术专业人员的职业地位。

三　互联网信息技术专业人员社会经济地位获得

互联网信息技术专业人员的财富获得是其社会经济地位的核心。其中，薪酬、分红、投资等形式的收入是其社会经济地位的构成要素。因此，本研究以互联网信息技术专业人员的"薪酬""薪金""薪资""年收入"等关键词进

---

① FT de Dombal，曾洁.八十年代医用计算机的伦理思考 [J].医学与哲学，1990（9）：46 - 47.

② 张晓明.计算机伦理：数字时代的社会法则（五）[J].微电脑世界，1999（42）.

③ 王正平.西方计算机伦理学研究概述 [J].自然辩证法研究，2000（10）：39 - 43.

④ 钟晓鸣.论计算机软件与伦理价值观的相互作用 [J].科学技术与辩证法，2006（5）：27 - 30 + 49 + 109 - 110.

⑤ 朱春蕊.北京 IT 企业员工离职影响因素及对策研究 [D].华北理工大学，2015.

行文献搜索。

通过文献分析发现，在互联网信息技术发展起步阶段，互联网信息技术专业人员就获得了较高的社会经济地位，处于社会中上等位置。2005 年 CSDN 网站和各种 IT 机构针对 2 万多名中国程序员做的大型网络调查发现："52.86% 的受访者月收入在 1000 ~ 3000 元，基本上是入行两年内的正常收入水平。月收入 3001 ~ 5000 元的占 25.49%，属于项目中的主力程序员级别。12.42% 的受访者月收入达到 5000 ~ 10000 元人民币，恰好与前文提及的项目经理和架构师比例之和大致相当。该数据是国家统计局 2004 年第三季度统计的城镇人员月平均收入约 2900 元的 2 ~ 4 倍。① 互联网信息技术专业人员的收入在社会上处于中等偏上位置。"仪芳媛的调查也进一步验证了该结论：高级测试工程师年薪在 8 万 ~ 10 万元，中级测试工程师的年薪在 5 万 ~ 6 万元，初级测试工程师的年薪在 2 万 ~ 4 万元。②《中国大学生就业》杂志的报道显示，2008 年 23% 互联网信息技术专业人员的月薪在 3000 ~ 4499 元，16% 的月薪在 10000 元以上。③ 而国家统计局公布的数据显示：2008 年全年农村居民人均纯收入 4761 元，城镇居民人均年可支配收入 15781 元。在整个大环境都不佳的情况下，IT 行业在招聘需求、薪资水平等方面仍旧高于其他行业。2015 年福布斯中文网调查报告显示：在中等级别上，中国的薪酬水平现在也可以与硅谷相媲美。北京的只有 1 ~ 3 年经验的 Python 初级工程师可以预期挣到至少 1.5 万元月薪，或大约 18 万元的基本年薪，而对于一家资金雄厚的大型公司（比如美团）而言，Python 初级工程师最多可挣到 42 万元的基本年薪。这还不包括股票期权、额外的现金，或非现金津贴和其他福利。④ 互联网培训机构极客学院权威报告显示：2015 年技术岗位 IT 从业人员年薪最高达 25 万元，运行维护岗位年薪最低为 13 万元，但 IT 运行维护人员的需求在 2015 年比 2014 年增长了 4 倍。从岗位上来看，产品岗和技术岗已经成为 IT 公司内的核心岗位，薪水也分列一、二名。⑤ 该组数据中的年薪收入，分别是 2015 年全国工资平

---

① 韩磊. 不安分的 2004 与震荡的 2005——2004 中国程序员大调查 [J]. 程序员，2005 (1)：30 - 33.

② 仪芳媛. 软件测试工程师缘何有价无市 [N]. 科技日报，2006 - 03 - 20 (007).

③ 十字舵. 软件工程师：IT 行业里的"大众情人"[J]. 中国大学生就业，2009 (5)：38 - 41.

④ Rui Ma. 程序员的幸福时代：中国科技人才薪酬直逼硅谷 [J]. 服务外包，2015 (7).

⑤ 极客学院. 2016 年中国程序员职业薪酬报告 [EB/OL]. 2016 - 06 - 16. http：//www. 199it. com/archives/484914. html.

均收入 3.02 万元的 8.27 倍和 4.31 倍。可以认为，互联网信息技术专业人员的社会经济地位处于社会的中上层。

大多数的研究发现，互联网信息技术专业人员的社会经济地位不仅处于中上层，而且呈现稳步上升等特点。《程序员》杂志和 CSDN 技术社区的调查发现："2006 年国家对原有的社会福利制度进行了改革，进一步强调了'三险一金'制度，表现在调查结果上，效果还是极为显著的：93%的程序员所在的公司为其办理了'三险'，还有 62% 的程序员享有住房补助或者住房公积金。在日常福利中，享有午餐补助或公司提供免费午餐的程序员比例非常大，达到了 96%。另外，所在公司有项目奖金和年终分红政策的程序员，分别占到调查参与者的 64% 和 83%。这也是广大软件公司通用的激励员工工作热情、挽留优秀人才的有力手段。总体来说，大部分公司的福利制度更加完善、更加体贴，越来越多的软件企业在规范化管理方面又向前迈进了一步。"[①] 2008 年《程序员》杂志对 4009 名软件开发者薪资的调查发现："很久没有加过薪的程序员也仅为 37%，有 37% 的程序员获得了公司主动加薪，还有 26% 的程序员提出申请，公司通过后得到加薪。"[②] 2012 年末，魏兵通过对上万个互联网信息技术专业人员的调查发现："开发者薪资水平明显提高，月薪 5000 元以上人数占比较 2011 年增长 10.8%。"[③]

那么，究竟是哪些因素影响互联网信息技术专业人员社会经济地位的获得呢？学者们和行业机构进行了深入探索，发现相比专业技术地位和职业地位，其影响因素更为复杂。

大多数研究发现，市场和制度作为互联网信息技术专业人员社会经济地位崛起的决定性力量，给予了互联网信息技术专业人员社会经济地位上升的根本动力。中华英才网发现：计算机互联网行业年收入始终都居前五位，其是典型的高收入、高增长、高地位的行业。[④] 教育部等六

① 刘龙静. 2006 年程序员更"薪福"了吗?：中国软件开发者薪资调查报告（摘选）[J]. 程序员，2007（10）：23–24.
② 刘龙静. 回顾过去，展望"钱"景：2007 年软件开发者薪资调查报告 [J]. 程序员，2008（2）：13–15.
③ 魏兵. 2012 年软件开发者薪资调查报告 [J]. 程序员，2013（2）：19–23.
④ 中华英才网. 为什么 IT 行业薪资高 [EB/OL]. 2015–7–31. http://zhengzhou.edeng.cn/diquxinxi/200079212.html.

部门研究认为："由于市场需求，计算机专业人才的需求每年将增加百万人。"① 来自行业的数据分析得出的结论，也是高度一致的。信息服务业对程序员需求的数量最大，表明信息服务业仍然是信息人才的主要服务对象；制造业由于正处于改造升级阶段也对信息人才表现出较大的需求。② 《2014 年中国 IT 毕业生生存调查报告》通过对近百万名 IT 相关毕业生调查后发现：随着信息技术在各行各业的逐步深入和广泛应用，IT 是目前中国发展最快、最有前景的行业，越来越多的人选择 IT 行业。各类计算机相关专业技术人才需求都呈上升态势。门槛低、薪资高、机会多、发展前景好，是各类人才的最优选择。可见市场需求旺盛和国家扶持力度大是 IT 行业薪资增长较快的直接原因。③ 人力资源公司 ChinaHrley 针对 167 家企业招聘调查发现："互联网信息技术专业人员薪酬增加幅度位于各个行业榜首。"④ 《2016 年中国程序员职业薪酬报告》发现：北京程序员平均工资是 15.6 万元，与此相差无几的是上海、深圳、南京和西安。Java 程序员数量是最多的，PHP、C 语言和 Node. js 程序员继续供不应求，与大数据、安全和自然语言处理相关的技术领域则明显供不应求。供不应求的岗位直接导致高薪酬。以大数据行业为例，随着技术的创新和发展，2014 年到 2015 年，大数据岗位需求增长了 2.4 倍。⑤ 各公司正在以高薪建设战略人才库。

有的研究还发现，由于信息、资本、文化资源的集中性，城市等级制度是社会经济地位的重要影响因素。早在 2005 年，邢文珊就发现："地域差异对软件人员的薪资有很大的影响。北京以其政治、文化的第一优势集中了近 19%的程序员，上海占 13%，深圳占 10%，广州占 7%，杭州也吸引了 5%的软件人才。其主要原因在于北京、上海的工资较高，其他城市普遍较低。尤其是上海，作为国际化大都市和众多外资企业的主要落户地点，不仅程序员就业机会多，最重要的是这里的物质、文化、经济、生活水平普遍较高，以交通便捷、

① （美）曼纽尔·卡斯特. 网络星河 [M]. 郑波，武炜译. 北京：社会科学文献出版社，2007：88 - 89.
② 杨中华，汪勇. 程序员技能需求：基于内容分析法的分析 [J]. 现代情报，2007（8）：166 - 168.
③ 199IT. 2014 年中国 IT 毕业生生存调查报告 [EB/OL]. 2015 - 03 - 23. http：//www. 199it. com/archives/334431. html.
④ 黄错. 程序员的加薪指数 [N]. 21 世纪经济报道，2012 - 01 - 13（022）.
⑤ 极客学院. 2016 年中国程序员职业薪酬报告 [EB/OL]. 2016 - 06 - 16. http：//www. 199it. com/archives/484914. html.

机遇较多、工资较高、福利更多而更具有吸引力。"① 杨中华等利用内容分析法对发布在人力资源网站的招聘广告分析发现："程序员的需求与地方经济的发展呈现非常强的相关关系，在经济发达特别是信息相关产业发展比较迅速的华北、华东和华南地区，程序员的需求表现出比较旺盛的态势。"② 2012 年末，CSDN 和《程序员》杂志通过对上万个互联网信息技术专业人员的调查发现："在 IT 业较集中的 17 个城市中，高收入开发者占比最高的依次为上海、北京、深圳，最低的依次是济南、沈阳和西安。高收入开发者占比最大的前 3 个行业为：互联网、游戏、国防/军队。"③ 随后的一些研究报告的结论都高度一致。《2013 年中国软件开发者薪资调查报告》数据也显示："北上广深依然是软件开发者主要聚集地，相比 2012 年，参与调查的成都软件开发者比例超过杭州，进入前五。"④

来自全国的数据分析结论也是高度一致的。Codeforge《2015 上半年中国程序员调查报告》也发现，城市等级制度对互联网信息技术专业人员具有较强的分割作用："程序员地域分布较为集中，主要集中在经济较为发达以及科技能力较强的省份和地区，例如广东、上海、北京等地。"⑤ 来自大数据的统计结果也印证了该结论。IT 之家通过匿名统计 100 万条薪酬数据发现："2014年北京平均工资最高的三个行业为：IT/互联网 9420.14 元、电子/通信/硬件 9098.75 元、专业服务 8830.63 元。IT/互联网行业工资居全国首位。相比之下，上海的专业服务人员收入最多。上海的平均工资 TOP3 行业则为：专业服务 10767.80 元、IT/互联网 9105.78 元、电子/通信/硬件 8859.68 元。从整体来看，IT/互联网从业者的平均工资在北京、上海、深圳、杭州、大连、南京、广州等地处于较高水平。"⑥

但是，随着互联网信息技术的进一步扩散和各个地方组织的支持，城市等级制度对大城市之间的不平等影响逐步减小。国内最大 IT 职业在线教育机构

---

① 邢文珊. 程序员的职业困惑与职业发展方向 [J]. 职业时空，2005（18）：14－15.

② 杨中华，汪勇. 程序员技能需求：基于内容分析法的分析 [J]. 现代情报，2007（8）：166－168.

③ 魏兵. 2012 年软件开发者薪资调查报告 [J]. 程序员，2013（2）：19－23.

④ 魏兵. 2013 年中国软件开发者薪资调查报告 [J]. 程序员，2014（3）：26－29.

⑤ Codeforge. 2015 上半年中国程序员调查报告 [EB/OL]. 2015－08－01. http：//www.199it. com/archives/371563. html.

⑥ IT 之家. IT 从业者工资调查：北京收入最高 [EB/OL]. 2015－03－23. http：//www. ithome. com/html/it/136595. htm.

极客学院发布的《2016 年中国程序员职业薪酬报告》发现：北京程序员平均工资是 1.3 万元，与上海、深圳、南京和西安相差无几。程序员逃离北上广之后选择南京和西安也会有相当不错的生活。①

工作组织为互联网信息技术专业人员社会经济地位提供了强大的动力。有机构通过对全国主要的 112 家 IT 公司的年薪统计发现，位列前三的公司分别是公司规模较大的华为和中兴。② 2015 年工业和信息化部统计的 2014 年全国软件和信息技术服务业数据显示，华为技术有限公司以软件业务年收入 1482 亿元，连续 14 年蝉联软件百家企业之首，海尔集团公司、中兴通讯股份有限公司分别名列第二和第三。③ 可以发现，薪酬较高的都集中在规模较大的公司，公司的规模与薪酬基本呈正比关系。也有的研究发现，工作组织赋予的不同岗位和职责所获得的社会经济地位也不同。《2016 年中国程序员职业薪酬报告》发现：大数据工程师、后端开发工程师和移动开发工程师名列薪酬榜前三名。居于榜首的是大数据工程师。运维工程师、测试工程师和游戏工程师薪酬最低。④ 有的研究认为，工作组织的薪酬制度有利于互联网信息技术专业人员获得较高的社会经济地位。刘昕认为：华为作为中国 IT 公司精英，在薪酬制度上的合理规划是其成功的有力杠杆……2006 年华为开始推行薪酬改革，按责任与贡献付酬，而不是按资历付酬。通过薪酬变革鼓励员工在未来的国际化拓展中持续努力奋斗，鼓励那些有奋斗精神、勇于承担责任、能够冲锋在前的员工，调整那些工作懈怠、安于现状、不思进取的老员工的岗位……这样适应市场的薪酬制度，激励了 IT 工程师，放手去创造自己的价值，和华为一起不断实现了一个个的目标，收获更多的荣誉和财富。⑤

有的研究发现，学历教育对社会经济地位有显著性的影响。2008 年，《程序员》杂志对 4009 名软件开发者薪资调查发现："学历和薪资基本成正比增

---

① 极客学院. 2016 年中国程序员职业薪酬报告 [EB/OL]. 2016 – 06 – 16. http：//www. 199it. com/archives/484914. html.
② 极客学院. 2016 年中国程序员职业薪酬报告 [EB/OL]. 2016 – 06 – 16. http：//www. 199it. com/archives/484914. html.
③ 工信部发布 2015 年中国软件业务收入"百强"发展报告 [EB/OL]. 2015 – 09 – 10. http：//www. chinasourcing. org. cn/contents/52/60345. html.
④ 极客学院. 2016 年中国程序员职业薪酬报告 [EB/OL]. 2016 – 06 – 16. http：//www. 199it. com/ archives/484914. html.
⑤ 刘昕. 华为的发展历程及其薪酬战略 [J]. 中国人力资源开发, 2014（10）：76 – 83.

长，各组数据均表明 2007 年程序员的薪资水平态势良好。"① 但随着教育扩招的影响和技术的进一步扩散，学历教育对社会经济地位的影响逐渐降低了。该结论在最近的研究中得到了部分证实。李霓对不同学历层次的员工调查发现："不同学历层次上的差异并没有达到显著水平……'80 后'的人基本能够保证比较高的受教育水平，学历层次在整体上也呈现偏高的趋势。尤其是从事 IT 行业的员工，一般知识性和技能性并不能仅仅依靠学历来获得，实践的工作经验显得更加重要。"② 巫强根据来自某工业园区 IT 企业的薪酬调查数据，对国内企业和国外企业关于毕业生起薪问题进行了研究。从学历来看，国内企业倾向于为更高学历的毕业生支付更高的薪酬，而外企则不然，各层级的学历对外企毕业生起薪的影响都是不显著的。从工作经验来看，外企会为有工作经验的毕业生提供较高的薪酬，而国内企业则没有明显的倾向。从学校类别来看，国内企业支付给选择性更强的学校的毕业生的工资更高，外企则没有明显的倾向。③ 可以发现，虽然学历层次对互联网信息技术专业人员的社会经济地位影响降低了，但是教育分流制度的影响十分深刻。

性别分割制度对女性社会经济地位获得的影响较为复杂。不同的研究样本和方式所获得的结论有一定的差异。《2015 年 iOS 开发者收入调查报告》显示：与整体薪资水平相比，相同工作年限的女性开发者月薪相对要低些。④ 性别不平等制度一定会导致不平等的社会经济地位吗？答案是否定的？有的研究则发现，性别分割制度的不平等影响程度能够被单位制和技能提升降低。巫强根据来自某工业园区 IT 企业的薪酬调查发现：从性别工资差异来看，国内企业更明显地倾向于为男性毕业生提供较高薪酬，外资企业则没有表现出明显的倾向。⑤ 2008 年《程序员》杂志对 4009 名软件开发者薪资进行调查发现："从性别上来看，男性仍然是开发者中的绝对主力，占到了 97% 之多，女性程序

---

① 刘龙静. 回顾过去，展望"钱"景：2007 年软件开发者薪资调查报告 [J]. 程序员，2008（2）：13 – 15.
② 李霓. "80 后" IT 业知识型员工个性倾向、职业锚类型与职业生涯关系研究 [D]. 吉林大学，2007.
③ 巫强. 大学毕业生起薪决定因素研究：来自某工业园区 IT 企业薪酬调查的证据 [J]. 山东财经大学学报（高等教育版），2010（2）：5 – 11.
④ 2015 年 iOS 开发者收入调查报告 [EB/OL]. 2016 – 3 – 11. http：//www. cocoachina. com/programmer/20160311/15649. html.
⑤ 巫强. 大学毕业生起薪决定因素研究：来自某工业园区 IT 企业薪酬调查的证据 [J]. 山东财经大学学报（高等教育版），2010（2）：5 – 11.

员仅有 3%，这个比例基本上和往年调查数据相当，在本次调查中性别对薪资的影响并不明显。"① 可以发现，性别分割制度对国内信息技术专业人员社会经济地位获得的影响较为复杂。

作为与人力资源高度结合的职业，互联网信息技术和个体价值实现更多地依赖于个体努力程度和价值观以及所构成的社会网络关系等非制度性因素。为此，不少学者进行了有益的探索和研究。

有的研究发现，工龄是社会经济地位获得的重要影响因素。2004 中国程序员大调查报告显示，开发技能和经验是影响程序员收入的重要因素。② 国内最大 IT 职业在线教育机构极客学院发布的《2016 年中国程序员职业薪酬报告》发现："在工作年限上，1～3 年和 3～5 年的工程师平均薪酬相差不多，而 5 年以后的工程师薪酬有了明显的上升，且 5 年工作经验的工程师最抢手。"③ 以大数据岗位为例，工作组织对于工作经验要求较高，更偏爱 3～5 年经验的工程师。CocoaChina 通过对 6197 名 IT 人员形成的《2015 年 iOS 开发者收入调查报告》显示：1 年以下经验的开发者月薪多为 5000～10000 元；1～3 年经验的开发者月薪在 5000～15000 元；3～5 年开发者月薪跨度较大，分布在 10000～30000 元；5 年以上工作经验的开发者月薪多为 20000～30000 元。④

更多的研究发现，社会网络关系、资金、机会等多种因素对获得较高的社会经济地位有着重要影响。2014 年脉脉针对 1 万名互联网创业者的调研发现："一位脉脉上的创业者，要具备的一度人脉（朋友）676 位，二度人脉（朋友的朋友）54218 位。互联网创业成功是要具备管理资金、人脉、机会的多重能力才容易在激烈竞争的市场环境中脱颖而出。"⑤《2016 年中国程序员职业薪酬报告》显示："薪水需要综合平台、资源、人脉、能力等多种因素。"⑥

使用的计算机语言和工具的差异会导致社会经济地位出现差异或分层。不

① 刘龙静. 回顾过去，展望"钱"景——2007 年软件开发者薪资调查报告 ［J］. 程序员，2008（2）：13－15.

② 韩磊. 不安分的 2004 与震荡的 2005——2004 中国程序员大调查 ［J］. 程序员，2005（1）：30－33.

③ 极客学院. 2016 年中国程序员职业薪酬报告 ［EB/OL］. 2016－6－16. http：//www.199it.com/archives/484914. html.

④ 2015 年 iOS 开发者收入调查报告 ［EB/OL］. 2016－03－11. http：//www. cocoachina. com/programmer/20160311/15649. html.

⑤ 脉脉：2014 年创业者人脉调查报告 ［EB/OL］. 2014－09－26. http：//www. 199it. com/archives/277790. html.

⑥ 极客学院. 2016 年中国程序员职业薪酬报告 ［EB/OL］. 2016－06－16. http：//www. 199it. com/archives/484914. html.

少研究发现，开源软件的使用者能够实现更大的价值和获得更高的社会经济地位。"开源软件为 Java 拥有成熟企业级架构做出了极大的贡献，同时自己也赢得了市场的认可，获得更大的价值。"① CSDN 和《程序员》杂志也发现了类似的结论："最赚钱的四种编程语言是：Objective – C、C + +、Python、C。"②《2013 年中国软件开发者薪资调查报告》数据也显示：最赚钱的五种编程语言是：Python、Objective-C、C + +、C、JavaScript。③ 掌握更多的语言，一定会获得较高的社会经济地位吗？研究发现：计算机语言越多，获得的社会经济地位不一定越高。《2016 年中国程序员职业薪酬报告》则发现："超过 8 种语言的程序员获得的薪酬要低于只会 8 种语言的程序员薪酬。对一般的程序员来说，会 8 种语言的薪酬最高。但会 4 ~ 5 种语言就可以保持较好的薪酬。"④ 有的研究发现，使用跨语言平台对薪酬获得有着显著性的影响。IDC 统计发现：Android 的发展壮大促使 Java 占据了开发语言的半壁江山。但是 HTML/CSS 变为后起之秀，新一轮的薪资调整又发生了。使用 Xcode、Ruby、go 语言的薪资居前三位，比 Java 系统薪资多 25%。⑤

　　更多的研究发现，职业培训教育对互联网信息技术专业人员的社会经济地位获得有着深刻的影响。有的研究发现，积极参加职业培训教育和职业认证有助于获得较高的社会经济地位。唐月伟研究发现：早期参加职业技能获取 IT 证书的专业人员的薪水对于工薪阶层来说也许是个天文数字。⑥《中国大学生就业》杂志的报道也认为："SUN 的 Java 认证对于薪资的影响较大。如果一个精通 Java 的软件工程师，具有两年以上外企工作经验，年薪不会低于 10 万元。有无 CCNP 认证年薪差距在 1 万 ~ 2 万元之间，但只要求职者有一定的相关工作经验，有没有认证对薪酬影响不大。"刘玉在 Framework 平台上开展教学与实训活动，研究了程序员在 Framework 平台培训的效果。研究结果显示：网络平台培训能够提升程序员开发应用程序的能力，更容易获得较高层级的职

①　韩磊. 不安分的 2004 与震荡的 2005——2004 中国程序员大调查 [J]. 程序员，2005（1）：30 – 33.

②　魏兵. 2012 年软件开发者薪资调查报告 [J]. 程序员，2013（2）：19 – 23.

③　魏兵. 2013 年中国软件开发者薪资调查报告 [J]. 程序员，2014（3）：26 – 29.

④　极客学院. 2016 年中国程序员职业薪酬报告 [EB/OL]. 2016 – 06 – 16. http：//www. 199it. com/archives/484914. html.

⑤　极客学院. 2016 年中国程序员职业薪酬报告 [EB/OL]. 2016 – 06 – 16. http：//www. 199it. com/archives/484914. html.

⑥　唐月伟. 漫漫 IT 培训路，几多"功成"程序员 [J]. 成才与就业，2002（10）.

业和较高的薪酬。[①] 何英研究认为，系统 Android 程序员的职业培训可以有效促进 IT 工程师获得较高专业技术水平和薪酬。[②] 宋文慧调查也发现：大学毕业后进入培训机构学习 IT 软件课程，毕业就能找着工作，工作一年半即晋升为项目经理，年薪在 10 万元以上。[③] 因此，有不少企业建立专门的培训机构或委托相关的培训机构对入职程序员进行培训，以提高其专业技术水平实现个体的价值。[④]

此外，不少研究还发现，即使是在专业技术英语已经普及的背景下，较高的英语水平依然是获得较高社会经济地位的重要原因之一。《程序员》杂志调研发现，英语水平的高低，会直接影响互联网信息技术专业人员的收入水平和技术能力。[⑤] 刘艺认为英语是 IT 的行业语言。IT 人员向高级或资深程序员发展必须提高英语水平以获得较高的技术和薪酬。[⑥] 该结论也被《中国大学生就业》的实证调查所证实：熟练掌握至少一门外语，能够从事商务谈判的高端 IT 人才更容易获得较高的年薪。[⑦]

有的研究发现，性格、兴趣、期望等个体性特征对社会经济地位的获得有深刻的影响。崔峻峰经过分析发现：任何人的薪水都是与其能力、个性相匹配的。在 IT 行业，个人的薪水总是与"学习""沟通""目标"有关的，缺乏这些基本素质，即使现在拥有很高的技术水平，也只能保证自己未来三年的优势。更多的优势必须依靠"学习"和"沟通"来实现"目标"。[⑧] 陶玲玲研究认为，拥有更高情商和沟通能力的互联网信息技术专业人员，对 IT 项目管理工作的执行效果会产生直接的影响。他们更容易带领团队完成项目，实现公司和个体的价值，获得更高的薪酬。[⑨] 李勋研究发现：软件系统的质量及其中所

① 刘玉 . Framework 与程序员教育［J］. 河北职业技术学院学报，2005（4）：15 - 16.
② 何英 . Android 程序员就业前培训效果研究——以企业合作班为例［J］. 兰州教育学院学报，2015（2）：107 - 108.
③ 宋文慧 ."华浦"培训助你走出"毕业就失业"的怪圈——通过 IT 培训，可以成为高薪人［J］. 成才与就业，2006（15）.
④ 何英 . Android 程序员就业前培训效果研究——以企业合作班为例［J］. 兰州教育学院学报，2015（2）：107 - 108.
⑤ 程序员如何提高英语水平？［J］. 程序员，2010（10）：98 - 99.
⑥ 刘艺 . 程序员如何掌握计算机英语［J］. Internet 信息世界，2002（2）：107 - 109.
⑦ 十字舵 . 软件工程师：IT 行业里的"大众情人"［J］. 中国大学生就业，2009（5）：38 - 41.
⑧ 崔峻峰 . 也谈 IT 人的"薪"情［J］. 软件工程师，2008（1）：26 - 28.
⑨ 陶玲玲 . 提升 IT 项目管理人员的职场情商［J］. 新闻传播，2015（8）：93 + 95.

含的缺陷很大程度上取决于开发它的程序员的个性品格。拥有相对较强的进取心、责任心、自我控制、自信心、洞察力、创造性、灵活性、独立性、支配愿望、社交能力、宽容性、敏感性能够提高所开发的软件质量，获得更高的薪酬。[①]

有的研究发现，职业困惑长期得不到缓解和解决会影响互联网信息技术专业人员的社会经济地位获得。邢文珊从职业咨询第一线得到的调查数据显示，2004 年程序员仍是在职业发展中遇到困惑最多的群体之一，高达 35% 的人倍感职业压力造成心理负担，70% 的程序员 35 岁后不再从事 IT 行业。因此，IT 从业人员的职业困惑得不到缓解和改善有可能导致其丧失职业地位和薪酬。[②] 可以发现互联网信息技术专业人员的个体特征对社会经济地位的获得有着深刻的影响。

综上所述，社会经济地位深刻地嵌入社会之中，相比专业技术地位和职业地位其构成要素更多，内涵更丰富，影响因素也更复杂。其影响因素可以较为明显地分为经济制度、教育制度、城市等级制度、性别分割制度等制度性因素和工龄、职业培训、社会网络关系、个人努力、个体特征等非制度性因素。

第三节　文献述评

通过对互联网信息技术专业人员地位获得国内外文献分析，可以发现以下关于互联网信息技术和互联网信息技术专业人员地位获得问题的七个显著特点。

一是从研究时间上看，国外对互联网信息技术专业人员地位研究比国内更早，在互联网起步发展阶段就高度重视对这一新兴群体的系统研究。较早的系统研究文献出现在 20 世纪 60 年代的美国，集中性的研究则集中出现在 20 世纪 80 年代末至 90 年代初的美国、欧洲、新加坡、印度等国家和地区。而国内虽在 20 世纪 80 年代有过零星的研究，集中性的研究主要集中在 21 世纪之后尤其是 2004 年之后。这期间业界和商界等组织关注的程度更高，而学术界关注度较少，直至 2010 年之后，互联网信息技术专业人员群体才成为学界、商

---

①　李勍. 程序员个性品格的模糊评价模型 [J]. 现代商贸工业, 2008 (3): 133 - 134.

②　邢文珊. 程序员的职业困惑与职业发展方向 [J]. 职业时空, 2005 (18): 14 - 15.

界、业界关注的重点群体和问题。

二是从研究内容侧重点看，国内外学者均对互联网信息技术专业人员专业技术地位、职业地位、社会经济地位的内涵、构成、特点及影响因素进行了研究。学界主要侧重通过数据模型分析心理、气质、性格等个体性因素进行研究，而业界和商界则侧重于技术、薪酬、职业特征等方面进行描述性研究。但他们都高度关注职业地位获得和流动及其影响因素，缺乏对专业技术地位和社会经济地位的系统研究。

三是从研究方法看，国外的研究主要通过结构方程、回归分析等高级统计学分析等定量研究方法，采用实地访谈、案例研究的定性研究较少。而国内采用描述性的统计分析、实地访谈等定性方法研究较多，通过高级统计学分析的研究较少。但将定性和定量两种研究方法结合起来的不多。

四是从研究设计看，国内外研究设计更多停留在年龄、性别、国籍、工龄、学历、使用工具、工作满意度等传统性的影响因素上，很少针对互联网信息技术的"技术规制"、价值观、城市等级制度、户籍制度、经济制度、政治制度等新型的或者具有中国特色的影响因素进行研究。尤其是从技术和社会的层面对互联网信息技术专业人员地位获得和流动等方面进行的研究设计较少。因此，本研究认为可以将影响因素归类为制度性与非制度性因素，用于研究技术与社会的相互关系。

五是从研究深度看，国内外研究均将市场、工作组织、性别、年龄、工龄、学历、职业培训、性格、气质等众多具体性因素对互联网信息技术专业人员专业技术地位、职业地位、社会经济地位的影响作为研究方向。这些研究更多地停留在具体层面上，缺乏对影响因素的深层次的思考和升华以及哲学上的认识和把握。

六是缺乏对互联网信息技术和技术规制对地位获得的影响研究。具有强烈"开放、自由、平等、共享"的"技术规制"的互联网信息技术对地位有强烈影响，但其并没有成为国内外研究学者的重点研究方向。一方面是学界、业界、商界更多关注的是技术与资本结合问题，考虑的是技术如何增值、技术与资本如何结合，如何保持和促进技术人员创造更大的价值，导致对其技术规制和技术人员价值观的关注缺失；另一方面，可能由于这两个问题较新，暂时还没有引起各界的关注。因此，有必要在之后的研究中予以高度关注。

七是从学科支撑看，现阶段关于互联网信息技术专业人员地位获得的研究主要集中在经济学、心理学、社会学、管理学等领域，对地位获得的外部环境和内在驱动、价值观理论性、系统性的研究停留在具体层面上。因此，有必要从科技哲学和马克思主义哲学等视角对互联网信息技术专业人员的地位获得问题进行研究和把握，深入探析科学、技术与社会，科学、技术与公共政策，互联网信息技术创新和发展等问题。

第三章

关于地位获得的相关理论评析

本章主要对技术批判学派、技术控制学派、技术未来学派、社会学理论学派相关理论中的专业技术人员和互联网信息技术专业人员地位获得观进行梳理，探析互联网信息技术专业人员的地位获得特征、影响因素、获得机制以及互联网信息技术"技术规制"特征与实现等问题。

第一节　技术批判学派的地位获得观评析

对专业技术人员地位获得观的理论批判，主要集中在传统马克思主义流派和当代马克思主义流派。但两个流派对这个群体的地位获得既有批判，也有承认和肯定。与本研究相关的技术批判学派主要是马克思主义阶层理论、中国共产党"社会新阶层"理论、阿克塞尔·霍耐特"为承认而斗争"理论；持强烈批判态度的则为赫伯特·席勒"信息与市场"理论和文森特·莫斯可团队"知识劳工"理论。

一　马克思主义阶层理论的地位获得观

马克思主义理论中的地位获得理论，主要表现为马克思主义中的阶层理论、阶级理论和中国共产党"社会新阶层"理论。这方面的理论研究主要集中于国内李春玲的《社会分层理论》和戴维·格伦斯基的《社会分层》两本著作之中。[①]

由于信息技术革命的深入发展，马克思主义阶层理论逐渐不能解释产业工人阶级的退化与消失、新的技术阶级的产生与发展。因此，20世纪七八十年

---

① 该理论梳理部分将主要参考他们两人以及其他重要学者的研究成果展开。

代一些新马克思主义者通过理论分析和实证研究对传统马克思主义阶层理论进行了发展。一大批哲学、社会学、政治经济学研究者追随这一取向，在埃里克·沃林·赖特的领导之下，进行了长达 20 多年的实证研究并取得了许多研究成果。因此，在 20 世纪八九十年代出现了新马克思主义阶层研究的高潮。不过，近几年这股热潮逐渐消退，以往的影响力已不再现。

国内地位获得和社会流动的研究随着改革开放的节奏逐步发展，并在 21 世纪前十年达到高潮。早在互联网信息技术接入中国的 20 世纪 80 年代，中国科学技术信息研究所、中国社会科学出版社、世界知识出版社、上海译文出版社等学术单位就进行了大量研究和出版工作。此时，潘培新、亦舟、何建章、张宛丽、王琦、叶茂、王思斌等学者先后出版了《当代社会阶级结构和社会分层问题》《信息社会论和新技术革命》等学术著作。这些成果对当时中国、苏联、南斯拉夫、美国、日本等国家的信息社会结构变迁和劳动变化进行了详细的分析和研究，并不断修订和完善了马克思主义阶层相关理论。20 世纪 90 年代至 21 世纪前十年，关于阶层、地位获得、社会流动的研究逐渐进入高峰期。这一时期，清华大学、中国人民大学、中共中央党校、中央编译局、武汉大学、中国社会科学院、中华全国总工会等机构对"阶层""地位""社会分层"等问题展开了理论和实证上的研究，先后涌现了李强、孙立平、陆学艺、边燕杰、黄楠森、王春光、李春玲、杨雪冬、郑杭生、李培林、侯惠勤、邓伟志、虞崇胜、陈占安、周穗明等众多学者。这些学者经过不懈努力，基本上对马克思主义阶层理论作出较为完善的修订，并对当下中国巨变的社会结构变迁进行预判。

传统的核心地位获得观是：资本主义社会的阶级结构是两极分化的，资产阶级与无产阶级的利益冲突构成了资本主义社会的主要矛盾以及社会变迁的动力，最终导致资本主义社会的灭亡。在马克思主义阶层理论看来，两个阶级的简单分类模式是捕捉资本主义社会发展趋势的理想类型。尽管马克思也注意到，当时资本主义社会的阶级结构要比这种简单分类更复杂，因为还存在着一些过渡性质的阶级（如地主）、类阶级群体（如农民）和阶级内部的分支（如流氓、无产者）等。但是传统观点认为，资本主义社会的进一步成熟将消除这些复杂成分，而最终简化为两极分化的阶级结构。

然而，在新马克思主义阶层理论看来，信息社会时代的社会阶级结构并非呈现两极分化，反而由于互联网信息技术革命，专业技术人员逐渐增长，社会阶层逐渐呈现多元特征。正如戴维·格伦斯基的《社会分层》指出的，阶级结构并没有精确而整齐地进行演进。① 老的中产阶级（手工技术工作者和小店主）的确像马克思所预言的那样在衰落，但由经理人员、专业人员和非体力工人所组成的新中产阶级则在发展壮大。尤其是专业技术人员通过向商业精英的转化，获得了巨大的财富和较高的地位，并且这一趋势在全球都在强化。可以看到，这些专业技术人员并不是严格意义上的工人阶层受到残酷的剥削，反而受到了资本的高度"青睐"。新兴技术阶层能够控制自己的工作过程而被归为本质上的"半自治阶级"。

但新老马克思主义阶层理论认为各种资源在人群中的不平等分配构成了地位获得基础。其分层标准主要基于个体对经济资源、技术资源、政治资源、声望资源和人力资源等方面占有的差异。综上所述，马克思主义阶层理论地位获得观中专业技术人员地位获得有以下两个特点。

一是专业技术人员在信息社会劳动过程中，没有因为资本的异化作用而成为无产阶层，反而凭借其知识、技术、职位、证书等要素，增加了个体的价值，成为与资本相提并论的资本，实现地位获得。也就是说，个体通过专业技术水平的获得，实现了更大的技术、个体和社会价值，获得较多的社会财富和较高的地位。

二是由于资源占有的差异，专业技术人员内部存在较为明显的分层。专业技术人员群体分层明显，只有上层待遇优厚，可以计划自己的前程和事业，成为高级专业人员、高级管理人员，甚至公司的拥有者或者资产持有人。这部分人尊重传统的雇主阶层，与传统的阶层保持了较为紧密的关系。而处于中层或下层的专业技术人员由于技术和能力以及资本的局限，只能忍受着较高的劳动强度，获得一定的地位。

二 中国共产党"社会新阶层"理论的地位获得观

21 世纪初期，中国成为马克思主义理论全球最大的实践地，中国共产党提出了"社会新阶层"理论。该理论将原有社会阶层中分离出的一部分新兴社会阶层，包括民营科技企业的创业人员和技术人员、受聘于外资企业的管理技术人员、个体户、私营企业主、中介组织的从业人员、自由职业人员等新兴

---

① （美）戴维·格伦斯基. 社会分层（第 2 版）［M］. 王俊译. 北京：华夏出版社，2005：13.

社会阶层定位为"中国特色社会主义事业的建设者"。① 该理论针对社会新阶层地位获得问题提供了极具指导意义的支撑。其地位获得观主要集中在党的十六大、十七大、十八大报告以及中共中央党校、中国人民大学、中国社会科学院、武汉大学等高校、科研单位的"社会新阶层"研究成果中。其主要观点和特点主要集中在以下三点。

一是明确了专业技术人员地位获得的动力。中国共产党"社会新阶层"理论认为，新阶层地位获得动力源于社会主义市场经济的发展和壮大。由于市场在资源配置中基础性作用的发挥，资本、技术、劳动力、土地等要素在市场自由流动，非公有制企业以及与之相生相伴的管理技术人员开始崛起。社会经济成分、经济结构的深刻变革，带来社会就业方式、分配方式、利益关系和组织形式的深刻变化，构成了新社会阶层形成的重要历史条件。② 这些从原有社会阶层中分离出来的一部分新兴社会阶层，包括民营科技企业的创业人员和技术人员、受聘于外资企业的管理技术人员、个体户、私营企业主、自由职业人员，特别是1994年以来，通过信息技术革命获得巨大社会财富的互联网信息技术专业人员。

二是明确了专业技术人员地位获得的衡量标准和方式。该理论的地位获得观认为，劳动、资本、技术、管理都是创造社会财富的源泉，要按贡献参与分配的原则实现对资源的分配和占有，提出了一切合法的劳动收入和合法的非劳动收入都应该得到保护的观点。也就是说政治制度、经济制度等制度性因素会对专业技术人员地位获得的合法性和合理性以及途径产生深刻影响。同时也说明影响专业技术人员地位获得的影响因素既有制度性因素，也有非制度性因素。

三是推动了专业技术人员地位获得机制的完善。该理论地位获得观认为，应该赋予社会新阶层相应的政治资源和声望，进一步鼓励社会新阶层建设社会主义事业。该理论提出，要不断吸纳新阶层中的精英分子进入全国人民代表大会中，为新阶层人士打开更大成长空间。可以看到，中国共产党"社会新阶层"理论科学地回答了在建设中国特色社会主义进程中，如何让一切劳动、知识、技术、管理和资本的活力竞相迸发，让一切创造社会财富的源泉充分涌

① 李明斌，孙莉霞. 论新社会阶层是中国共产党重要的执政资源 [J]. 中州学刊，2009（4）：20－22.
② 宋华忠. 新社会阶层的兴起与中国共产党领导权实现路径 [D]. 中国社会科学院研究生院，2013.

流这一重大理论问题。① 这不仅反映出专业技术人员的地位获得有着较为完善的理论政策机制，更反映出科学、技术与公共政策相互之间的互动关系。这说明，专业技术人员作为一种新兴的力量逐步在既有的社会结构中崛起，发挥的作用越来越被社会各界认可和承认。

三 阿克塞尔·霍耐特"为承认而斗争"理论的地位获得观

阿克塞尔·霍耐特"为承认而斗争"理论是根据黑格尔的"为承认而斗争"模式的社会理论发展而来的。该理论以米德的社会心理学为依托，努力实现黑格尔理念的经验转型，形成一个社会批判理论的观念。该理论认为"地位"是主体的自我实践；"地位获得"是依靠主体间的相互承认；主体认同的形成过程中，地位获得主要存在三种承认形式——爱、法律和团结；"地位获得"的承认形式遵循着以道德斗争为中介的发展过程逻辑。该理论中关于地位获得的内容主要有以下两点。

一是专业技术人员地位获得主要依靠个人的努力和奋斗等非制度性因素。该理论认为现代社会，个体不再把他们与社会标准一致而取得的成就和因而受到的尊重归因于整个集体。相反，他们可能将它们归因于他们自身。在这些变化了的条件下，也伴随着一种切实感觉到的信心，即个人的成就和能力将被其他社会成员承认，是"有价值的"。这种实践的自我关系，用日常语言中通用的表达，也就是"自我价值感"的实现。② 也就是说，个体主要依靠个人的努力等非制度性因素，获得他人的承认实现自身价值和地位。

二是专业技术人员的地位获得有着强烈的"科学共同体"意识，工作组织对地位的获得影响深刻。在地位获得的价值实现途径方面，该理论认为，在现代社会的个体化和独立化主体之间的社会关系是社会团结的必要条件。从这个意义上说，彼此对等重视就意味着根据价值互相评价，这就使他者的能力和特性也对共同的实践有意义。这种关系可以说就是"团结"，它们不仅激起被动的宽容，而且激发了对他者个体性和特殊性的切实可感的关怀。只有"我"主动地关怀他者（外在于"我"自己的）个性特征的发展，共同的目标才能实现。"对等"并不意味着我们在同等程度上互相重视，这一事实早在每一社

---

① 王运阳. 中国共产党的新社会阶层理论及其路径选择 ［D］. 武汉理工大学, 2008.
② （德）阿克塞尔·霍耐特. 为承认而斗争 ［M］. 胡继华译. 上海：上海人民出版社, 2005：134 - 135.

会价值境域解释的本质开放性中清楚地显示出来了。根本不可能想象一系列在数量上以某种方式固定以至可以精确地比较个体贡献的集体目标；相反，"对等"只能意味着每一主体免于被集体损害，结果他们被给予了机会，使他们能感觉到自己是对社会有价值的存在，据其成就和能力，他们得到了社会承认。因此，根据"团结"概念构想的社会关系，个体为社会重视而进行的竞争获得了一种免于痛苦的形式，即一种摆脱了蔑视经验的形式。[①] 该理论的地位获得的承认方式和内容可表示为表 3 - 1。

表 3 - 1　"为承认而斗争"理论的承认关系结构

承认方式	情感上支持	认识上尊重	社会交往中重视
人格维度	需要与情感	道德义务	特性与能力
承认形式	原始关系	法律关系	价值共同体
	（爱，友谊）	（权利）	（团结）
发展潜能	—	普遍化，解形式化	个体化，平等化
实践自我关系	基本自信	自尊	自重
蔑视形式	虐待，强奸	剥夺权利，排斥	诽谤，伤害
被威胁的个人	肉体完整	社会完善	荣誉，尊严
人格构成			

　　从该理论可以探析，专业技术人员中的黑客的地位获得和价值实现就是"为承认而斗争"的典型。黑客是一群拥有高新技术和典型精神的群体，这个群体通过黑客攻击、制作专属音乐、群体活动、获得财富、炫耀自身的技术能力以及某些政治意识形态等斗争行为获得社会的重视和承认，以获得地位。如1998 年 5 月底，印度三名十几岁的少年为了抗议印度政府进行的一系列核试验，在网上以即时聊天方式发表声明，宣布他们成功地侵入印度原子能研究中心，篡改该核研究中心主页，并且获得印度核科学家在核试验期间交流的电子邮件。[②] 2000 年 "善意黑客" 因对阿帕奇软件和微软公司的 IIS 服务器软件争夺不满，对阿帕奇软件基金会（Apache Software Foundation）互联网服务器工程的主网站进行了袭击，网站的主页被 "善意黑客" 修改成其竞争对手微软

① （德）阿克塞尔·霍耐特. 为承认而斗争 [M]. 胡继华译. 上海：上海人民出版社，2005：134 - 135.

② 林皓. 1998 年几个著名的黑客案例 [EB/OL]. 光明网. 1999 - 04 - 07. http：//www. gmw. cn/01gmrb/1999 - 04/07/GB/18019％5EGM13 - 018. HTM.

公司的广告。无独有偶，2015 年"匿名者"黑客组织因不满台湾教育部门修改教科书等措施，通过互联网攻击了台湾"教育部"网站，致其瘫痪了 14 小时，明确表达了对台湾教改的不满。

可以发现，该组织极具"为承认而斗争"的意识，其目的除了对付恐怖分子与极权政府，也会因不满某些政策以维护"正义、平等、自由"为由，攻击政府与企业网站，透过黑客方式支持公民自由抗争，传递其政治意识形态，获得社会认可和支持。

更为明显的则是互联网商业技术精英的社会行动。他们经常通过举办影响力较大的专业会议进行形象与价值观宣传和输出，赢得社会的地位承认，如每年举办的互联网嘉年华大会。

a.2016年互联网嘉年华大会在国家会议中心召开

b.2016年互联网嘉年华大会展厅内的相关互联网公益的活动宣传

c.谷歌在互联网嘉年华大会发言

d.中国工程院邬贺铨院士代表学界在大会发言

图 3 - 1　互联网信息技术专业人员争取地位获得的表现形式之一

这一活动通过新闻报道、内容传递、宣传造势等手段向社会传递出了互联网信息技术创新和价值理念等多种信息，促进了社会各界对其的承认和尊重。

可以看到，互联网信息技术企业每天在世界人流量最大的地铁上进行高频率宣传。其不仅宣传其制造业的产品，而且宣传了互联网信息技术企业，更传递了互联网信息技术专业人员及其价值观。其影响范围不仅是成熟的消费群体成年人，更有潜在消费者群体——未成年人。其通过不断宣传强化了产品以及公司价值观，让大众在互联网信息技术中成长，赢得社会的承认和尊重。

综上所述，该理论的地位获得观中专业技术人员地位获得有以下三个特点。

一是专业技术人员地位获得的途径可以是财富、声望、技术获得和展示，也可以是技术共同体与整个社会的互动；二是专业技术人员可以通过道德的践行和商业、媒体的合法宣传进行价值观的传播以实现地位获得，也可以通过技术壁垒的设置和排斥，让非专业技术人员的地位处于中下层次；三是专业技术人员可以通过各种正式和非正式的交往强化价值"科学共同体"的存在和价值实现以获得地位承认，也可以通过网络诽谤、网络攻击等冲突性和斗争性的交往方式获得地位承认。

四　赫伯特·席勒"信息与市场"理论的地位获得观

赫伯特·席勒（Herbert Schiller），因其对信息化尖锐的批判，被誉为信息时代的"新媒介的马克思主义者""媒介知识分子""传播学者""媒介批评家"。他提出了思想管理、文化宰制、技术资本主义、企业资本主义、媒介帝国主义、军事—工业—传播—教育复合体等重要概念，对信息自由流通的神话、信息不平等导致的社会危机、信息社会以及技术资本主义的本质、专业技术人员群体等问题展开了激烈的批判，对全球信息化、信息传播结构、专业技术人员地位获得产生了深刻的影响。①

赫伯特·席勒的"信息与市场"理论地位获得观关注点在于"使用新科技是为了谁的利益，在谁的控制下"，其理论主要由四个论断构成。一是由于购买、销售以及通过贸易等商业方式获得利润，市场压力对信息以及相关产业技术具有决定性的作用。② 技术的商业化运营决定了技术与市场的高度相关性和依赖性。二是信息商品化的强劲推动力。一旦信息及其技术与资本融合，其与传统的商品并无太大差异。三是信息社会中的阶级是不平等的。该理论坚持

---

① 陈世华. 媒介帝国主义和思想管理：重读赫伯特·席勒［J］. 国际新闻界，2013（2）：47－52；陈共德. 政治经济学的说服——美国传播学者赫伯特·I. 席勒的媒介批评观［J］. 新闻与传播研究，2000（2）：26－32.

② （英）弗兰克·韦伯斯特. 信息社会理论（第三版）［M］. 曹晋等译. 北京：北京大学出版社，2011：162.

认为阶级不平等直接影响信息传播和接受者能否接触信息、处理信息以及做出反应的能力。简单地说，现实社会中的分层和不平等与信息社会中的分层和不平等是紧密相关的。四是企业资本主义通过技术与资本已经将触角牢牢地插入全球每个城镇和每个家庭，其具有比传统资本主义更强的渗透力和侵略性。① 其关于专业技术人员地位获得的内容主要有以下五点。

一是专业技术人员通过"技术、智力与资本"商品化途径，实现地位获得。在技术资本主义阶段，随着新技术、电子工业和计算机化开始取代机器和机械化，信息和知识开始在生产和生活的组织中扮演日益重要的角色，互联网信息技术在社会发展中具有中心地位。同时，"信息的控制使用权被认为是通向权力的通道。对于信息传播媒介的控制通常是取得政治权力和地位的首要一步"。② 对信息的控制和把握程度决定了获得权力的能力。当"技术资本主义"和"媒介帝国主义"以及"军事—工业—传播—教育复合体"向全球的扩展和包围主要依靠互联网信息技术的创新与扩散时，这些利益集团的发展必须依赖专业技术人员的技术和智力，互联网信息技术专业人员在"信息社会"中的地位获得拥有无可比拟的优势。

二是专业技术人员的地位本质上依然只是资本主义的延续。"军事—工业—传播—教育复合体"等制度性因素强烈影响地位获得。该理论认为，资本主义特征支配着信息领域的起源和运行。在信息领域中，企业家和市场规则拥有决定权，而决定权不平等也十分明显。③ 资本主义制度长久以来确定的特征和结构性要素及其运行原则，构成了所谓的"信息社会"的决定因素。信息社会并没有与传统的资本主义割裂，而是巩固和扩展了资本主义。④ 从专业技术人员赖以存在的技术本质看，该理论认为传统的电视、电台和现代的互联网通信技术都是一种社会建构。在商业化前提下，其技术本身就具有强烈传播形式和传输的渠道，同时技术本身就"包含有社会秩序的印记"。这些新技术的发展往往有意识形态、政治制度、经济制度、文化制度、法律制度、商业安排等方面的烙印。该理论进一步指出，资本流通的控制和信息机器的使用，电

---

① （英）弗兰克·韦伯斯特．信息社会理论（第三版）［M］．曹晋等译．北京：北京大学出版社，2011：162 - 163.
② （英）赫伯特·席勒．思想的管理者［M］．王怡红译．台北：远流出版公司，1996：14.
③ （英）弗兰克·韦伯斯特．信息社会理论（第三版）［M］．曹晋等译．北京：北京大学出版社，2011：345.
④ 陶文昭．信息时代资本主义的新变化［J］．中国特色社会主义研究，2005（4）：26 - 31.

视、电台以及网络（商业化前的互联网）传播并不能克服和推翻结构次序，反而能够帮助统治阶级控制人民和全球信息贫穷国家。电视、电台、互联网等新技术并没有给予个人和组织以及国家更多的地位获得和流动机会，反而形成了一个巨大的全球技术垄断中心。具体而言，"媒介中立只不过是一种神话……位于现代组织机构中心的信息机构传播信息的方式不是随意的……简单来说，美国全国传播业庆祝活动的交响乐，是由国家资本主义经济的代理人——白宫总统决定的"。① 他们都只是维护现存制度体系，并获取人们的支持而已。② 因此，专业技术人员的地位获得也只不过是新的形式，其本质依旧是技术资本主义与互联网信息技术结合的产物。发达工业国的专家、政客与学者对电脑化技术与互联网的应用，会不断强化资本主义对社会、文化、经济、传媒等方面的控制。③ 也就是说，资本主义传统精英通过经济、文化、教育等多种途径将信息技术精英纳入其集团，不断巩固其既得利益。

三是专业技术人员地位获得环境竞争激烈。该理论认为，现阶段人类的信息化是几个世纪以来技术资本主义一直发展的趋势。前信息社会的全球化竞争，主要依靠的是"坚船利炮和国家权力"，而信息社会中的竞争主要依靠的是互联网信息技术和跨国公司的拓展。在互联网信息技术的帮助下，跨国公司几乎能够"每天做出关于把生产转向何处的决定"。这种能力使资本摆脱了对工厂所在地国家劳动力的依赖。在这种决定中，不再考虑劳动者的福利以及社区福祉。④ 互联网信息技术与商业成为资本主义的有力"帮凶"，它们通过互联网信息技术构建的网络将"力量和控制"输送到全球任何一个接通了互联网的地方，它们可以找到全球劳动力最便宜的地方，而不用管因互联网而丧失职业地位的工人所遭受的痛苦，以及为此付出的地位丧失的惨痛代价。⑤ 以美国为例，通过专业技术人员构建的巨大网络，跨国公司实现了全球范围内的运营。这些公司肆无忌惮的全球运营不仅造成美国国内技术人员职业地位出现结

---

① （英）赫伯特·席勒. 思想的管理者 [M]. 王怡红译. 台北：远流出版公司，1996：16 - 17.

② （英）赫伯特·席勒. 思想的管理者 [M]. 王怡红译. 台北：远流出版公司，1996：17.

③ （美）理查德·迈克斯韦尔. 信息资本主义时代的批判宣言：赫伯特·席勒思想评传 [M]. 张志华译. 上海：华东师范大学出版社，2015：114.

④ （美）赫伯特·席勒. 大众传播与美帝国 [M]. 刘晓红译. 上海：上海译文出版社，2013：38.

⑤ （美）赫伯特·席勒. 大众传播与美帝国 [M]. 刘晓红译. 上海：上海译文出版社，2013：6 - 7.

构性丧失，造成物质成本和人力成本的结构性损失，而且使美国的基本福利降低以及国际影响力削弱，进而导致他人丧失社会经济地位。"现代电子传播的发展说明，具有优势地位的制度机构有能力保护自身免遭技术颠覆。"① 相比其他非专业人员，专业技术人员在确保自身职业地位获得和稳定上具有天然优势，但因市场中资本的扩张以及技术变革创新，专业技术人员地位的竞争和流动也极为激烈。

四是专业技术人员地位获得受到了非制度性因素的不平等影响。该理论认为，阶级直接决定了谁会得到什么样的信息，以及未来可能会得到何种类型的信息。因此，依据个体在社会分层的等级中所处的位置，就可以判断出谁在这场"信息革命"中是受益者，谁是失败者。② 现实社会中对财富的占有和支付能力以及收入财富差距形成了"信息富国"与"信息穷国"、"信息富人"与"信息穷人"的分层甚至"鸿沟"。从宏观视角看，信息社会中，那些集聚了世界财富的发达国家是"信息革命"的既得利益者，成为"信息富国"。那些集聚了世界大部分贫困人口的国家只能获取"信息富国"制造出来的"军事—工业—传播—教育复合体"的残渣，即充满网络世界无意义的"信息垃圾"。

同时，"信息富国"对互联网信息技术的创新和控制，又会将"信息穷国"强制放在被动地位。"信息富国"通过互联网信息技术不仅可以监控"信息穷国"的人口、农业、矿业、渔业、军事、土地等资源，还可以对其意识形态、信仰模式、政权、民族或地区文化形成强烈的冲击甚至重塑。其中，最著名的就是 20 世纪 90 年代初的苏联解体事件，以及进入互联网 Web2.0 时代后频发的"颜色革命"。"颜色革命"有一个共同点，就是通过互联网等媒体大量进行舆论宣传，以及通过实际力量支持引进"来自底层的民主"，以实现美国等"信息富国"所倡导的社会政治转型。③ "信息社会"的文化宰制实际上来源于资本流通的控制和信息机器的使用，新的传播科技并不能克服和推翻结构次序，反而能够帮助信息优势国家和集团统治阶级控制人民和全球。所以，该理论断言：信息科技是一种反民主的力量，传播技术的革新科技就是宰制的

---

① （美）赫伯特·席勒. 大众传播与美帝国 [M]. 刘晓红译. 上海：上海译文出版社，2013：145.

② 陈强，方付建，曾润喜. 虚拟社会生态系统的构成与互动机制 [J]. 情报科学，2016（1）：125 – 129.

③ 张全景. 文化霸权与颜色革命 [J]. 思想政治工作研究，2015（11）：9 – 11.

加剧，信息工业的日益增长只会继续导致更大的经济和政治不平等。① 专业技术人员地位获得的环境存在不公平。

从微观视角看，"信息富人"在地位获得方面通过制度性因素获得了经济和教育上的特权。他们通过获取先进的信息资源，如在线数据库和先进的计算机通信设施独占鳌头，而那些趋向于阶级系统底层的人会日益被"信息富人"制造出来的消遣性娱乐、八卦信息等"信息垃圾"所淹没。② 在这样的处境下，"信息穷人"看得越多，听得越多，具备重要性的信息也就越少。③ "信息革命"通过电视、电脑等互联网信息技术精密地"统治"着"信息穷人"，使其丝毫没有察觉到其地位陷入泥潭之中。

五是专业技术人员的价值观强烈。由于互联网信息技术全球化和商业化设计之初的"开放、自由、平等、共享"的技术价值观存在，互联网信息技术对"资本""控制""政治"具有天然的排斥性。因此，专业技术人员地位获得充满了积极的现代性，承担着克服技术资本主义的历史使命。关于地位如何实现平等自由发展，该理论将很大的希望寄托在思想管理的对象——知识工人即专业技术人员身上。席勒宣称：知识劳动力的增长可能会推动社会变革。随着传播科技更加廉价和易得，越来越多的个人获得专业技能，参与媒介实践，最终将成为强大的反对信息控制和思想管理的力量，人们可能会以自己的方式推动社会变革。④ 正如互联网设计之初是按照美国军方"抗通信瘫痪"的原则设立，最初目的仅仅服务于军事和政治集团，但在全球学界、技术界专业技术人员群体的不懈努力下，1994 年开始互联网按照"开放、自由、平等、共享"的理念进行全球互联，冲破了地区、种族、语言、文化、意识形态等众多阻碍，联通了全人类的信息交流。虽然互联网的全球发展依赖于传统的资本主义推动力——商业和资本，但同时互联网技术从 Web1.0 向 Web3.0 进化，信息的发布主体逐渐从精英转向了平民，信息的传播方式逐渐从以往的由上而下转向了爆炸式，信息的获得途径逐渐从单一的报纸、广播、电视等传统途径向网

---

① 陈世华. 媒介帝国主义和思想管理：重读赫伯特·席勒 [J]. 国际新闻界，2013（2）：47－52.

② （英）弗兰克·韦伯斯特. 信息社会理论（第三版）[M]. 曹晋等译. 北京：北京大学出版社，2011：191.

③ （英）弗兰克·韦伯斯特. 信息社会理论（第三版）[M]. 曹晋等译. 北京：北京大学出版社，2011：191.

④ 陈世华. 媒介帝国主义和思想管理：重读赫伯特·席勒 [J]. 国际新闻界，2013（2）：47－52.

络多元化方向发展。可以说，在"技术规制"的实践下，专业技术人员通过获得的专业技术、职业平台以及集聚起来的财富和权力，不断向传统资本主义提出挑战，促进全人类的自由发展。在他们的意识形态的努力和技术创新下，制度性因素被发展变化中的互联网信息技术"侵蚀"了。①"信息社会"充满活力，开放程度不断增加，出现了类似于欧洲的贵族阶层、中国的士大夫阶层随着工业革命的发展，逐步被资本家阶层所代替，新的技术阶层逐渐崛起的特征。

综上所述，在赫伯特·席勒"信息与市场"理论地位获得观中，专业技术人员地位获得理论有以下四个特点。

一是在信息社会中，专业技术人员通过"技术、智力与资本"结合，其地位获得了巨大内生力和推动力。相比其他群体，其更容易被传统精英和既得利益集团所认同，从而纳入社会精英阶层，获得较高的地位。二是专业技术人员的地位获得本质只是资本主义的延续，"军事—工业—传播—教育复合体"等制度性因素强烈影响地位获得。也就是说，其地位获得受到资本、制度、传统价值理念等要素的影响。三是专业技术人员地位获得的环境是不平等的。其地位获得充斥着现实社会中的阶级不平等，也充斥阶层内部的不平等。现实生活地位高的家庭，其接触和掌握互联网信息技术更有优势。反之，地位较低的家庭，其接触和掌握互联网信息技术处于劣势地位。同时，不同国家和地区的社会经济科技发展水平差异，也会造成国家和地区专业技术人员群体地位的巨大差距。四是互联网信息技术"开放、自由、平等、共享"的"技术规制"使专业技术人员地位获得不仅充满了积极的现代性，也承担着克服技术资本主义的历史使命，更带有浓厚的现代意识形态。但在这一过程中，其地位获得具有高竞争、高压力以及高流动性等特点。

五 文森特·莫斯可团队"知识劳工"理论的地位获得观

如果赫伯特·席勒对专业技术人员地位获得侧重于理论研究，那么文森特·莫斯可团队的研究就是将其理论研究进行了验证和升华。

文森特·莫斯可，传播政治经济学和知识劳工问题专家。在赫伯特·席勒的传播政治经济学理论的影响下，文森特·莫斯可和其夫人凯瑟琳·麦克切尔

---

① （美）赫伯特·席勒. 大众传播与美帝国 ［M］. 刘晓红译. 上海：上海译文出版社，2013：144.

及其团队对信息社会中的专业技术人员进行了长期的实证研究，对专业技术人员的地位获得尤其是其职业地位表象和本质研究极为深入。

"知识劳工"理论立足于对信息传播技术即对电视、电脑和互联网等对象的批判，梳理网络神话与历史神话的关系，并置于信息传播技术神话的知识考古学范畴之中，分析这种神话背后的政治动力、经济动力和文化动力，一步步把文化研究性质的路径依赖还原为政治经济分析的话语通道，最终确立传播学批判学派当今的学术选择，即在商业背景下出现的信息奇观不仅是文化政治的批评目标，更是美国文化和政治轨迹中永恒的神话愿望。① 其关于专业技术人员地位获得的内容主要有以下四点。

一是专业技术人员能够在信息社会中获得较高的地位。该理论认为人类社会经过 18～19 世纪的经济发展和政治革命后，20 世纪则在某种程度上成为生产力革命的试验田，科技创新和社会想象相互平行，正如革命导师列宁那句话："共产主义就是苏维埃电气化。"但从 20 世纪 90 年代至今，将历史进程进行时空一体化推进的技术发明无疑是互联网，它为人类提供了一个新的时空模式。② 相比以机器为生产力基础的工业时代，由于制造、加工、传播信息专业技能和工作在知识经济生产中的地位越来越高，人的价值和地位也越来越高。由于专业技术人员享有优先接触和占有信息和技术的优势，他们往往在社会、经济、文化、政治、技术领域处于核心地位，更容易在信息社会中获取优越的地位。

二是专业技术人员地位获得依然受到资本等制度性因素的深刻影响。该理论认为资本的力量依然是强大的，无论技术的自由度和创新发展到何种程度，资本的异化功能都会深入每一个劳动者的毛细血管。知识劳动的原材料是无形的，没有物质实体，虽然与制造业劳动不同，表面上看，知识工作者没有身体上严密的控制，工作形式是解放的，工作场地是自由的，但是其对劳动过程的强化程度有增无减。自主性的工作越来越少，零碎的技术和工作越来越多，管理控制也越来越多。③ 专业技术人员的高强度工作、高频度加班、高程度的监

① （加）文森特·莫斯可. 数字化崇拜：迷思、权力与赛博空间 [M]. 黄典林译. 北京：北京大学出版社，2010：13.
② （加）文森特·莫斯可. 数字化崇拜：迷思、权力与赛博空间 [M]. 黄典林译. 北京：北京大学出版社，2010：10.
③ （加）文森特·莫斯可，凯瑟琳·麦克切尔. 信息社会的知识劳工 [M]. 曹晋等译. 上海：上海译文出版社，2014：86－87.

控以及强烈的任务导向工作制度使程序员等劳动者身心承受着极大的痛苦。同时，科学管理技术将一项任务尤其是工作任务的构想创造过程与其执行过程相分离，从而剥夺了劳动做出创造性贡献的机会。① 按照马克思的话讲：人民创造历史，却是在自己无法决定的调解下创造的。可以看到，信息社会建立起来的传播系统和技术对知识劳工的劳工过程进行了较高程度的控制，以此实现并加剧了劳工过程的商品化，最终形成了个体和其工作成为管理信息系统的一种延伸。②

　　三是专业技术人员地位本身和环境并没有发生根本性改变，依然处于传统资本主义的阶级权力的统治下。一方面，从社会关系看，现代资本主义社会自由并没有随着互联网信息技术的创新和发展而增强，反而其受到传统资本主义的影响，实现了更深刻的延伸。文森特·莫斯可团队认为，社会生活由结构与能动力量共同构成，他们认同吉登斯结构二元性观点，认为结构既包括强制规则，又包括能动资源。结构与行为相互连接且不断变迁，结构在这一过程中由人类能动行为来组建，而它又提供了组建所需的"媒介"本身。也就是说，信息时代的资本主义依然充满了限制和强制，人们可能发现脱离了传统的限制，却被资本主义和技术编制的另外一个网络困住。网络社交成瘾、编程员陷入网络泥潭、现实社会的脱节、现实社会中的阶级不平等在网络社会中的延续等，都是明显案例。可以看到，理想中的社会福利体系的缓冲作用被现实中的商界和政界利益集团所阻挠。现实社会的阶级特点在媒介的共享和使用中的矛盾十分明显，如在收入和拥有家用电脑的可能性之间存在着明显关联。③ 同时，网络社会中的不平等亦在加剧，如在美国的传播基层结构中发生的变化，可能会使能够策略性地运用信息和传播设施的群体与不能这样做的群体之间的差距加大。甚至，最有可能受到不利影响的人，恰恰是那些被认为传播科技能改善他们生存境遇的人：穷人、教育程度低的人、与技术隔绝的人，以及挣扎着生存的小企业。另一方面，从价值的实现途径和过程来看，商品化后的信息、知识以及知识劳动的本质没有改变。知识劳动用来指"知识经济"时代

① （加）文森特·莫斯可，凯瑟琳·麦克切尔．信息社会的知识劳工［M］．曹晋等译．上海：上海译文出版社，2014：122.
② （加）文森特·莫斯可，凯瑟琳·麦克切尔．信息社会的知识劳工［M］．曹晋等译．上海：上海译文出版社，2014：152.
③ （加）文森特·莫斯可．传播政治经济学［M］．胡正荣等译．北京：华夏出版社，2000：213.

的劳工或专业人士，处理知识是他们与雇主所签的薪酬合约中工作的一部分。实质上，知识经济时代，知识与物品和服务一样本质已经被商品化，知识经济时代的知识本质就是商品。从传统的视角看，资本主义生产方式占统治地位的社会财富，表现为庞大的商品堆积。单个商品表现为这种财富的元素形式。[①]也就是说包括知识工人的劳动在内，信息社会的生产方式依旧被主流资本主义生产方式的社会关系所统治。为了巩固自身的地位，任何商品化过程中的个体、信息、资源等各种要素都会被强大的资本所吸纳。从远古到现在，商品交换的本质没有改变，资本主义社会的本质属性都是一脉相承的。因此，专业技术人员的地位获得和价值观深受制度性因素的影响。

四是互联网信息技术的创新和发展造成了地位获得的环境充满了竞争性。"知识劳工"理论认为，随着互联网信息技术的进步和升级，处于美国制造业的"福特式"集中模式将消亡，越来越多的美国劳动力退步到了不稳定状况，地位稳定性大幅度降低。互联网信息技术本身的商品化与服务的"网络化"是传统资本主义借助互联网信息技术构建的信息经济的组成部分。因此，专业技术人员成为一批"看不见的工人阶级"。从整个劳动力市场看，众多研究都显示：社会逐渐分化为技术阶层和非技术阶层，而技术阶层内部为实现技术提升，个体和组织充分发挥其主观能动性实现地位获得，因而导致强烈的地位竞争性和高淘汰性。由于互联网信息技术的影响，大规模服务性部门已经分化成了两个截然不同的阶层。用祖波夫的话来说，训练有素的人使用信息技术来使自己的工作丰富多彩且充满发展机会，而更多的人不过是照管自己的机器而已。[②] 20 世纪 90 年代世界最大的劳动力雇佣公司 AT&T 公司进行电信业调整，直接导致数以千计的岗位消失。美国西部电讯短时间内裁减 9400 个工作岗位；南方贝尔削减 10800 个工作岗位；太平洋特莱西斯精简了 10000 个工作岗位；AT&T 公司削减 15000 个工作岗位。根据美国劳工组织统计，互联网信息技术时代的职业竞争十分激烈且职业地位呈现结构性特征。

综上所述，文森特·莫斯可团队"知识劳工"理论地位获得观中，专业技术人员地位获得有以下特点。

一是专业技术人员地位获得的知识、信息、知识劳动本质是商品。其地位

---

① （加）文森特·莫斯可. 传播政治经济学［M］. 胡正荣等译. 北京：华夏出版社，2000：136.

② （加）文森特·莫斯可. 数字化崇拜：迷思、权力与赛博空间［M］. 黄典林译. 北京：北京大学出版社，2010：218.

获得必须通过商品化途径实现，直接受到资本的影响甚至支配。其地位获得依然受到市场行业等制度性因素的强烈影响。二是在专业技术人员地位获得过程中，技术和资本通过对"劳工过程"的控制，实现对地位获得和价值实现以及个体的异化，进而实现技术资本主义的巩固和延伸。三是由于传统资本主义与信息结合的强烈性倾向，虽然专业技术人员在地位获得过程中存在强烈的异化，但是专业技术人员占有信息、知识、技术等优势，其更容易通过个人努力等非制度性因素实现地位获得。四是专业技术人员地位获得具有较强的不平等性和不确定性。信息社会中不仅国家、地区、社会、群体内部出现明显的分层，而且随着技术的进步其分层程度和竞争程度将日益提升。这种竞争会导致技术落后地区和个体出现淘汰，更会导致专业技术人员职业地位结构性地丧失。同时，这种结构性职业地位淘汰呈现跨地域性、跨民族性、全球性等特征。

第二节　技术控制学派的地位获得观评析

伴随着互联网信息技术的发展和应用，以美国为首的信息社会先驱国家生产方式、产业结构和劳动力结构等发生了一系列重大变化。一些科技哲学家、信息经济学家深刻洞察到这一历史性变化，他们通过各种分析工具，提出了一系列关于知识生产、知识社会、信息经济等理论。这些学者对互联网信息技术给予充分肯定，也充满了忧虑。他们既看到了互联网信息技术的历史性发展趋势和浪潮，也看到了人类所面临的技术困境和问题，呈现技术控制主义倾向。与本研究相关的对专业技术人员地位获得的理论，主要集中于罗伯特·K. 默顿的"社会结构"理论、马克卢普的"知识生产"理论、彼得·德鲁克的"知识社会"理论、丹尼尔·贝尔的"后工业社会"理论四个理论。

一　罗伯特·K. 默顿"社会结构"理论的地位获得观

罗伯特·K. 默顿，科学技术哲学家、科学社会学家，其关于社会理论和社会结构的思想主要集中在《社会理论和社会结构》这本著作之中。其与专业技术人员地位获得相关的内容主要有以下四点。

一是专业技术人员地位获得受到社会结构等制度性因素的深刻影响。默顿认为科学是独立的社会系统或制度，但科学、技术作为一个社会系统，它既不能脱离整个社会环境，又应该有相对的自主性。地位获得的环境——科学、技术的发展在对社会发展和社会生活造成了巨大影响的同时，不断受到政治、经济、社会和文化因素的制约和影响。在关于技术变迁中的"机器、工人和工程师"地位变化论述中，默顿认为生产方式的变化，对工人的行为和前途的影响也是巨大的。生产方式的变化带来了工作程序的变化，这种变化改变了工人们直接的社会环境。① 新的生产过程和设备不可避免地对工人之间的社会关系产生影响。先进的技术对群体地位获得的影响，不仅取决于商品生产能力的提高和财富获取的增加，更取决于他们在社会中所处的结构。社会结构决定了哪些群体和个人将从技术增长中获益，哪些则要承担增长的后果。技术性的失业、劳动力的转移、技能的荒废、职业的间断以及单位产出中劳动量的降低，这些变化显示了技术进步过程中，工人的地位获得将受到严重冲击，工人乃是技术进步的首当其冲的受害者。② 比如，在互联网信息技术进步中，数据已经成为现代人类劳动和生活的对象、介质和成果。③ 虽然资源得到了更优化的配置，社会生产力得到了极大的发展，但其导致跨界的颠覆、组织边界的消融、结构的消解、碎片化的工作以及传统工人结构性的失业等一系列后果。即使是占有绝对优势的互联网信息技术专业人员也会由于计算机语言的变更而随之被替换掉。这种发展特征造成了工作的不稳定和工人的焦虑，更造成了技术工人技能的强制报废，导致严重的心理问题和社会问题。④ 比如计算机语言从DOS、BASIC、Fortran、Pascal、Borland C 至 C + + 、Java 再至 Php、Matlab、Python、Linux 的创新与升级，互联网信息技术专业人员群体出现了新老交替，老程序员面临新技术更新的挑战和冲击，职业地位的冲击以及随之而来的社会经济地位的激烈震荡，更使他们对互联网信息技术的认识和看法出现偏差，导致他们对于互联网信息技术的精神和本质——"技术规制"的背离，工具理性充满着他们的生活、工作世界以及价值观世界。就如程序员界广泛传播的一篇文章《一个不惑之年的老程序员对"出路"的认识》中所说，"要能先保住

---

① （美）罗伯特·K. 默顿. 社会理论和社会结构 [M]. 唐少杰等译. 南京：译林出版社，2006：834 - 835.

② （美）罗伯特·K. 默顿. 社会理论和社会结构 [M]. 唐少杰等译. 南京：译林出版社，2006：834 - 835.

③ 致远协同研究院. 互联网＋工作的革命 [M]. 北京：机械工业出版社，2015：92.

④ （美）罗伯特·K. 默顿. 社会理论和社会结构 [M]. 唐少杰等译. 南京：译林出版社，2006：837.

饭碗，有机会再挣扎挣扎，挣扎出条路"，它真实地反映了互联网信息技术变革中，专业技术人员专业技术地位、职业地位以及社会经济地位的裂变与困境。

二是专业技术人员地位获得拥有极强的优势。默顿认为新技术常常成为一种社会权力的工具。[①] 互联网信息技术不仅用于商品经济生产，同时也用于管理底层工人和职业地位。在默顿看来，新技术往往成为征服底层工人的工具，工人若不接受职业和新技术要求，其就彻底丧失职业地位。正如安德鲁·尤尔对自动纺纱机的描绘："一旦资本安装上科学与技术的翅膀，那么劳动者倔强的双手将会永远被驯服。"由于新技术的获得者——专业技术人员，即工程师群体更容易获得和掌握新技术，因此新技术的产生与进步以及技术的复杂性使专业技术人员在工业社会地位分层中成为管理人员，获得更高地位。进入科层机构专业技术人员通常是以专家身份担任副职，有着固定的职权范围，被企业看作无价之宝，并给予较高的职业地位和经济报酬。这些专业技术人员在推动技术发展的同时，都有着自己的一套实用的思考方法和简单的处理方法。他们的目标是设计出更好的技术和工具，而不是考虑技术对人的内心和地位的影响。简单地说，他们不会考虑技术或者机器对其他专业技术人员专业技术和职业丧失的影响。以互联网信息技术为例，大量的互联网信息技术专业人员不断推进互联网信息技术的颠覆性创新，一代代的互联网科技精英获得了海量的财富和声望。同时，又有一批批的底层专业技术人员伴随技术创新被整体更新和淘汰。人们在欢呼互联网信息技术提高社会资源整合能力的同时，传统行业和互联网信息技术行业本身亦出现了重组和专业技术人员的淘汰。在互联网时代，人们的专业技术地位、职业地位、社会经济地位如同水流一般快速地流动。不过，具有绝对权威的专业技术人员和群体，无论技术如何变更，因其拥有获得财富和声望的优势，其地位往往更具有保障。

三是学历教育和职业培训教育是专业技术人员地位获得的重要影响因素。默顿认为，由于受过技术培训的个人是以相对较高的地位进入工业界的，他们没有多大必要去体验一线工人的工作环境，从而他们对工人的观点往往只会有抽象的认识，而不是具体的了解。随着管理程序的不断合理化，管理人员与工

---

① （美）罗伯特·K. 默顿. 社会理论和社会结构［M］. 唐少杰等译. 南京：译林出版社，2006：837.

人的关系变得越来越形式化和非个人化。① 这就是说，专业技术人员由于接受了高等教育和职业技术培训教育，更容易获得专业技术地位，从而在组织内获得更高的职业地位和更多的流动机会。那些没有接受高等教育和职业技术培训教育的人员，获得较高的职业地位和向上流动的机会将比较少，且在今后的职业地位向上流动中也处于劣势。

四是互联网信息技术对社会和心灵产生深刻的影响。该理论认为新技术不仅影响生产方式和影响社会决定，更会对技术人员的日常活动和心理产生影响，形塑政治、经济、社会、文化及精神等诸多方面。一方面，互联网信息技术促进了内部群体的地位认同。默顿认为，专业技术人员经济地位和职业地位具有强烈的价值取向性，他们不仅具有强烈生产体系的指挥倾向，还具有强烈的社会倾向和政治倾向。另一方面，专业技术人员通过对技术和忠诚等价值观取向的实践，实现自我角色的认定和扮演，形成了具有一定职业伦理和强烈社会阶层认同意识的群体，也就是默顿所说的"科学家共同体"，进而实现地位获得。

综上所述，在默顿的"社会结构"理论中，专业技术人员地位获得具有以下四个特点。

一是互联网信息技术变革时代，互联网信息技术深刻改变了地位获得的制度性影响和传统的地位获得机制。由于更容易接触和掌握技术优势，专业技术人员能够获得较高的专业技术地位、职业地位、社会经济地位。二是新技术颠覆性的创新会导致专业技术人员地位获得受到巨大冲击。随着互联网信息技术尤其是计算机语言颠覆性的创新，专业技术人员会彻底丧失专业技术地位、职业地位、社会经济地位，且身心容易受到严重冲击。三是专业技术人员地位呈现两极化特征。拥有高等级专业技术水平、教育水平和接受过技术培训的互联网信息技术专业人员更容易获得较高的地位和向上流动机会。相反，一般的互联网信息技术专业人员获得较高地位的概率较低，向上流动的概率也低。四是专业技术人员是具有强烈价值观认同的群体。不同技术的互联网信息技术专业人员地位获得的途径和特点是不同的。互联网信息技术专业人员可以更好地通过对互联网信息技术的"技术规制"实践，更容易获得专业技术地位、职业地位以及社会经济地位。

---

① （美）罗伯特·K. 默顿. 社会理论和社会结构［M］. 唐少杰等译. 南京：译林出版社，2006：838-839.

二 马克卢普"知识生产"理论的地位获得观

马克卢普，经济学家，西方最早对知识经济和知识产业以及信息经济问题作出详细阐述的信息经济学家。理论观点主要体现在《知识：它的创造、传播与经济意义》三部曲中。他正式提出"知识产业"（Knowledge Industry）概念，给出了知识产业的一般范畴和最早的分类模式，并在此基础上建立起对美国知识生产与分配的最早的测度体系，即马克卢普的信息经济测度范式。由于对彼得·德鲁克的"知识社会"理论、丹尼尔·贝尔的"后工业社会"理论、约翰·奈斯比特的"信息社会"理论、卡斯特的"网络社会"理论产生了重要的影响，马克卢普客观上成为学术界关于知识社会、后工业社会、信息社会和网络社会等各种思潮的先驱。其理论中关于专业技术人员的地位获得的内容主要为以下三点。

一是学历教育和职业培训教育对专业技术人员地位获得有着深刻的影响。马克卢普认为，知识经济时代教育与培训是没有区别的，其本质都是为了一种职业或者工作培训的意思。[①] 在知识经济时代，专业技术地位获得可以通过家庭内部教育、学校教育、在职教育、自我教育、从经验中学习等途径获得。专业技术人员受教育程度将会深刻影响其"潜在收入"和"现实收入"，即职业地位和社会经济地位。也就是说，在信息社会，专业技术地位获得不是完全通过传统的以家庭教育和学校教育为主的方式，还可以通过在职培训和自我教育等其他方式进行。信息时代的教育更具有开放性和平等性，专业技术人员能够突破传统教育制度和家庭背景等制度壁垒，通过个人努力和积极的职业培训等非制度性途径获得较高的地位。

二是知识的获得是专业技术人员地位获得的根本基础。马克卢普认为，在劳动过程中，知识作为一种相对独立的东西附着在职业中，协作紧密。互联网信息技术相比资金、土地、机器等其他资源，在社会资源分配中有更多的优势，且相对独立，受其他因素的影响较少。新技术的进步和知识的生产会导致生产力、生产效率、经济结构、产品类型、劳动力市场、劳动类型、职业结构、传媒沟通，以及教育等诸多方面的颠覆性改变，特别是会出现一种新型的知识生产——技术生产，而新的技术知识会把对体力劳动力的需求转为对脑力

---

① （美）弗里茨·马克卢普. 美国的知识生产与分配 [M]. 孙耀君译. 北京：中国人民大学出版社，2007：41.

劳动力的需求。按照他的分析，当互联网信息技术大规模扩散后，一方面，将产生许多与互联网信息技术相关的产业，互联网信息技术专业人员大规模地形成；另一方面，部分传统职业将向互联网信息技术职业转型或者是淘汰。在这一过程中，专业技术人员必须放弃以往的专业技术地位和职业地位，克服颠覆性技术所带来的身心冲击，高度融入互联网信息技术知识生产中，重新获得地位。可以说，随着知识的传播和技术的扩散以及互联网信息技术的高速发展，互联网信息技术专业人员地位获得的方式和途径已经发生了颠覆。这就是马克卢普反复强调的，技术的巨大进步和需求的显著变化导致劳动力职业结构的改变。①

三是专业技术人员的地位较高，但呈现两极分化特征。马克卢普认为知识生产职业在劳动力总额中所占份额随着技术的发展会迅速增长，尤其是专业技术人员的相对地位会得到极大提高。② 知识经济时代的社会发展观念和科学技术极大地冲击着传统体力劳动者的就业环境和就业机会，导致低技术或非技术群体（掌握淘汰技术者）的地位丧失。也就是说互联网信息技术行业收入的扩散效应是明显的，两极差异是显著的。高收入更加倾向于高技术的专业人员和主流新技术专业人员，他们获取的经济收入将大幅度增加，向上流动机会更多。随着互联网信息技术的进步，部分传统劳动力的配置将难以实现，无法获得劳动机会，其地位将会向下流动甚至丧失，进而加剧地位的两极分化，如美国文书人员中妇女数量比以往增加了80%，而这一劳动群体的收入在知识生产各种职业中处于最低水平，甚至比一般的销售人员还低；又如，图书信息检索员、电影放映员等传统职业的地位逐步下降，甚至丧失。

综上所述，在马克卢普的知识生产理论中，专业技术人员地位获得具有以下四个特点。

一是知识经济时代，互联网信息技术可以突破传统教育制度、家庭教育等制度性因素的壁垒，通过个人的努力奋斗获得知识和技术等非制度性因素，实现更大的价值，获得更高的地位。二是由于技术对经济、社会的巨大促进作用，互联网信息技术专业人员可以通过技术获得大量的社会财富，且获得财富的能力随着技术的创新发展呈现正比关系。三是互联网信息技术的创新与进步

---

① （美）弗里茨·马克卢普. 美国的知识生产与分配 [M]. 孙耀君译. 北京：中国人民大学出版社，2007：320.

② （美）弗里茨·马克卢普. 美国的知识生产与分配 [M]. 孙耀君译. 北京：中国人民大学出版社，2007：329 - 330.

使互联网信息技术专业人员职业地位类型呈现多样化特点。同时，由于互联网信息技术的独立性，互联网信息技术专业人员的职业特征明显，且具有不可替代性。四是知识经济时代，互联网信息技术创新与进步不仅颠覆了整个劳动力市场和劳动力结构，而且加剧了互联网信息技术对传统劳动力地位的冲击，更加剧了互联网信息技术专业人员内部的地位两极化。

三 彼得·德鲁克"知识社会"理论的地位获得观

彼得·德鲁克（Peter F. Drucker）由于对管理学、经济学、知识社会学的贡献，被誉为"现代管理学之父"。他率先对"知识经济"和"知识社会"进行了详细阐释和研究。其理论极为关注在知识社会的地位获得过程中，谁掌握了科学、技术、知识、信息等无形资本，谁具有知识创新能力或创造性地运用知识于生产的能力，谁就可能拥有权力与财富，就能在社会中占据领导地位，获得较高的地位。① 其关于专业技术人员地位获得的主要内容有以下四点。

一是专业技术人员拥有信息和知识优势，能够获得较高的地位。在知识社会中信息和知识已经取代了自然资源、土地、资本以及劳动力，成为知识经济的关键资源。② 深刻地说，"知识就是基本的生产资源即生产资料……其重要程度已经超过了森林、矿产、资本、劳动力等传统的生产要素"③，"与传统社会不同，新兴知识社会中是以知识和知识工作者为基础的。这个社会开创了历史的先河，在这里，每一个人，即社会的大多数人不必靠出卖血汗谋生，在这里老老实实工作不会让双手长满了老茧"。每一个人的职业都是不同的，他们不像机械工业时代普通工人那样将血汗凝聚在流水线上。知识社会中，知识本质上就是生产力。它像电流和货币一样嵌构于我们生活和工作之中，成为衡量经济潜力和经济实力的重要标准。与农业时代和工业时代体力劳动、手工技能占主导地位不同，从事知识和信息生产的专业技术人员处于整个知识社会的知识生产和财富创造的核心位置。因此，专业技术人员往往处于组织运转的核心，在组织中发挥着越来越重要的作用，他们像资本家运用资本的魔力一样不断为社会创造财富，获得了较高的地位。

二是专业性教育是专业技术人员地位获得的重要影响因素。"教育将成为

① （美）彼得·德鲁克. 后资本主义社会 ［M］. 张星岩译. 上海：上海译文出版社，1998：63.

② 孙伟平. 信息时代的社会历史观 ［M］. 南京：江苏人民出版社，2010：21.

③ （美）达尔·尼夫. 知识经济 ［M］. 樊春良等译. 珠海：珠海出版社，1998：57.

知识社会的中心，学校将成为知识社会的关键性机构。每一个人需要掌握什么样的知识？需要具备什么样的知识组合？学习与教育的'质量'是什么？所有这些将不可避免地成为知识社会关心的主要问题和主要政治问题。"① 正规知识的获得与传播在知识社会的政治生活中的地位，将同以往两三个世纪以来资本主义时代财产与收入的获得与分配地位不相上下。② 而知识社会中专业技术的地位获得与传统社会也有本质的不同。在知识社会中，专业技术地位获得不能像传统社会中通过"师徒制"和"行会制"等途径获得，而必须通过专业性的教育才能获得。因此，互联网时代的专业技术人员的地位获得更多地将依赖于专业性教育机构和组织。

　　三是专业技术人员的地位获得环境拥有高度的竞争性和开放性特征。"全球任何一个现代化的地区、国家、行业、企业以及个人都将面临知识的竞争且程度越来越激烈。每个地区、国家、行业、企业以及个人在关乎自身发展的决策过程中都必须考虑到自身在知识经济中的竞争能力和地位。"③ 因此，德鲁克形象地将专业技术人员所处的工作组织称为"流体"，与传统社会中的"结晶体"迥然相对。这样的社会更具竞争性、开放性、可塑性、交融性，能够极大地促进知识传播和人类社会的发展与创新。具体到知识社会中的每一个人，人的固定性由于社会的流动性被打破了，其必须伴随知识的流动而流动，甚至被重塑。这种发展与创新在德鲁克的《后资本主义社会》一书中得到进一步的阐述：知识社会特有的劳动组织将成为"破坏稳定的因素"，政治、经济、文化组织以及"知识工作者"的稳定性将受到极大的挑战和冲击。在互联网信息技术时代，知识和技术按照"摩尔定律"颠覆性地创新发展，各种组织以及"知识工作者"必须适应知识社会的"流体"特征，随知识和技术的创新而变化，否则将在竞争中落伍，丧失已有的地位。在德鲁克看来，由于"流体"知识社会对"结晶体"传统社会的重塑，知识社会组织外部和内部虽然充满了混乱和不稳定，但是其释放出来的创新可以极大地推进人类的发展。④ 可以看到，互联网信息技术的环境充满了开放性和竞争性以及由此带来

① （美）彼得·德鲁克. 巨变时代的管理［M］. 朱雁斌译. 北京：机械工业出版社，2006：178－179.
② 孙伟平. 信息时代的社会历史观［M］. 南京：江苏人民出版社，2010：22.
③ 孙伟平. 信息时代的社会历史观［M］. 南京：江苏人民出版社，2010：18.
④ （美）彼得·德鲁克. 后资本主义社会［M］. 张星岩译. 上海：上海译文出版社，1998：63.

的混乱。

四是互联网信息技术导致地位获得环境具有高度的淘汰性。一方面，与外部群体相比，知识社会是一个充满了流动、冲突、竞争的社会，大量知识工作者和非知识工作者之间将会发生冲突。由于知识的高价值属性，知识工作者的生产效率与产出价值将比非知识工作者高出数倍。非知识工作者往往伴随着知识工作者的发展和群体的扩大而被迫丧失职业地位。另一方面，专业技术人员内部分层极为明显。当知识和信息成为无国界的重要资源时，专业技术人员地位的竞争和流动就不存在国内国外之分。知识工作者面临的是全球专业技术人员的竞争。同时，由于高度的技术依赖属性，知识的创新和技术的进步不仅导致传统行业的颠覆、消失和重塑，而且导致依赖被淘汰的技术工作的专业技术人员职业地位的丧失。可以说，知识社会是一个流动的社会，人们不再有根了。[①] 可以看到，一批批的非知识经济产业被互联网信息技术产业所代替，传统产业的解构和结构性失业群体随着信息化程度的增加而增加。比如滴滴等网络约车平台的出现，将导致中国出租车行业垄断的解构和传统的士司机职业的丧失；数码相机技术的应用，直接导致胶片机技术整个产业的颠覆和专业技术人员的淘汰。在互联网信息技术专业人员内部也是如此，Java、Linux 编程技术的应用，直接将 C＋＋等传统技术语言淘汰。可以说，知识社会中的职业地位获得和流动的竞争程度比人类以往任何技术时代都要激烈。

综上所述，在彼得·德鲁克的"知识社会"理论中，专业技术人员地位获得具有以下五个特点。

一是专业技术人员恰逢知识经济爆发增长期，其地位获得拥有巨大的内生力和推动力。相比其他群体，他们处于技术、财富、声望的核心位置，拥有无可比拟的时代优势和技术优势，更容易获得较高的地位，并影响其他群体的地位获得。

二是专业技术人员掌握的信息和智力以及创新活动成为现代化组织发展的根本性资源之一。专业技术人员登上历史舞台，意味着传统社会的解构和阶级斗争性呈现新的特征和发展趋势。由于互联网信息技术的创新和发展，他们会促进社会向更加开放、自由、平等、共享的方向发展。

三是专业技术水平的获得是专业技术人员地位获得的根本。其地位获得途径和方式有赖于现代社会中的学校和教育机构。不过，由于受到时代的局限，

---

① 孙伟平．信息时代的社会历史观［M］．南京：江苏人民出版社，2010：22.

德鲁克没有看到，专业技术人员的专业技术地位获得的途径还可以从网络教育、培训机构教育等开放式的现代教育组织获得。

四是专业技术人员职业地位获得竞争和流动程度激烈。由于技术的创新和发展，拥有先进技术的专业人员可以更加容易地获得职业地位和向上流动机会，但是随着技术颠覆性的创新，处于较高地位的专业技术人员也容易丧失职业地位，向下流动。

五是互联网信息技术产业的发展和专业技术人员群体的崛起，对其他产业和职业群体冲击程度较高。随着互联网信息技术对其他产业的重塑，传统的职业群体和互联网信息技术专业人员群体自身的地位将会受到较大的冲击，甚至出现结构性的丧失问题。

四　丹尼尔·贝尔"后工业社会"理论的地位获得观

丹尼尔·贝尔（Daniel Bell），哲学家、社会学家、未来学家以及社会活动家。早年热衷于马克思主义和社会主义问题研究，之后一直专注批判和研究当代资本主义社会政治、经济、文化各个领域的现象和问题。他提出了"意识形态的终结"、"后工业社会"和"资本主义文化矛盾"等概念以及"后工业社会"理论，深刻影响了全球信息社会的发展，也引发了各界对新技术的反思与批判。[1] 其理论中关于专业技术人员地位获得的六个方面内容和观点在众多研究中得到了有效验证，具体如下。

一是专业技术人员地位处于后工业社会阶级结构的优越位置。丹尼尔·贝尔认为，"任何社会都离不开知识，都需要利用知识"，[2] 但是"后工业社会是围绕知识组织起来的……理论知识已经处于首要地位，具有决定性的意义，其已经取代经验的首要地位"。[3] 以知识为基础的科学与技术逐步成为整个社会发展的内驱力，并且塑造着社会制度、社会文化、社会阶层等各个方面。"随着信息出现频率的增加和重要性的提升，后工业社会无论是从量的层面，还是从质的层面，信息和知识都是社会的重心。"[4] 社会重心的改变直接导致后工

① 孙伟平. 信息时代的社会历史观 [M]. 南京：江苏人民出版社，2010：25.
② 秦麟征. 后工业社会理论和信息社会 [M]. 沈阳：辽宁人民出版社，1986：126.
③ （美）丹尼尔·贝尔. 后工业社会的来临——对社会预测的一项探索 [M]. 高铦等译. 北京：新华出版社，1997：406.
④ （英）弗兰克·韦伯斯特. 信息社会理论（第三版）[M]. 曹晋等译. 北京：北京大学出版社，2011：46.

业社会性质发生了改变，进而社会阶层也随之变化了，代表信息和知识的科学家和专业人员新阶级不断扩大。在后工业社会中，"新社会中的主要阶级首先是一个以知识而不是以财产为基础的专业阶级……这个新社会的财富、权力和地位的分配更依赖于技术"。① 可以看到，随着互联网信息技术和行业的发展，互联网信息技术专业人员规模在不断扩大，发挥的作用越来越大，地位的重要性越来越高。

二是专业技术人员社会阶层的崛起冲击了其他社会阶层。该理论认为，伴随着新技术的发展以及产品经济向服务性经济的转变，后工业时代的阶级结构随着白领阶层（专业与技术阶层）的成长发生了显著变化。② 这种变化使大多数劳动力不再从事农业、渔业、林业、采掘业、制造业等传统产业，而是转向从事信息、贸易、金融、研究、教育和管理等服务性产业。③ 随着产业的转变，后工业社会国家的职业也出现了结构性的变化，职业分布领域逐渐从第一、第二产业转向第三、第四、第五产业。④ 在这种转型趋势下，白领工人逐渐取代了蓝领工人的主导地位，专业与技术阶层不断发展壮大，白领社会逐渐形成了。⑤ 尤其是代表后工业社会的科学家和工程师阶层构成了后工业社会的关键集团。"整个专业和技术阶层的增长率是劳动人口增长率的两倍，而科学家和工程师的增长率是劳动人口增长率的三倍……专业与技术阶层是后工业社会的心脏部分。"⑥ 专业技术人员的地位获得过程中，在经济生产中的促进作用亦逐日剧增。他们利用后工业社会中对知识、信息、技术、科学优先掌握的优势，逐步在后工业社会的阶级和地位不断变化中登上掌权的位置。

三是互联网信息技术的"技术规制"等价值观深刻影响地位获得机制。后工业社会特有的"价值观"是专业技术人员地位构成的重要组成部分。"由于传统资本主义社会与后工业社会的中轴原理不同，不同的政治和文化构造的

---

① （美）丹尼尔·贝尔. 后工业社会的来临——对社会预测的一项探索 [M]. 高铦等译. 北京：新华出版社，1997：48.
② 孙伟平. 信息时代的社会历史观 [M]. 南京：江苏人民出版社，2010：25.
③ （美）丹尼尔·贝尔. 后工业社会的来临——对社会预测的一项探索 [M]. 高铦等译. 北京：新华出版社，1997：14.
④ 秦麟征. 后工业社会理论和信息社会 [M]. 沈阳：辽宁人民出版社，1986：96.
⑤ 秦麟征. 后工业社会理论和信息社会 [M]. 沈阳：辽宁人民出版社，1986：98.
⑥ （美）丹尼尔·贝尔. 后工业社会的来临——对社会预测的一项探索 [M]. 高铦等译. 北京：新华出版社，1997：18.

社会和阶级意识是不同的。"① 从互联网信息技术专业人员方面看，由于知识
分子和信息工作者阶层的崛起，他们通过自身掌握的资源不断强化特有的价值
观，对维系传统地位的资本主义文化进行割裂和重塑。他们通过技术的设计与
控制，不断形成自我的技术和社会认识价值观。同时，通过沟通、交流、学
会、行会、兴趣、爱好，逐渐形成相互认同的"技术圈子"即"价值观共同
体"，在地位中相互确定阶级位置。另外，他们还通过"技术规制"不断传递
和输出自己的价值观，若要使用其设计或创新机器或者技术，就必须按照其设
计要求来，这样在"技术规制"中实现对他人的"同化"或者"驯化"，不断
"复制"自己的价值观，获得声望和权威，让自我地位处于较高的社会阶层。
同时，这种价值观也成为技术阶层区别于其他阶层的显著标签。信息社会中的
"网盲""黑客""灰客""红客""网络精英"等群体就是阶层外部与内部价
值观分化的典型案例。该理论还认为，在意识形态和意识的水平上，随着信息
和知识在现代主义文化中确立，在传统资本主义社会向后工业社会的转变中，
反传统体制和道德规范的社会行动随即开始。这些反资产阶级的价值观的新知
识分子，不约而同结成了某种意义上的"同盟"。因此，在全球资本主义世界
中出现了"对立文化"和"反主流文化"。这种运动对老的价值体系不断进行
瓦解，重塑着资本主义文化和信息社会文化结构。可以看到，专业技术人员的
价值观文化在后工业社会的"现代主义"价值观文化中，对传统的颠覆和对
自由的向往是与生俱来的，其造成后工业社会与传统资本主义文化的精神气质
的矛盾和断裂，因而，使"崇尚自由、不断追求自我的向外伸展"的价值观
成为后工业时代价值观的重要特征。随着科学与知识从有限性向无限性的转
向，这种价值观会越来越强烈。其目的在于通过技术的创新与行动，促进新的
社会管理和产生新的结构。②

　　四是专业技术人员的地位获得机制核心发生了改变。该理论认为，在
"中轴原理"的影响下，专业技术人员专业技术地位是后工业时代的核心构成
部分。后工业社会的地位获得机制相比前工业社会、工业社会发生了根本性的
变化。从宏观上看，在前工业社会里，土地是资源，人们把农场和种植园作为
社会活动的场所，地主和军人地位阶层处于核心位置，权力、军事、财产是人

---

① （美）丹尼尔·贝尔. 后工业社会的来临——对社会预测的一项探索 ［M］. 高铦等译. 北
京：新华出版社，1997：25.

② （美）丹尼尔·贝尔. 后工业社会的来临——对社会预测的一项探索 ［M］. 高铦等译. 北
京：新华出版社，1997：21.

们地位获得的阶级基础，按照法理和习俗继承以及武力夺取是地位获得的主要途径。在工业社会中，资本和机器是资源，工厂企业是主要活动场所，地位的流动主要是通过财产、政治组织、教育组织、专门技术等途径，法理继承、赞助和教育等制度性途径是获取地位的主要方式。在后工业社会中，知识和信息成为资源，大学、研究机构成为社会的主要活动场所尤其是"信息"活动场所，社会的财富更多通过科学和技术以及知识构成的机械化和自动化联合创造出来，生产力越来越高，人力消耗越来越少，更多的人被技术解放出来。因此，财富的权力、社会的权力、文化的塑造权力更多地来自科学家和专业技术人员的赋予。他们通过科学和专业技术力量实现与传统政治力量的平衡。同时，新崛起的科学家和专业技术人员群体通过教育、动员和交融以及使用新技术对公共资源整合等途径来获得和巩固其地位。[1] 他们通过技术力量和信息力量的平衡与对抗，对现存的他们认为是"反现代化"的一切阻碍提出挑战和更改。

五是制度性因素逐渐让位于非制度性因素，制度性因素对专业技术人员的地位获得影响逐渐消退。该理论认为，首先，家庭背景等制度性因素在地位获得上的影响和作用降低了。虽然随着家庭企业的没落和家庭资本主义的解体，家庭对地位获得促进功能显著降低，但是其依然可以通过财富、权力、文化、教育、价值观引导等途径强化制度性因素的影响。其次，对于依靠权力、革命、暴力等制度性途径获得财富和地位的组织和群体，虽然能够在短时间获得和巩固地位，但是随着历史潮流的发展，其只是昙花一现。尤其是在信息社会和民主社会，无论其获得多大的财富、多高的地位，也不能得到社会承认，获得相应的地位。最后，在信息社会中，专业技术地位获得是获得地位的必要条件，对于地位获得具有极为重要的意义。即使通过法理继承了巨额的财富，但是如果不能掌握充分的管理技术和专业技术，其领导的集团和组织也只能在竞争中失败。不了解技术、不能获得技术支撑，社会掌权者也无法进行科学决策和获得执政的合法性。可以看到，优势地位获得来源从家族继承的传统和工厂制的原始积累向科学、技术和知识获取转向，科学、技术和知识已经成为优势地位获得的必要条件。

六是专业技术人员地位获得存在"异化"问题。该理论认为，在后工业社会，随着科学、技术、知识的深入发展，市场经济逐渐成为社会运营的主要规

---

① 秦麟征. 后工业社会理论和信息社会 [M]. 沈阳：辽宁人民出版社，1986：178.

则，其与法律、道德将会出现冲突。"当市场已经成为一切经济关系甚至社会关系，如公司对雇佣对象的义务与评价，首先考虑的是所有权和财产权的合法权利获得优先延续，凌驾于一切之上，甚至比道德权利还要重要。"由于市场的发展，"社会领域不断萎缩，而赤裸裸的经济关系则一直处于有限地位，尤其是股东的权利……在公司内部可能出现为公司工作 20 年，却发现自己一夜之间被扫地出门"，[①] 这种方式可以是直接解雇，也可以是资本市场运作，使专业技术人员的工作组织和个人丧失其职业地位和社会经济地位。[②] 从微观上看，在经济利益驱动下，加班、超负荷运转已经成为互联网公司的常态和文化。艾瑞咨询《2016 中国互联网企业员工睡眠报告》显示：百度、阿里巴巴、腾讯企业员工平均睡眠时长为 6.5 小时，低于成人睡眠时长 7~8 小时的标准，高工作压力人群比例 47.9%，排名行业第一，存在睡眠健康问题方面的风险。[③] 因此，在互联网信息技术行业中，经常存在加班猝死案例。从宏观上看，在"利润增长"的心态和"新经济"西方不败的价值观引导下，1994 年至 2001 年的美国互联网股市泡沫就是典型案例。在资本的力量下，许多互联网信息技术公司瞬间破产，无数专业技术人员丧失职业地位和社会经济地位。因此，丹尼尔·贝尔反思到：后工业社会并不可能顺利进入历史的终结，而是像工业社会一样其也存在深刻的矛盾，其经济、文化及其社会的内部驱动力以及精神都存在深刻的矛盾。同理，专业技术人员地位获得不可避免地受到资本的"异化"。

综上所述，丹尼尔·贝尔的"后工业社会"理论地位获得观中，专业技术人员地位获得具有以下四个特点。

一是伴随着高度依赖知识和技术的信息社会的发展，专业技术人员构成的新阶层迅速崛起且规模不断增大。由于知识和技术的重要性提高，该群体正在成为或者已经成为后工业社会的核心，且最终将成为信息社会中的地位优势阶层。二是专业技术人员地位获得的动力将持续增强。以信息技术为基础的互联网以及互联网在线商业、教育、传播、社交、医疗等方面的应用，不断提高科学、信息和知识的扩散程度，使全人类都汇聚在互联网信息技术范围内，使人

---

① 俞立平. 大数据与大数据经济学 [J]. 中国软科学，2013 (7)：177-181.

② （加）文森特·莫斯可. 数字化崇拜：迷思、权力与赛博空间 [M]. 黄典林译. 北京：北京大学出版社，2010：61.

③ 2016 中国互联网企业员工睡眠报告 [EB/OL]. 2016-03-25. http：//report. iresearch. cn/content/2016/03/259415. shtml.

与人、人与物、技术与社会、经济、文化、政治等各个方面进行连接和交融。在此过程中，人们认识到专业技术人员的存在和对社会的贡献，也使其获得巨大社会财富、声望、权威及持续性的动力。三是专业技术人员地位获得受到制度性与非制度性因素的深刻影响。专业技术人员的地位获得以技术为核心，能够依靠技术和个人努力等非制度性因素获得较高的地位。专业技术人员地位获得也受到了"政治制度""经济制度""家庭制""单位制"以及传统资本主义等制度性因素的深刻影响，但非制度性因素逐步成为地位获得的主导因素。四是由于"后工业社会"强烈崇尚"自由""延伸"等"反传统文化"的现代性价值观，专业技术人员的价值观取向倾向于"自由、开放、反传统、排斥政治、崇拜技术权威"。同时，专业技术人员的内部认同十分强烈，且倾向于传递其特有的价值观。

第三节　技术未来学派的地位获得观评析

技术未来学派中与专业技术人员的地位获得相关的理论主要集中在阿尔文·托夫勒"第三次浪潮"理论、约翰·奈斯比特"信息社会"理论、曼纽尔·卡斯特"网络社会"理论、劳伦斯·莱斯格"代码规则"理论。他们整体倾向于乐观主义和技术决定主义，认为互联网信息技术能够最大限度地解决一切问题，促进人类社会的发展和价值实现。

一　阿尔文·托夫勒"第三次浪潮"理论中的地位获得观

阿尔文·托夫勒（Alvin Toffler），未来学家、社会思想学家。其"第三次浪潮"理论提出了在互联网信息技术变革中社会权力、财富获得、技术创新、社会结构、个人与社会关系等一系列观点。其关于专业技术人员地位获得的内容主要有以下三个方面。

一是互联网信息技术改变地位获得的机制。在信息社会，知识就是变革，知识的加速获取为社会发展提供了巨大的能量，一切都在变革。[①] 托夫勒认为，信息时代知识能够替代其他资源，替代原材料、能源，成为社会资源的最终替代物，它还能够节省时间。以计算机和先进知识为代表的信息技

---

① （美）阿尔文·托夫勒. 未来的冲击［M］. 秦麟征等译. 贵阳：贵州人民出版社，1985：36.

术把生产力从城市解放出去，进一步节约了能源和运输的费用，最终计算机化的设备能够替代人的劳动。目前，整个社会正在经历劳动场所的力量转移，一种新型的拥有自主权的雇员出现了，他们的生产资料就是所有的知识。托夫勒认为，新的财富创造体系要求有一支沉浸在符号中的劳动大军，工业文明逐渐丧失其主导地位，信息的力量在地球上崛起，新兴产业和新兴的技术人群将会出现。在知识经济时代，最重要的政治问题已经不是财富的分配，而是信息和信息传播手段的分配。社会公正和自由都取决于教育、信息技术和自由意志的表达。日常知识越来越抽象，常规学科正在分解。依赖计算机的帮助，同样的数据或者信息现在已经可以容易地用完全不同的方法加以整合和分割，让信息利用者能从不同角度对知识单元进行综合，从而实现权力的获得和分配。具体而言，互联网信息技术改变了以权力分配而实现地位获得的机制，使专业技术人员地位获得更多地依靠知识和技术的增加等非制度性因素。

二是知识和技术提升了专业技术人员的地位层次。该理论认为专业技术人员和从事研究的科学家、金融分析家等处在脑力工作光谱的最高端，尽管他们的作用不同，但是他们工作都具有抽象性质，是围绕信息来进行工作的，他们的工作完全是符号性的。现代社会各种脑力工作底端的纯体力工作正在逐渐消失，"无产阶级"成了少数派，取而代之的是"知识阶级"，也就是说超符号化经济的展现，让无产阶级变成了知识阶级，使专业技术人员地位得到了较大的提升。

三是专业技术人员地位竞争和流动激烈程度极高。技术不是社会变化的唯一源泉，技术却无可争议地成为加速推进社会发展的主要力量，技术人员的流动性更大。① 该理论认为，计算机已经触发了一系列新观念的诞生，人是更大系统的一个能进行相互作用的部分。计算机带着惊人的力量横空出世，以令人震惊的速度，对数量大得惊人又全然不同的各种资料进行分析和传输工作，它已经成为推动知识获取过程加速前进的最新的、主要的力量。加速的知识获取过程，为巨大的技术引擎提供着燃料，这意味着一切变化在加速。20 世纪 70年代至今，互联网信息技术的创新和进化，使整个中等文化水平和中等富裕程度的阶层，尤其是互联网信息技术领域的科学家和工程师，具有高层次文化水

---

① （美）阿尔文·托夫勒．未来的冲击［M］．秦麟征等译．贵阳：贵州人民出版社，1985：28.

平的专业人员和技术人员、职员和管理人员职业竞争和流动极高。在美国，专业技术人员所学的知识在短期内会被新的技术所更新和替代，其职业地位也会受到严重的冲击。

综上所述，阿尔文·托夫勒"第三次浪潮"理论中关于专业技术人员地位获得的地位观有以下三个特征。

一是专业技术人员地位获得的基础发生了根本性的改变。地位获得不再是完全依靠政治、军事、家庭等制度性因素，而是来自信息和知识的传播和分配。因此，专业技术人员的地位获得更多依赖于个体努力获得等非制度性因素，不断提高自身的知识和技术水平，实现更大的价值，获得更高的地位。二是由于技术和信息是信息社会发展的动力，专业技术人员成为信息技术创新和管理主体。技术和信息不仅提升了专业技术人员地位，而且使其地位的威望达到了空前的高度，且获得了持续性的提升动力。三是互联网信息技术极大地增强了地位淘汰性。由于技术的创新和高速发展，专业技术人员所学的知识和技能会迅速被新技术所淘汰。其地位获得的竞争程度极为激烈。他们需要不断地努力奋斗，获得较高的专业技术，保持地位的稳定性。

二　约翰·奈斯比特"信息社会"理论的地位获得观

约翰·奈斯比特，20世纪著名的未来学家，凭借《大趋势》和《亚洲大趋势》奠定了其未来学家的地位。他提出的"信息社会"理论，对知识经济社会持乐观的态度和技术决定论的倾向，成功预测了互联网信息技术的兴起和普及，同时还预测了全球经济一体化的出现以及一系列变化。其理论中关于专业技术人员地位获得内容主要有以下四个方面。

一是专业技术人员的阶层规模增大，地位获得的层次也越来越高。全球从工业社会过渡到信息社会，信息是最重要的资源，知识价值论会取代劳动价值论，信息经济将会成为实体经济。① 在约翰·奈斯比特看来，在信息社会中信息是最重要的战略资源，可以成为人们手中权力的来源。知识与其他力量不一样，知识可以被创造，同时也可以被毁掉，知识的整体价值往往大于各部分之和。可以说，知识生产力已成为生产力、竞争力和经济成就中的关键性因素。知识产业也成为最主要的产业，这个产业向经济提供生产所需要的生产资源，

---

① （美）约翰·奈斯比特. 大趋势——改变我们生活的十个新方向［M］. 梅艳译. 北京：中国社会科学出版社，1984：12.

这直接导致拥有信息技术和知识的专业技术人员数量激增，其地位也随着互联网信息技术的发展逐渐提高。

二是信息和技术的获得成为地位分层的重要指标。该理论认为，信息经济并不是虚拟的，而是实体经济，信息经济发展得越好，工作也就越好，工资也会越高。信息经济产生了数量惊人的报酬丰厚并富有挑战性的工作，但前提是必须掌握工作所需要的专业技术，否则将无法胜任。在现实中，缺乏互联网信息专业技术的或未受到足够教育的人在信息社会只能拿到与自己经济价值相适应的低廉的工资。也就是说专业技术人员的地位获得和分层主要是依靠获得信息和技术。

三是互联网信息技术较大地缓解了性别分割制度的不平等性对地位获得的影响。该理论区别于其他理论地位获得观的最大贡献在于发现了互联网信息技术缓解了性别分割制度的不平等。该理论认为，信息社会中个人价值受到了加倍的重视，特别是女性价值逐渐跨越性别分割制度得到了充分的实现，其地位获得难度也相对降低。[①] 信息经济将社会的重心转移到了个人身上，互联网信息技术提升了个人力量和价值，削弱了政府、资本等制度性力量。女性的价值获得了相对公平的认可。一方面，信息时代提供了数以百万计的新的工作岗位，其中 2/3 由妇女承担。劳动大军中妇女仅占少数的时代已经不复存在了，没有子女的妇女出去工作的愿望比男人更加强烈。另一方面，女性的地位发生了翻天覆地的变革。在互联网信息技术领域中，妇女资历更深，见识更广，人数更多，拥有更大的发言权和话语权，甚至升到最高领导岗位。该理论认为，随着 21 世纪的到来，人们将会有这样的认识：作为企业领导人，女性同男性一样能干，女性终将跻身于她们以往不能涉足的领导层，获得更高的地位。

四是互联网信息技术促进了不发达地区专业技术人员的价值实现和地位获得。通过互联网信息技术的传播和人才交流，互联网信息技术促进亚洲等欠发达地区经济发展和大众教育水平的提高，缩小了地区之间的经济、文化、技术差距。[②] 由于信息的传播速度将会越来越快，欠发达地区的经济发展和大众教育水平不断提高，地域、文化、种族等制度性因素越来越难以阻止知识和信息的快速传播。互联网信息技术不仅为自身，而且为社会大众开启了通向信息、

---

① （美）约翰·奈斯比特. 2000 年大趋势［M］. 北京：天下文化出版股份有限公司，1990：114.

② （美）约翰·奈斯比特. 亚洲大趋势［M］. 蔚文译. 北京：外文出版社，1996：70.

技术、观念和知识的大门。全世界的人们都可以通过由互联网信息技术构成的平台获得信息、技术、教育等各种资源，这极大地改善了教育基础设施和分配不均，促进了社会的相对公平发展。同时，伴随着互联网信息技术的发展，个体的互联网信息技术越来越多，拥有的知识越来越丰富，地位获得越来越能够通过个人努力奋斗等非制度性因素实现，使其更易于接受新的观念和互联网信息技术的"技术规制"，更能够促进地区的技术创新和价值的实现，提升互联网信息技术发展创新的外部环境。

综上所述，约翰·奈斯比特"信息社会"理论的地位获得观中专业技术人员地位获得有以下三个特点。

一是随着信息经济发展，专业技术人员获得的工作机会和职业薪酬越来越多，并且专业技术人员的规模会随着行业的发展不断扩大，其地位获得了持续性的动力。二是知识和信息不仅成为主要的生产力和推动互联网信息技术创新以及社会发展的关键性因素，而且成为个体价值实现和地位获得的关键性因素。拥有信息和知识，人即拥有权力和地位。专业技术人员掌握了信息技术等生产资料，其地位和声望相比工业社会有了极大提高。三是互联网信息技术缓解了现实社会的不平等。一方面，互联网信息技术减少了性别分割制度的不平等。信息社会中职业需求具有"重脑力、轻体力"特征，极大地降低了传统行业对女性的排斥，女性专业技术人员的地位得到了不断提高。另一方面，互联网信息技术的创新和大规模扩散降低了地区分割制度不平等的影响，促进信息社会向更为公平的方向发展。

三 曼纽尔·卡斯特"网络社会"理论的地位获得观

曼纽尔·卡斯特，未来学家、信息社会学家。他通过社会、经济、文化、政治等领域的大量数据和材料的分析，提炼出了"网络社会"理论，揭示了现代社会在很大程度上被互联网信息技术构成的网络和信息所渗透，并提出网络将深刻影响人类社会结构。卡斯特的"网络社会"理论带有技术决定论倾向。其主要观点认为：互联网信息技术塑造的网络带来了新的社会形态，构建了新的社会时空，互联网行业形成的特有的技术精英的文化，能够通过互联网信息技术重塑社会关系和社会结构。卡斯特的"网络社会"理论中关于专业技术人员地位获得的观点主要有以下三个方面。

一是网络社会构成新社会时空，互联网信息技术正在改变人类生存和发展的基本范畴即时间和空间，并向地位获得的根本基础社会关系和社会结构提出革命性的挑战。① 该理论认为，生产力与经验之间关系的改变充满着生活、时空等物质基础的转化，信息时代的流动空间控制了人们的文化空间。借由科技淘汰了传统工业社会的时间逻辑，技术将时间压缩为一个微小的随机的一瞬间，因而社会的发展趋势是隔断与传统社会的连接。这种趋势使传统的社会关系变成了空壳，并且发展成为一种虚拟的文化。同时，互联网信息技术构建的网络能够通过改变时空的物质基础来构建一个新的流动的空间。网络社会就是围绕着这种流动的空间建立起来的，资本的流动、信息的流动、影像声音的流动，这一切流动支配了经济、政治生活的过程，网络会支持和促进这些信息流动，并让这些流动在时间中结合。② 流动空间的出现，标志着传统以时空区域为基础的社会文化的瓦解，网络社会拥有自身的社会组织特性。因此，网络社会中的时间与大部分古典社会理论认为的时间所支配的空间存在极大的差异。人们不再有一个承担确切社会责任的权力中心，原有的政治结构变得松散。这就意味政治、经济、教育等一系列的制度性因素的作用开始减弱。但是该理论认为，在制度性影响因素中，城市等级制度和工作组织制度作为结构性因素的影响得到了加强。一方面，由于城市成为互联网信息技术的发源地和中心地，城市制度的作用并没有减弱，而是得到了加强。但城市之间结构的分层差异，直接导致城市等级越高的专业技术人员的价值实现和地位获得越高。另一方面，劳动被高价值的"信息主义"生产的新方式所改变，即将劳工分隔在一个多变的网络结构中进行新的组织逻辑，其与国家地理位置，或传统的竞争公司，或标准工作周的"时钟"所限制的工作形成对比。对于许多信息劳动来说，信息主义的结果就是社会结构解构以及呈现高度开放性和竞争性特征，而使许多生活领域变得不稳定；即使是弹性工作和兼职工作，也不断地要求再培训和重新整合进新的劳动结构之中。

　　二是专业技术人员处于信息社会的核心位置，地位获得拥有无可比拟的优势。信息社会中信息和技术将变成劳动过程和劳动分配的关键部分。③ 对于大多数信息自由主义者而言，"信息社会"是由技术来驱动，依赖技术精英领导

---

① （美）曼纽尔·卡斯特. 网络社会：跨文化的视角［M］. 周凯译. 北京：社会科学文献出版社，2009：40.
② （美）曼纽尔·卡斯特. 千年终结［M］. 夏铸九等译. 北京：社会科学文献出版社，2006.
③ （美）曼纽尔·卡斯特. 网络社会：跨文化的视角［M］. 周凯译. 北京：社会科学文献出版社，2009：75.

方式来分配生产权力，这些都导致现行的社会关系出现了不稳定。[①] 但是在不稳定的状态中传统的、坚实的社会结构则出现了解构，大量压制住的向上流动机会出现在专业技术人员面前。不言而喻，作为"信息前哨"人员——互联网信息技术专业人员，更容易把握住信息的机会获得较高的地位和向上流动机会。

三是互联网信息技术"技术规制"深刻影响地位获得。该理论认为，专业技术人员的地位获得和实现是启蒙运动和科技理性的延续和实践。其地位获得源自专业技术人员所创造的互联网信息技术文化及其特有的专业技术资本。他们通过编辑软件和推广软件的使用，不断去实践互联网信息技术文化，推动自由和技术的意识形态的传播，最大限度地获得社会的认可和承认。通过这种传播不断推动科学和技术的进步，更促进了社会和个体对科学和技术以及专业技术人员的认可和信仰，推动信息社会的整体进程。

综上所述，卡斯特"网络社会"理论的地位获得观具有以下四个特征。

一是由于互联网信息技术是信息社会的关键因素，专业技术人员处于信息社会的核心位置，对社会财富生产和分配具有较强的权力，其价值实现和地位获得拥有无可比拟的优势。二是互联网信息技术改变了时空的物质基础，使信息社会的社会关系结构发生了较大变迁。互联网信息技术造就了流动的社会，原有的传统意义上的时空区域的权力控制变得脆弱，未来的社会关系结构的变化变得难以把握。专业技术人员的地位环境充满了竞争性和流动性。三是互联网信息技术改变了传统制度性因素的影响。以往地位获得主要依靠权力、军事、家庭继承等制度性因素的影响，但随着互联网信息技术对社会的影响，政治、经济、教育等制度性因素对地位获得的影响逐渐弱化，而与"时间和空间"高度相关的新型制度性因素——城市等级制度和工作组织制度的影响逐渐增强。四是互联网信息技术精英构造了互联网信息技术的"技术规制"。不仅深刻影响专业技术人员地位的获得，而且对互联网信息技术创新发展产生了深刻影响。

四 劳伦斯·莱斯格"代码规则"理论的地位获得观

劳伦斯·莱斯格（Lawrence Lessig），法律学者、政治人物、社会活动人

---

① （加）文森特·莫斯可，凯瑟琳·麦克切尔. 信息社会的知识劳工［M］. 曹晋等译. 上海：上海译文出版社，2014：40.

物。他是知识共享协会创办人之一。其"代码规则"理论主要集中在《思想的未来》和《代码 2.0：网络空间中的法律》两本著作中。① 主要提倡网络开放、知识共享，要求政府和行业减少对版权、商标及无线广播的法律限制。对互联网信息技术及其构建的互联网和专业技术人员产生了深远影响。该理论关于专业技术人员地位获得观的内容主要有以下三个方面。

一是互联网信息技术"技术规制"深刻影响专业技术人员地位获得。在该理论看来，"互联网是一个充满了自由的新社会，网络社会规制者就是代码，即塑造网络空间的各种软件和硬件"。② 现实生活中，社会运行是通过宪法、法律及其他规范性文件来规制，而网络社会中"代码"就是法律。该理论认为，网络社会中的代码不是被发现的，而是专业技术人员通过技术、思考、价值理念等制造出来的。代码不仅为自由或自由意志的理想呈现最大的希望，也为其带来了最大的威胁。作为网络社会规制的制定者——互联网信息技术专业人员的地位是举足轻重的。他们通过编码编制着网络空间，使之最大限度地保护网络社会最接近原本的"自由开放"的价值理念。不管外界如何去规制网络，网络在开放、自由、平等、共享等方面的本质属性从未变过。因此，该理论认为，"在信息技术的帮助下，资本主义可以能够终结一切不公正，并创造出一个人人都能像企业家那样自由地实现人生价值的世界"。③ 正如汤姆·斯坦纳特—斯雷尔克德（Tom Steineert-Threlkeld）所说：互联网天生具有抵制几乎所有形式的规制的能力。可以说第一代互联网信息技术专业人员在设计之初，就将其价值理念根植在互联网之中，也就奠定了互联网信息技术专业人员在信息社会中的地位获得绝对优势和制定规制的能力。

二是专业技术人员地位获得受到价值观等非制度性因素的深刻影响。不同的网络空间支持不同的梦想。由于受到资本和商品化的影响，不同的互联网信息技术专业人员编辑出来的网络空间也是不同的，或者说，代码"决定了什么样的人可以接入什么样的网络实体……不同的网络规制着不同的人"。这些不同的程序如何规制人与人之间的相互关系……完全取决于互联网信息技术专业人员的选择。更有甚者，一组网络空间的代码即将被创造出来，这组代码将

---

① （美）劳伦斯·莱斯格.代码 2.0：网络空间中的法律［M］.李旭，沈伟伟译.北京：清华大学出版社，2009：序.
② 刘曙光.劳伦斯·莱斯格：代码：塑造网络空间的法律［J］.网络法律评论，2007（1）.
③ （加）文森特·莫斯可.数字化崇拜：迷思、权力与赛博空间［M］.黄典林译.北京：北京大学出版社，2010：99.

决定网络空间的自由与规制的程度。这一点，毋庸置疑。但是，由谁来创造？基于何种价值理念创造？说到底，都是由互联网信息技术专业人员"颁布"。①如同美国西海岸代码和东海岸代码就具有不同的规制属性。由于西海岸代码崇尚自由和开放，其继承了第一代互联网代码精神。因此，互联网信息技术的创新和互联网信息技术专业人员群体主要集中在开放的西海岸地区。可以看到，互联网信息技术专业人员群体中既有自由意志的捍卫者，也有反对者。

三是专业技术人员的地位获得受到了资本和政治等制度性因素的深刻影响。政府和商业也在通过传统力量即用财富不断规制"自由意志"的捍卫者，以期待达成他们的目标。正如劳伦斯·莱斯格所说，当编写软件的互联网信息技术专业人员独立于可以有效控制任何机构时，东海岸代码控制西海岸代码的办法就十分有限。该理论进一步指出，当西海岸的代码成为商品时，东海岸的权力控制就会大大增加。因为商务实体是能够被控制的。正如西方俗语所言：如果你和魔鬼做交易，出卖灵魂，那么，你将会得到某种有价值的东西。② 一个没有地位的程序员通过技术、思考、价值编码软件，能够通过商务出卖自由软件获得财富，这是可以理解的。但是作为交换，权力对自由代码的控制，将花费昂贵的财富，互联网信息技术专业人员往往通过类似的方式获得了大量的财富。因此，在劳伦斯·莱斯格的"代码规则"理论看来，互联网信息技术构建的网络正由一个自由论者的乌托邦变为一个被商业利益控制的处所。部分互联网信息技术专业人员正在出卖自由与开放精神获取财富和地位。如果任其发展，互联网信息技术将变为一个完美的控制工具。不仅是受控于政府，更主要是受控于互联网信息技术专业人员。因此，该理论认为在网络空间中，由政府与商业共同塑造的"无形之手"正在建造一种与网络空间诞生时完全相反的构架。可以看到，专业技术人员的地位获得深受政治和资本的影响。

综上所述，劳伦斯·莱斯格"代码规则"理论中关于专业技术人员的地位获得具有以下四个特点。

一是互联网信息技术的"技术规制"不仅是自由意志精神的继承和守护者，对资本、政治等传统性规制具有排斥性，更对互联网信息技术专业人员地

---

① （美）劳伦斯·莱斯格. 代码2.0：网络空间中的法律［M］. 李旭，沈伟伟译. 北京：清华大学出版社，2009：7.

② （美）劳伦斯·莱斯格. 代码2.0：网络空间中的法律［M］. 李旭，沈伟伟译. 北京：清华大学出版社，2009：83.

位获得有着深刻的影响。二是因为历史原因和信息社会特点，专业技术人员处于社会结构中的核心地位，其价值实现和地位获得拥有无可比拟的优势。三是专业技术人员专业技术地位是地位获得的重要影响因素。专业技术人员可以通过技术、软件等知识产权转让迅速实现技术、个体和社会价值，获得较多的财富和较高的声望以及较高的地位。四是专业技术人员地位受到个人努力程度、价值观等非制度性因素和资本、政治等制度性因素的深刻影响。

第四节　社会学理论学派的地位获得观评析

自人类诞生以来，对地位获得的理论探索一直都是哲学社会科学研究的重点和热点之一。长期以来，社会阶级、阶层以及社会流动的研究，一直是社会学家们研究的重要课题。① 这些理论中关于专业技术人员地位的相关理论，大致可归纳为"先赋—自致"理论模型学派、"人力资本"理论模型学派、"结构分割"理论模型学派、"社会网络关系"理论模型学派。

一　"先赋—自致"理论模型学派的地位获得观

美国社会学家布劳和邓肯（Blau & Dunca）首次提出了"地位获得"这一概念以及地位获得模型。该模型着重考察的是先赋性和自致性因素对个人地位获得的影响。从"先赋—自致"地位获得理论模型中大致发现专业技术人员的地位获得具有以下两个特点：一是专业技术人员的地位获得深刻受到家庭背景、性别分割制度、单位制等制度性因素的影响；二是专业技术人员地位获得也会受到个体智力、价值观、社会心理、期望抱负等非制度性因素的影响。但在现代社会中，这种非制度性因素的影响占主导作用。

二　"人力资本"理论模型学派的地位获得观

"人力资本"理论模型由经济学家舒尔茨（Schultz）和贝克尔（Becker）提出。其理论的出发点是经济学的理性人假设，强调人力资本的多寡、优劣和高低是地位高低的决定性力量。从该理论探析，专业技术人员地位获得的内容有以下三个方面。一是专业技术人员地位获得主要依靠教育、工作经验、工作

---

① 赵子祥，曹晓峰，王策. 西方社会阶层与社会流动理论研究述评 [J]. 中国社会科学，1988 (6) .

时间的积累等个人努力等非制度性因素。二是专业技术人员地位获得亦受到传统教育制度等制度性因素的影响。该理论认为，教育水平往往是测量人力资本存量的首选指标。人们通过对自身的投资来提高其作为生产者和消费者的能力，而学校教育则是对人力资本最大的投资。① 虽然一些反对者提出，受教育程度的增加不一定能够增强人们的真实生产能力，可能只是释放出一种这些人更有能力去创造价值的信号（即所谓的筛选机制），② 但这未否定个人能力决定地位获得的人力资本理论内核。③ 三是专业技术人员地位获得受到教育回报的影响。也就是说，无论是学历教育还是职业培训教育，都有助于专业技术人员获得较高的地位。

综上所述，"人力资本"理论模型中专业技术人员的地位获得有以下三个特点。

一是专业技术人员社会财富获得是地位获得的主要衡量标准。专业技术人员是否接受高等教育、接受高等教育的层次、是否有工作经验以及是否参加职业培训决定其人力资本的存量，从而决定其地位获得层次是否较高，是否向上流动。二是传统教育制度和现代教育制度通过人力资本增加，深刻影响专业技术人员的地位获得和价值实现。获得的教育资源决定了其学历和所获得的专业证书以及工作经验水平。三是专业技术人员地位不仅受到人力资本的影响，也受到了阶层、声望、工作组织等制度性与非制度性因素的影响。

三 "结构分割"理论模型学派的地位获得观

结构分割因素与本研究的制度性因素分割的内涵与本质基本一致。该理论认为，处于不同结构位置的社会成员在地位获得和机会上存在着不可逾越的鸿沟。其主要有性别分割理论、城乡分割理论、单位分割理论、种族分割理论、地区分割理论、产业分割理论、教育分割理论和多重分割理论等。④

从劳动力市场分割理论地位获得观可以发现，专业技术人员地位获得同样

---

① Schultz T W. The Economic Value of Education [M]. New York：Columbia University Press，1963.

② Michael Spence. Market Signaling：Informational Transfer in Hiring and Related Screening Processes [M]. Cambridge：Harvard University Press. 1974.

③ 边燕杰等. 社会网络与地位获得 [M]. 北京：社会科学文献出版社，2012：4-5.

④ 李路路，孙志祥. 透视不平等：国外社会阶层理论 [M]. 北京：社会科学文献出版社，2002.

会受到劳动力市场分割制度的影响。但由于互联网信息技术行业处于整个行业的中高端位置，专业技术人员的地位获得更具有优势。

性别分割理论也可以称为性别分割制度，是指劳动者因性别的不同而从事不同类型的职业。西方社会学的研究表明，现代西方社会的劳动力市场存在着性别的分割，主要表现为大部分女性劳动力都集中在低收入、低声望的职业领域，在同一职业领域中也很难取得较高的职位。从该理论可以发现，女性专业技术人员的地位获得会受到性别分割制度的深刻影响，但不平等的影响程度和机制由于互联网信息技术的发展和市场、教育的现代化进程及个人努力和奋斗，其不平等性逐渐削弱。

户籍分割理论地位获得观又称为城乡（户籍）分割理论，是极具中国特色的地位分割理论，它优先向城市倾斜，包括劳动就业、教育培训、医疗保健、养老福利等几乎所有的生活领域，极大阻碍了劳动力市场的流动，对个体地位获得、社会结构与流动产生了深刻影响。从该理论可以发现，专业技术人员的地位获得深刻受到户籍制度的影响。

单位分割理论中的地位获得观也是具有中国特色的结构分割理论，指的是社会成员的地位获得和其父辈所属及本人所属的单位密切相关，单位地位的高低决定了社会成员本人的地位的高低。与本研究所说的工作组织具有相同的含义，其可以分为体制内和体制外两大类。可以探析，专业技术人员的地位获得受到了单位制的深刻影响，但影响的程度相对以往降低了。

地区分割理论地位获得观将分割的视角放在了社会成员所处的不同地区和城市上。相当部分的学者和行业研究均认为，地区分割制度对个体地位获得有着显著性的影响，城市级别越高，地位获得优势越明显。可以探析，一线城市和地处东部的专业技术人员要比非一线城市和非东部地区的人员地位获得更具有优势。

教育分割理论地位获得观将分割的视角放在了社会成员所受到的一定的教育水平上，以一定的教育水平作为分割的依据。从该理论探析，专业技术人员地位获得会受到教育制度尤其是教育分流制度的深刻影响。

综上所述，"结构分割"理论地位获得模型主要考察的是制度性因素对专业技术人员的深刻影响，处于多重制度分割之中，且这种影响很难通过个人的努力等非制度性因素克服。在该理论看来，专业技术人员地位获得具有以下三个特点。

一是政治制度、户籍制度、教育制度、经济制度、单位制度等制度性因素会对专业技术人员地位获得产生影响。拥有制度性优势的专业技术人员更容易实现更大的价值，获得更高的地位。二是地区分割制度对专业技术人员地位获得会产生深刻的影响。信息技术的聚集地发达城市和东部地区的专业技术人员地位获得更具有优势。三是性别分割制度对专业技术人员地位获得影响深刻。由于性别歧视和工作特点，女性工作者在地位获得上处于劣势地位。但这种性别不平等，会随着市场、技术及个人努力的增加而获得缓解。

四　"社会网络关系"理论模型学派的地位获得观

该理论认为人是一种关系化存在，在现实社会中，人与人之间是借由各种各样的关系联结起来的，每个个体都嵌入特定的社会网络关系之中，并与之有密切的互动。正是如此，"社会网络关系"理论成为解释地位获得机制的重要理论，通过社会网络关系分析，它能够有效地把社会理论的微观与宏观水平联结起来。根据研究需要，本研究着重对格兰诺维特"弱关系"理论和林南"社会资本"理论进行研究。

格兰诺维特的"弱关系"理论地位获得观，其理论堪称最早以社会网络分析法研究社会关系对"地位获得"的影响的研究。[①] 该理论以互动频率、情感强度、亲密程度以及互惠交换的组合，将人际关系区分为"强关系"和"弱关系"。"强关系"和"弱关系"的形成机制，其在人与人、组织与组织，以及个体与系统之间所发挥的力量和作用是不同的。从该理论看，社会网络关系对专业技术人员的地位获得有深刻影响。

基于格兰诺维特"弱关系假设"，林南教授的地位获得观中将"弱关系"置于宏观社会结构之中，对其作用作了进一步探讨，进而在此基础上提出了"社会资本"理论。"社会资本"理论实质上是对格兰诺维特"弱关系假设"的修正和扩展。在"社会网络关系"理论的地位获得观中，专业技术人员的地位获得具有以下五个特点：一是专业技术人员可以通过同事、同学或者客户等社会网络关系获得职业信息，实现职业流动，获得相应的职业地位；二是专业技术人员网络关系越广，所能动员的社会资源越多，获得的资源回报收益越高；三是专业技术人员要获得较高的地位，不能封闭技术和自我，日常信息交流和动员社会关系，能让其更顺利地向管理岗位转型，从而获得较高的地位；四是知识型社会，专业技术人员的社会资本不能独立产生作用，通常和其人力

---

① （美）马克·格兰诺维特．弱关系的力量［J］．国外社会学，1998（2）．

资本共同作用于个人地位获得，也就是说，专业技术人员拥有良好的受教育水平和较高的职业技能，同时能够动员较多的社会资源，这样获得较高的地位的可能性越大；五是专业技术人员的社会网络关系呈现两极化特征，使拥有相似"社会资本"的专业技术人员连接在一起，成为一个固定的社会圈子或者技术圈子，他们通过这种"强关系"获得地位的流动和上升。

综上所述，社会学理论学派的地位获得观中，专业技术人员具有以下三个特点：一是专业技术人员地位获得受到诸如家庭背景、劳动力市场分割制度、户籍制度、教育制度、劳动就业制度等传统制度性因素的影响；二是专业技术人员地位获得受到个人努力、参加的职业培训、社会网络关系等非制度性因素的影响；三是专业技术人员地位是可以争取的，但是其受到社会结构的制约和压迫。

但立足具体与现实的社会学理论学派亦存在以下四点不足：一是这些理论没有从交叉学科的理论视角对专业技术人员的地位获得进行研究，要么倾向于纯理论性，要么倾向于实证性，相互结合的研究不多；二是从历史视角上看，互联网作为新技术出现仅 20 多年，互联网信息技术专业人员属于新兴科技群体，对其地位获得的理论研究并不多；三是目前的互联网信息技术专业人员地位获得理论研究处于分散状态，缺乏聚焦性、具体性、针对性；四是目前的实证研究主要集中在工人、农民工、学生等普通大众群体，缺乏对互联网信息技术专业人员地位研究的专门实证数据，因而，理论的实践性和验证性有待考证。

第五节　总体评述

技术批判学派是早期研究专业技术人员的地位获得学派，对专业技术人员的地位获得的研究呈现批判和承认的观点。从技术批判学派的观点看，虽然技术和技术人塑造了新的时代和社会，但资本、政治等传统社会的力量依然存在，并且将伴随人类社会发展继续延续，专业技术人员的地位获得依然会受到制度性因素的影响，如资本、政治、文化、种族、性别、教育、单位、地区、城市等级、意识形态等制度性因素。对于信息社会的现实和未来的把握，专业技术人员能够通过技术创新获得巨大的财富，也就是说通过"非体力"和"非资本"的方式可以获得财富和地位。可以发现，新阶层的出现改变了传统的社会结构，传统的阶层的理论已经不适用信息社会。因此，要将新兴阶层从原有阶层中剥离出来，把握住互联网信息技术带来的社会结构的变化和专业技术人员地位获得的特点，促进技术批判学派向新的方向发展。新马克思主义学派则充分看到了专业技术人员地位获得的特征和信息社会发展趋势。他们认为，通过技术、智力和资本的结合，专业技术人员的地位可以获得较大的提升。但政治、资本等制度性因素对其地位获得的影响是极为深刻的。从某种程度上讲，信息社会的地位获得本质仍是资本主义的延续。其地位获得的环境不仅具有明显的不平等，而且地位获得的复杂性、竞争性、流动性已经达到了极为惨烈的程度，对个体的身心造成了严重的冲击。这使互联网信息技术的"技术规制"充满了艰巨性和复杂性。他们更看到，信息社会中的知识、信息、知识劳动的本质是商品，其自然会受到资本主义的影响和支配。加之互联网信息技术造成了不平等且复杂的社会，专业技术人员的地位获得深刻受到制度性因素的影响，获得过程充满了不平等性和不确定性。因此，可以用"批判"和"承认"来概括技术批判学派的主张。

与技术批判学派不同的是，技术控制学派对于专业技术人员的地位获得具有明显的技术控制和反思倾向。他们认为，技术在任何时候都是人的智慧和创造的产物，技术不是无限放大的，不是全能的，不是至高无上的，而是受制于人和人类组成的社会。通过个人和信息的获得能够有效提升专业技术水平，实现有效的地位获得。但他们也认为，互联网技术的发展导致其地位的流动和颠覆性大，新技术发展将会对劳动过程和社会结构以及个体身心产生强烈的冲击和天翻地覆的变化。这种特征会导致专业技术人员的地位获得受到巨大的冲击，甚至可能会丧失其地位。但他们也提出，个体能够通过技术培训和教育获得和维持自身的地位高度。马克卢普认为，技术发展会促使专业技术人员获得较高的地位，知识经济时代，知识生产所占份额会越来越大，可以有效地减轻传统教育等制度性因素对地位获得的影响。彼得·德鲁克则把专业技术人员的专业技术水平获得当作知识社会赖以持续发展和创新的关键。因此，专业技术人员的社会经济地位极高，但职业地位的竞争十分激烈。他们更认为现代社会依赖互联网信息技术的程度增加，对知识和技术的掌握程度决定了专业技术人员的地位获得高度。但同时，他们也对互联网信息技术和专业人员的未来充满了忧虑和担心。因此，可以用"控制"与"反思"两个核心词来概括他们的主张。

与其他两个学派不同，技术未来学派对互联网信息技术持乐观的态度。他们的认识，颠覆了之前学者对互联网信息技术的批判和反思。他们认为，互联网信息技术不断重塑着传统社会中的政治、经济、文化以及意识形态等方面。在这个以信息为基础的社会中，技术以及技术人是社会规则的改变者、塑造者、立法者。专业技术人员通过技术的使用和创新，获得了巨大的技术、财富、声望、权力等，且拥有无可比拟的地位获得优势和机遇。他们认为现代社会从工业时代已经步入了信息时代，互联网信息技术的发展为社会带来了积极的变革。托夫勒提出了知识是重要的生产力，也是最重要的资源，知识和技术的发展改变了社会结构和权力分配规制。互联网信息技术是推动信息社会高速发展的重要动力，一切都在变革。因此，专业技术人员是具有战略意义的阶层，他们的地位和威望极高。奈斯比特认为，在信息时代知识价值已经取代了劳动价值，信息经济同样也是实体经济，信息技术的发展对专业技术人员的需求越多，待遇就越好，个人价值得到了重视，专业技术人员的地位也会提高。他们认为，互联网信息技术成为劳动过程的关键因素，技术精英人员通过技术力量掌握和分配生产权力，这表明专业技术人员可以通过技术掌握世界、主导世界、获得财富，这样造成互联网行业内人员流动性大，未来的社会关系结构将会变幻莫测。作为 21 世纪哲学社会科学的互联网问题研究领军人物劳伦斯·莱斯格也持同样的观点，他认为专业技术人员通过软件改变了人类与人类社会的规则，极大地改变了社会关系。在信息社会中，传统社会文化的力量不会消失但将被削弱甚至重塑。其地位也处于社会结构的核心，能够迅速获得较高的地位。因此，可以用"颠覆"与"乐观"两个核心词来概括他们的主张。

　　与其他三个学派不同，社会学理论学派更倾向于对具体问题的解读和分析，他们注重通过数据和模型来研究专业技术人员地位获得的影响因素和影响机制。他们通过大量数据调查分析，对专业技术人员的地位获得进行了现实并具体的研究。他们主要是研究先赋性和自致性因素对其地位获得的影响。因此，其研究同质性较强，界限模糊。"人力资本"理论模型主张，专业技术人员的地位获得的关键是其人力资本的增加，但这个模型过于简化，难以适应现实社会。"先赋—自致"理论模型主张，先赋性因素和自致性因素都对专业技术人员的地位获得产生影响，后者影响往往更大，但个人可以通过后天努力来改变其自致性因素，从而获得地位的向上流动。"结构分割"理论模型侧重于机会，认为处在不同社会结构位置的专业技术人员的地位获得有着难以跨越的差异，造成结构分割的因素主要有性别、城乡、单位、种族、区域、产业、教育等。"社会网络关系"理论模型认为，专业技术人员地位获得的关键是社会资本的积累，其网络关系越广，能够调动的社会资本和社会资源越多，获得的资源利益回报越高。但要看到，中国社会中的地位获得往往受到政治和制度方面的影响。地位获得问题往往受到制度性因素、非制度性因素、个体因素等的影响。由于这些理论极强的实证性，可以用"具体"和"现实"两个核心词来概括他们的主张。

综上所述，前三个学派对专业技术人员地位获得的研究具有概括性、升华性、全球性特点，但缺乏实证研究和数据模型支撑以及对具体问题的关注。而社会学理论学派对地位获得的理论则更具有现实性、客观性、具体性等特点。通过一系列的实证研究和数据建模分析获得了学界和社会普遍认同的地位获得影响因素。但是社会学理论学派过于关注具体问题，导致对专业技术人员地位获得问题的把握高度不够。

虽然存在诸多差异，但是以上四个学派对于专业技术人员的地位获得的观点有共同的四个特征。

一是互联网信息技术带来了巨大的社会变革，社会结构和地位获得机制发生了巨大的变化，专业技术人员的地位随着信息技术的发展而提高。

二是专业技术人员地位获得的影响因素中，非制度性因素的影响不断增强，制度性因素对其地位获得的影响逐渐减小。但是，制度性因素影响不会消失，也没有消失的可能性，而是以新的形态影响地位获得机制。

三是在信息时代，知识和技术是第一生产力，互联网信息技术为人类社会创造了巨大的财富。因此，专业技术人员的地位随之提高，尤其是社会经济地位。

四是互联网信息技术和知识已经超越制度性与非制度性影响因素，成为对专业技术人员的地位获得影响程度最高的因素，其作用甚至是决定性的。

第四章

理论模型与实证研究设计

本章首先根据概念分析、文献综述、理论分析提出了互联网信息技术专业人员地位获得的理论模型和研究假设；其次，阐述了具体的指标、问卷、量表以及编制流程等实证设计情况；最后，说明了实证研究中具体实施的方案、方法、时间、进度、样本、质量控制、数据处理等基本情况。

第一节　本研究地位获得的理论模型和特点

一　本研究地位获得的理论模型

根据国内外文献综述和各理论学派分析，本研究的互联网信息技术专业人员地位获得理论模型主要由专业技术地位、职业地位、社会经济地位三个部分构成。三个部分相互影响、相互驱动。其关系为：专业技术地位是地位获得的基础，职业地位是地位获得的外在表现形式和实现途径，社会经济地位是多种因素影响下的地位获得的重要衡量标准。现代社会关系中，三者的关系是相互联系、相互区别、相互影响、相互联动的，如图 4-1 所示。它们都受到了来自制度性与非制度性因素的深刻影响。

但是必须注意，地位获得具有较强的相对性的客观性和主观判断性。由于个体工具理性和价值理性的判断不同，其地位获得衡量标准可以分为主观自我地位认同和客观地位评价。同时，地位获得在不同时期、不同地位、不同区域、不同单位、不同种族之间的评价也都是相对的。

二　地位获得本质和特点及问题

本研究认为，互联网信息技术专业人员地位获得表面上是专业技术地

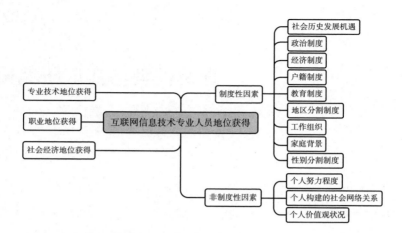

图 4 - 1 互联网信息技术专业人员地位构成及影响因素

位、职业地位、社会经济地位的获得，但其地位获得过程的本质是工具理性和价值理性实践的统一，获得的结果本质是个人、技术、资本的价值实现。

本研究认为互联网信息技术专业人员是先进的、新兴的、优势的社会群体，处于信息社会中优势阶层形成的核心位置，其地位获得具有极强的先天技术优势。同时，其地位获得有以下 7 个特征。

（1）互联网信息技术专业人员的地位主要由专业技术地位、职业地位、社会经济地位构成，且构成内容复杂。

（2）互联网信息技术专业人员地位水平要高于其他群体。

（3）互联网信息技术专业人员地位流动尤其是职业地位流动应该较高。

（4）互联网信息技术专业人员价值观取向整体应该更趋向于价值理性。

（5）互联网信息技术专业人员地位获得受到制度性与非制度性因素的深刻影响。

（6）互联网信息技术的"技术规制"对互联网信息技术专业人员的地位获得影响很大。

（7）互联网信息技术专业人员地位获得和互联网信息技术的"技术规制"存在异化问题。这种"异化"不仅体现在工作组织和个体的价值观取向上，而且体现在互联网信息技术专业人员劳动过程中，更体现在技术和资本的全球扩散中的社会财富两极化和互联网信息技术的"技术规制"扭曲之中。

第二节　研究假设

根据前三章的研究基础，在 STPP 关系的视角下，本研究提出互联网信息技术专业人员"制度性与非制度性因素"地位获得的研究假设。

一　整体研究假设

综上所述，本研究"制度性与非制度性因素"地位获得理论假设所持的观点是倾向于技术控制主义，其具体内容为：互联网信息技术专业人员地位获得受到来自制度性与非制度性因素影响，但非制度性因素发挥了主导性作用。互联网信息技术专业人员拥有的非制度性因素的优势越多，获得的专业技术地位、职业地位、社会经济地位越高。具体而言，互联网信息技术专业人员的专业技术地位、职业地位、社会经济地位获得不仅受到个体的智力、才能、抱负、期望、勤奋、互联网精神、互联网信息技术的"技术规制"等非制度性因素的影响，而且受到性别分割制度、党员制度、教育制度、户籍制度、单位体制因素、社会发展机遇、地区发展程度、家庭背景、阶层地位等制度性因素的影响。概括地说，中国的互联网信息技术专业人员地位获得既有农业社会和工业社会制度性因素的影响，也有信息社会中非制度性因素的影响，其专业技术地位、职业地位、社会经济地位的模型凝聚着中国社会转型特色。因此，在具体的指标、影响因子设计、模型的建立上，本研究都将按照"制度性和非制度性因素"地位获得理论假设来设计和验证。

二　相关分研究假设

在"制度性与非制度性因素"地位获得的假设下，综合第一章的文献分析和第三章的理论分析，本研究提出分假设。

（一）制度性因素地位获得研究假设

本研究认为：政治、经济、社会、教育、性别、工作组织等制度性因素深刻影响个体的地位获得。占有政治资源、教育资源、文化资源、体制内资源、城市户口、地区资源、大城市资源等优势因素的个体更容易获得较高的专业技术地位、职业地位、社会经济地位以及更多的向上流动机会。反之，获得较低的地位和更多的向下流动机会。由于历史性原因，本研究认为该假设主要是在社会主义国家发生尤其是东欧国家和中国能够得到验证，其主要可以分为以下几个分支。

（1）社会历史发展机遇研究假设。每个不同阶段的技术历史发展机遇期，个体所面对的历史发展机会不同。处于技术高度创新和商业化发展的机遇期的个体相比处于技术初步发展的个体，获得的地位更高，向上流动机会更大。

（2）政治制度研究假设。体制内身份和资源如党员身份等体制内政治资源对个体的地位获得影响深刻。占有的政治制度资源越多，获得的地位越高，向上流动的机会越大；占有的政治制度资源越少，获得的地位越低，向下流动的机会越大。

（3）经济制度研究假设。在中国的市场经济运行中，市场制度被分割为体制内和体制外经济制度，体制内人员经济制度优势越高，个体地位获得的地位越高，向上流动的机会越大；经济制度优势越低，个体地位获得的地位越低，向上流动的机会越小。

（4）户籍制度研究假设。中国社会的城乡户籍制度和城市内部的户口等级制度深刻影响了个体的地位获得。户籍制度通过对个体享受的就业、医疗、教育等权利尤其是人身流动的权利的影响，进而影响个体的地位获得。户籍制度优势越大，个体越容易获得较高的地位和向上流动机会；户籍制度优势越小，个体越容易获得较低的地位和向下流动机会。

（5）教育制度研究假设。教育制度分割视角认为，传统的学历教育将个体劳动力市场划分了等级，从而导致个体获得地位的差异。学历教育水平越高，获得的地位越高且向上流动概率越大；反之，学历教育水平越低，获得的地位越低，向下流动的概率越大。

（6）地区分割研究假设。一是关注中国地区差异研究。东部地区的个体相比中西部地区的个体更容易获得较高的地位。中部地区的个体相比西部地区的个体更容易获得较高的地位；反之，西部地区的个体相比东中部地区个体更难获得较高的地位。二是关注中国的城市等级制度差异研究。该理论认为由于中国的城市发展不均衡，全国的城市基本呈现五个等级，即一线至五线城市，城市等级越高，个体越容易获得向上流动的机会和较高的地位。反之，城市等级越低，个体越难获得向上流动的机会和较高的地位。

（7）工作组织研究假设。个体拥有的工作组织优势越明显，越容易获得较高的地位和向上流动机会。

（8）家庭背景研究假设。家庭背景因素深刻影响地位获得。研究认为家庭背景与地位获得成正相关关系。家庭背景越好，个体越容易获得较高的地位和向上流动机会；家庭背景越差，个体将获得的地位越低，向上流动的机会越少。

（9）性别分割制度研究假设。性别分割制度深刻影响地位获得。研究认为男性在地位获得中占有绝对性的优势。相同条件下，无论是在教育地位的获得还是在职业地位的获得，或者在社会经济地位的获得中，男性地位获得的概率都要高于女性，且男性比女性具有更多的向上流动机会。

（二）非制度性因素地位获得研究假设

该研究假设认为：个人努力程度、个人构建的社会网络关系、价值观等非制度性因素对个体的地位获得有深刻的影响。个人努力程度越高、社会网络关系越发达、价值观水平越高的个体更容易获得较高的专业技术地位、职业地位、社会经济地位和更多的向上流动机会。该研究假设可以分为以下分假设。

（1）个人努力程度研究假设。个体努力程度越高，越能获得较高的专业技术地位、职业地位、社会经济地位和向上流动机会。

（2）社会网络关系假设。社会网络关系优势越强，越能获得较高的地位。其又分为两个分假设。一是"弱关系"研究假设：现代社会中，处于同一地位水平的情况下，拥有相对较高异质性社会关系的个体，更容易获得较高的地位，尤其是较多的向上流动机会；反之，拥有较高同质性社会关系的个体，往往获得较低的地位、较少的向上流动机会。二是"社会资本"研究假设：社会网络关系越发达，地位获得越高，向上流动的机会越大。

（3）价值观研究假设。个体的价值观水平越高，获得的地位越高。其又可以分为两个分假设。一是期望因素研究假设：地位的获得深刻受到个体期望影响，期望与地位获得的高低成正相关关系。期望越高，地位获得越高，向上流动的机会越大；期望越低，地位获得越低，向上流动机会越小。二是技术规制价值观研究假设：价值观与技术规制符合程度越高，越能够获得较高的专业技术地位、职业地位、社会经济地位；反之，则只能获得较低的地位。

第三节　操作指标和影响因子设计

本研究认为因变量专业技术地位维度主要由专业技术证书因子、完成相关项目因子两个维度合成后聚类为高低两个层次；自变量职业地位通过职务等级聚类为高低两个层次；因变量社会经济地位通过年收入聚类为高低两个层次。相关变量的具体分类、定义和赋值如表4-1所示。

表4-1 相关变量的类型、定义和赋值及检验研究假设

名称	类型	性质	定义	取值说明	考察目的	检验研究假设
专业技术地位	定类	因变量	调查对象的项目完成情况与获得的软件、计算机相关证书情况	1=低专业技术地位;2=高专业技术地位	衡量地位	—
职业地位	定类	因变量	调查对象职务等级	1=低职业地位;2=高职业地位	衡量地位	—
社会经济地位	定类	因变量	调查对象年收入	1=低社会经济地位;2=高社会经济地位	衡量地位	—
本人中共党员身份	定类	自变量	调查者的中共党员身份	1=非党员;2=党员	制度性因素	政治制度研究假设
初(现)职单位体制	定类	自变量	调查对象初(现)职单位性质	1=体制外(民营、外资企业等);2=体制内(党政事业单位、国企单位等)	制度性因素	经济制度研究假设
初(现)职单位规模	定序	自变量	调查对象初(现)职单位规模状况	1=X<3;2=3≤X<10;3=10≤X<100;4=100≤X<300;5=X≥300	制度性因素	工作组织研究假设
目前本人户籍	定类	自变量	调查对象目前户籍状况	1=农业户口;2=县级城市户口;3=市级城镇居民户口;4=省会城镇户口	制度性因素	户籍制度研究假设
本人16岁户籍	定类	自变量	调查对象16岁时户籍状况	1=农业户口;2=县级城市户口;3=市级城镇居民户口;4=省会城镇户口	制度性因素	户籍制度研究假设
是否落户工作地	定类	自变量	调查对象目前落户状况	1=否;2=是	制度性因素	户籍制度研究假设
最高学历所在地是否为重点	定类	自变量	调查对象初中、高中、本科、硕士、博士就读学校是不是重点	1=没经历过;2=非重点;2=重点	制度性因素	教育制度研究假设
出生地地区等级	有序	自变量	调查对象出生地地区等级状况	1=西部地区;2=中部地区;3=东部地区	制度性因素	地区分割研究假设
最高学历地区等级	有序	自变量	调查对象最高学历获得所属地区	1=西部地区;2=中部地区;3=东部地区	制度性因素	地区分割研究假设

续表

名称	类型	性质	定义	取值说明	考察目的	检验研究假设
工作地区等级	有序	自变量	调查对象工作地所属地区	1=西部地区;2=中部地区;3=东部地区	制度性因素	地区分割研究假设
出生地城市等级	有序	自变量	调查对象出生地的城市等级状况	1=三线城市及以下;2=二线城市;3=一线城市	制度性因素	城市等级制度研究假设
最高学历城市等级	有序	自变量	调查对象最高学历获得城市等级状况	1=三线城市及以下;2=二线城市;3=一线城市	制度性因素	城市等级制度研究假设
工作地城市等级	有序	自变量	调查对象最高学历获得城市等级状况	1=三线城市及以下;2=二线城市;3=一线城市	制度性因素	城市等级制度研究假设
父亲社会经济地位	定序	自变量	调查对象客观父亲社会经济地位等级	1=下层;2=中下层;3=中层;4=中上层;5=上层	制度性因素	家庭背景研究假设
父亲最高学历	定序	自变量	调查对象父亲学历状况	1=小学;2=初中;3=高中以下/中专/技校/职专;4=大学专科;5=大学本科及以上	制度性因素	家庭背景研究假设
父亲中共党员身份	定类	自变量	调查对象父亲的党员身份	1=否;2=是	制度性因素	家庭背景研究假设
父亲户籍	定类	自变量	调查对象16岁时父亲的户籍状况	1=农业户口;2=县级城市户口;3=市级城镇居民户口;4=省会城镇户口	制度性因素	家庭背景研究假设
性别	定类	自变量	调查对象的性别	1=女性;2=男性	制度性因素	性别分割制度研究假设
最高学历状况	定序	自变量	调查对象的最高学历状况	1=大专及以下;2=本科;3=研究生	制度性因素	教育制度研究假设

续表

名称	类型	性质	定义	取值说明	考察目的	检验研究假设
16岁时处于互联网历史发展机遇期	定序	自变量	调查对象16岁所处互联网发展网历史发展机遇阶段	1=引入阶段(1980~1993年);2=商业价值凸显阶段(1994~2005年);3=社会价值凸显阶段(2006~2016年)	制度性因素	社会历史发展机遇研究假设
新接触电子游戏机时间	定序	自变量	调查对象接触电子游戏的时间	1=大学及以上时期;2=高中时期;3=初中及以下	制度性因素	社会历史发展机遇研究假设
新接触互联网时间	定序	自变量	调查对象接触互联网的时间	1=大学及以上时期;2=高中时期;3=初中及以下	制度性因素	社会历史发展机遇研究假设
工龄	定距	自变量	调查对象从初职至今工作年限		非制度性因素	个人努力程度研究假设
英语水平	定序	自变量	调查对象的英语水平	1=比"CET6-425分"低很多;2=比"CET6-425分"低一点;3=与"CET6-425分"差不多;4=比"CET6-425分"高一点;5=比"CET6-425分"高很多	非制度性因素	个人努力程度研究假设
自费培训次数	定距	自变量	调查对象自费参加专业技能培训的次数		非制度性因素	个人努力程度研究假设
自费培训费用	定距	自变量	调查对象自费参加专业技能培训花费的投资		非制度性因素	个人努力程度研究假设
职业流动次数	定距	自变量	调查对象跳槽的次数	跳槽次数	非制度性因素	个人努力程度研究假设
职业流动强度	定距	自变量	调查对象跳槽的强度	跳槽强度	非制度性因素	个人努力程度研究假设

续表

名称	类型	性质	定义	取值说明	考察目的	检验研究假设
初职获得的弱关系的使用	定序	自变量	调查对象获得初职时使用的关系类型	1=强关系：家人或亲戚；现实生活工作中的同学、同事等朋友；线上微信、QQ等互联网自媒体朋友。2=弱关系：学校、工会、就业中心等政府相关管理组织；俱乐部、学会、行会等非政府社会组织；电视、电台、报纸等传统媒体组织；互联网、BBS、贴吧等网络招聘平台	非制度性因素	社会网络关系研究假设
现职获得的弱关系的使用	定序	自变量	调查对象获得现职时使用的关系类型	同上	非制度性因素	社会网络关系研究假设
社会网络关系高度	定序	自变量	调查对象解决问题的"有用关系人"的地位等级状况	1=下层；2=中下层；3=中层；4=中上层；5=上层	非制度性因素	社会网络关系研究假设
社会网络关系广度	定距	自变量	调查对象的手机好友人数		非制度性因素	社会网络关系研究假设
互联网信息技术期望	定距	自变量	调查对象未来互联网信息技术促进地位获得的期望		非制度性因素	价值观研究假设
职业工具理性	定序	自变量	调查对象职业目的是否因好就业	1=弱；2=强	非制度性因素	价值观研究假设
职业价值理性	定序	自变量	调查对象职业目的是否实现地位获得	1=弱；2=强	非制度性因素	价值观研究假设

续表

名称	类型	性质	定义	取值说明	考察目的	检验研究假设
互联网开放精神	定序	自变量	调查对象互联网信息技术的开放精神程度	1 = 很弱；2 = 较弱；3 = 一般；3 = 较强；4 = 很强	非制度性因素	价值观研究假设
互联网自由精神	定序	自变量	调查对象互联网信息技术的自由精神程度	1 = 很弱；2 = 较弱；3 = 一般；3 = 较强；4 = 很强	非制度性因素	价值观研究假设
互联网平等精神	定序	自变量	调查对象互联网信息技术的平等精神程度	1 = 很弱；2 = 较弱；3 = 一般；3 = 较强；4 = 很强	非制度性因素	价值观研究假设
互联网共享精神	定序	自变量	调查对象互联网信息技术的共享精神程度	1 = 很弱；2 = 较弱；3 = 一般；3 = 较强；4 = 很强	非制度性因素	价值观研究假设
互联网法制精神	定序	自变量	调查对象互联网信息技术的法制精神程度	1 = 很弱；2 = 较弱；3 = 一般；3 = 较强；4 = 很强	非制度性因素	价值观研究假设
互联网工程师精神	定序	自变量	调查对象互联网信息技术的工程师精神程度	1 = 很弱；2 = 较弱；3 = 一般；3 = 较强；4 = 很强	非制度性因素	价值观研究假设

注：①根据中国社会科学院学艺教授团队的社会阶层等级划分标准，本书将其划分五等份。1 = 下层：务农人员，农民城乡无业失业半失业者阶层（打零工等）；2 = 中下层：农村中小型承包户或个体户，公司一般职员，中高级技术工人，商业服务人员，职称技术人员（或无），低级别商业服务人员；3 = 中层：农村大型承包户，无行政级别的一般科员，初级（如低级别教师，低级别医生，副高级别医师等职业）；4 = 中上层：科级机关事业单位负责人，中层职员或办事人员，小雇主，中级专业技术人员（如中级别医生，中级别建造师等职业）；5 = 上层：处级以上机关事业单位负责人，企业家，企业或公司负责人，高层职员，高级专业技术人员（如高级别医生，正高级别建造师等职业）。②本研究因研究需要和实际不设置控制变量。

第四节　本研究的研究工具

一　问卷和量表性质

本研究编制的"互联网信息技术专业人员地位获得问卷和量表"主要测量人口学和部分地位获得及影响因素。量表主要测量互联网信息技术专业人员价值观取向和互联网信息技术的"技术规制"状况。尽管这些概念较为模糊，但还是可以通过参考其他学者对该群体的地位获得研究成果进行研究。

二　问卷和量表原则

"互联网信息技术专业人员地位获得问卷和量表"编制的最重要的原则是：调查和测量的内容必须与互联网信息技术专业人员地位获得相关，而不能是其他方面的内容，这才能确保测量有良好的效度。

三　问卷和量表题项表述

在问卷和量表题项的表述上，本研究强调既要表达明确，又要符合互联网信息技术专业人员的语言习惯。在量表编制过程中，我们严格遵循了谢安田关于题项表述注重以"我"的视角进行考查，通过"我"来对互联网信息技术专业人员地位获得各个方面的观察和感受来进行评价；在评价的内容上，量表主要反映互联网信息技术专业人员价值观和"技术规制"维度。

四　问卷编制流程

本研究问卷调查由两部分构成：一部分为互联网信息技术专业人员地位获得和影响因素调查，采用常规性设计方法进行编制；另一部分则为互联网信息技术专业人员价值观量表调查。整体问卷的编制流程大致分为五个步骤（见图 4－2）。

五　问卷和量表模式选择

问卷编制主要参考了陆学艺、孙立平、李强、赵万里、任娟娟、赵延东、吴晓愈、李春玲、李煜、梁玉成、仇立平、肖日葵、孙明、邝小军等学者的地位获得问卷以及 CGSS2010、CGSS2011、CGSS2012、CGSS2013 问卷中关于阶

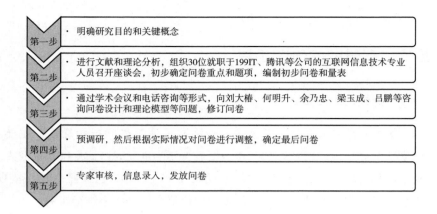

第一步	· 明确研究目的和关键概念
第二步	· 进行文献和理论分析，组织30位就职于199IT、腾讯等公司的互联网信息技术专业人员召开座谈会，初步确定问卷重点和题项，编制初步问卷和量表
第三步	· 通过学术会议和电话咨询等形式，向刘大椿、何明升、余乃忠、梁玉成、吕鹏等咨询问卷设计和理论模型等问题，修订问卷
第四步	· 预调研，然后根据实际情况对问卷进行调整，确定最后问卷
第五步	· 专家审核，信息录入，发放问卷

图 4 - 2　问卷编制流程

层、阶层意识、地位获得的问卷部分。

在题项设计中，本研究不仅进行了传统意义上的问题设计，还采用了哲学价值观调查中"道德情景假设"进行调查。在"选项"设计中，我们大部分设计为五点，但有少部分设计为两点。我们要求调研对象以被评价对象在该描述上的符合程度为评价标准，调研对象在"非常同意、比较同意、一般、比较不同意、非常不同意"上画"√"或者在"是、否"上画"√"。赋值中，五点中以"1"为参照对象，根据需要赋值"1～5分"。两点中以"1"为参照对象，根据需要赋值"1或2"。

本研究量表部分采用的是 Likert 式五点法。Bexdie 根据研究经验，认为最好采用五点量表，主要是因为：一是大多数的情况下，五点量表是最可靠的，选项超过五点，一般人难有足够的辨别力；二是三点量表限制了温和意见与强烈意见的表达，五点量表则正好可以表示温和意见与强烈意见之间的区别；三是由于人口变量的异质性关系，对于没有足够辨别力的人而言，使用七点量表法，会导致信度的丧失，而使用五点量表可以照顾到大多数。因此，结合本研究的实际情况，本研究主要采用五点 Likert 式量表来修订互联网信息技术专业人员群体地位获得问卷和量表。但是在某些问题上，涉及人口学信息和部分地位获得影响因素，由于题意、目的、操作的实际情况本研究主要采取问卷法，这部分问题主要采用两分法。

六　问卷和量表题项数及访谈提纲

总问卷包括人口学基本特征、地位获得部分、影响因素部分 3 个部分。第一部分主要包括互联网信息技术专业人员出生日期、出生地、性别等内容；第二部分和第三部分主要包括专业技术地位的获得、职业地位获得和流动、社会经济地位、家庭背景、互联网信息技术的接触、社会网络关系、价值观取向、个人背景资料。其中，职业地位获得与流动部分包括现职地位获得、初职职业地位状况和职业流动状况。社会网络关系包括 2 个部分：社会资本、强关系与弱关系。价值观取向量表分为 9 个部分：互联网信息技术专业人员对地位获得外部环境影响的期望、互联网信息技术对内部驱动的影响、工具理性、价值理性、身份认同、互联网精神、法制精神、荣耀精神、工程师精神。整体问卷和变量总数 128 个，转化变量后总数约为 175 个。

访谈提纲主要包括制度性与非制度性影响因素对地位获得的影响，互联网信息技术专业人员对技术的看法、观点、期望以及对中国社会未来发展趋势的看法。

第五节　实证研究思路与方法

一　实证研究思路

本研究将根据理论分析和文献分析得出的概念模型、问卷调查和实地访谈及文献分析的实证方式进一步对互联网信息技术专业人员地位获得模型结构进行验证和修正，对影响地位获得的因素以及流动状况进行研究分析。

问卷调查阶段：首先，遵循问卷编制规范流程制定"互联网信息技术专业人员地位获得问题调查问卷"。其次，采用"问卷星"软件编制电子问卷，并进行"预调研"，收集反馈问题，及时修正问卷。再次，依靠"互联网信息技术专业人员中的熟人"，采取滚雪球的方法和"微信红包"驱动方法获取样本[1]。最后，对回收问卷和量表进行探索性因子分析，探析互联网信息技术专业人员地位获得的构成维度；对互联网信息技术专业人员地位的代际流动和代内流动进行分析，对影响流动的因素进行分析，为实证分析奠定基础。

实地访谈阶段：由于中国社会信任和公民素质等实际问题，存在调查对象对问卷调查的敷衍、造假、不信任等问题，实际调研完成率较低。[2] 因此，仅

---

① 实践证明，微信比 QQ 等其他线上或线下途径更容易获得样本，成功率更高。

② 完成率 20% 左右，可以视为实际的高完成率。

仅通过问卷调查来反映实际问题存在一定的困境。同时，地位获得问题具有客观极为复杂、主观相对较强、信息较为敏感等特点，因而必须进行实地访谈，以弥补问卷调查的不足。

文献分析阶段：由于本研究的客观条件限制，对于高端互联网信息技术专业人员的地位获得取样存在一定的难度。因此，本研究对国内互联网信息技术专业人员的个人发展历程进行分析，获得高端互联网信息技术专业人员地位获得的状况和特点。具体做法如下：一是将安在公司的《黑客列传》等与研究相关的音频材料文字化，获取目前互联网行业中，国内著名互联网信息技术专业人员的发展历史，研究互联网信息技术专业人员地位获得过程、影响因素、发展特征等信息；二是对关于互联网信息技术专业人员地位获得的报纸、新闻采访资料进行分析和整理。

通过以上思路和具体方法，本研究期望通过定性分析和定量分析的数据相互补充，使研究结论更具有说服力，为哲学分析奠定基础。

二 调查对象与样本分布地点

本次调查所有电子问卷均设置 IP 追踪，可以直接判定问卷的真实性。调查对象按照工信部就业分类统计标准，互联网信息技术专业人员主要为"软件和信息服务业从业者"和部分"电子信息业从业者"以及少部分"通信业从业者"。具体是指：利用互联网、计算机、通信网络等技术对信息进行生产、收集、处理、加工、存储、运输、检索和利用获得劳动收入或者报酬的专业技术人员。如社会普遍认为的程序员、架构师、IT 工程师、电脑网络工程师、计算机软件设计师、大数据分析师等专业技术人员。

本次调查主要通过滚雪球调查方法，拟定投放问卷地点主要为互联网发展较为集中的几个地区：华北地区的北京、华东地区的杭州和上海、南方地区的长沙和广州，但也包含全国范围（含港澳台）以及美国等海外地区。

华北地区的北京是中国互联网的发源地和资源集聚地，更是中国互联网信息技术公司和互联网信息技术专业人员最集中的地区之一，区域内汇聚了微软、百度、新浪、奇虎360、网易等国内外知名互联网信息技术公司。同时，除户籍制度外，作为中国的政治、文化、科技集聚地，北京为互联网信息技术专业人员地位获得以及流动提供极强的机会和平台。因此，本研究的调研地之一选定为北京。

华东地区杭州和上海两城，开放程度和发展水平高，集中了中国众多的互联网资源和资本，集聚了阿里巴巴等国内较大的互联网公司和众多中小型互联网公司，其地域拥有极为丰富的互联网信息技术专业人员。同时，由于华东的商业文化相对国际化、开放、自由，其亦成为本次调查研究的选择点。

南方地区问卷投放点为广东省广州市和湖南省长沙市两地。两地一衣带水，一个是改革开放的阵地，一个是人力资本输出大地区，其经济、文化、教育紧密相连。广州由于经济发达、城市开放程度较高，集聚了国内外知名的互联网企业，能够接纳众多的互联网信息技术专业人员就业，广州成为本次调查选择点。长沙雄踞中南地区，集聚了相对集中的自然、经济、文化优势。其环境宜人、房价低、生活成本低、文化产业强、城市开放性强、对外来人口接纳性高以及政府对互联网信息产业支持度高等特点也使其成为互联网信息技术专业人员聚集地。因此，长沙成为本次调查研究的选择点。具体情况如表 4 – 2所示。

表 4 – 2　本研究样本问卷完成情况及地域分布情况

地域	有效答卷数（份）	访问次数（次）	完成率（%）	地域	有效答卷数（份）	访问次数（次）	完成率（%）
北京	191	1065	17.93	安徽	3	35	8.57
湖南	166	1286	12.91	吉林	3	13	23.08
广东	99	692	14.31	新疆	3	10	30.00
浙江	70	335	20.90	云南	3	14	21.43
上海	44	350	12.57	陕西	2	33	6.06
河南	25	143	17.48	保密	2	24	8.33
四川	20	147	13.61	青海	1	3	33.33
湖北	20	193	10.36	香港	1	3	33.33
山东	19	111	17.12	国外	1	22	4.55
江苏	15	133	11.28	广西	1	15	6.67
福建	14	56	25.00	贵州	0	7	0.00
河北	11	53	20.75	海南	0	5	0.00
天津	10	53	18.87	内蒙古	0	9	0.00
山西	9	84	10.71	宁夏	0	1	0.00
黑龙江	6	15	40.00	重庆	0	11	0.00
江西	5	34	14.71	西藏	0	2	0.00
辽宁	4	20	20.00	台湾	0	2	0.00
甘肃	4	22	18.18				

本问卷有效答卷数：752 份，电子问卷总访问次数：5001 次；独立 IP 数：2537 个，完成率：15.04%；剔除无效样本 59 个，有效样本 693 个，有效率：13.86%。

三 调查途径和种子完成情况

由于互联网信息技术专业人员的职业属性和要求，互联网已经成为他们生活和生存的一部分。他们时刻都需要使用 QQ、微信、支付宝等工具获得生活和工作资源。全国范围内形成了大大小小 1000 多个程序员、IT 工程师等互联网社交群以及相应的程序员专业网站。在这些互联网载体尤其是社交载体上，互联网信息技术专业人员时刻都在交流技术、就业、情感等诸多方面内容。因此，这些互联网交流平台被列为调查的途径。本研究在这些平台的调查途径主要有两种：一是微信熟人即种子投放问卷，通过释放种子推动样本采集；二是通过互联网平台投放问卷，采集样本。具体情况如表 4 – 3 所示。

表 4 – 3 投放种子以及完成问卷情况

种子编号	来源渠道	答卷（份）	访问次数（次）	完成率（%）
种子 1：674272	全国某技术联盟	625	4352	14.36
种子 2：674273	李博士	58	315	18.41
种子 3：682799	戴总监	27	110	24.55
种子 4：675957	北京林工	25	77	32.47
种子 5：684169	S. W. F 工	7	15	46.67
种子 6：681939	广东姚工	3	14	21.43
种子 7：677613	北京 IT 工程师圈	3	13	23.08
种子 8：680529	诸工	2	21	9.52
种子 9：683441	张健德好友	1	3	33.33
种子 10：672101	海淀千人 IT 群	1	25	4.00
种子 11：672760	北京孟薇	0	2	0.00
种子 12：673335	北京贺工	0	3	0.00
种子 13：675184	林婷婷工	0	8	0.00
种子 14：678313	广州 IT 圈	0	5	0.00
种子 15：679070	汪经理	0	2	0.00
种子 16：677101	IT 工程师朋友圈	0	3	0.00
种子 17：684964	尚工	0	2	0.00
种子 18	风雨飘飘工	0	1	0.00
种子 19	广州向工	0	30	0.00

本研究共计释放出种子 19 个，有效种子 10 个，无效种子 9 个，种子有效率为 52.63%；单个种子最高数为种子 1，完成样本 625 个，访问次数 4352 次，完成率 14.36%；其次为种子 2，李博士，完成 58 个，访问次数 315 次，完成率 18.41%；其次为种子 3，戴总监，完成 27 个，访问次数 110 次，完成率 24.55%；再次为种子 4，北京林工，完成 25 个，访问次数 77 次，完成率为 32.47%。

四　调查的时间和进度情况

本研究调查分为三个阶段。第一阶段：实地调查阶段为 2015 年 1 月 20 日至 2016 年 3 月 20 日。主要参加互联网相关学术和行业会议，实地走访互联网企业，咨询科技哲学、社会学、经济学等学科专家。为达到研究目标，研究者参与了"大数据的伦理问题及其道德哲学"研讨会、"网络研究的议程与趋势"研讨会、"大数据与社会治理"研讨会等会议，广泛咨询专家学者对互联网信息技术专业人员地位获得问题的看法和观点；同时，实地走访企业，该阶段主要走访 199IT、腾讯、阿里巴巴、百度、湖南通信管理局、湖南君安科技有限公司、同方光盘股份有限公司等单位，进行实地访谈，了解互联网信息技术专业人员地位获得现状和影响因素，并对问卷进行预调查。第二阶段：进行电子问卷调查。该阶段时间为 2016 年 2 月 22 日至 2016 年 4 月 23 日。第一投放时间为：2016 年 2 月 22 日至 2016 年 3 月 11 日；第二投放时间为：2016 年 4 月 8 日至 2016 年 4 月 23 日。第三阶段：数据分析和访谈阶段为 2016 年 4 月 25 日至 2016 年 5 月 30 日。主要对前期的数据进行整理、统计、建模、分析。根据数据分析结果，形成访谈提纲，有针对性地进行访谈和讨论。

五　调查资料质量控制与数据处理

（一）调查问卷的质量控制

本研究通过工信部和国家统计局中关于"信息传输、计算机服务和软件业国有单位就业人员"统计数据以及中国互联网络信息中心、艾瑞、199IT 等权威互联网资讯公司发布的中国程序员调查报告分析，总样本应该具有以下特征，方能基本处于正态分布：

（1）年龄分布应为：集中在 20~40 岁；

（2）性别比应为：男性约为 75%，女性约为 25%；

（3）学历分布应为：本科以上学历70%以上；

（4）单位体制比应为：体制内约为18%，体制外约为82%；

（5）社会经济地位分层比例应为：上层与中上层约为25%，中层约为45%，中下层与下层约为30%。

（6）公司职务等级状况应为：上层与中上层约为15%，中层约为30%，中下层与下层约为55%。

只有总样本分布达到以上6个指标，方能结束问卷调查。

电子问卷实施完毕后，研究者通过问卷星软件处理和严格的审核，按照"初职学历到现职学历不可能下降""基本职业收入"等指标进行剔错。有问题的数据进行缺失处理。问卷剔除后从问卷星中下载SAV数据包。首先，对有效范围进行清理，对"极值""错值"等异常数据进行修正；其次，按照互联网信息技术专业人员地位获得的实际情况和逻辑进行一致性清理，对存在问题的问卷，核对原始问卷做出相应的处理；最后，从总样本中等距抽取10%的个案进行数据质量检查，将数据差错控制在1%以下。

（二）数据统计分析方法

本研究采用问卷星自带分析软件与SPSS22.0对调查资料进行了统计分析：一是针对互联网信息技术专业人员的专业技术地位、职业地位、社会经济地位等方面进行频数和频率统计、描述统计、分类统计等方法分析；二是通过聚类分析方法对互联网信息技术专业人员地位分层等方面进行分析；三是针对互联网信息技术专业人员的地位流动情况，通过变量转换和计算进行分析；四是针对互联网信息技术专业人员地位的影响因素，主要采用二元逻辑回归分析建立统计模型进行分析，在具体的分析中，自变量根据实际情况进行定序变量处理；五是针对互联网信息技术专业人员地位获得和流动无法通过问卷调研把握的问题，则采用深度访谈进行研究。

第六节　样本的基本情况

本研究通过实证调查共获得三部分数据：一是通过问卷调查所获取的量化数据；二是通过深度访谈获取的个案数据；三是通过整理《黑客列传》《黑客与画家》等互联网信息技术专业人员人生和职业发展历程获取个案数据。问卷调查方面，本研究经过剔错后有效问卷为658份，其基本特征如表4-4所示。深度访谈对象的个人背景资料见表4-5。

表 4 – 4　样本的基本结构（n = 658）

项目	内容
性别	男 75% ;女 25%
年龄	平均年龄 29 岁 ;年龄中位数 28 岁
学历	大专及大专以下 17.5% ;本科 56.6% ;硕士及以上 25.9%
16 岁时户籍	农业户口 52.53% ;县级城镇居民户口 20.92% ;地市级城镇居民户口 18.18% ;省会城镇居民户口 8.37%
个人是不是党员	是 38.53% ;否 61.47%
单位性质	体制内（党政事业单位、国企单位等）18% ;体制外（民营、外资企业等）82%
职位等级状况	上层与中上层约为 15% ;中层约为 30% ;中下层与下层约为 55%
客观社会经济地位分层状况	年平均收入为 14.3912 万元 ,年收入中位数为 10 万元 年收入 5 万元以下人数约为 8.5% ;年收入 5 万 ~ 9.9 万元人数约为 26.1% ;年收入 10 万 ~ 14.9 万元人数约为 25.2% ;年收入 15 万 ~ 19.9 万元人数约为 12.6% ;年收入 20 万 ~ 24.9 万元人数约为 8.5% ;年收入 25 万 ~ 29.9 万元人数约为 4.1% ;年收入 30 万 ~ 34.9 万元人数约为 5.6% ;年收入 35 万 ~ 39.9 万元人数约为 2.7% ;年收入 40 万 ~ 44.9 万元人数约为 2.1% ;年收入 45 万 ~ 49.9 万元人数约为 1.1% ;年收入 50 万 ~ 54.9 万元人数约为 1.5% ;年收入 55 万 ~ 59.9 万元人数约为 0.6% ;年收入 60 万 ~ 64.9 万元人数约为 0.5% ;年收入 65 万 ~ 69.9 万元人数约为 0.2% ;年收入 70 万元及以上人数约为 0.6%
主观社会经济地位分层状况	下层的约为 11.1% ;中下层的约为 32.2% ;中层的约为 43.2% ;中上层的约为 12.6% ;上层的约为 0.9%
互联网精神评分	互联网精神平均分数 23.70 分 ;互联网精神中位数 24.00 分 ;最小值 14 分 ;最大值 35 分
父亲的最高学历	学历为小学及以下的约为 14.3% ;初中及类似的约为 33.4% ;高中及类似的约为 35.4% ;大学专科及类似的约为 8.5% ;大学本科及以上的约为 8.4%
父亲社会经济地位	务农人员、农民城乡无业失业半失业者阶层（打零工等），约为 34.3% ;农村中小型承包户或个体户约为 14.4% ;公司一般职员或技术工人约为 16.9% ;农村大型承包户约为 2.0% ;无行政级别的一般科员约为 3.8% ;企业中层部门负责人约为 4.3% ;初级职称专业技术人员（如普通教师、医生、工程师）约为 4.4% ;科级机关事业单位负责人约为 4.1% ;小雇主约为 4.7% ;中级专业技术人员（如中级别教师、医生、工程师等职业）约为 3.8% ;处级以上机关事业单位负责人约为 2.4% ;企业家或企业高级部门负责人约为 0.9% ;高级专业技术人员（如高级别教师、医生、建造师等职业）约为 4.0%
父亲社会经济地位分层状况	下层约为 34.3% ;中下层约为 31.3% ;中层约为 10.2% ;中上层约为 16.9% ;上层约为 7.3%
父亲的党员身份	是 27.4% ;否 72.6%
父亲户籍	农业户口 52.7% ;县级城镇居民户口 18.8% ;市级城镇居民户口 20.3% ;省会城镇居民户口 7.2%

表 4-5 个案访谈情况及访谈内容观点

编号	姓名	性别	年龄	所属城市	职务	访谈内容观点
1	ZZY	男	36	北京	北京某IT公司老总	小企业工资像脉冲，像糖葫芦，忽高忽低
2	CYY	男	24	北京	北京某IT公司一线码农	学历教育跟不上技术发展节奏，不学习就会被淘汰
3	DL	男	34	北京	北京某IT公司老总	英语只是一个条件
4	LW	男	28	上海	上海某IT公司高级工程师	一定要找好的培训机构，不怕花钱！
5	WSY	男	28	北京	某IT公司中级工程师	IT如中医，需要经验积累
6	CDF	男	40	北京	北京某IT公司架构师	英语不好绝对是痛苦的事情
7	ZK	男	40	北京	北京某IT公司技术总监	英语水平越高，学习新技术以及查阅相关文档更有利
8	ZQP	男	25	北京	北京某IT公司一线编程员	如同武侠小说，技术牛人普遍愿意开源切磋
9	MKF	男	37	北京	北京某IT公司老总	好的技术大牛都活跃在技术论坛上
10	CZQ	男	35	北京	北京某IT公司人力资源负责人	1个人的知识量比不上10个人的
11	QQL	男	37	长沙	长沙某体制内IT单位人力资源负责人	体制内外的属于创新型地位，体制内的处于服务型地位
12	YF	男	32	北京	北京某IT公司CEO	要生存，只能拼技术
13	NY	男	33	广州	广州某IT公司CEO	掌握公共资源，体制内选人要看政治和思想道德品质
14	LW	男	39	上海	上海某IT公司CEO	工龄是IT经验，技术和财富积累的表现
15	PWS	男	41	北京	北京某IT公司CEO	培训是一种时间与资金的投资
						外训可以让IT为公司独当一面
						跳槽适用于能力强的人，但也是有限度的
						团队有人跳出，有人跳进，有利于知识的共享
16	DLY	男	42	北京	北京某著名IT公司董事长兼CEO	关系很厉害，需要"丁难关系"
17	CZH	男	51	长沙	长沙某著名体制内IT单位常委	互联网人的本质是自由人
						人事都是上级决定的，下级部门只有建议权

续表

编号	姓名	性别	年龄	所属城市	职务	访谈内容观点
18	WS	男	46	杭州	杭州某著名IT公司董事长	没有自由的互联网等于死亡
19	MZY	男	42	杭州	杭州某著名IT公司董事长兼CEO	领袖级的人物都是追逐前沿的人
20	CC	男	28	北京	北京某著名IT公司技术总监	怀抱期望越高,职业地位越高
21	SDF	男	35	北京	北京某IT公司技术总监	技术的关键岗位,女生从来都不是主角 男IT敢于去牺牲
22	PWT	女	37	北京	北京某IT公司人力资源经理	用女IT,企业成本不划算
23	YXL	女	46	北京	北京某IT公司技术总监	IT业相对于其他行业女性更容易获得较高的职位
24	ZYQ	男	36	北京	北京某IT公司CEO	本科是一个最能打基础的地方
25	YM	女	39	广州	广州某人力资源猎头	人比岗位还要多,不筛学历没办法
26	YF	男	35	北京	北京某著名IT公司CEO	程序员都是狗啊!但凡有钱都不会让子女干的 3年工龄25万元标配,5年工龄50万元标配
27	CK	男	41	杭州	杭州阿里巴巴总公司某部门负责人	能落户的比较厉害!职务都不低!
28	JXJ	男	33	北京	北京阿里巴巴某部门负责人	身心稳定了,更有利于知识积累
29	LYZ	男	43	长沙	长沙某体制内IT公司	搞技术的,工资都高
30	WFY	男	29	北京	北京某IT公司某部门技术负责人	节约成本,当然愿意加薪
31	DF	男	25	北京	北京某IT公司某部门技术负责人	学习是调薪的大筹码
32	LM	男	30	北京	北京某IT公司某部门产品经理	互联网起源于英语,它是进入全球化的门票
33	ZSJ	男	42	北京	北京某IT公司创始人	就是英语不好,所以出来创业了
34	QFZ	男	33	北京	北京某IT公司技术总监	丰富的在线教育平台学习英语
35	JM	男	37	北京	北京某IT公司架构师,快车软件设计参与者之一	改变中国的同时,净得了人生最大一笔钱
36	XLF	男	34	北京	北京某IT公司董事长兼CEO	越有理想,干动越大

续表

编号	姓名	性别	年龄	所属城市	职务	访谈内容观点
37	RCC	男	37	北京	北京某IT公司CEO	连接一切的前提就是平等
38	PYJ	男	35	杭州	杭州某IT公司技术总监	山寨就是发财！"技术变现"能力强得很！
39	CC	男	24	杭州	杭州某IT公司一线编程员	只要有利于完成项目，代码能用就起紧用
40	WZ	男	42	北京	北京某IT公司董事长兼CEO	公司不是纯做技术，第一位目的是挣钱
41	XY	男	28	北京	北京某IT公司技术负责人	一辈子可能就只有这么一个发财的机会
42	TL	男	38	广州	广州某IT公司一线人员	技术可以私下交流，但生意毕竟是生意
43	RZ	男	39	北京	北京某IT公司独立开发者	实现了财务自由，但放弃了成长和自我
44	LXD	男	34	广州	广州某IT公司技术总监	我就认准了计算机能改变命运
45	ZL	男	34	北京	北京某IT公司合伙人兼技术总监	连域站得有的IT肯定不会付出
46	ZQF	男	35	北京	北京某IT公司CEO	必须站得高，才能把握机会
47	FY	男	37	北京	北京某IT公司产品经理	人脉决定生死
48	YS	男	45	长沙	长沙某国企部门负责人	关系越厉害，政府和市场越顺畅
49	YB	男	34	北京	北京某IT公司技术总监	关系越广，接的项目也越多，收入也越多
50	TW	男	35	北京	北京某IT公司董事长	90%的资源和99%的大公司集中在一线城市
51	MSC	男	36	北京	北京某IT公司董事长	一线城市成功机会更大，价值实现更高
52	XZ	男	41	广州	广州某IT公司技术总监	运行逻辑不一样
53	XSN	女	36	北京	北京某IT公司产品经理	加班越多，创造价值越大，收入当然越多
						女人还是要回归家庭的

深度访谈方面，本研究最大限度地克服了人力、物力、财力等方面的困难，对 55 名互联网信息技术专业人员进行了访谈。其中处于公司上层和中上层的 35 人，处于公司下层和中下层的 20 人。本研究访谈提纲主要来源于预调查时专家和行业人士认为涉及地位获得的主要关注问题以及逻辑回归分析需要重点关注的问题，时长 90 ~ 240 分钟不等。

第五章

互联网信息技术专业人员的专业技术地位获得

专业技术地位是互联网信息技术专业人员地位获得的重要组成部分，是其职业地位获得和社会经济地位获得的重要基础。可以说，没有专业技术地位的获得，就没有互联网信息技术专业人员的地位获得。专业技术水平的高低直接决定了互联网信息技术专业人员地位的高低。在互联网信息技术领域，无论种族、性别、学历、出身如何，解决市场和技术问题是互联网信息技术专业人员价值的衡量标准和根本体现。无论是学历教育还是职业培训教育，归根到底以培养互联网信息技术专业人员专业技术水平为目标。因此，本章将在考察互联网信息技术专业人员专业技术地位获得的基础上，通过二元逻辑回归方法来研究影响专业技术地位获得的因素，比较制度性与非制度性因素对地位获得的影响，探析互联网信息技术与地位获得机制的关系以及信息社会的发展趋势。

第一节 互联网信息技术专业人员专业技术水平获得概况

根据文献分析和研究实际需要，本研究将互联网信息技术专业人员的最高学历、受教育年限、教育分流、英语水平、使用计算机语言类型、专业技术证书获得状况、自我专业技术培训次数和费用、项目完成情况等作为衡量其专业技术地位的变量。

一 学历水平高

（一）最高学历高于全国平均水平

经过近代300多年的传统教育，学校制已经成为人类发展史上，按照一定的意识形态有目的、有计划、有组织地塑造"人"的组织。每年全球将近1/6的人口，在学校制中进行社会化。他们在学校获得知识、技能、精神信仰，可以说，传统学历教育拥有无可比拟的知识和技术的垄断性。因此，无论是在信息社会还是非信息社会，不经历学校制的塑造，个人将无法获得专业技术地位。因此，本研究首先考察了互联网信息技术专业人员的最高学历状况，结果如表5-1。

表5-1　最高学历状况

单位：人，%

学历	频数	百分比	有效百分比	累计百分比
高中及以下	19	2.9	2.9	2.9
大学专科	67	10.2	10.2	13.1
大学本科及以上	572	86.9	86.9	100.0
总计	658	100.0	100.0	—

从表5-1可以看到，互联网信息技术专业人员的最高学历整体水平较高。互联网信息技术专业人员86.9%的最高学历均在本科及以上，人数572人；最高学历为大学专科的占10.2%，人数67人；高中及以下的占2.9%，人数19人。其中，本科生学历水平率是2014年中国本科录取率38.7%的2倍多，[①]是2015年中国劳动力本科以上学历5.17%的16倍。[②]

（二）受教育年限高于全国平均水平

为了方便研究，国内外研究一般会把最高教育程度转化为受教育年限，并将其视为定距变量。因此，本研究进一步对互联网信息技术专业人员的受教育年限进行调查，其受教育年限分布结果见表5-2。

表5-2显示互联网信息技术专业人员受教育年限为12年及以下占2.9%，累计19人；受教育年限13~14年的占10.2%，累计67人；受教育年限15年的占6.2%，累计41人；受教育年限16年的占53.5%，累计352人；受教育年限18年的占3.2%，累计21人；受教育年限19年及以上的占24.0%，累计158人。综合来看，互联网信息技术专业人员受教育年限最低为6年，平均受教育年限为16.29年，高于中国劳动力平均受教育年限（9.28年）75.6%，约长7.01年。[③]

---

① 2014年全国高校招生计划公布：本科录取率38.7%［EB/OL］. 2014-06-14. http://gaokao. eol. cn/kuai_ xun_ 3075/20140614/t20140614_ 1132536. shtml.

② 蔡禾. 中国劳动力动态调查：2015年报告［M］. 北京：社会科学文献出版社，2015：61.

③ 蔡禾. 中国劳动力动态调查：2015年报告［M］. 北京：社会科学文献出版社，2015：63.

表 5 - 2 受教育年限

单位：人，%

受教育年限		频数	百分比	有效百分比	累计百分比
有效	6 年	10	1.5	1.5	1.5
	9 年	2	0.3	0.3	1.8
	12 年	7	1.1	1.1	2.9
	13 年	6	0.9	0.9	3.8
	14 年	61	9.3	9.3	13.1
	15 年	41	6.2	6.2	19.3
	16 年	352	53.5	53.5	72.8
	18 年	21	3.2	3.2	76.0
	19 年及以上	158	24.0	24.0	100.0
总计		658	100.0	100.0	—

为了进一步探究教育分流制度的状况，本研究考察了互联网信息技术专业人员各个阶段的学校重点情况。

（三）重点与非重点毕业院校分流明显

教育分流制度是教育资源分配的重要依据，政府将教育机构按照重点与非重点进行分层建设。由于其所拥有的教育投入和资源配置方面的巨大差异，个体获得的教育机会、教育水平、教育资源等方面均会出现较大的差异。按照传统的教育观点，重点与非重点院校毕业的互联网信息技术专业人员的专业技术水平差异也是较大的。因此，本研究对互联网信息技术专业人员各个阶段毕业院校的重点与非重点情况进行研究，结果见表 5 - 3。

表 5 - 3 教育经历中重点/非重点毕业院校类型及占比

单位：人，%

选项	重点学校	非重点学校	没有经历这个学历过程
小学阶段	167(25.2)	487(74.0)	4(0.8)
初中阶段	253(38.4)	403(61.2)	2(0.3)
高中/中专等类似阶段	312(47.4)	203(30.9)	143(21.7)
非全日制大专阶段	17(2.6)	57(8.7)	584(88.8)
全日制大学专科阶段	59(9.0)	115(17.5)	484(73.6)
非全日制本科阶段	33(5.3)	47(7.1)	578(87.8)
全日制大学本科阶段	282(42.9)	252(38.3)	124(18.8)
非全日制硕士研究生阶段	20(3.0)	7(1.1)	631(95.9)
全日制硕士研究生阶段	149(22.6)	18(2.7)	491(74.6)
博士研究生阶段	9(1.4)	0(0)	649(98.6)

注：括号内为对应占比。

表 5 - 3 显示，在"小学阶段"，就读于"重点学校"的 167 人，约为 25.2%，就读于"非重点学校"的 487 人，约为 74.0%；在"初中阶段"，就读于"重点学校"的 253 人，约 38.4%，就读于"非重点学校"的 403 人，约 61.2%；在"高中/中专等类似阶段"，就读于"重点学校"的 312 人，约 47.4%，就读于"非重点学校"的 203 人，约为 30.9%；在"非全日制大专阶段"，就读于"重点学校"的 17 人，约为 2.6%，就读于"非重点学校"的 57 人，约 8.7%；在"全日制大学专科阶段"，就读于"重点学校"的 59 人，约 9.0%，就读于"非重点学校"的 115 人，约 17.5%；在"非全日制本科阶段"，就读于"重点学校"的 33 人，约 5.3%，就读于"非重点学校"的 47 人，约 7.1%；在"全日制大学本科阶段"，就读于"重点学校"的 282 人，约为 42.9%，就读于"非重点学校"的 252 人，约 38.3%；在"非全日制硕士研究生阶段"，就读于"重点学校"的 20 人，约为 3.0%，就读于"非重点学校"的 7 人，约为 1.1%；在"全日制硕士研究生阶段"，就读于"重点学校"的 149 人，约 22.6%，就读于"非重点学校"的 18 人，约为 2.7%；在"博士研究生阶段"，就读于"重点学校"的 9 人，约为 1.4%，这个阶段没有就读于"非重点学校"的人。

为了更加深入地了解情况，本研究对就读"重点学校"和"非重点学校"的群体做了线性分析，结果见图 5 - 1。

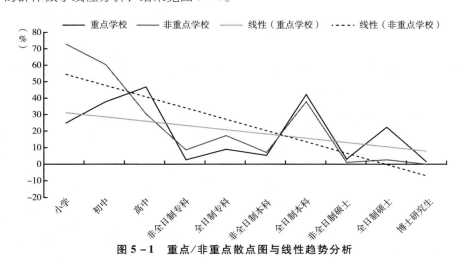

图 5 - 1　重点/非重点散点图与线性趋势分析

图 5 - 1 显示，"重点学校"的线性趋势线比"非重点学校"的线性趋势要平缓很多，两者分别在进入高中、全日制本科两个阶段出现了重大教育分

流"，之后的硕士阶段和博士阶段则没有交叉。这说明两个问题：一是就读于重点初中的互联网信息技术专业人员更容易进入重点高中，进入了重点高中的人更容易进入全日制重点本科，进入全日制重点本科的人更容易进入全日制硕士；二是从小学阶段开始就读于重点学校的人始终要比非重点学校的更容易进入重点学校，获得更好的教育资源，进而获得更好的知识和技术，为获得更高的专业技术地位奠定基础。

按照国内外通行的研究方式，对劳动力专业技术水平的研究指标不仅局限于类似学历教育，更侧重于对其"职业培训教育"的研究。因此，本研究将从互联网信息技术专业人员职业技术水平、职业培训水平、项目经验等方面来研究互联网信息技术专业人员专业技术水平概况。

二 职业技术水平高

（一）英语水平普遍偏高

由于中国的计算机软件教材出版产业起步较晚，目前大多数计算机编程语言都是以英语为基础。因此，业界对互联网信息技术专业人员的英语水平掌握能力要求较高，英文水平的高低直接决定了互联网信息技术专业人员的专业技术水平。因此，根据预调查情况，本研究以"CTE6 - 425 分"为标准考察了互联网信息技术专业人员的英语水平。结果见表 5 - 4。

表 5 - 4　英语水平

单位：人，%

	英语水平	频数	百分比	有效百分比	累计百分比
有效	比"CET6 - 425 分"低很多	171	26.0	26.0	26.0
	比"CET6 - 425 分"低一点	161	24.5	24.5	50.5
	与"CET6 - 425 分"差不多	93	14.1	14.1	64.6
	比"CET6 - 425 分"高一点	169	25.7	25.7	90.3
	比"CET6 - 425 分"高很多	64	9.7	9.7	100.0
总计		658	100.0	100.0	—

表 5 - 4 显示，比 CET6 - 425 分低很多的 171 人，约占 26.0%；比 CET6 - 425 分低一点的 161 人，约占 24.5%；与 CET6 - 425 分差不多的 93 人，约占 14.1%；比 CET6 - 425 分高一点的 169 人，约占 25.7%；比 CET6 - 425 分高很多的 64 人，约占 9.7%。综合来看，整体样本中有 487 人

英语水平与"CET6 - 425"相当，约为 74.0%。该数据远高于 2015 年全国劳动力英语水平(40.6%)。① 可以发现，互联网信息技术专业人员英语水平整体较高。

（二）使用计算机语言种类多

计算机语言是互联网信息技术专业人员安身立命之本，其掌握情况是专业技术地位的具体体现。因此，本研究考察了互联网信息技术专业人员使用计算机语言类型和数量，结果见表 5 - 5。

表 5 - 5　主要使用计算机语言类型

单位：人，%

计算机语言类型		频数	百分比	有效百分比	累计百分比
有效	C	93	14.1	14.1	14.1
	C + +	40	6.1	6.1	20.2
	C 语言	24	3.6	3.6	23.8
	Java	277	42.1	42.1	65.9
	C#	24	3.6	3.6	69.5
	Php	33	5.0	5.0	74.5
	Python	19	2.9	2.9	77.4
	Javascri	13	2.0	2.0	79.4
	其他	135	20.5	20.5	100.0
总计		658	100.0	—	—

根据实际调查发现，互联网信息技术专业人员使用的计算机语言种类有 27 种。从整体上看，互联网信息技术专业人员使用的计算机语言呈现种类多、涵盖范围广等特点。其中，使用 Java 计算机语言的互联网信息技术专业人员比例较高，其次为"C"和"C + +"以及"Php"三种计算机语言。

为进一步了解互联网信息技术专业人员的计算机语言使用状况，本研究对其使用的计算机语言种类数量进行了研究，结果见表 5 - 6。

---

① 蔡禾. 中国劳动力动态调查：2015 年报告［M］. 北京：社会科学文献出版社，2015：63.

表 5 - 6　使用计算机语言的种类数量

单位：人，%

	使用语言的种类数量	频数	百分比	有效百分比	累计百分比
有效	会 1 种计算机语言	537	81.6	81.9	81.9
	会 2 种计算机语言	50	7.6	7.6	89.5
	会 3 种计算机语言	13	2.0	2.0	91.5
	会 4 种及以上计算机语言	2	0.3	0.3	91.8
	缺失	54	8.2	8.2	100.0
	总计	656	99.7	100.0	—
缺失	系统	2	0.3	—	—
	总计	658	100.0	—	—

表 5 - 6 显示，"会 1 种计算机语言"的为 537 人，约为 81.9%；"会 2 种计算机语言"的为 50 人，约为 7.6%；"会 3 种计算机语言"的为 13 人，约为 2.0%；"会 4 种及以上计算机语言"的为 2 人，约为 0.3%。可以发现，会 2 种及以上的计算机语言的互联网信息技术专业人员较少，说明互联网信息技术专业人员技术语言专业性单一且有较强的技术壁垒。

（三）专业技术证书拥有数多

在互联网领域，专业技术证书的获得尤其是高级专业技术等级证书的获得是衡量互联网信息技术专业人员专业技术水平的重要判断依据。因此，本研究对互联网信息技术专业人员的初、中、高等级专业技术等级进行了调查，结果见表 5 - 7。

表 5 - 7　初、中、高级专业技术证书获得情况

单位：本

项目	初级证书数量	中级证书数量	高级证书数量
平均数	1.39	0.84	0.38
最小值	0	0	0
最大值	13	6	6

表 5 - 7 显示，互联网信息技术专业人员初级证书最高拥有数为 13 本，人均拥有数为 1.39 本；中级证书最高拥有数为 6 本，人均拥有数为 0.84 本；高级证书最高拥有数为 6 本，人均拥有数为 0.38 本。以初级证书为例，远远高于《中国劳动力动态调查》的"专业技术证书"人均 0.2675 本，是其 5.197

倍，是"城市非流动人口"人均 0.4 本的 3.475 倍，是"农转非人口"人均
0.42 本的 3.309 倍，是"外出务工人员"人均 0.18 本的 7.722 倍，是"农村
非流动人口"人均 0.07 本的 19.857 倍。①

表 5 - 8　初级专业技术等级证书获得数量

单位：人，%

证书本数		频数	百分比	有效百分比	累计百分比
	没有	235	35.7	35.7	35.7
	1	200	30.4	30.4	66.1
	2	112	17.0	17.0	83.1
	3	46	7.0	7.0	90.1
	4	11	1.7	1.7	91.8
有效	5	32	4.9	4.9	96.7
	6	15	2.3	2.3	98.9
	7	2	0.3	0.3	99.2
	8	3	0.5	0.5	99.7
	10	1	0.2	0.2	99.8
	13	1	0.2	0.2	100.0
总计		658	100.0	100.0	—

表 5 - 8 显示：在初级专业技术等级证书获得方面，"没有"初级证书的
为 235 人，约 35.7%；有 1 本的为 200 人，约 30.4%；有 2 本的为 112 人，约
17.0%；有 3 本的为 46 人，约 7.0%；有 4 本的为 11 人，约 1.7%；有 5 本的
为 32 人，约 4.9%；有 6 本的为 15 人，约 2.3%；有 7 本及以上的 7 人，约
1.2%。

可以看到，互联网信息技术专业人员初级专业技术等级证书单人最高拥
有量可以达到 13 本，整体水平可以达到 64.3%。可以看到，互联网信息技
术专业人员群体初级专业技术等级证书获得率较高。为了进一步了解互联网
信息技术专业人员更多的专业技术等级证书获得状况，本研究又进一步对其
中级、高级专业技术等级证书获得情况进行了研究，结果见表 5 - 9 和表
5 - 10。

①　蔡禾. 中国劳动力动态调查：2015 年报告 [M]. 北京：社会科学文献出版社，2015：79.

表 5 - 9 中级专业技术等级证书获得数量

单位：人，%

证书本数		频数	百分比	有效百分比	累计百分比
有效	没有	342	52.0	52.0	52.0
	1	184	28.0	28.0	80.0
	2	64	9.7	9.7	89.7
	3	41	6.2	6.2	95.9
	4	19	2.9	2.9	98.8
	5	6	0.9	0.9	99.7
	6	2	0.3	0.3	100.0
总计		658	100.0	100.0	—

表 5 - 9 显示，在中级专业技术等级证书获得方面，没有的为 342 人，约为 52.0%；有 1 本的为 184 人，约为 28.0%；有 2 本的为 64 人，约为 9.7%；有 3 本的为 41 人，约为 6.2%；有 4 本的为 19 人，约为 2.9%；有 5 本及以上的为 8 人，约为 1.2%。可以看到，互联网信息技术专业人员中级专业技术等级证书单人最高拥有量可以达到 6 本，整体水平可以达到 48.0%。综合表 5 - 7 数据可以看到，互联网信息技术专业人员群体中级专业技术等级证书获得率亦比较高，比例高于其他行业。

表 5 - 10 高级专业技术等级证书获得数量

单位：人，%

证书本数		频数	百分比	有效百分比	累计百分比
有效	0	500	75.9	75.9	75.9
	1	99	15.0	15.0	90.9
	2	33	5.0	5.0	95.9
	3	23	3.5	3.5	99.4
	4	0	0	0	99.4
	5	1	0.2	0.2	99.6
	6	2	0.4	0.4	100.0
总计		658	100.0	100.0	—

表 5 - 10 显示，在高级专业技术等级证书获得方面，互联网信息技术专业人员没有的为 500 人，约 75.9%；有 1 本的为 99 人，约 15.0%；有 2 本的为 33 人，约 5.0%；有 3 本的为 23 人，约 3.5%；有 5 本及以上的为

3 人，约 0.6% 。可以看到，互联网信息技术专业人员高级专业技术等级证书单人最高拥有量可以达到 6 本，作为专业技术等级高水平的衡量，该群体的拥有比例可以达到 24.1% 。综合表 5 - 7 数据可以看到，互联网信息技术专业人员群体高级专业技术等级证书获得率亦比较高，比例高于其他行业。

三　职业培训水平高

（一）职业培训平均水平高

根据国内外通行的研究内容、方法和实际需求，本研究主要从"自费培训次数"和"自费培训费用"两个方面对职业培训投资进行研究，结果具体见表 5 - 11。

表 5 - 11　职业培训整体状况

单位：次，万元

培训情况	自费培训次数	自费培训费用
平均数	1.09	1.50
最小值	0	0
最大值	15	20

表 5 - 11 显示，互联网信息技术专业人员"自费培训次数"人均为 1.09 次，单个最多培训次数达 15 次；"自费培训费用"人均为 1.5 万元，单个最高职业培训费用达 20 万元。调查还显示，互联网信息技术专业人员在培训费用和强度上远远高于全国劳动力标准。以流行的 Java 计算机语言培训为例，其培训费用约为 1.5 万元至 2 万元每门，每次培训时间在 6 ~ 10 个月且多为封闭式培训。

（二）自费培训次数多

自费培训次数是衡量职业培训水平的一个重要指标。自费培训次数的多少一定程度上决定了个体的努力奋斗程度。因此，本研究考察了互联网信息技术专业人员自费培训的次数，结果见表 5 - 12。

表 5 - 12 显示，没有参加自费培训的为 325 人，约为 49.4%；自费培训次数为 1 次的为 164 人，约为 24.9%；自费培训次数为 2 次的为 76 人，约为 11.6%；自费培训次数为 3 次的为 42 人，约为 6.4%；自费培训次数为 4 次的

为 20 人，约为 3.0%；自费培训次数为 5 次的为 19 人，约为 2.9%；自费培训次数为 6 次的为 5 人，约为 0.8%；自费培训次数为 8 次的为 3 人，约为 0.5%；自费培训次数为 10 次的为 3 人，约为 0.5%；自费培训次数为 15 次的为 1 人，约为 0.2%。从整体上看，参加过自费培训的有 333 人，约为 50.6%。相比全国行业劳动力参加培训的平均水平 27.4%，[①] 互联网信息技术专业人员自费培训比例远高于全国劳动力平均水平。

表 5 - 12　自费培训次数

单位：人，%

培训次数		频数	百分比	有效百分比	累计百分比
有效	0	325	49.4	49.4	49.4
	1	164	24.9	24.9	74.3
	2	76	11.6	11.6	85.9
	3	42	6.4	6.4	92.2
	4	20	3.0	3.0	95.3
	5	19	2.9	2.9	98.2
	6	5	0.8	0.8	98.9
	8	3	0.5	0.5	99.4
	10	3	0.5	0.5	99.8
	15	1	0.2	0.2	100.0
总数		658	100.0	100.0	—

（三）自费培训投入高

教育投资是衡量专业技术水平的一个重要指标。由于互联网教育的开放性、互动性以及技术的高淘汰性，学历教育往往跟不上互联网信息技术变革速度，不能适应市场发展需要，而职业培训教育能够根据需要灵活进行调整，以适应市场等各方面发展需要。因此，职业培训教育往往在互联网信息技术专业人员专业技术地位获得过程中起到了重要的作用。因此，本研究对互联网信息技术专业人员的"自费培训费用"进行调查，结果见表 5 - 13。

---

① 蔡禾. 中国劳动力动态调查：2015 年报告 ［M］. 北京：社会科学文献出版社，2015：80.

表 5 - 13　自费培训费用

单位：人，%

培训费用		频数	百分比	有效百分比	累计百分比
有效	没有	332	50.5	50.7	50.7
	0.1 万 ~ 1.5 万元	159	24.2	24.3	75.0
	1.6 万 ~ 2.9 万元	77	11.7	11.8	86.8
	3.0 万 ~ 7.9 万元	54	8.2	8.2	95.0
	8 万元及以上	33	5.0	5.0	100.0
	总计	655	99.5	100.0	—
遗漏	系统	3	0.5	—	—
总计		658	100.0	—	—

表 5 - 13 显示，没有自费培训投入的互联网信息技术专业人员为 332 人，约为 50.5%；投入 0.1 万 ~ 1.5 万元的为 159 人，约 24.2%；投入 1.6 万 ~ 2.9 万元的为 77 人，约 11.7%；投入 3.0 万 ~ 7.9 万元的为 54 人，约 8.2%；投入 8 万元及以上的为 33 人，约 5.0%。调查还显示，掌握一门计算机编程语言平均投入约 1.5 万元。一方面，互联网信息技术专业人员会根据职业和工作的需要进行培训，另一方面，由于计算机语言的高淘汰性，互联网信息技术专业人员必须根据技术的进步而不断进行职业培训学习。从总体看，互联网信息技术专业人员职业培训投资较大，培训次数较多，自费培训花费极高，高于全国平均水平。

四　项目经验丰富

无论是学历水平还是职业水平，说到底都是以完成项目为途径，实现个人、技术、组织的价值。在互联网信息技术领域，完成项目的数量和完成项目的等级是衡量互联网信息技术专业人员专业技术地位的重要指标。因此，本研究对互联网信息技术专业人员完成项目数量、规模进行调查，结果如表 5 - 14 所示。

表 5 - 14　完成各种类的项目数量

单位：个

项目数	小型项目完成数	中型项目完成数	大型项目完成数	特大型项目完成数
平均数	5.87	3.02	1.44	1.06
最小值	0	0	0	0
最大值	200	200	80	60

注：小型：5 万 ~ 50 万元；中型：50 万 ~ 300 万元；大型：300 万 ~ 500 万元；特大型：500 万元以上。

表 5 – 14 显示，在完成小型项目方面，互联网信息技术专业人员人均参与 5.87 个，最小参与数量为 0 个，最大参与数量为 200 个；在完成中型项目方面，互联网信息技术专业人员人均参与 3.02 个，最小参与数量为 0 个，最大参与数量为 200 个；在完成大型项目方面，互联网信息技术专业人员人均参与 1.44 个，最小参与数量为 0 个，最大参与数量为 80 个；在完成特大型项目方面，最小参与数量为 0 个，最大参与数量为 60 个，人均参与 1.06 个。从总体上看，互联网信息技术专业人员完成项目数量虽然不多，但是累计项目金额较高。这说明，工作组织为互联网信息技术专业人员提供了更多的专业技能提升的机会和平台，更说明互联网信息技术专业人员项目经验丰富。

第二节 互联网信息技术专业人员专业技术地位获得概况

一 专业技术地位分层明显

在了解互联网信息技术专业人员专业技术地位获得的基本情况后，本研究根据实际需要对"完成项目数"和"专业技术证书数"两个原始变量进行合成，形成"专业技术地位"变量，并借此对互联网信息技术专业人员内部的专业技术地位分层现象进行考察。

因此，本研究选取"完成项目数"和"专业技术证书数"两个原始指标合成"专业技术地位"，并进行"K – 平均值聚类"分析，结果见表 5 – 15。

表 5 – 15 专业技术地位分层状况

单位：人，%

地位分层		频数	百分比	有效百分比	累计百分比
有效	高专业技术地位	211	32.1	32.1	32.1
	低专业技术地位	447	67.9	67.9	100.0
	总计	658	100.0	100.0	—

表 5 – 15 显示，高专业技术地位的有 211 人，约为 32.1%；低专业技术地位的有 447 人，约为 67.9%。可以看到，互联网信息技术专业人员的专业技术地位分层是较为明显的。

为了进一步了解研究互联网信息技术专业人员专业地位的差异，本研究对专业技术地位高低不同的两类人群的受教育年限、英语水平、自费培训次数、自费培训费用、专业技术证书、完成项目情况等多个维度进行对比分析。

二 专业技术地位呈现两极化特征

专业技术水平的各个维度分层是衡量专业技术地位分层的重要指标。因此，本研究考察了专业技术地位的分层特征，结果见图5-2。

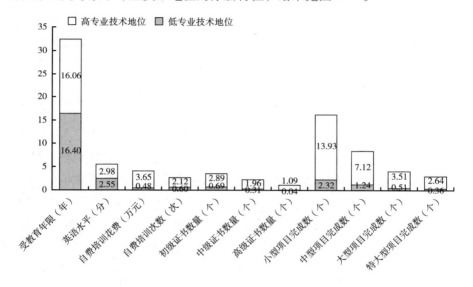

图5-2 不同专业技术地位的专业技术水平标准比较

图5-2显示，在学历水平方面，低专业技术地位的互联网信息技术专业人员与高专业技术地位的互联网信息技术专业人员的人均受教育年限分别为16.40年和16.06年，两者相差0.34年，可以认定为无差异。也就是说，传统的学历教育对两者的专业技术地位差异无影响。

在职业技术水平方面，英语水平经数据转化后，低专业技术地位的互联网信息技术专业人员平均得分为2.55分，高专业技术地位的互联网信息技术专业人员平均得为2.98分，两者相差0.43分，约半个档。也就是说，高专业技术地位的互联网信息技术专业人员的英语水平要比低专业技术地位的高出半个档。这就意味着，其更有能力运用计算机语言进行编程等活动。

在职业培训投入方面，高专业技术地位的互联网信息技术专业人员的自费培训花费投入人均为3.65万元，低专业技术地位的互联网信息技术专业人员人均则为 0.48 万元，高专业技术地位的是低专业技术的 7.6 倍。按照掌握每门计算机语言所需成本 2 万元计算，可以推算出高专业技术地位的互联网信息技术专业人员所掌握的计算机语言应该为 2 门及以上。在培训次数方面，高专业技术地位的互联网信息技术专业人员的人均培训次数为 2.12 次，低专业技术地位的互联网信息技术专业人员人均培训次数为 0.60 次，高专业技术地位的是低专业技术的 3.5 倍。在证书获得方面，高专业技术地位的互联网信息技术专业人员初级证书获得数量人均为 2.89 个、中级证书获得数量人均为 1.96 个、高级证书获得数量人均为 1.09 个，低专业技术地位的互联网信息技术专业人员的初级证书获得数量、中级证书获得数量、高级证书获得数量人均分别为 0.69 个、0.31 个、0.04 个。高专业技术地位的互联网信息技术专业人员的初级、中级、高级证书拥有数量分别是低专业技术地位的 4.2 倍、6.3 倍、27.3 倍，倍数差异越来越大。

在完成项目方面，高专业技术地位的互联网信息技术专业人员人均完成小型项目数量为 13.93 个、中型项目数量为 7.12 个、大型项目数量为 3.51 个、特大型项目数量为 2.64 个，低专业技术地位的互联网信息技术专业人员的人均完成数量分别是 2.32 个、1.24 个、0.51 个、0.36 个。高专业技术地位的互联网信息技术专业人员完成小型项目数量、中型项目数量、大型项目数量、特大型项目数量分别是低专业技术地位的 6.0 倍、5.7 倍、6.9 倍、7.3 倍。

综上所述，高低不同的互联网信息技术专业人员的专业技术地位在职业水平、职业培训投入、培训次数、证书获得、完成项目方面存在较大的差异，且呈现两极化特征。

三 专业技术地位流动大

互联网信息技术在中国的发展仅有 20 多年，由于技术发展的时间局限性，互联网信息技术专业人员的"父亲的专业技术"尚不能用完成项目数和互联网信息技术专业证书来衡量。根据研究惯例和实际，本研究选取了父亲学历水平、代际学历流动、职业学历流动三个标准来衡量互联网信息技术专业人员的专业技术地位流动状况，结果如下。

（一）父亲专业技术地位低

父亲的最高学历往往是衡量专业技术地位的指标，本研究对互联网信息技术专业人员的父亲最高学历进行了研究，结果见表 5 - 16。

表 5 - 16　父亲最高学历状况

单位：人，%

学历		频数	百分比	有效百分比	累计百分比
有效	小学及以下	94	14.3	14.3	14.3
	初中及类似	220	33.4	33.4	47.7
	高中及类似	233	35.4	35.4	83.1
	大学专科及类似	56	8.5	8.5	91.6
	大学本科及以上	55	8.4	8.4	100.0
总计		658	100.0	100.0	—

表 5 - 16 显示，互联网信息技术专业人员中父亲学历为小学及以下的 94 有人，约为 14.3%；初中及类似的有 220 人，约为 33.4%；高中及类似的有 233 人，约为 35.4%；大学专科及类似的有 56 人，约为 8.5%；大学本科及以上的有 55 人，约为 8.4%。从整体上看，互联网信息技术专业人员的父亲学历高中及以下的约为 83.1%，学历整体较低。这说明，互联网信息技术专业人员群体父亲最高学历与农民、农民工群体等社会低层群体一样，其家庭处于社会中下层，家庭背景劣势明显。

（二）代际向上流动大

为了便于比较专业技术地位代际流动状况，本研究将互联网信息技术专业人员父亲的最高学历分别合成为"高中及以下类似""大学专科及类似""大学本科及以上"三个学历水平，比较结果见表 5 - 17。

表 5 - 17　代际学历流动情况

单位：人，%

代际学历流动情况		频数	百分比	有效百分比	累计百分比
有效	代际学历向下流动	18	2.7	2.7	2.7
	代际学历平行流动	48	7.3	7.3	10.0
	代际学历向上流动	592	90.0	90.0	100.0
总计		658	100.0	100.0	—

表 5 - 17 显示，相比父亲的最高学历，代际学历向上流动的有 592 人，约为 90.0%；代际学历平行流动的有 48 人，约为 7.3%；代际学历向下流动的有 18 人，约为 2.7%。可以看到，互联网信息技术专业人员绝

大部分的学历均向上流动。根据表 5 - 1 互联网信息技术专业人员 86.9%本科及以上学历比例，可以说明，绝大多数的互联网信息技术专业人员通过高等学历教育实现了专业技术地位代际流动。深层上说明，高等教育扩招给予了社会中下层、下层家庭更多地实现代际向上流动的机会，在某种程度上，该政策对互联网信息技术的推动和中国社会阶层流动发挥了积极作用。

（三）代内向上流动大

互联网信息技术的不断更新和发展决定了互联网信息技术专业人员必须通过不断的自我学习、学历教育、职业培训教育三个主要途径来实现自我技术的不断提升，获得更好的专业技术地位。在前文，本研究已经发现了互联网信息技术专业人员自我学习和职业培训程度相比其他群体高，其代内向上流动强度极大。为了更加全面地了解专业技术地位的向上流动状况，本研究以"初职学历"和"现职学历"两个维度来衡量互联网信息技术专业人员传统性专业技术地位代内流动状况，结果见表 5 - 18。

表 5 - 18　传统性专业技术地位代内流动状况

单位：人，%

代内学历流动情况		频数	百分比	有效百分比	累计百分比
有效	学历没有流动	547	83.1	83.1	83.1
	学历向上流动	111	16.9	16.9	100.0
	总计	640	97.3	100.0	—
遗漏	系统	18	2.7	—	—
总计		658	100.0	—	—

表 5 - 18 显示，初职学历和现职学历相比，有 111 名互联网信息技术专业人员通过传统性学历教育发生了向上流动，约为总体的 16.9%；有 547 名互联网信息技术专业人员传统性学历教育终止，约为总体的 83.1%。为了进一步检验学历流动情况，本研究对其学历流动次数、专业技术地位、受教育年限、自费培训次数、自费培训投入进行了进一步研究。

表 5 - 19 显示，通过对初职学历与现职学历比较，提高过 1 次学历的有 68 人，约为 61.3%；提高过 2 次学历的有 17 人，约为 15.3%；提高过 3 次及以上学历的有 26 人，约为 23.4%。

表 5 - 19　专业技术地位学历流动状况

单位：人，%

专业技术地位学历流动情况		频数	百分比	有效百分比	累计百分比
有效	提高过 1 次学历	68	61.3	61.3	61.3
	提高过 2 次学历	17	15.3	15.3	76.6
	提高过 3 次及以上学历	26	23.4	23.4	100.0
总计		111	100.0	100.0	—

　　图 5 - 3 显示，发生学历向上流动的互联网信息技术专业人员中，有 10.8% 的高中学历人员通过复读参加高考、自考教育、成人教育、网络教育等方式向更高学历水平流动，但其流动更多地集中在非全日制本科学历水平，其次为全日制普通大学本科水平，最后为全日制普通大学硕士研究生和全日制重点大学硕士研究生水平，向上流动到全日制重点大学本科水平和博士研究生水平的极少；而初职学历为全日制重点大学本科的往往向上流动到了全日制重点大学硕士研究生和博士研究生水平。

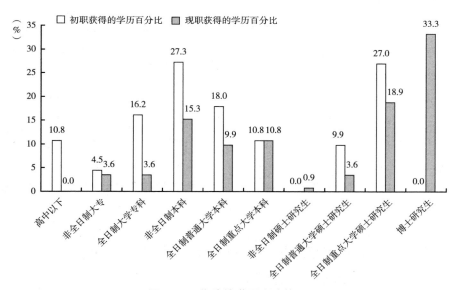

图 5 - 3　传统性学历流动状况

　　可以发现，互联网信息技术专业人员的专业技术地位不仅可以通过全日制教育实现，也可以通过非全日制教育实现，但是其向上流动的强度与其第一学历状况有着一定的关联度。初职学历越高，越有可能流向更高的学历水平。反之，初职学历越低，高强度的向上流动能力就受到了限制。这与任娟娟对陕西工程师群体的第一学历研究结论具有部分一致性。那么，实现了传统学历向上流动的互联网信息技术专业人员的专业技术地位和职业培训状况如何呢？本研究将其与学历未发生向上流动的群体进行了比较，结果见表 5 – 20。

表 5 – 20　向上流动/未流动群体的基本情况比较

学历流动情况	低专业技术地位（%）	高专业技术地位（%）	自费培训费用（万元）	自费培训次数（次）
向上流动	60.4	39.6	1.14	0.97
未流动	69.0	31.0	1.56	1.11

表 5 – 20 显示，学历发生向上流动的群体中，低专业技术地位的约为 60.4%，高专业技术地位的约为 39.6%。其自费培训费用人均 1.14 万元，自费培训次数平均 0.97 次；学历未发生向上流动的群体中，低专业技术地位的约为 69.0%，高专业技术地位的约为 31.0%，自费培训费用人均 1.56 万元，自费培训次数平均 1.11 次。从整体看，无论是专业技术地位高还是低都存在一定比例的学历流动，即工作中不断在学习。这与 Stack Overflow 针对全球 157 个国家的 26086 位互联网信息技术专业人员的调查结论基本一致：41.8% 的互联网信息技术专业人员就业后依然不断地自学提升专业技术水平。[①] 结合表 5 – 1 和表 5 – 11 数据可以进一步发现：一方面互联网信息技术专业人员整体学历水平比较高，已经达到学历的巅峰，没有向上流动空间；另一方面，互联网信息技术专业人员群体的学历价值取向高，大部分的互联网信息技术专业人员都在努力通过各种途径获得在职学历，实现专业技术地位代内流动。这更说明，互联网信息技术"开放、平等、自由、共享"的"技术规制"促进了技术本身的创新和发展，也促进了个体的价值实现。

第三节　互联网信息技术专业人员专业技术地位获得的影响因素研究

为了研究互联网信息技术专业人员专业技术地位的影响因素，本研究采取

---

① Stack Overflow. 2015 年全球程序员研究报告 [EB/OL]. 2016 – 01 – 05. http://www.199it.com/archives/425716.html.

了二元 Logistic 回归模型对"制度性与非制度性因素"地位获得理论模型展开了实证考察。

一　专业技术地位研究假设

根据第四章的研究假设和指标设计要求，本节提出"制度性与非制度性因素"专业技术地位获得理论假设。

（一）总假设

"制度性与非制度性因素"地位获得理论研究假设：互联网信息技术专业人员专业技术地位获得受到制度性与非制度性因素影响，非制度性因素影响占主导。互联网信息技术专业人员非制度性因素优势越大，获得的专业技术地位越高。

（二）制度性因素研究假设

互联网信息技术专业人员拥有的制度性优势越多，越容易获得较高的专业技术地位。

1. 社会历史发展机遇研究假设

互联网信息技术专业人员越早接触互联网信息技术，越容易获得较高的专业技术地位。其又可以分为以下 3 个分假设。

社会历史发展机遇研究假设 1：互联网信息技术专业人员 16 岁时所处的互联网历史发展机遇期越早，越容易获得较高的专业技术地位。

社会历史发展机遇研究假设 2：互联网信息技术专业人员接触电子游戏机时间越早，越容易获得较高的专业技术地位。

社会历史发展机遇研究假设 3：互联网信息技术专业人员接触互联网时间越早，越容易获得较高的专业技术地位。

2. 政治制度研究假设

互联网信息技术专业人员拥有中共党员身份的比没有拥有的更容易获得较高的专业技术地位。

3. 经济制度研究假设

互联网信息技术专业人员就职在体制内比体制外更容易获得较高的专业技术地位。其又可以分为 2 个分假设。

经济制度研究假设 1：互联网信息技术专业人员初职就职体制内的比体制外的更容易获得较高的专业技术地位。

经济制度研究假设 2：互联网信息技术专业人员现职就职体制内的比体制外的更容易获得较高的专业技术地位。

4. 户籍制度研究假设

互联网信息技术专业人员拥有的户籍优势越大，获得的专业技术地位越高。其又可以分为以下 3 个分假设。

户籍制度研究假设 1：互联网信息技术专业人员本人户籍优势越大，获得的专业技术地位越高。

户籍制度研究假设 2：互联网信息技术专业人员落户到工作地的比没有落户到当地的，更容易获得较高的专业技术地位。

户籍制度研究假设 3：互联网信息技术专业人员 16 岁户籍拥有的优势越多，获得的专业技术地位越高。

5. 教育制度研究假设

互联网信息技术专业人员拥有的教育制度优势越大，获得的专业技术地位越高。其又分为 7 个分假设。

教育制度研究假设 1：互联网信息技术专业人员最高学历越高，获得的专业技术地位越高。

教育制度研究假设 2：互联网信息技术专业人员最高学历是重点学校的比非重点的更容易获得较高的专业技术地位。

教育制度研究假设 3：互联网信息技术专业人员初中是重点学校的比非重点的更容易获得较高的专业技术地位。

教育制度研究假设 4：互联网信息技术专业人员高中是重点学校的比非重点的更容易获得较高的专业技术地位。

教育制度研究假设 5：互联网信息技术专业人员本科是重点学校的比非重点的更容易获得较高的专业技术地位。

教育制度研究假设 6：互联网信息技术专业人员硕士是重点学校的比非重点的更容易获得较高的专业技术地位。

教育制度研究假设 7：互联网信息技术专业人员博士是重点学校的比非重点的更容易获得较高的专业技术地位。

6. 地区分割研究假设

互联网信息技术专业人员拥有的区域优势越大，越容易获得较高的专业技术地位。其又可以分为以下 2 个分假设、6 个小分支研究假设。

地区分割研究假设：互联网信息技术专业人员在东部地区工作，比在中西部地区更容易获得较高的专业技术地位。其可以分为以下 3 个小分支研究假设。

地区分割研究假设1：互联网信息技术专业人员出生地拥有的地区优势越大，获得的专业技术地位越高。

地区分割研究假设2：互联网信息技术专业人员最高学历获得的地区优势越大，获得的专业技术地位越高。

地区分割研究假设3：互联网信息技术专业人员工作地地区优势越大，获得的专业技术地位越高。

城市等级制度研究假设：互联网信息技术专业人员拥有的城市等级优势越大，获得的专业技术地位越高。

城市等级制度研究假设1：互联网信息技术专业人员出生地城市等级越高，获得的专业技术地位越高。

城市等级制度研究假设2：互联网信息技术专业人员最高学历获得的城市等级越高，获得的专业技术地位越高。

城市等级制度研究假设3：互联网信息技术专业人员工作地区城市等级越高，获得的专业技术地位越高。

7. 工作组织研究假设

互联网信息技术专业人员就职的工作组织规模越大，获得的专业技术地位越高。其又可以分为2个分假设。

工作组织研究假设1：互联网信息技术专业人员初职就职的工作组织规模越大，获得的专业技术地位越高。

工作组织研究假设2：互联网信息技术专业人员现职就职的工作组织规模越大，获得的专业技术地位越高。

8. 家庭背景研究假设

互联网信息技术专业人员拥有的家庭背景优势越大，获得的专业技术地位越高。其假设又可以分为4个分假设。

家庭背景研究假设1：互联网信息技术专业人员父亲社会经济地位越高，获得的专业技术地位越高。

家庭背景研究假设2：互联网信息技术专业人员父亲最高学历越高，获得的专业技术地位越高。

家庭背景研究假设3：互联网信息技术专业人员父亲户籍优势越大，获得的专业技术地位越高。

家庭背景研究假设4：互联网信息技术专业人员父亲是中共党员的比非中共党员更容易获得较高的专业技术地位。

9. 性别分割制度研究假设

男性互联网信息技术专业人员比女性更容易获得较高的专业技术地位。

（三） 非制度性因素研究假设

1. 个人努力程度假设

互联网信息技术专业人员个人努力程度越高，获得的专业技术地位越高。其又分为以下 6 个分假设。

个人努力程度研究假设 1：互联网信息技术专业人员工龄越长，获得的专业技术地位越高。

个人努力程度研究假设 2：互联网信息技术专业人员英语水平越高，获得的专业技术地位越高。

个人努力程度研究假设 3：互联网信息技术专业人员自费培训次数越多，获得的专业技术地位越高。

个人努力程度研究假设 4：互联网信息技术专业人员自费培训费用越高，获得的专业技术地位越高。

个人努力程度研究假设 5：互联网信息技术专业人员职业流动次数越多，获得的专业技术地位越高。

个人努力程度研究假设 6：互联网信息技术专业人员职业流动越强，获得的专业技术地位越高。

2. 社会网络关系研究假设

互联网信息技术专业人员拥有的社会网络关系优势越明显，获得的专业技术地位越高。其可以分为 4 个分假设。

社会网络关系研究假设 1：互联网信息技术专业人员初职获得使用弱关系的比使用强关系的更容易获得较高的专业技术地位。

社会网络关系研究假设 2：互联网信息技术专业人员现职获得使用弱关系的比使用强关系的更容易获得较高的专业技术地位。

社会网络关系研究假设 3：互联网信息技术专业人员社会网络关系越高，获得的专业技术地位越高。

社会网络关系研究假设 4：互联网信息技术专业人员社会网络关系越广，获得的专业技术地位越高。

3. 价值观研究假设

互联网信息技术专业人员拥有的价值观水平越高，获得的专业技术地位越高。其可以分为期望研究假设和技术规制价值观研究假设。

期望研究假设：互联网信息技术专业人员期望越高，获得的专业技术地位越高。

技术规制价值观研究假设：互联网信息技术专业人员拥有的价值观越符合互联网信息技术规制，获得的专业技术地位越高。其又可以分为 7 个分假设。

价值观研究假设 1：职业工具理性越高，互联网信息技术专业人员获得的专业技术地位越高。

价值观研究假设 2：职业价值理性越高，互联网信息技术专业人员获得的专业技术地位越高。

价值观研究假设 3：开放精神越高，互联网信息技术专业人员获得的专业技术地位越高。

价值观研究假设 4：自由精神越高，互联网信息技术专业人员获得的专业技术地位越高。

价值观研究假设 5：平等精神越高，互联网信息技术专业人员获得的专业技术地位越高。

价值观研究假设 6：共享精神越高，互联网信息技术专业人员获得的专业技术地位越高。

价值观研究假设 7：法制精神越高，互联网信息技术专业人员获得的专业技术地位越高。

二　模型变量设置

相关变量的类型、定义和赋值见表 5 - 21。

三　模型的构建与分析

根据文献分析和理论探析以及实际访谈，本研究认为互联网信息技术专业人员专业技术地位的高低，不是由单一因素引起的，而是多种因素共同作用的结果。本研究发现有 47 个因素与专业技术地位的高低可能有关。故此，本研究采用基于 Wald 向前的 Logistic 回归分析方法，从众多可能的制度性与非制度性因素中筛选专业技术地位的主要影响因素。

本次建模的因变量是专业技术地位（y），47 个社会因素构成的自变量名称、代码、分类、检验假设见表 5 - 22。

表5-21 相关变量的类型、定义和赋值

名称	类型	分类	性质	定义	取值说明	检验假说
专业技术地位	定类		因变量	调查对象的项目完成情况与获得的软件、计算机相关证书情况	1=低专业技术地位；2=高专业技术地位	一
本人中共党员身份	定类	制度性	自变量	调查者的中共党员身份	1=非党员；2=党员	政治制度研究假设
初（现）单位体制	定类	制度性	自变量	调查对象初（现）职单位性质	1=体制外（民营、外资企业等）；2=体制内（党政事业单位、国企单位等）	经济制度研究假设1,2
初（现）职单位规模	定序	制度性	自变量	调查对象初（现）职单位规模状况	1=X<3；2=3≤X<10；3=10≤X<100；4=100≤X<300；5=X≥300	工作组织研究假设1
目前本人户籍	定类	制度性	自变量	调查对象户籍状况	1=农业城市户口；2=县级城市户口；3=市级城镇居民户口；4=省会城镇户口	户籍制度研究假设1
本人16岁户籍	定类	制度性	自变量	调查对象16岁时户籍状况	1=农业户口；2=县级城市户口；3=市级城镇居民户口；4=省会城镇户口	户籍制度研究假设3
是否落户工作地	定类	制度性	自变量	调查对象目前落户状况	1=否；2=是	户籍制度研究假设2
最高学历状况	定序	制度性	自变量	调查对象的最高学历状况	1=大专及以下；2=本科；3=研究生	教育制度研究假设1
最高学历是否为重点	定类	制度性	自变量	调查对象最高学历，初中、高中、本科、硕士、博士就读学校是不是重点	1=没经历过；2=非重点；3=重点	教育制度研究假设2-7
出生地地区等级	定序	制度性	自变量	调查对象出生地地区等级状况	1=西部地区；2=中部地区；3=东部地区	地区分割研究假设1

续表

名称	类型	分类	性质	定义	取值说明	检验假说
最高学历地区等级	定序	制度性	自变量	调查对象最高学历获得所属地区	1＝西部地区;2＝中部地区;3＝东部地区	地区分割研究假设 2
工作地区等级	定序	制度性	自变量	调查对象工作地所属地区	1＝西部地区;2＝中部地区;3＝东部地区	地区分割研究假设 3
出生地城市等级	定序	制度性	自变量	调查对象出生地的城市等级状况	1＝三线城市及以下;2＝二线城市;3＝一线城市	城市等级制度研究假设 1
最高学历城市等级	定序	制度性	自变量	调查对象最高学历获得城市等级状况	1＝三线城市及以下;2＝二线城市;3＝一线城市	城市等级制度研究假设 2
工作地城市等级	定序	制度性	自变量	调查对象最高学历获得城市等级状况	1＝三线城市及以下;2＝二线城市;3＝一线城市	城市等级制度研究假设 3
父亲社会经济地位	定序	制度性	自变量	调查对象客观父亲社会经济地位等级	1＝下层;2＝中下层;3＝中层;4＝中上层;5＝上层	家庭背景研究假设 1
父亲最高学历	定序	制度性	自变量	调查对象父亲学历状况	1＝小学;2＝初中;3＝高中以下/中专/中师/技校/职高;4＝大学专科;5＝大学本科及以上	家庭背景研究假设 2
父亲中共党员身份	定类	制度性	自变量	调查对象父亲的党员身份	1＝否;2＝是	家庭背景研究假设 3
父亲户籍	定类	制度性	自变量	调查对象16岁时父亲的户籍状况	1＝农业户口;2＝县级城市户口;3＝市级城镇居民户口;4＝省会城镇户口	家庭背景研究假设 4
性别	定类	制度性	自变量	调查对象的性别	1＝女性;2＝男性	性别分割制度研究假设
工龄	定距	非制度性	自变量	调查对象从初职至今工作年限	—	个人努力程度研究假设 1

· 179 ·

续表

名称	类型	分类	性质	定义	取值说明	检验假说
16岁时处于互联网历史发展机遇期	定序	制度性	自变量	调查对象16岁所处互联网发展机会期阶段	1=引入阶段(1980~1993年);2=商业价值凸显阶段(1994~2005年);3=社会价值凸显阶段(2006~2016年)	社会历史发展机遇研究假设1
新接触电子游戏机时间	定序	制度性	自变量	调查对象接触电子游戏的时间	1=大学及以上时期;2=高中时期;3=初中及以下	社会历史发展机遇研究假设2
新接触互联网时间	定序	制度性	自变量	调查对象接触互联网的时间	1=大学及以上时期;2=高中时期;3=初中及以下	社会历史发展机遇研究假设3
英语水平	定序	非制度性	自变量	调查对象的英语水平	1=比"CET6-425分"低很多;2=比"CET6-425分"低一点;3=与"CET6-425分"差不多;4=比"CET6-425分"高一点;5=比"CET6-425分"高很多	个人努力程度研究假设2
自费培训次数	定距	非制度性	自变量	调查对象自费参加专业技能培训的次数	—	个人努力程度研究假设3
自费培训费用	定距	非制度性	自变量	调查对象自费参加专业技能培训花费的投资	—	个人努力程度研究假设4
职业流动次数	定距	非制度性	自变量	调查对象跳槽的次数	跳槽次数	个人努力程度研究假设5
职业流动强度	定距	非制度性	自变量	调查对象跳槽强度	跳槽强度	个人努力程度研究假设6
初(现)职获得的弱关系的使用	定序	非制度性	自变量	调查对象获得初职时使用的关系类型	1=强关系:家人或亲戚;现实生活工作中的同学、同事等朋友;2=弱关系:学校、工会、就业中心等政府相关管理组织、俱乐部、学会、行会等非政府社会组织,电视、电台、报纸等传统媒体组织;互联网自媒体朋友;线上微信、QQ,互联网、BBS、贴吧等网络招聘平台	社会网络关系研究假设1,2

续表

名称	类型	分类	性质	定义	取值说明	检验假设
社会网络关系高度	定序	非制度性	自变量	调查对象解决问题的"有用关系人"的地位等级状况	1=下层;2=中下层;3=中层;4=中上层;5=上层	社会网络关系研究假设3
社会网络关系广度	定距	非制度性	自变量	调查对象的手机好友人数	—	社会网络关系研究假设4
互联网信息技术期望	定序	非制度性	自变量	调查对象对未来互联网信息技术促进地位获得的期望	—	期望研究假设
职业工具理性	定序	非制度性	自变量	调查对象目的是否因为好就业	1=弱;2=强	价值观研究假设1
职业价值理性	定序	非制度性	自变量	调查对象职业目的是否因为更容易实现地位获得	1=弱;2=强	价值观研究假设2
互联网开放精神	定序	非制度性	自变量	调查对象对互联网信息技术开放精神	1=很弱;2=较弱;3=一般;4=较强	价值观研究假设3
互联网共享精神	定序	非制度性	自变量	调查对象对互联网信息技术共享精神	1=很弱;2=较弱;3=一般;4=较强	价值观研究假设6
互联网自由精神	定序	非制度性	自变量	调查对象对互联网信息技术自由精神	1=很弱;2=较弱;3=一般;4=较强	价值观研究假设4
互联网平等精神	定序	非制度性	自变量	调查对象对互联网信息技术平等精神	1=很弱;2=较弱;3=一般;4=较强	价值观研究假设5
互联网法制精神	定序	非制度性	自变量	调查对象对互联网信息技术法制精神	1=很弱;2=较弱;3=一般;4=较强	价值观研究假设7

注：①根据中国社会科学院陆学艺教授团队的社会阶层等级划分标准，本书将其划分五等份：1=下层：务农人员，农民城乡无业失业半失业者阶层（打零工等）；中下层：2=农村中小型承包户或小型承包个体户，农村大型承包户，无行政级别的一般科员，初级（或无）职称专业技术人员（如低级别教师，低级别建造师等职业）；3=中层：科级机关事业单位负责人，中层职员或办事人员，小雇主，中级专业技术人员（如中级别教师，中级建造师等职业）；4=中上层：处级以上事业单位负责人，企业家，企业或公司负责人，高层职员，高级专业技术人员（如高级别教师，正高级别医生，高级别建造师等职业）；5=上层：处级以上机关事业单位负责人，正高级别医生，高级别建造师等职业。②本研究因研究需要利实际不设置控制变量。

表 5-22 专业技术地位初步模型自变量名称、代码、分类、检验假设一览

自变量名称	代码	分类	检验假设
性别	X_1	制度性	性别分割制度研究假设
工龄	X_2	非制度性	个人努力程度研究假设 1
本人中共党员身份	X_3	制度性	政治制度研究假设
初职单位体制	X_4	制度性	经济制度研究假设 1
现职单位体制	X_5	制度性	经济制度研究假设 2
初职单位规模	X_6	制度性	工作组织研究假设 1
现职单位规模	X_7	制度性	工作组织研究假设 2
目前本人户籍	X_8	制度性	户籍制度研究假设 1
是否落户工作地	X_9	制度性	户籍制度研究假设 2
本人 16 岁户籍	X_{10}	制度性	户籍制度研究假设 3
最高学历状况	X_{11}	制度性	教育制度研究假设 1
最高学历是否为重点	X_{12}	制度性	教育制度研究假设 2
初中是否为重点	X_{13}	制度性	教育制度研究假设 3
高中是否为重点	X_{14}	制度性	教育制度研究假设 4
本科是否为重点	X_{15}	制度性	教育制度研究假设 5
硕士是否为重点	X_{16}	制度性	教育制度研究假设 6
博士是否为重点	X_{17}	制度性	教育制度研究假设 7
出生地城市等级	X_{18}	制度性	城市等级制度研究假设 1
出生地地区等级	X_{19}	制度性	地区分割研究假设 1
最高学历城市等级	X_{20}	制度性	城市等级制度研究假设 2
最高学历地区等级	X_{21}	制度性	地区分割研究假设 2
工作地城市等级	X_{22}	制度性	城市等级制度研究假设 3
工作地区等级	X_{23}	制度性	地区分割研究假设 3
父亲社会经济地位	X_{24}	制度性	家庭背景研究假设 1
父亲最高学历	X_{25}	制度性	家庭背景研究假设 2
父亲户籍	X_{26}	制度性	家庭背景研究假设 3
父亲中共党员身份	X_{27}	制度性	家庭背景研究假设 4
16 岁时处于互联网历史发展机遇期	X_{28}	制度性	社会历史发展机遇研究假设 1
新接触电子游戏机时间	X_{29}	制度性	社会历史发展机遇研究假设 2
新接触互联网时间	X_{30}	制度性	社会历史发展机遇研究假设 3
英语水平	X_{31}	非制度性	个人努力程度研究假设 2
自费培训次数	X_{32}	非制度性	个人努力程度研究假设 3
自费培训费用	X_{33}	非制度性	个人努力程度研究假设 4
职业流动次数	X_{34}	非制度性	个人努力程度研究假设 5
职业流动强度	X_{35}	非制度性	个人努力程度研究假设 6
初职获得的弱关系的使用	X_{36}	非制度性	社会网络关系研究假设 1
现职获得的弱关系的使用	X_{37}	非制度性	社会网络关系研究假设 2
社会网络关系高度	X_{38}	非制度性	社会网络关系研究假设 3
社会网络关系广度	X_{39}	非制度性	社会网络关系研究假设 4

自变量名称	代码	分类	检验假设
互联网信息技术期望	X_{40}	非制度性	期望研究假设
职业工具理性	X_{41}	非制度性	价值观研究假设 1
职业价值理性	X_{42}	非制度性	价值观研究假设 2
互联网开放精神	X_{43}	非制度性	价值观研究假设 3
互联网自由精神	X_{44}	非制度性	价值观研究假设 4
互联网平等精神	X_{45}	非制度性	价值观研究假设 5
互联网共享精神	X_{46}	非制度性	价值观研究假设 6
互联网法制精神	X_{47}	非制度性	价值观研究假设 7

在建立 Logistic 模型时，本研究采用基于 Wald 向前的方法，关于进步概率的设置，本次建模进入值为 0.05，删除值为 0.10。进步概率是变量进入模型和从模型中提出的依据，如果变量的概率值小于等于进入值，该变量进入模型；当概率值大于删除值时，该变量被删除，删除值必定大于进入值。通过 Logistic 建模，最后得到的模型输出见表 5 - 23。

表 5 - 23　模型系数的 Omnibus 检验

项目		卡方	自由度	Sig.
步骤 7	步长（T）	4.081	1	0.043
	块	268.348	7	0.000
	模型	268.348	7	0.000

表 5 - 23 在模型系数 Omnibus 检验中，步长卡方值为 4.081，块卡方值为 268.348、模型卡方值为 268.348，三者的显著性检验值均小于 0.05，说明模型整体的拟合优度较好，模型的解释变量的全体与 Logit P 之间的线性关系显著，采用此模型是合理的。

表 5 - 24 显示，- 2 对数似然值为 557.274，该数值大小一般，说明模型拟合效果较理想，Cox & Snell R 平方和 Nagelkerke R 平方值分别为 0.335 和 0.468，值较大，专业技术地位获得模型方程解释回归差异明显，整体看模型拟合较为理性。

表 5 - 24　模型摘要

步长（T）	- 2 对数似然	Cox & Snell R 平方	Nagelkerke R 平方
7	557.274 *	0.335	0.468

注：* 估算在迭代号 6 终止，因为参数估算更改小于 0.001。

表 5 – 25 显示，Hosmer 和 Lemeshow 检验统计量，显著性 0.635 明显大于 0.05，所以支持假设，表示该模型拟合度理想。

表 5 – 25　Hosmer 和 Lemeshow 检验

Step	卡方	自由度	Sig.
7	6.106	8	0.635

表 5 – 26 显示，419 名低专业技术地位的互联网信息技术专业人员被准确预测，正确率为 93.7%；117 名高专业技术地位的互联网信息技术专业人员被准确预测，正确率为 55.5%，总的准确率为 81.5%，说明预测效果理想。

表 5 – 26　模型预测表

单位：人，%

观察值		预测值		
		专业技术地位		百分比正确
		低	高	
步骤 7　专业技术地位	低	419	28	93.7
	高	94	117	55.5
总体百分比		—	—	81.5

注：分界值为 0.500。

表 5 – 27 中的模型显示，在 0.05 的显著性水平下，该模型所有参数都通过检验，也就是说，模型中的每个参数都显著有效，拒绝了 B = 0 的原假设。

表 5 – 27　方程式中的变量

	项目	B	S.E.	Wald	df	Sig.	OR[Exp(B)值]
步骤 7	工龄(X_2)	0.126***	0.023	31.093	1	0.000	1.135
	初职单位体制(X_4)	-0.560**	0.284	3.886	1	0.049	0.571
	英语水平(X_{31})	0.226**	0.083	7.389	1	0.007	1.254
	自费培训费用(X_{33})	0.833***	0.103	65.990	1	0.000	2.300
	社会网络关系高度(X_{38})	0.191**	0.094	4.147	1	0.042	1.210
	社会网络关系广度(X_{39})	0.001**	0.000	11.290	1	0.001	1.001
	互联网平等精神(X_{45})	0.289**	0.119	5.841	1	0.016	1.335
	常量	-4.028	0.602	44.850	1	0.000	0.018

注：*** P < 0.001，** P < 0.05，* P < 0.10。

其中工龄（X_2）、英语水平（X_{31}）、自费培训费用（X_{33}）、社会网络关系高度（X_{38}）、社会网络关系广度（X_{39}）、互联网平等精神（X_{45}）的系数都大于零，其 OR 值都大于 1，说明这些因素对互联网信息技术专业人员的专业技术地位有正向的影响。

初职单位体制（X_4）这个因素的系数为负数，并且其 OR 值小于 1，说明这两个因素对互联网信息技术专业人员的专业技术地位有负向的影响。得到的数学模型如下：

$$Z = -4.028 + 0.126 X_2 + 0.226 X_{31} + 0.833 X_{33} + 0.191 X_{38}$$
$$+ 0.001 X_{39} + 0.289 X_{45} - 0.560 X_4$$

$$P = \frac{exp(Z)}{1 + exp(Z)}$$

其中，P 为专业技术地位为高的发生概率，当 P 接近或等于 1 时，认为较大可能性为高的专业技术地位，当 P 接近或等于 0 时，认为较大可能性为低的专业技术地位。接下来，就模型中的自变量对专业技术影响进行深入分析。

四 模型的解释

从模型的数据分析结果可以得出以下发现。

（1）"自费培训费用"的系数为 0.833，Wald 值为 65.990，相应的 OR 值为 2.300，Sig. 值小于 0.001，说明在其他自变量不变的情况下，自费培训费用越高，互联网信息技术专业人员的专业技术地位越高，个人努力程度研究假设 4 得到验证。

（2）"工龄"的系数为 0.126，Wald 值为 31.093，相应的 OR 值为 1.135，Sig. 值小于 0.001，说明在其他自变量不变的情况下，工龄越长，互联网信息技术专业人员的专业技术地位越高，个人努力程度研究假设 1 得到验证。

（3）"社会网络关系广度"系数为 0.001，Wald 值为 11.290，相应 OR 值为 1.001，Sig. 值小于 0.05，说明在其他自变量不变的情况下，社会网络关系越广，互联网信息技术专业人员的专业技术地位越高，社会网络关系研究假设 4 得到验证。

（4）"英语水平"系数为 0.226，Wald 值为 7.389，相应 OR 值为 1.254，Sig. 值小于 0.05，说明在其他自变量不变的情况下，英语水平越高，互联网信息技术专业人员的专业技术地位越高，个人努力程度研究假设 2 得到验证。

（5）"互联网平等精神"水平系数为 0.289，Wald 值为 5.841，相应 OR 值为 1.335，Sig. 值小于 0.05，说明在其他自变量不变的情况下，互联网平等精神越高，互联网信息技术专业人员的专业技术地位越高，价值观研究假设 5 得到验证。

（6）"社会网络关系高度"水平系数为 0.191，Wald 值为 4.147，相应 OR 值为 1.210，Sig. 值小于 0.05，说明在其他自变量不变的情况下，社会网络关系高度越高，互联网信息技术专业人员的专业技术地位越高，社会网络关系研究假设 3 得到验证。

（7）"初职单位体制"系数为 -0.560，Wald 值为 3.886，相应 OR 值为 0.571，Sig. 值小于 0.05，说明在其他自变量不变的情况下，初职单位为体制外的互联网信息技术专业人员的专业技术地位要比体制内高，经济制度研究假设 1 得到反向检验。

五 专业技术地位获得模型总结

从自变量的影响程度看，互联网信息技术专业人员专业技术地位的显著性影响因素有 7 个："自费培训费用""工龄""社会网络关系广度""英语水平""互联网平等精神""社会网络关系高度""初职单位体制"。其中除"初职单位体制"为制度性因素外，其余因素均为非制度性因素。

除 7 个研究假设得到验证外，其余研究假设均未得到验证。但通过 Wald 值比较可以看到，互联网信息技术专业人员的专业技术地位主导影响因素为非制度性因素，本研究的"制度性与非制度性因素"地位获得理论总假设得到了验证。

第四节 讨论与结论

根据之前的研究基础和二元逻辑回归模型的结果，本研究将结合第三章的地位获得理论，围绕专业技术地位获得模型中非制度性与制度性因素中的显著性因素进行讨论，并得出相关结论。

一 非制度性因素与专业技术地位获得

（一）个人努力程度与专业技术地位获得

个人努力程度与"自致"概念相同，通常是指：个体为实现地位获得而付出的人力、物力、财力等方面的努力。根据韦伯的理论思想，现代社会中的地位获得的核心就是人力资本，也就是说个人努力程度越高，人力资本的增加越多，其获得的专业技术地位也就越高。研究发现"自费培训费用""工龄""英语水平""社会网络关系高度""社会网络关系广度""互联网平等精神"六个非制度性因素对专业技术地位获得有显著性影响。以"自费培训费用"Wald 值为参考标准，非制度性因素比制度性因素对专业技术地位的影响要大得多。这说明，非制度性因素在互联网信息技术专业人员专业技术地位获得中发挥了主导作用，"初职单位体制"这个非制度性因素在该过程中发挥的作用虽然显著，但是处于次要地位。为了深入研究个体性因素对专业技术地位获得的影响，本研究对"自费培训费用""工龄""英语水平"三个影响因素进行了进一步讨论。

1. 职业技能培训与专业技术地位获得

"自费培训费用"是个人努力程度的重要组成部分。"自费培训费用"不仅意味互联网信息技术专业人员的主观努力程度，而且意味着其在行动上的积极努力程度。为了进一步验证个人努力程度对专业技术地位获得的影响，本研究进行了针对性的深入访谈。

ZZY，年龄 36 岁，北京某 IT 公司老总

学历教育跟不上技术发展节奏，不学习就会被淘汰

学①：为什么"自费培训费用"投入越多，专业技术地位越高？

ZZY：这个要分两类人群讲，一是刚入职的人员。无论是本科生还是硕士生，初职时一般都不会有很强的 IT 技能。一方面是因为他们学的都是一些系统、理论性的东西，对于实际操作接触较少，无法胜任企业需要；另一方面当下的计算机学历教育比较落后。以教材为例，高校学历教育使用的教材已经跟不上互联网信息技术发展节奏。除了几个"985"或者"211"的学校使用国外较为先进技术的教材外，其他相当部分的计算机教材都已经"out"了。这样培养出来的学生不能胜任企业的岗位要求，更不能适应 IT 界的高创新环境。因此，他们要想在 IT 界发展就必须想办法进行系统的培训。目前掌握一门计算机语言花费在 2 万元以上，封闭式学习 6 个月左右。他们一旦进入北大青鸟等类似的培训机构，接触的就是与公司需求高度关联的具体项目培训。更具体地讲，培训就是在做公司的产品。培训的技术路线、理念都非常接近一线公

---

①　学：调查的学生。

司。同时，培训机构会把在工作中遇到的很多的问题以及解决办法都找出来教给学员，而在企业里面，很少有企业会花大部分时间给某个员工进行系统的讲解和培训。只有参加了较为系统的职业培训，这群人才能为获得较高的专业技术打下基础。

学：那另外一个群体情况如何呢？

ZZY：对于已经在圈子里混的 IT 工程师，他们更需要职业培训。互联网信息技术产业具有高度的淘汰性。你看现阶段 Java 和 Linux 语言就迅速地将以前风靡一时的 C 语言和 C＋＋语言淘汰了。一旦技术创新，就会有一批人员失业。因此，只有不断去参加高端的培训班，接触技术大牛，才能了解技术的前沿，获得最先进的技术和思想。

学：为什么企业自身不进行员工内训，而需要借助民办培训机构外训呢？

ZZY：互联网信息技术发展太快，技术的开放性太强。企业内训往往存在技术局限和近亲繁殖等问题。而专业性的民办培训机构与一线技术和市场需求是高度吻合的。这些培训机构可以汇聚技术界、学界、业界更优秀的技术大牛、产品经理、专业老师等培训资源，更能促进公司专业技术人员的水平提高。

为了全面掌握培训质量对专业技术水平的影响，本研究深入培训一线进行了深入访谈，结果如下。

CYY，年龄 24 岁，北京某 IT 公司一线码农

一定要找好的培训机构，不怕花钱！

学：自费培训对专业技术水平影响如何？

CYY：不一定！北京 IT 培训机构特别多，就业率比较好的占少数。因为培训机构的学生"脏、乱、差"。进去培训几个月，不可能立马就成为 IT 人士。一般培训出来的人都是"码农"级别，很辛苦，赚很少的钱！必须自己加油学，一定要找好的培训机构，不怕花钱！

访谈结果说明：一是要获得较高的专业技术地位必须通过高强度的个人努力才能实现。该结论也与 Yao W 的实验结果高度一致："再就业的互联网信息技术专业人员完全能通过职业技能培训教育达到与年轻的且拥有学历和技术优势的应届大学毕业生同样的专业技术水平，甚至比这些应届毕

业生更好。"① 该结论与 Stack Overflow 对全球 157 个国家的 26086 名开发者的调查报告结论基本一致："从接受教育的经历来看，约 41.8% 的开发者没有计算机专业经验，在编程方面属于'自学成才'，36.7% 的开发者是在工作中逐渐获得编程技能。"② 也与国内最大的在线学习平台极客学院的研究结论基本一致："入行5～10 年的工程师最喜欢线上的培训课程，不差钱、有效果的学习方式。不分工作年限，超过 60% 的程序员们最爱采取的技能学习方式是在线录播视频学习。"③ 这与舒尔茨的"人力资本"理论具有一致性。该理论认为："个人在劳动力市场中的地位和收入，主要源于劳动力自身的人力资本存量，即劳动者本人的教育水平、工作经验和在职培训。"④

二是正式的学历教育对专业技术地位获得没有显著性影响，培训教育对专业技术地位获得有显著性影响。

本研究认为职业技能培训的重要影响的原因在于四点。

一是互联网信息技术行业对互联网信息技术专业人员的人力资本提出了更高的要求。个体必须拥有较高的知识、技术、经验、智慧才能胜任职业岗位，获得相应的专业技术地位。

二是由于 IT 产业变革速度较快、发展日新月异，知识和技术的革新对工作组织和互联网信息技术专业人员带来巨大的压力。工作组织和专业技术人员需要通过不断学习补充自己的知识与经验，以防止被技术淘汰。

三是互联网信息技术改变了获得教育资源的途径和方式。互联网信息技术重塑了教育，传统的学历教育难以跟上信息社会和市场以及技术发展速度。个体通过传统的学历教育获得专业技术地位的依赖性降低了。他们更多地通过互联网信息技术构建的在线开放教育平台和与市场高度一致的职业培训教育来实现。

四是互联网信息技术具有强烈的"开放、自由、平等、共享"的"技术

① Yao W. A Study on the Difference of IT Skill Between Retrained Professionals and Recent Graduates [M] // Advances in Information Technology and Education. Springer Berlin Heidelberg，2011：115 – 119.

② 2015 Developer Survey [EB/OL]. 2016 – 05 – 31. http：//stackoverflow. com/research/developer – survey – 2015#download – data

③ 极客学院. 2016 年程序员职业薪酬报告 [EB/OL]. 2016 – 06 – 16. http：//www. ccidnet. com/2016/0616/10146330. shtml.

④ Schultz T W. The Economic Value of Education [M]. New York：Columbia University Press，1963.

规制"，不仅要求互联网信息技术专业人员比其他群体学习动机和学习能力更强，而且要求个体本身不断学习、超越自己，始终保持个体获得最先进的技术，保持技术本身的进化。

从整体来看，信息社会的教育更具有开放性和平等性的特点使互联网信息技术专业人员获得专业技术地位可以突破制度性的壁垒实现向上流动，且这种获得的途径更倾向于非制度性因素的影响。这印证了马克卢普的"知识生产理论"："知识经济时代教育与培训是没有区别的，其本质就是为了一种职业或者工作培训的意思。"① 也就是说知识经济时代，专业技术地位可以通过家庭内部教育、学校教育、在职培训、在职教育、自我教育、从经验中学习等途径获得。更具体地讲就是，互联网信息技术专业人员的专业技术地位获得不完全是以传统的家庭教育和学校教育为主的方式，而是家庭教育、学校教育、在职培训、在职教育、自我教育的复合方式。

2. 工龄与专业技术地位获得

工龄在显著性影响因素中的影响程度位于第二位。工龄越长意味着工作经验越丰富，专业技术水平越高。为了进一步验证工龄对专业技术地位获得的影响，本研究进行了深入的访谈。

DL，年龄 34 岁，北京某 IT 公司老总

IT 如中医，需要经验积累

学：为什么工龄越长，专业技术地位越高？

DL：互联网信息技术行业很像中国的中医，都属于技术领域范畴，具有高专业性和高积累性以及服务对象的多样性特征。只要互联网信息技术专业人员继续在 IT 行业内工作，其专业知识量和工作经验会不断积累，知识结构也会不断优化，个体对技术产业和研发的把握会越来越熟练。互联网技术的发展会推着这些人往前走。除非身体条件不好，公司一般不会拒绝聘用工龄较长的程序员。因为这样的人在 IT 行业是比较缺的，绝大部分都已经是技术骨干了，行业内普遍对长工龄的程序员是比较尊重的。比如，前阶段我们招聘的一个技术总监都 40 多岁了。

---

① （美）弗里茨·马克卢普，美国的知识生产与分配［M］. 孙耀君译. 北京：中国人民大学出版社，2007：41.

结合二元逻辑分析结果，访谈说明除身体原因等不可克服的原因外，互联网信息技术专业人员的"工龄"越高，业界声望越高，专业技术地位也越高。这与国内最大 IT 职业在线教育机构极客学院的研究报告《2016 年中国程序员职业薪酬报告》结论高度一致："工作经验满 5 年的工程师最抢手。"[1]

本研究认为其原因主要有两点。一是工龄越长，互联网信息技术专业人员的工作经验越丰富，知识面也会越广，处理代码程序上思想越成熟，对技术和工作组织运行把握更准，对技术、人力、资源的整合能力也就越强，完成的项目越多，获得的专业技术地位也越高。本质上讲，这也是互联网信息技术的"技术规制"要求。其要求技术不断延伸到一线需求，连接各个领域，共享先进技术和知识，这就如同一股"无形的浪潮"，不断将互联网信息技术专业人员推向技术和发展前沿，以此来实现互联网信息技术"知识资本"的价值以及技术的使命和宗旨。互联网信息技术专业人员工龄越长，受到的推动力越大，专业技术水平也就越高。正如约翰·奈斯比特认为，信息和知识是信息社会最重要的战略资源和权力来源之一，且信息产业又是脑力密集型产业，这就导致信息社会极度依赖个体脑力劳动和知识的积累，尤其极度依赖互联网信息技术专业人员的工作经验积累。也正如彼得·德鲁克的"知识社会"理论观点："知识已成为知识社会最主要的产业。"[2]

二是工龄越长，职业技术培训机会越多，专业技术地位获得越高。工作组织为提升自身的竞争能力，都会花费大量资金对专业技术人员进行不同程度的职业培训。工作组织更倾向于选择工龄较长的专业人员进行培训，以提高组织的竞争力。因此，工龄越长，职业培训的机会越多，获得的专业技术地位也就越高。正如技术批判学派文森特·莫斯可团队的"知识劳工"理论说的那样："知识资本"逐渐成为技术资本主义经济中的内核之一，那些掌握了互联网信息技术的科技和技术专家成为投资对象，传统资本期望从他们的技术和智力中获得相应的回报。工作组织通过职业培训培养出了一批"知本家"、"智本家"、技术资本家等。技术精英与商业精英密切合作，实现了工作组织和个体的价值。因此，随着工龄的增长，互联网信息技术专业人员拥有的信息和知识优势越大，获得的专业技术地位也就越高。

① 极客学院. 2016 年中国程序员职业薪酬报告［EB/OL］. 2016-06-16. http://www.199it.com/archives/484914.html.
② （美）约翰·奈斯比特. 大趋势——改变我们生活的十个新方向［M］. 梅艳译. 北京：中国社会科学出版社，1984：18.

3. 英语水平与专业技术地位获得

"学会外语和电脑，就能满世界跑！"英语作为世界上使用范围最广、使用人数最多的语言，也是中国多数人选择的第一外语。[①] 更重要的是英语也是互联网信息技术领域使用的第一语言。从计算机科学之父图灵到信息论的提出者香农，再到"RRS-简易信息聚合"技术发明者戴夫·温纳、互联网发明者伯纳斯·李，以及随后众多互联网信息技术的发明者，无一例外其使用的技术表达和思想承载以及设计的编程语言都使用了英语。为进一步研究英语水平对专业技术地位的影响，本研究访谈如下。

LW，年龄 28 岁，上海某 IT 公司高级工程师

英语不好绝对是痛苦的事情

学：为什么英语水平越好，专业技术地位越高？

LW：从技术语言本身来看，世界主流的编程软件都是用英语设计的。编程不仅要看英文的 API 文档，而且进行技术交流和寻求解决技术问题多采用英语。最重要的是编程软件的设计融入了英文的语言逻辑和理念。你英文水平低，也就无法灵活运用编程软件，最大限度地发挥个人和软件的功能。虽然有 Google、百度等搜索和翻译工具，但英语水平高的技术人员编程工作就是比水平相对较差的要顺利得多。以我为例，我就是一个大专生"码农"出身，我的学历比公司的大多数人都低。但是由于我自学英语，顺利通过了公共英语 5 级，我与一般的研究生相比编程能力就更强。从最新资料的获得途径看，由于前沿技术都是英语系人员开发的，技术文档第一手资料也是英语系的人员提供。国内阅读的资料往往是翻译过来的二手资料，这其中可能会不准确或是有翻译误差。而且外国人对自身开发的框架模型也会较为了解，分析和解决问题上比较有深度。所以说，英语不好绝对是痛苦的事情。

为了了解英语水平对三线城市互联网信息技术专业人员专业技术地位的影响，本研究进一步访谈如下。

WSY，年龄 28 岁，北京某 IT 公司中级工程师

---

① 陈丽萍，刘森林．人力资本视角下英语水平对大学生就业的影响 [J]．青年研究，2015 (5)：11-21.

英语水平越高，学习新技术以及查阅相关文档更有利

学：为什么英语水平一般或者较差也能够胜任编程工作呢？

WSY：对英语水平的需求要根据公司性质和岗位要求来看。好比我们公司属于台湾和大陆合资企业，产品也是多语言的。对程序员来说，我们只要求进行编码即可，对其英语水平要求并不高。英文版产品都是由专业人员翻译而成。我们遇到英语问题一般可以通过相关工具来解决。英语水平反而没有多大作用。但是相对来说，英语水平越高，学习新技术以及查阅专业文档更有利。

从访谈中还发现，随着互联网信息技术的扩散，英语水平不足的劣势可以通过互联网团队协作和互联网工具的使用等方式进行弥补，访谈如下。

ZZY，年龄 36 岁，北京某 IT 公司老总

英语只是一个条件

学：为什么英语水平一般或者较差也能够胜任编程工作呢？

ZZY：英语水平对专业技术的影响存在一定的时间界限。2003 年之前的程序员，英语水平对专业技术地位获得影响很大。因为那时的编程软件的语言和平台都是从国外那边传过来的，技术资料获得比较难，所以必须得查资料。那时候的语言基本上是纯正的英文，技术材料都在英文资料里。2003 年之后的程序员，英语就不是特别大的障碍。一个真正的 IT 从业者，他的技能中，英语只是一个条件，并不是衡量两个人水平高低的关键因素。关键还是在经验和编程思想上，这是最重要的。其中一个重要原因就是，2003 年之后通过互联网的手段来获取资料越来越容易，翻译辅助工具也越来越多。

访谈发现，虽然随着英语翻译工具的使用和互联网信息技术的扩散，英语的沟通障碍降低了，但是英语水平越高，互联网信息技术专业人员获得的专业技术地位越高。该结论与工业和信息化部电子教育与考试中心全国 IT 职业英语水平考试项目组调查结论高度一致：IT 技术是最国际化的技术，IT 应用也是覆盖行业领域最广的应用。中国要想快速发展以服务为基础的外包产业，专业技术人员的 IT 职业英语应用能力培养至关重要。①

----

① 张宏岩. 我国软件外包产业对外语技能需求的现状分析 [J]. 计算机教育，2009（9）：139－142.

结合之前的研究基础和理论分析，本研究认为英语水平的重要影响原因主要有三点。

一是英语是互联网信息技术承载和传递的主要语言。英语水平越高，越能流畅、顺利、全面地进行信息和技术的获取和使用，更容易完成项目，提高专业技术水平，获得较高的专业技术地位。

二是互联网信息技术的"技术规制"本质需要个体使用共同的交流和信息载体工具。英语作为互联网信息技术的承载工具，拥有越高的英语水平，越能够实践"开放、自由、平等、共享"的"技术规制"，最大限度地实现程序员的全球连接，形成开放式的"技术共同体"，以实现个体专业技术地位的提升和技术本身的创新。正如马克卢普的"知识生产"理论认为："知识生产职业在劳动力总额中所占份额随着技术的发展会迅速增长，尤其是专业人员和技术人员的相对地位会极大地提高。"① 具体来说，掌握了较高英语水平的互联网信息技术专业人员就更容易在知识社会中获得较高的专业技术地位。

三是互联网信息技术的"技术规制"本质需要降低英语的职业壁垒，最大限度地实现程序员的全球连接。"知识劳动力生产内部也出现了收入的严重分化，高级知识生产劳动力获取经济收入机会的增加，将会导致非技术的体力劳动者获得经济收入机会的降低，后者的失业危机就会增加"。从某种程度上讲，知识经济时代对"廉价"劳动以及低技术劳动者具有一定的排斥作用。同理，英语水平高的互联网信息技术专业人员更容易突破职业壁垒，但对于英语水平相对较低的互联网信息技术专业人员则具有一定的排斥作用。但是由于互联网信息技术的"技术规制"要求，互联网信息技术和专业人员一起构建了开放式的英语在线翻译工具和平台，以抵制技术的排斥性，将个体最大限度地纳入"技术共同体"中，以实现互联网信息技术的使命和宗旨。因此，英语水平是互联网信息技术专业人员的专业技术地位获得的重要影响因素，但其重要性也伴随着技术的创新在不断降低。

（二）价值观与专业技术地位获得

互联网平等精神是互联网信息技术的"技术规制"的重要组成部分，其特征决定了互联网信息技术内部是一个平等的世界。在这个技术世界中，互联

---

① （美）弗里茨·马克卢普. 美国的知识生产与分配 [M]. 孙耀君译. 北京：中国人民大学出版社，2007：329－330.

网信息技术专业人员之间的信息和知识的交流、交往和交易，剥去了权力、财富、身份、地位、容貌标签，在网络组织成员之间是彼此平等的。那么，互联网平等精神越高的互联网信息技术专业人员越符合互联网信息技术的"技术规制"，越能够把握住技术的本质和内涵，获得的专业技术地位也就越高。因此，本研究对互联网精神对专业技术地位获得的影响进行了如下访谈。

CDF，年龄 40 岁，北京某 IT 公司架构师
如同武侠小说，技术牛人普遍愿意开源切磋

学：为什么越倾向于开源的 IT，专业技术地位越高？

CDF：从个体上看，就一般的工程师而言，做出来一个小专利或者小产品其主要目的是挣钱。因此，他对这个知识产权的保护要求比较高，希望最大限度地获得"风投"和利益转化。这些人成为牛人的比较少。他们认为自己编写的东西就必须自己把着，他们不属于 IT 界里的纯技术派，而是属于游走在资本、企业之间的"掮客"。他们没有稳扎稳打去提高专业技术水平，而且为了获利封闭自己的技术交流，结果专业技术水平难以得到实质性的提高。对于单独做产品和做开发的工程师而言，倾向于开源的工程师中牛人会比较多。就像武侠小说里头，真正成为一个高手，都是愿意相互拿出真本事进行切磋，开源的人更倾向于联合起来一起去做一件事情。从开源技术本身来看，开源源码放出给每个 IT 人去使用阅读，结合众人的智慧更能查漏补缺或者对框架进行大规模修复和 bug 的发现。国际惯例显示，好软件都是从开源做起来的，封闭根本就做不起来，IT 的发展就是这样，一旦"被控制"就会被新的技术和组织代替，实现自由发展。

访谈更深刻地说明：越倾向于开源软件的，互联网平等精神越高，获得的专业技术地位越高。支持开源软件也就是互联网信息界内所讲的支持"自由软件运动"。

本研究认为其原因主要有以下三点。

一是互联网信息技术的平等的"技术规制"更符合科学精神，能够促进个体获得更多的科学声望和激励，降低异化程度，不断去探索技术创新和进步，获得更高的专业技术地位。互联网信息技术的核心是计算机科学，技术的创新和发展亦符合科学精神。巴伯指出："科学中的'公有性'和'无私利性'价值观不提倡精心地构筑基于金钱收入基础之上的、易招致反感的等级

差别。科学家间的竞争严格限制在取得科学成就上，'钱的竞争'在道德上是被禁止的。"① 也正如斯多曼指出的："源代码是计算机科学进一步发展的基础，如同科学知识一样，应该可以自由地得到。"② 因此，互联网平等精神越高，互联网信息技术的"技术规制"实践越好，个体获得的专业技术地位越高。

二是互联网信息技术的平等的"技术规制"实践，有利于工作组织和个体的技术创新。胡启恒强调："互联网的所有创造发明，都产生于知识共享开放创新。真正做到了全球范围的创新接力赛：多个团队、多发的独立创新、无障碍共享、深度共享，充分交流、互为人梯、不断攀升。所谓站在巨人肩膀上，在没有路的地方走出越来越宽的路。互联网的先驱们在缔造互联网的同时，向世界展示了知识的深度、及时共享和开放创新产生了多么伟大的智慧。"③ 也就是说，互联网信息技术的平等的"技术规制"能够促进技术团队的合作和创新，能够实现知识自由平等地获取和使用。因此，只有尊重科学和技术的本质属性，平等地合作和交流，才能获得更大的创新和发展，互联网信息技术专业人员才能获得更高的专业技术地位。

三是互联网信息技术的平等的"技术规制"是"后工业社会"意识的体现和实践，个体拥有强大的价值观认可，专业技术地位能够获得极大的推力。"由于传统资本主义社会与后工业社会的中轴原理不同，不同的政治和文化构造的社会和阶级意识是不同的。"④ 从社会运行的逻辑看，"后工业社会"即信息社会具有强烈的崇尚"自由""延伸"等"反传统文化"的现代性价值观特点，互联网信息技术专业人员的价值观取向更倾向于"自由、开放、反传统、排斥政治、崇拜技术权威"。从技术承载个体看，互联网信息技术专业人员对技术历史的、天然的联系，其职业和身份内部认同应该比较强烈，且倾向于传递其特有的价值观。因此，在互联网信息技术和技术价值观文化中，对传统的颠覆和对自由的向往是与生俱来的。崇尚

① 李伦. 作为互联网精神的自由、开放和共享——兼谈技术文化价值的生成 [J]. 湖南文理学院学报（社会科学版），2006（3）：34-38.
② 李伦. 自由软件运动与科学伦理精神 [J]. 上海师范大学学报（哲学社会科学版），2005（6）：39-44.
③ 胡启恒. 互联网精神 [J]. 科学与社会，2013（4）：1-13.
④ （美）丹尼尔·贝尔. 后工业社会的来临——对社会预测的一项探索 [M]. 高铦等译. 北京：新华出版社，1997. 25.

自由，不断追求自我的"向外"伸展能力成为后工业时代个体价值观的重要特征。这造成信息社会与传统社会的文化矛盾和断裂，并且随着科学与知识从有限性向无限性的转向，这种价值观会越来越强烈。因此，互联网信息技术专业人员的互联网平等精神倾向越强烈，越符合"后工业社会"运行和发展规律，其获得的专业技术和支持就越高，获得的专业技术地位也就越高。

（三）社会网络关系与专业技术地位获得

荀子曰："人之生也，不能无群。"这就是说人是一种关系化存在，或者更为具体地说，在现实社会中，人与人之间是由各种各样的关系联结起来的，任一个体都必定嵌入特定的社会网络关系之中，并与之有着密切的互动。古今中外，概莫能外。互联网信息技术专业人员建立社会网络关系的能力已经成为IT企业的核心能力。通过社会网络关系实现其有效的沟通和相互理解是互联网信息技术专业人员提升专业技术水平和创造价值的关键。通过数据分析，本研究也发现了类似的结论。因此，本研究围绕互联网信息技术专业人员社会网络关系的高度和广度对专业技术地位获得的影响进行了深度访谈，结果如下。

ZK，年龄40岁，北京某IT公司技术总监

好的技术大牛都活跃在技术论坛上

学：为什么关系越广且越厉害的IT专业技术地位越高？

ZK：这里讲的关系就是行业所说的人脉。程序员的人脉对技术的交流与技术问题的解决，作用很大。好的程序员，为什么牛？因为他们都活跃在CSDN、51CTO等论坛里面，他们是惺惺相惜的一群技术朋友。大家遇到问题都在积极反馈和解决。久而久之，这些活跃的程序员逐渐积累大量的技术经验和人脉，通过线下向线上的互动，逐渐形成一个较为稳固的技术交流圈子。在圈子里面不仅可以解决实际工作中的问题，更有能力接到更有挑战和价值的项目，实现专业技术地位的提升。我们在招聘的时候，如果发现应聘者在IT圈内有很多的师兄师弟和同学朋友，公司是非常愿意招聘和培养这个人的。同时，这个人肯定会在圈内越来越强。对于公司来说程序员的人脉越厉害，给公司带来的贡献也就越大，其解决问题的能力也就越强。而那些抱着书自己去看的程序员，一般不行。所以，在我的程序员队伍里，对人脉要求也是比较高的。

为进一步了解低专业技术地位人员对社会网络关系的认识，本研究进行了如下访谈。

ZQP，年龄 25 岁，北京某 IT 公司一线编程员

1 个人的知识量比不上 10 个人的

学：为什么关系越广且越厉害的人专业技术地位越高？

ZQP：从专业技术水平提高上看，IT 学习模式不是依靠对知识死记硬背，更多是你能否解决遇到的问题，或者找到解决的途径。关系越多，寻找解决问题的途径会越多；关系越厉害，解决问题的能力也就越强。如果你身边有那么几个技术大牛和一群朋友，遇到困难，可能一个信息就搞定了。1 个人的知识量比不上 10 个人的。从接触的项目方面看，关系越广，接触的项目也会越多，获得的专业技术知识也比较多。同时关系越厉害，跳槽的选择也越多。如果 IT 在这家公司受到局限了，有关系就可以较为容易地跳槽。每个 IT 人都有一定的圈子，大家都是在一个圈子活动。

可以发现，拥有发达社会网络关系的互联网信息技术专业人员能够通过"技术圈子"的建立，获得更多的技术支持和帮助，能够获得和完成更多的项目，实现专业技术水平的提高。更重要的是"技术圈子"的质量直接对互联网信息技术专业人员的专业技术地位和职业地位获得有重要的正向影响。这说明，发达的社会网络关系可以通过技术交流、信息交流、项目交流、职业流动等形式对互联网信息技术专业人员地位获得有显著性影响。

本研究认为其原因主要是以下四点。

一是市场和专业技能要求互联网信息技术专业人员通过社会网络关系广泛地与外部进行积极联系，促进与上下级和客户的有效沟通，最大限度地促进信息、资本、资源的互联互通，以实现市场、组织、自身的价值。

二是发达的社会网络关系是人类社交天性的本质需求。拥有发达的社会网络关系不仅有利于信息经济的发展，更有利于提升互联网信息技术的创新和互联网信息技术专业人员专业技术水平的提升。由于人生而具有社交的天然需求，每一个人都镶嵌在庞大的社会网络关系结构之中，每一个人都有与他人连接的需求。由于网络的便捷性和实用性，人们更倾向于使用互联网信息技术实现或强化这一本质需求。在强大的人类需求面前，互联网信息技术和互联网信息技术专业人员都获得了巨大的推动力，获得了极大的反馈和回报。正如互联

网信息技术的创新和成功源于其符合现实连接的本质需求，谷歌、百度、腾讯、Facebook 等众多互联网组织的技术创新和成功都源于其实现了人类"连接"的本质需求。另外，"网络最大的社会功能就是使信息快速走向透明，而信息透明就意味着人类将生活在一个低头不见抬头见的熟人社会或者地球村庄，在这样的社会环境中，只有真诚合作、诚信交往者才能获得持续发展的机会"。① 经验告诉我们，知识与技能的互补，让合作更富有成效，导致总体大于各组成部分的总和。② 毫无疑问，我们从发明人网络上看到，任何一个人的创新，都离不开他们的成果信息。突破往往发生在相互合作的小圈子内，而网络正是能够促进个体建立社会网络关系实现技术突破的关键。因此，互联网信息技术专业人员通过发达的社会网络关系不仅可以"共享"到更多的知识和技术，而且可以通过"社交连接"形成的社会网络关系获得更多的技术增值和技术创新。

三是互联网信息技术开放的"技术规制"要求个体具有发达的社会网络关系，以实现有效的合作和最大化的技术价值。互联网信息技术行业要求互联网信息技术专业人员不仅要实现群体内部的高度开放，更要实现跨界的开放连接。一方面，互联网信息技术专业人员需要沟通和了解他们客户的需求、语言、文化，与客户保持密切的关系，以"需求"不断提升业务水平，最大限度地实现技术价值。另一方面，互联网信息技术专业人员的专业水平提高更需要通过发达的社会网络关系实现内部的开放和紧密连接。"孤立的知识点价值是比较低的，只有在整个知识网络中将知识点之间的联系直观地呈现出来，才更加有助于我们深刻地理解其价值。"③ 这就要求互联网信息技术专业人员"建立这种伙伴关系了解和参与他们的业务合作伙伴的过程，尤其是关键战略规划过程。要实现这一过程则需要与不同的功能领域的人进行沟通，并与业务人员共享工作经验"。④ 因此，拥有发达的社会网络关系对于互联网信息技术专业人员获得较高的专业技术地位尤为重要。

---

① 杨培芳. 网络钟型社会：公共理性经济革命［M］. 北京：商务印书馆，2011：276.
② （美）尼古拉斯·克里斯塔基斯，詹姆斯·富勒. 大连接［M］. 简学译. 北京：中国人民大学出版社，2013：182.
③ 杨培芳. 网络钟型社会：公共理性经济革命［M］. 北京：商务印书馆，2011：249.
④ Bassellier G, Benbasat I. Business Competence of Information Technology Professionals: Conceptual Development and Influence on IT-Business Partnerships［J］. Mis Quarterly, 2004, 28 (4): 673-694.

四是发达的社会网络关系符合互联网信息技术的"技术规制"，加速了信息流动的价值实现。开放的"技术规制"要求信息和知识在网络传输中不管受到何种攻击，都能够实现信息传递。也就是要求互联网信息技术专业人员在知识生产中必须具有强烈的知识共享性。通过知识的共享性不断与组织外部和内部实现高度的"大连接"，以实现互联网信息技术最大化的扩张和连接，实现互联网信息技术的使命和宗旨。正如社会网络关系理论学派认为，社会网络关系的广度和高度都深刻影响社会人的地位获得。互联网信息技术专业人员的地位获得亦然。

五是发达的社会网络关系有利于实现"技术价值观"的认同。一方面，作为信息社会的主导者，互联网信息技术专业人员通过论坛、微博、微信等线上和学会、协会等线下的"圈子"去连接各个个体，维系并不断加强"技术共同体"的存在。正如丹尼尔·贝尔"后工业社会"理论所言："由于知识分子和信息工作者阶层的崛起，他们通过自身掌握的资源不断地强化特有的价值观，对维系传统地位的资本主义文化进行割裂和重塑。他们通过技术的设计与控制不断形成自我的技术和社会认识价值观。"因此，互联网信息技术专业人员更倾向于通过形成相互认同的"技术圈子"即"价值观共同体"，在地位中相互确定各自位置。另一方面，他们需要通过发达的社会网络关系，不断向外界推送设计产品。通过外界使用产品的"使用规则"，实现对他人的"同化"或者"驯化"，"复制"技术价值观，获得声望和权威以及地位。所以说，拥有强大的社会网络关系不仅有利于互联网信息技术专业人员的专业技术地位获得，更有利于互联网信息技术最大规模扩散和创新。正如默顿的"社会结构"理论所认为的，专业技术人员的地位获得与普通群体有一定的差异，他们的社会网络关系具有强大的凝聚力。他们不单单具有强烈生产体系的指挥倾向，还具有强烈的社会倾向和政治倾向。专业技术人员通过对技术和忠诚等价值观取向的实践，实现自我角色的认定和扮演，形成了具有一定职业伦理和强烈社会阶层认同意识的群体，也是默顿所说的"科学家共同体"。

二　制度性因素与专业技术地位获得

在制度性影响因素中只有初职单位体制对专业技术地位获得有负向显著性影响，而政治制度、经济制度、家庭背景因素、城市等级制度、性别分割制度等其他因素对专业技术地位的获得没有显著性影响。因此，本研究对其进行了深入讨论。

单位制是工作组织的主要表现形式。美国学者奥德丽·唐尼索恩曾经指出："从'文革'时期开始，中国社会中出现了单位对资源的占有与分割的趋势。"① "再分配体制下，单位是控制和运用资源的主体。单位资源的多寡，依其谈判能力而定，即向计划分配者讨价还价的能力。"② 因此，单位是再分配体制下的结构壁垒，对个体地位获得的影响是深刻和持续性的。

本研究二元逻辑回归分析显示，初职单位对专业技术地位获得有负向显著性影响。初职单位为体制外的互联网信息技术专业人员比体制内的互联网信息技术专业人员更容易获得较高的专业技术地位。这与众多研究结论差异较大。为此，本研究从专业技术的地位定位和功能、地位获得机制、技术提升逻辑三个视角研究了单位制对互联网信息技术专业人员专业技术地位获得的影响，访谈如下。

MKF，年龄 37 岁，北京某 IT 公司老总
体制外的属于创新型地位，体制内的处于服务型地位

学：初职单位中，为什么体制外的 IT 比体制内的专业技术地位要高？

MKF：技术在两个体制单位的地位和功能是不同的。体制内单位中的互联网信息技术处于服务型地位，属于从属地位。IT 更多的是协助其他成员或部门进行软硬件维护。而在体制外，IT 扮演的是直接生产者角色，发挥着促进生产力的功能，企业投入的人力、物力必须最大限度地转化为生产力，企业才能生存发展。更具体地说，体制外的企业引领互联网信息技术创新。由于这种地位和功能差异，人才进入体制内就很难接触到先进的技术，专业技术的后续发展就缺乏必要的环境。毕竟进入"高大上"的研究机构的人才属于少数。

为了进一步了解体制外和体制内人员的专业技术地位差异，本研究对互联网信息技术专业人员人力资源负责人进行了如下访谈。

CZQ，年龄 35 岁，北京某 IT 公司人力资源总监

---

① Donnithorne A. China's Cellular Economy: Some Economic Trends Since the Cultural Revolution [J]. The China Quarterly, 1972, 52 (52): 605 - 619.
② 边燕杰，李路路，李煜等. 结构壁垒、体制转型与地位资源含量 [J]. 中国社会科学，2006 (5): 100 - 109.

要生存，只能拼技术

学：为什么初职单位体制外的比体制内的专业技术地位要高？

CZQ：因为体制内本身资源比较集中，体制内单位获取政治资源、经济资源、技术资源的成本就比较低，所以体制内单位压力比较小。实在不行，纳税人买单了。但是体制外单位就不同，每一分钱都必须用在刀刃上。招聘人才的首要要求就是专业技术水平高，能解决企业和用户的问题。招聘时不会看性格、家庭背景、出生地区、政治素质等因素。这些人才一旦进入体制外单位，其发展就会进入不断向前的节奏，形成"向上发展"的职业方向。随着完成项目的增加以及技术经验的积累，其专业技术水平会越来越高。但体制内发展就不同，很多技术人是为领导和其他部门服务的。要学会"搞关系"、"打招呼"、"迎接各种检查"以及"强化政治思想意识"。第一次就业如果进入体制内，其专业技术的发展途径和逻辑的技术导向就会产生较大的差异。久而久之，体制内人才的专业技术地位肯定是低于体制外的。

为了进一步印证初职单位体制对专业技术地位获得的影响，本研究对体制内人力资源负责人进行了深入访谈。

QQL，年龄37岁，长沙某体制内IT单位人力资源负责人

掌握公共资源，体制内选人要看政治和思想道德品质

学：为什么初职单位为体制内专业技术人员的专业技术水平比体制外的要低？

QQL：我们对专业技术人员的要求与体制外的要求是不同的。不是技术好的就一定能够进来。首先要政治上合格、思想道德品质优秀的。选拔出来的人才要对国家和社会负责。技术好并不代表一切。因为一旦拥有公共权力，出了问题是要负责的。体制外的企业就不需要考虑这么多。一旦出问题要么辞退，要么报警，他们考虑的没有这么多。同时体制内招聘的互联网信息技术专业人员主要是为其他核心部门服务，工作只需要能够维护和运营买回来的软硬件即可。因此，接触的项目和技术也是被动的，不是主动的。这就决定了初职进入体制内的专业技术人员接触技术和项目较少，导致专业技术水平提高缺乏环境。久而久之，他们也就被嵌入了体制内。

为进一步了解单位环境对专业技术地位获得的影响，本研究再次对体制外的专业技术人员进行了访谈。

CZQ，年龄 35 岁，北京某 IT 公司人力资源总监

技术不提升，就要被淘汰

学：单位环境是如何影响专业技术地位获得的？

CZQ：同样是初职工作 5 年，体制外的专业技术人员水平肯定比体制内高，这是由单位环境决定的。体制外单位要求投入了人力、物力就必须给单位带来多少的回报，专业技能必须应用到实际工作中，得到市场和用户认可。如果不是，专业技术人员就要被淘汰，所以逼着他一直在往前进步。体制外单位"加班"意味着你必须加倍完成项目，虽然很辛苦，但是在工作中能积累大量的经验，每做完一个项目，专业技术水平就会提升一些。体制内工作朝九晚五，项目少。随着时间的推移，专业技术水平差异会越来越大。一旦差距拉开，再想赶上就很难了。

访谈说明，拥有更少体制性优势的体制外互联网信息技术专业人员比拥有更多体制性优势的体制内互联网信息技术专业人员更容易获得较高的专业技术地位。这与大部分学者的研究结论不一致。他们认为：由于体制内拥有更多的政治资源、经济资源等制度性优势，体制内的人往往更容易获得较高的地位。但是该结论与边燕杰等的研究结论有一定的相似性："市场经济的发展正在弱化单位壁垒和地区壁垒的作用。"① 该结论充分说明，技术和市场的力量正在将单位壁垒的负面作用降到最低。在高度依靠知识和技术的信息社会中，专业技术地位更多地需要能够积极引导个人努力的"高度开放""充分竞争""相对公平"的单位环境。那些依靠制度性因素形成"福利岛"的环境只会阻碍互联网信息技术的创新和进步。本研究认为其原因主要有以下两点。

一是体制外工作组织特征符合互联网信息技术的"技术规制"特征，其比体制内的环境更能促进个体技术的进步和价值实现。正如"波敦克效应"认为："机构的研究条件和研究气氛对科学家的产出具有举足轻重的作用。"② 体制外开放、灵活、自由、公平的组织结构更有利于互联网信息技术的创新和发展。这种结构性的特征与托夫勒对信息社会中的公司地位和功能判断一致：

---

① 边燕杰，李路路，李煜等．结构壁垒、体制转型与地位资源含量 [J]．中国社会科学，2006（5）：100 - 109.

② 王志田．科学界的社会分层效应 [J]．科学技术与辩证法，1991（2）：39 - 40.

"现代公司是一个从事信息加工的蜂巢，首席信息官和互联网信息技术专业人员则是战士，他们既是建造电子公路的工程师，也是日益拓展的电子公路上的警察，也就是说他们既制造电子系统，又管理整个系统。"① 这就要求工作组织创造开放自由的环境，便于实现信息交流。一旦进入体制外组织，互联网信息技术专业人员就进入一个极具延展性的组织之中，通过这种体制外的公司结构中的项目牵引，最大限度发挥其主观能动性。因此，互联网信息技术专业人员初职进入"高度开放""充分竞争""相对公平"的体制外单位环境更符合互联网信息技术的发展特点，其专业技术地位也就获得了最优化的环境和最大限度的机遇。

二是体制内的工作组织特征不符合"技术规制"要求，跟不上市场和技术发展节奏，个体的技术进步和价值实现被环境所限制。"环境相对封闭""结构壁垒性相对更强""竞争相对较弱""职能定位较低"的体制内单位不利于互联网信息技术专业人员获得较高的专业技术地位。也就是说只有顺应互联网信息技术的开放性特征，技术人的专业技术地位才能提高。因此，信息社会中，互联网信息技术的创新和发展不可能出现在高度依靠制度性因素存在和发展的工作组织中，技术的创新与发展需要相对"开放、自由、平等、共享"的环境。

三　结论

根据实证研究和理论分析，本研究得出以下六个结论。

一是从外部看，互联网信息技术专业人员整体专业技术水平高，远远高于全国劳动力平均水平，且相对其他职业群体具有强烈的"平等"技术价值观取向。

二是从内部看，互联网信息技术专业人员专业技术地位竞争激烈，内部分层较为明显，但地位竞争环境相对公平开放。个体在获得专业技术地位的过程中，制度性的壁垒基本不存在。

三是从影响因素看，虽然非制度性因素和制度性因素共同对互联网信息技术专业人员的专业技术地位产生影响，但是6个非制度性因素起到了主导性作用。其中，"自费培训费用""工龄""英语水平"等3个个人努力程度因素对

---

① （美）阿尔文·托夫勒. 权力的转移［M］. 吴迎春，傅凌译. 北京：中信出版社，2006.7：174.

专业技术地位获得有显著性的影响；"社会网络关系"因素对专业技术地位获得有显著性的影响；"互联网平等精神"水平对专业技术地位获得有显著性的影响。制度性因素方面，"初职单位体制"对专业技术地位获得有显著性影响，并获得了反向检验。体制外的互联网信息技术专业人员比体制内的更容易获得较高的专业技术地位。这进一步说明了非制度性因素在专业技术地位获得过程中发挥了决定性的作用。

四是从比较上看，通过 Wald 值的比较可以发现，互联网信息技术专业人员的专业技术地位获得更多地依靠非制度性因素中的个人努力程度和自身构建的社会网络关系发达程度。这不仅说明信息社会中获得专业技术地位是相对公平和开放的，更说明互联网信息技术正在改变传统社会的运行逻辑和资源配置方式，也进一步印证了在信息社会中技术和个体以及市场的力量逐步崛起，国家和市场力量的重要地位正在让位于技术和个体以及市场。

五是从发展角度看，互联网信息技术的"技术规制"对于技术和专业技术地位有着深刻的影响，平等"技术规制"对专业技术地位获得有着重要影响。因此，技术的发展和创新以及专业技术地位的获得必须遵循互联网信息技术的特有的"技术规制"，否则将失去互联网信息技术创新的动力和优势。

六是互联网信息技术专业人员获得专业技术地位过程中制度性因素的影响逐渐减弱甚至消退，更多依赖于个人的努力程度等非制度性因素。这不仅充分体现了互联网信息技术的公平性，更深刻说明了互联网信息技术能够给予个体力量实现地位获得，促进个体、技术、社会的价值实现，推动人们跨越阶层固化的藩篱，促进人类自由全面发展。

第六章

互联网信息技术专业人员的职业地位获得

本章通过实证研究和理论分析，研究了互联网信息技术专业人员的职业地位的状况、特点以及影响因素。并以第一章的文献分析和第三章的理论分析为基础，通过对比第四章的研究结论，探析了互联网信息技术专业人员的地位获得机制以及互联网信息技术"技术规制"与政治、资本等方面的关系，并得出了相关结论，预测了专业技术人员职业发展、中国社会的现状与特点以及未来发展方向。

第一节　互联网信息技术专业人员职业获得概况

职业地位是互联网信息技术专业人员地位获得的外在表现形式和实现途径，也是实现技术和人的价值的最重要环节，没有职业地位的获得就没有社会经济地位的实现。因此，本研究对互联网信息技术专业人员的初职和现职职业地位获得状况、职业地位流动状况、职业工具理性和价值理性、职业的价值观状况等进行了研究。

一　工龄结构呈现金字塔形态

工龄是衡量工作经验的重要指标，更是职业地位获得的重要的影响因素。因此，本研究对互联网信息技术专业人员的工龄和分层状况进行了考察，结果见表 6 - 1。

表 6 - 1 显示，在被调查的 658 名互联网信息技术专业人员中，平均工龄 5.9311 年，工龄最小的为 0.7 年，最大工龄 35 年，标准差 5.29466 年。该数据与领英公司发布的《中国互联网人才库报告》调查数据基本一致：互联网

从业人员的平均从业年限为 5.87 年。① 相比互联网信息技术进入中国 22 年这个标准，可以发现，部分人员是从一开始就直接从事该职业，部分人员则是转岗进入该行业。这说明，互联网信息技术行业包容性和自主学习性比较强。正如业内俗语所言："机器就放在那里，网一接通，只要你肯学，没有搞不定的。"因此，结合研究实际，本研究以 3 年为分层标准考察了互联网信息技术专业人员的工龄分层状况，结果见图 6 - 1。

表 6 - 1　平均工龄

单位：人，年

频数	最小值	最大值	平均值	标准差
658	0.7	35	5.9311	5.29466

注：不足 1 月按照 1 月计算。

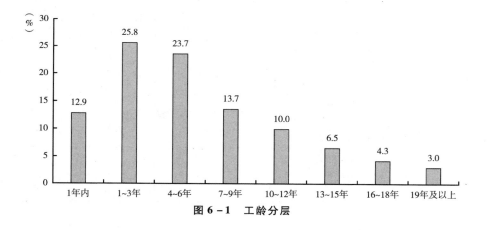

图 6 - 1　工龄分层

图 6 - 1 显示，工龄为 1 年内的约为 12.9%；1 ~ 3 年的约为 25.8%；4 ~ 6 年的约为 23.7%；7 ~ 9 年的约为 13.7%；10 ~ 12 年的约为 10.0%；13 ~ 15 年的约为 6.5%；16 ~ 18 年的约为 4.3%；19 年及以上的约为 3.0%。除去工作不满 1 年的组群，互联网信息技术专业人员的工龄结构呈现金字塔形态。以互联网信息技术在中国发展的 22 年为时间参考，可以发现，大部分互联网信息技术专业人员处于整个互联网信息技术迅速发展时期，其职业地位获得处于新千年工业革命的浪潮之巅。

---

①　领英．中国互联网人才库报告［EB/OL］．2015 - 08 - 30. http：//soft. zdnet. com. cn/software_zone/2015/0810/3058856. shtml.

二 初职职业获得水平适中

自 20 世纪 80 年代中期美国学者魏昂德（Andrew Walder）研究单位制对地位获得影响后，单位对个体地位获得的影响已经成为学界的共识。因此，本研究通过初职职务特点、年薪等级、初职单位性质和规模等方面，考察了互联网信息技术专业人员的初职职业概况。

（一）初职职务等级呈现倒丁字形态

按照互联网信息技术行业的工作内容，本研究从低到高对互联网信息技术专业人员初职职务等级状况进行了考察，结果见表 6-2。

表 6-2 初职职务等级

单位：人，%

	职务等级	频数	百分比	有效百分比	累计百分比
有效	一般程序员或相当的职务	546	83.0	83.0	83.0
	高级程序员/高级软件工程师或相当的职务	75	11.4	11.4	94.4
	项目管理负责人/深度专家/建站或外包公司负责人或相当的职务	21	3.2	3.2	97.6
	部门管理人员/自己成立工作室/架构师或相当的职务	13	2.0	2.0	99.5
	总监或者 CEO/相关技术科学家/独立研发者或相当的职务	3	0.5	0.5	100.0
	总计	658	100.0	100.0	—

表 6-2 显示，处于下层从事"一般程序员或相当的职务"为 546 人，约为 83.0%；中下层从事"高级程序员/高级软件工程师或相当的职务"为 75 人，约为 11.4%；中层从事"项目管理负责人/深度专家/建站或外包公司负责人或相当的职务"为 21 人，约为 3.2%；中上层从事"部门管理人员/自己成立工作室/架构师或相当的职务"为 13 人，约为 2.0%；上层从事"总监或者 CEO/相关技术科学家/独立研发者或相当的职务"为 3 人，约为 0.5%。

从整体上看，初职职务等级整体呈倒丁字形态，进入职场初期普遍从事一线的程序员或相当的职业岗位，职业地位较低。也就是说，不论学历、籍贯、民族、性别等外界因素，互联网信息技术专业人员大多数是从基层干起，职业地位获得的起点和获得机制是相对公平的。

（二）初职年薪层次整体较低

受到城市等级状况、地区等级状况、单位规模、单位性质等因素的影响，从具体年薪数字上很难把握好互联网信息技术专业人员的年薪等级状况。因此，本研究采取互联网信息技术专业人员主观评价法对初职年薪在本单位等级状况进行了考察，结果见表6－3。

表6－3　初职年薪在单位中的层次

单位：人，%

层次		频数	百分比	有效百分比	累计百分比
有效	下层	329	50.0	50.0	50.0
	中下层	191	29.0	29.0	79.0
	中层	107	16.3	16.3	95.3
	中上层	31	4.7	4.7	100.0
	上层	0	0	0	100.0
总计		658	100.0	100.0	—

表6－3显示，年薪等级处于下层的为329人，约为50.0%；中下层的为191人，约为29.0%；中层的为107人，约为16.3%；中上层的为31人，约为4.7%；没有人初职年薪处于单位的上层。

可以发现，79%的互联网信息技术专业人员初职年薪等级处于单位的下层和中下层，直接获得上层和中上层等级的年薪概率极低。这说明，要获得单位较高等级的薪酬必须经过市场和实际工作的检验。更说明，技术和市场结合度极高，互联网信息技术专业人员职业地位的公平性相对较强。为了研究职务等级和年薪等级状况的工作组织特点，本研究进一步考察了互联网信息技术专业人员初职单位的体制和规模。

（三）初职单位以体制外为主

初职单位的性质是对职业地位获得的重要影响因素之一，也是衡量互联网信息技术的"技术规制"的重要标准。由于中国经济制度所有权的复杂性和特殊性，体制内和体制外单位的运行目的、运行逻辑、考评标准、利润分配、价值取向等诸多方面皆存在较大的差异。因此，本研究对初职单位的体制进行了考察，结果见表6－4。

表 6 – 4 初职单位体制

单位：人，%

	单位体制	频数	百分比	有效百分比	累计百分比
有效	体制内（党政事业单位、国企单位等）	138	21.0	21.0	21.0
	体制外（民营、外资企业等）	520	79.0	79.0	100.0
	总计	658	100.0	100.0	—

表 6 – 4 显示，初职在党政事业单位、国企单位等体制内单位就业的互联网信息技术专业人员有 138 人，约为 21.0%；初职在民营、外资企业等体制外单位就业的互联网信息技术专业人员有 520 人，约为 79.0%。

可以发现，互联网信息技术专业人员初职单位性质主要是民营、外资企业等体制外单位。虽然互联网信息技术革命是国际发展趋势和政府强势推动而发生的，但是后期的政治体制和经济体制变革中，民营、外资企业等体制外的工作组织更能适应互联网信息技术的高速发展和变化速度，而相对"封闭"的党政事业单位、国企单位等体制内工作组织不适应互联网信息技术的发展和创新以及个体的价值实现。这更说明，当开放性的互联网信息技术受到来自政治、经济、文化等封闭性组织的影响时，技术的发展和创新会受到负面影响。这与大部分学者对传统人群的研究结论有一定的差异，他们认为拥有更多的体制内资源优势的个体，越能获得较高的职业地位。这一方面说明，互联网信息技术专业人员对相对封闭的体制环境具有排斥性，另一方面说明封闭的组织环境不利于互联网信息技术的创新和发展。

（四）初职单位以大中型单位为主

初职单位规模是职业地位获得的重要影响因素之一。以往的研究显示，工作组织规模越大，职业地位获得越高，向上流动的机会越大。因此，本研究对互联网信息技术专业人员初职单位的规模进行了考察，结果见表6 – 5。

表 6 – 5 显示，初职就业在"X＜3"规模单位的互联网信息技术专业人员为 6 人，约为 0.9%；初职就业在"3≤X＜10"规模单位的互联网信息技术专业人员为 50 人，约为 7.6%；初职就业在"10≤X＜100"规模单位的互联网信息技术专业人员为 215 人，约为 32.7%；初职就业在"100≤X＜300"规模单位的互联网信息技术专业人员为 117 人，约为 17.8%；初职就业在"≥300"规模单位的互联网信息技术专业人员为 269 人，约为 40.9%。

表 6 - 5　初职单位规模

单位：人，%

	规模人数	频数	百分比	有效百分比	累计百分比
有效	X < 3	6	0.9	0.9	0.9
	3≤X < 10	50	7.6	7.6	8.5
	10≤X < 100	215	32.7	32.7	41.2
	100≤X < 300	117	17.8	17.8	59.1
	X≥300	269	40.9	40.9	100.0
	总计	657	99.8	100.0	—
缺失		1	1	0.2	—
总计		658	100.0	—	—

注：X = 人数；根据工业和信息化部、国家统计局、国家发改委、财政部《关于印发中小企业划型标准规定的通知》（工信部联企业〔2011〕300 号）文件和实际研究需要划分。X < 3 为创业微型企业；3≤X < 10 为微型企业；10≤X < 100 为小型企业；100≤X < 300 为中型企业；X≥300 为大型企业。

可以发现，互联网信息技术专业人员大部分就业在大型和中型公司，累计人数 386 人，约为 58.7%。不仅说明互联网信息技术专业人员不断向较大规模的工作组织聚集，而且说明工作组织规模越大，对互联网信息技术专业人员的吸引力越大，实现个体价值的作用也越大。但根据国际成功经验，互联网信息技术的创新往往发生在组织灵活的小微型单位和工作室。一旦形成垄断和封闭的工作组织，技术创新和价值实现就会受阻。

（五）初职获得以"弱关系"使用为主

由于"弱关系"和"强关系"在职业地位获得中发挥功能的差异，社会网络关系使用情况往往是衡量互联网信息技术的"技术规制"的重要标准。因此，本研究对互联网信息技术专业人员的初职获得的"弱关系"使用状况进行了考察，结果见表 6 - 6。

表 6 - 6 显示，"强关系"中，通过"家人或亲戚"获得初职的有 59 人，约占 9.0%；通过"现实生活工作中的同学、同事等朋友"获得初职的有 77 人，约占 11.7%；通过"线上微信、QQ 等互联网自媒体朋友"获得初职的有 18 人，约占 2.7%；"弱关系"中，通过"学校、工会、就业中心等政府相关管理组织"获得初职的有 193 人，约占 29.3%；通过"俱乐部、学会、行会等非政府社会组织"获得初职的有 9 人，约占 1.4%；通过"电视、电台、报纸等传统媒体组织"获得初职的有 17 人，约占 2.6%；通过"互联网、BBS、

贴吧等网络招聘平台"获得初职的有 285 人，约占 43.3%。整体上看，通过"强关系"获得初职的有 154 人，约占 23.4%。这其中主要以"现实生活工作的中的同学、同事等朋友"和"家人或亲戚"为主要关系类型；通过使用"弱关系"获得现职 504 人，约占 76.6%，这其中以"互联网、BBS、贴吧等网络招聘平台"和"学校、工会、就业中心等政府相关管理组织"为主，通过以上两个途径获得初职的比例分别为 43.3% 和 29.3%。

表 6-6　初职获得"强关系"与"弱关系"

单位：人，%

关系类型		频数	百分比	有效百分比	累计百分比
强关系	家人或亲戚	59	9.0	9.0	9.0
	现实生活工作中的同学、同事等朋友	77	11.7	11.7	20.7
	线上微信、QQ 等互联网自媒体朋友	18	2.7	2.7	23.4
弱关系	学校、工会、就业中心等政府相关管理组织	193	29.3	29.3	52.7
	俱乐部、学会、行会等非政府社会组织	9	1.4	1.4	54.1
	电视、电台、报纸等传统媒体组织	17	2.6	2.6	56.7
	互联网、BBS、贴吧等网络招聘平台	285	43.3	43.3	100.0
总计		658	100.0	100.0	——

可以看到，虽然血缘、亲缘、地缘、同学等"强关系"依然对互联网信息技术人员初职获得有一定影响，但是相比"弱关系"还是影响很低。互联网信息技术专业人员职业地位获得主要是通过具有现代意义的"弱关系"社会网络来实现。从深层次上说，互联网信息技术人员职业地位获得的途径和流动是相对开放的，就业环境是相对公平的，互联网信息技术的"开放""自由""平等"的"技术规制"实现较好。

三　现职职业获得水平较高

互联网信息技术专业人员现职状况是职业地位的分层标准。因此，本研究从现职职务等级、现职年薪等级、现职单位体制、现职单位规模、职业获得的途径等方面进行了考察。

（一）现职职务等级呈现矮金字塔形态

现职职务等级是直接衡量互联网信息技术专业人员职业地位的标准。根据其职业内容和标准，本研究考察了其现职职务等级状况，结果见表 6 - 7。

表 6 - 7 现职职务等级

单位：人，%

职务等级		频数	百分比	有效百分比	累计百分比
有效	一般程序员或相当的	336	51.1	51.1	51.1
	高级程序员/高级软件工程师或相当的	132	20.1	20.1	71.2
	项目管理负责人/深度专家/建站或外包公司负责人或相当的	97	14.7	14.7	85.9
	部门管理人员/自己成立工作室/架构师或相当的	73	11.1	11.1	97.0
	总监或者 CEO/相关技术科学家/独立研发者或相当的	20	3.0	3.0	100.0
总计		658	100.0	100.0	—

表 6 - 7 显示，处于单位下层从事"一般程序员或相当的"为 336 人，约占 51.1%；处于单位中下层从事"高级程序员/高级软件工程师或相当的"为 132 人，约占 20.1%；处于单位中层从事"项目管理负责人/深度专家/建站或外包公司负责人或相当的"为 97 人，约占 14.7%；处于单位中上层从事"部门管理人员/自己成立工作室/架构师或相当的"为 73 人，约占 11.1%；处于单位上层从事"总监或者 CEO/相关技术科学家/独立研发者或相当的"为 20 人，约占 3.0%。

从总体上看，现职职务等级呈现扁平的矮金字塔形态。虽然有 51.2% 的互联网信息技术专业人员仍然是处于一线的程序员，但是已经有将近 30% 的互联网信息技术专业人员现职等级处于中层及以上职务等级。换句话说，就是互联网信息技术专业人员通过个人努力实现了职业地位的向上流动，获得了较高的现职职务等级。

（二）现职年薪整体等级以中层为主

现职年薪等级是互联网信息技术专业人员职务地位状况的重要衡量指标。因此，本研究对互联网信息技术专业人员的现职年薪在单位中的层次进行了研究，结果见表 6 - 8。

表 6 - 8　现职年薪在单位中的层次

单位：人，%

层次		频数	百分比	有效百分比	累计百分比
有效	下层	133	20.2	20.2	20.2
	中下层	245	37.2	37.2	57.4
	中层	183	27.8	27.8	85.2
	中上层	80	12.2	12.2	97.4
	上层	17	2.6	2.6	100.0
总计		658	100.0	100.0	—

表 6 - 8 显示，年薪处于下层的为 133 人，约为 20.2%；年薪处于中下层的为 245 人，约为 37.2%；年薪处于中层的为 183 人，约为 27.8%；年薪处于中上层的为 80 人，约为 12.2%；相比初职调查中，没有人初职获得单位的上层年薪情况，现职年薪等级中有 17 人，约为 2.6% 的互联网信息技术专业人员获得了上层年薪。对数据进一步研究发现，仅仅只有 20.2% 的个体年薪依旧处于下层，超过 70% 的个体均实现了年薪等级的向上流动。

这说明，现职的个体努力和价值能够在互联网信息技术的工作组织和市场中以高额的薪酬得到相应的肯定。相比现阶段传统型企业的发展困境，伴随着互联网信息技术的创新和发展，互联网信息技术已经改变了经济的运营方式和逻辑，新兴经济正在高速崛起，互联网信息技术专业人员的职业地位获得了较大的推动力。

（三）现职单位以体制外为主

现职单位体制是衡量互联网信息技术专业人员职业地位的指标之一。因此，本研究对现职单位体制状况进行了分析，结果见表 6 - 9。

表 6 - 9　现职单位体制

单位：人，%

单位体制		频数	百分比	有效百分比	累计百分比
有效	体制内（党政事业单位、国企单位等）	124	18.8	18.8	18.8
	体制外（民营、外资企业等）	534	81.2	81.2	100.0
总计		658	100.0	100.0	—

表 6 - 9 显示，现职在党政事业单位、国企单位等体制内单位就业的互联网信息技术专业人员 124 人，约为 18.8%；现职在民营、外资企业等体制外单

位就业的互联网信息技术专业人员 534 人，约为 81.2%。

可以发现，现职单位依然以体制外为主，有少部分体制内人员向体制外单位进行了流动。这说明，互联网信息技术专业人员就业方向与市场高度相关，更多地倾向于体制外单位。更深层上讲，体制外工作组织更适应互联网信息技术的"技术规制"和互联网信息技术专业人员的价值实现。

（四）现职单位规模以大中型单位为主

现职单位规模不仅是职业地位获得和价值实现的衡量指标之一，而且深刻影响互联网信息技术的发展和创新。因此，本研究对现职单位规模进行了考察，结果见表 6-10。

表 6-10　现职单位规模

单位：人，%

规模人数		频数	百分比	有效百分比	累计百分比
有效	X < 3	8	1.2	1.2	1.2
	3 ≤ X < 10	31	4.7	4.7	5.9
	10 ≤ X < 100	171	26.0	26.0	31.9
	100 ≤ X < 300	118	17.9	17.9	49.8
	X ≥ 300	330	50.2	50.2	100.0
	总计	658	100.0	100.0	—
总计		100.0	—	—	—

注：根据工业和信息化部、国家统计局、国家发改委、财政部《关于印发中小企业划型标准规定的通知》（工信部联企业〔2011〕300 号）文件和实际研究需要划分。X < 3 为创业微型企业；3 ≤ X < 10 为微型企业；10 ≤ X < 100 为小型企业；100 ≤ X < 300 为中型企业；X ≥ 300 为大型企业。

表 6-10 显示，现职就业在"X < 3"规模单位的互联网信息技术专业人员为 8 人，约 1.2%；现职就业在"3 ≤ X < 10"规模单位的互联网信息技术专业人员为 31 人，约 4.7%；现职就业在"10 ≤ X < 100"规模单位的互联网信息技术专业人员为 171 人，约 26.0%；现职就业在"100 ≤ X < 300"规模单位的互联网信息技术专业人员为 118 人，约 17.9%；现职就业在"≥ 300"规模单位的互联网信息技术专业人员为 330 人，约 50.2%。

可以看到，互联网信息技术专业人员大部分就业在大型和中型公司，累计人数 448 人，约为 68.1%。相比初职单位规模，就业在中小微企业的互联网信息技术专业人员比例也在 31.9%。这也反映出，曾经在中小型单位就业过的人，通过个人努力跳槽到了大中型单位，更好地实现自身价值。正如中国俗语所言：人往高处走，水往低处流。这说明，互联网信息技术专业人员的职业地位获得环境是开放和流动的，竞争环境是相对公平的。互联网信息技术的"技术规制"得到了较好的实现和维护。

（五）现职获得以"弱关系"使用为主

经历了实践和工作经验的积累，互联网信息技术专业人员逐步在技术圈内建立了一定的社会网络关系。这种关系被发现对互联网信息技术专业人员的职业地位获得有着较大的影响。因此，本研究对发生了职业流动的互联网信息技术专业人员的现职获得所使用的社会网络关系的状况进行了考察，结果见表 6 – 11。

表 6 – 11　现职获得"强关系"与"弱关系"

单位：人，%

关系类型		频数	百分比	有效百分比	累计百分比
强关系	家人或亲戚	15	5.0	5.0	5.0
	现实生活工作中的同学、同事等朋友	73	24.3	24.3	29.3
	线上微信、QQ 等互联网自媒体朋友	7	2.3	2.3	31.7
弱关系	学校、工会、就业中心等政府相关管理组织	16	5.3	5.3	37.0
	俱乐部、学会、行会等非政府社会组织	0	0	0	37.0
	电视、电台、报纸等传统媒体组织	2	0.7	0.7	37.7
	互联网、BBS、贴吧等网络招聘平台	187	62.3	62.3	100.0
总计		300	100.0	100.0	—

表 6 – 11 显示，发生了职业流动的累计 300 人，约为 45.6%。在强关系中，通过"家人或亲戚"获得现职的有 15 人，约为 5.0%；通过"现实生活工作中的同学、同事等朋友"获得现职的有 73 人，约为 24.3%；通过"线上微信、QQ 等互联网自媒体朋友"获得现职的有 7 人，约为 2.3%。在弱关系中，通过"学校、工会、就业中心等政府相关管理组织"获得现职的有 16人，约为 5.3%；通过"俱乐部、学会、行会等非政府社会组织"获得现职的没有人；通过"电视、电台、报纸等传统媒体组织"获得现职的有 2 人，约为 0.7%；通过"互联网、BBS、贴吧等网络招聘平台"获得现职的有 187 人，

约为 62.3%。

从整体上看，通过"强关系"获得现职的有 95 人，约为 31.6%。这其中主要以"现实生活工作中的同学、同事等朋友"为主要关系类型。这说明，互联网信息技术专业人员的职场中血缘、亲缘、地缘等传统"强关系"的影响逐渐降低甚至失效。其功能逐步被同学、同事等非血缘关系的"强关系"所代替。通过"弱关系"获得现职共 205 人，约为 68.4%，这其中以"互联网、BBS、贴吧等网络招聘平台"为主，约为 62.3%。可以看到，以政府或非政府的社会组织构建的"弱关系"影响逐渐降低甚至失效，其功能逐渐被以互联网信息技术为载体的"弱关系"所代替。互联网信息技术专业人员职业地位获得过程中，制度性因素的影响逐渐被非制度性因素代替。从深层次上说明，互联网信息技术行业整体就业途径和流动是开放的，就业是相对公平的，地位获得的机制也是相对公平和开放的。互联网信息技术的"技术规制"的公平性在职业地位获得过程中得到了充分体现。

四　职业价值观水平较高

价值观深刻影响着互联网信息技术专业人员的行动和职业地位。众多研究发现，高水平的价值观能够促进职业地位的获得。这些价值观体系可以促进权利的共享、信息的开放、民主意识的形成、社会责任和职业道德的提升。[①] 因此，本研究将从互联网信息技术专业人员的职业工具理性和价值理性、互联网精神、互联网信息技术期望三个主要方面进行考察。

（一）职业工具理性与价值理性相对统一

对职业的工具理性和价值理性的判断，深刻影响互联网信息技术专业人员的地位获得。为了了解互联网信息技术专业人员职业工具理性和价值理性状况，本研究分别以从事该份工作是否因为"好就业""工资高""挣钱快""前景好""打破论资排辈""兴趣爱好和理想实现""社会的认可和尊重"七个维度来考察互联网信息技术专业人员的职业工具理性和价值理性状况。结果如图 6-2 所示。

---

① K. Gregory Jin, Ronald G. Drozdenko. Relationships Among Perceived Organizational Core Values, Corporate Social Responsibility, Ethics, and Organizational Performance Outcomes: An Empirical Study of Information Technology Professionals [J]. Journal of Business Ethics, 2010, 92（3）: 341-359.

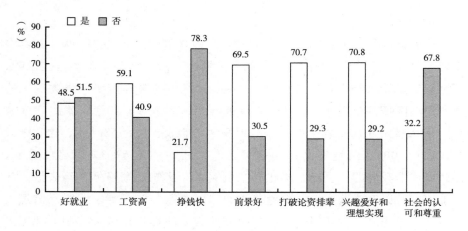

图 6 - 2　职业动机对比

图 6 - 2 显示，从职业工具理性四个维度看，选择"好就业"的约为 48.5%，"工资高"的约为 59.1%，"前景好"的约为 69.5%，选择"挣钱快"的却只有 21.7%；从职业价值理性三个维度看，"打破论资排辈"的约为 70.7%，"兴趣爱好和理想实现"的约为 70.8%，"社会的认可和尊重"的约为 32.2%。

具体来看，互联网信息技术专业人员的职业动机主要倾向于"好就业""工资高""前景好"，但是又可以发现在"挣钱快"的这个项目上出现了不同。一方面是由于许多互联网信息技术专业人员家庭背景较差，出身贫寒，学习和掌握互联网信息技术主要就是为了就业，尽快改善物质生活条件。另一方面，可能由于互联网信息技术职业劳动强度大，经常需要加班，需要一定的技术和工作经验积累，才能获得较高的职业地位和经济收入。所以使"挣钱快"的思想弱化。这与 CSDN 发布的《2015 年度中国软件开发者白皮书》结论一致：50% 以上的软件开发者每天需要加班，14% 的开发者周平均加班时长在 20 小时以上。[①] 与《2015 年中国睡眠指数报告》对互联网信息技术专业人员的调查结论基本一致：由于工作加班，IT 从业者和媒体人睡眠指数得分垫底，其经常出现失眠、入睡困难、早醒等睡眠障碍症状。因此，在"社会的认可和尊重"维度上，67.8% 的互联网信息技术专业人员选择了否定。但从其他两个职业价值理性判断来看，有 70.7% 的互联网信息技术专业人员的职业动机

---

① CSDN. 2015 年度中国软件开发者白皮书 ［EB/OL］. 2016 - 05 - 30. http：//geek. csdn. net/news/detail/43788.

选择了"打破论资排辈"、70.8%选择了"兴趣爱好和理想实现"。这说明，互联网信息技术专业人员的职业价值理性与工具理性相对统一，但职业价值理性要高于工具理性。

为了更加直接地判断互联网信息技术专业人员的职业工具理性和价值理性的状况，本研究以"我认为IT工程师职业只是一个谋生的工具"和"我因自己是IT工程师而感到自豪和光荣"两个题目进行了考察，结果见图6-3。

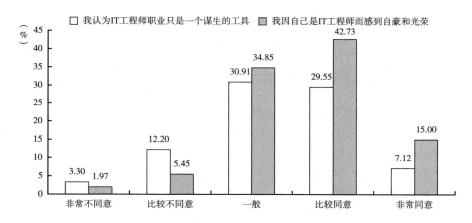

图6-3　职业工具理性和价值理性对比

图6-3显示，57.73%的互联网信息技术专业人员以自我职业而感到光荣和骄傲，有36.67%将自己的职业仅仅当作一个谋生的工具。这与Stack Overflow的《2015~2016年全球软件开发者程序员调查报告》结论一致：76%的开发者表示他们对工作表示满意，36%的开发者表示他们热爱自己的工作，开发者总的来说比其他行业的雇员更愉悦于自己所从事的职业。① 也与2014年中国《程序员收入趋势调查》结论一致：有44.9%的程序员对自己的工作有较强的职业荣誉感，41.5%的职业荣誉感一般，还有13.6%选择了没有职业荣誉感。② 这进一步说明了互联网信息技术专业人员职业工具理性和价值理性是相对统一的。

---

① Stack Overflow. 2015~2016年全球软件开发者程序员调查报告［EB/OL］. 2016-01-14. http：//www. zhongkerd. com/news/content-615. html.

② 新浪网. 沪程序员平均月薪10950元　七成经常超时工作［EB/OL］. 2014-06-27. http：//sh. sina. com. cn/news/b/2014-06-27/0815100075. html.

（二）互联网精神关键维度较强，部分维度较弱

互联网信息技术设计之初的理念逐步形成了强烈的"开放、自由、平等、共享"的"技术规制"。"技术规制"不仅深刻影响职业地位获得，而且往往会直接体现在个体和工作组织的价值观上。正如微软的口号"我们制定了标准"和淘宝的口号"让天下的生意不难做"以及中国共产党提出的"创新、协调、绿色、开放、共享"的社会发展理念，互联网信息技术的"技术规制"在整个工作组织和个体上都留下了深刻的烙印。

因此，结合实地访谈和文献分析，本研究将通过对当前互联网精神关键事件和人物的价值观判断，来考察互联网开放精神维度、平等精神维度、自由精神维度、共享精神维度以及法制精神维度、工程师精神等价值观状况，结果见图6-4。

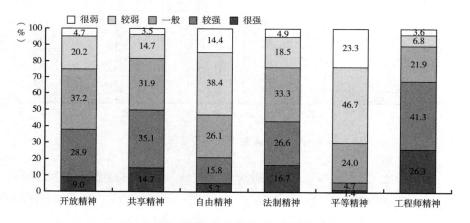

图6-4　互联网精神及法制精神、工程师精神维度状态

互联网开放精神有较强的体现。图6-4显示，在对"我认为苹果、微软垄断代码是违背开放精神的行为"判断上，开放精神"很弱"的约为4.7%；开放精神"较弱"的约为20.2%；开放精神"一般"的约为37.2%；开放精神"较强"的约为28.9%；开放精神"很强"的约为9.0%。可以看到，仅有37.9%的互联网信息技术专业人员对互联网信息技术开放的"技术规制"持肯定态度，远远低于研究预估值。

互联网自由精神有较弱的体现。图6-4显示，在"我认为中国应实施更严格的互联网'实名制'"判断上，自由精神"很弱"的约为14.4%；自由精神"较弱"的约为38.4%；自由精神"一般"的约为26.1%；自由精神"较强"的约为15.8%；自由精神"很强"的约为5.2%。可以看到，仅有

21.0%的互联网信息技术专业人员对互联网信息技术自由的"技术规制"持肯定态度，低于研究预估值，更多地对互联网信息技术专业人员呈现封闭性的技术倾向。

互联网平等精神有较弱的体现。图6-4显示，在"我认为严格的知识产权保护会让知识共享更加平等"判断上，平等精神"很强"的约为1.4%；平等精神"较强"的约为4.7%；平等精神"一般"的约为24.0%；平等精神"较弱"的约为46.7%；平等精神"很弱"的约为23.3%。可以看到，高达70%的互联网信息技术专业人员对平等的"技术规制"持否定意见，远远低于研究预估，呈现技术封闭的倾向。

互联网共享精神有较强的体现。图6-4显示，在"我认为个人通过开源代码编写的软件知识产权完全属于个人"判断上，共享精神"很强"的约为14.7%；共享精神"较强"的约为35.1%；共享精神"一般"的约为31.9%；共享精神"较弱"的约为14.7%；共享精神"很弱"的约为3.5%。可以看到，仅有3.5%的人认为其属于个人，有高达49.8%的互联网信息技术专业人员认为通过开源编写的软件虽然凝聚了个人的智慧和精力，但是其也同时属于互联网大众。可见大多数的互联网信息技术专业人员对"共享"互联网信息技术的"技术规制"持肯定态度，与预估基本一致。

法制精神有较强的体现。图6-4显示，在"我认为'快播只做技术平台，跟内容无关，快播技术平台无罪！'很有道理"判断上，法制精神"很强"的约为16.7%；法制精神"较强"的约为26.6%；法制精神"一般"的约为33.3%；法制精神"较弱"的约为18.5%；法制精神"很弱"的约为4.9%。可以发现，43.3%的互联网信息技术专业人员的法制精神是较强的，互联网信息技术专业人员对技术与法制的界限是清楚的，对技术的使用和责任是明晰的，但是依然有23.4%的人法制精神较为淡薄。一方面可能是由于互联网信息技术本身属于新兴产物，法律适用性有一定的局限。另一方面，由于互联网信息技术的开放性和共享性，其对于信息的传播和处理与现行的公序良俗有较大的差异。但是从整体上讲，互联网信息技术专业人员在涉及违法与违规情况的判断上，法制精神是较为明显的。

工程师精神有较强的体现。"我认为刘德华、范冰冰等娱乐明星比马化腾、马云、李彦宏互联网企业家更能推动中国社会发展"的判断上，显示工程师精神"很强"的约为26.3%；工程师精神"较强"的约为41.3%；工程师精神"一般"的约为21.9%；工程师精神"较弱"的约为6.8%；工程

精神"很弱"的约为3.6%。可以发现，有高达67.6%的互联网信息技术专业
人员持肯定意见，认为互联网信息技术专业人员群体和组织的价值和社会贡献
要高于娱乐明星。

从总体上看，互联网信息技术专业人员的互联网精神在主要维度上有
较强体现，价值观整体倾向于"开放、自由、平等、共享"的"技术规
制"。但是在涉及个人知识产权利益和互联网隐匿性及自由性时，互联网
信息技术专业人员的互联网精神表现较弱。其原因与由现阶段频发的软件
盗版侵权、互联网诈骗等事件所形成的外部环境和其本身利益被侵犯的经
历有关。从整体上看，互联网信息技术专业人员的互联网精神关键维度较
强，部分维度较弱。

（三）互联网信息技术期望强烈

为了进一步了解互联网信息技术专业人员对技术的期望状况，本研究分别
考察了互联网信息技术专业人员对"互联网信息技术促进中国政治的公平正
义""互联网信息技术促进中国经济的发展创新""互联网信息技术缓解中国
社会的贫富分化""互联网信息技术促进中国社会阶层的流动""互联网信息
技术促进言论和信息的传播自由"的期望状况，进一步了解互联网信息技术
专业人员的价值观状况。结果见表6-12。

表 6 - 12　技术期望各维度状况

单位：%，分

选项	很强	较强	一般	较弱	很弱	平均分
互联网信息技术能够促进中国政治的公平正义	22.8	36.8	23.9	12.3	4.3	3.62
互联网信息技术可以促进中国经济的发展创新	28.9	51.1	15.2	3.6	1.2	4.03
互联网信息技术能够促进中国文化的传播繁荣	28.6	39.4	16.7	12.5	2.9	3.78
互联网信息技术可以缓解中国社会的贫富分化	10.3	31.6	34.3	17.5	6.2	3.22
互联网信息技术可以促进中国社会阶层的流动	16.0	35.9	30.4	13.2	4.6	3.45
互联网信息技术可以促进言论和信息的传播自由	29.2	46.5	17.8	4.1	2.4	3.96

注：最高分值为5分，最低分值为1分。

表 6 - 12 显示，在"互联网信息技术能够促进中国政治的公平正义"政治期望上，期望"很强"的约为 22.8%；期望"较强"的约为 36.8%；期望"一般"的约为 23.9%；期望"较弱"的约为 12.3%；期望"很弱"的约为 4.3%；平均期望得分 3.62 分。可以看到，互联网信息技术专业人员的技术政治期望较高。

在"互联网信息技术可以促进中国经济的发展创新"经济期望上，期望"很强"的约为 28.9%；期望"较强"的约为 51.1%；期望"一般"的约为 15.2%；期望"较弱"的约为 3.6%；期望"很弱"的约为 1.2%；平均期望得分 4.03 分。可以看到，互联网信息技术专业人员的技术经济期望很高。

在"互联网信息技术能够促进中国文化的传播繁荣"文化期望上，期望"很强"的约为 28.6%；期望"较强"的约为 39.4%；期望"一般"的约为 16.7%；期望"较弱"的约为 12.5%；期望"很弱"的约为 2.9%；平均期望得分 3.78 分。可以看到，互联网信息技术专业人员的技术文化期望较高。

在"互联网信息技术可以缓解中国社会的贫富分化"社会期望上，期望"很强"的约为 10.3%；期望"较强"的约为 31.6%；期望"一般"的约为 34.3%；期望"较弱"的约为 17.5%；期望"很弱"的约为 6.2%；平均期望得分 3.22 分。可以看到，互联网信息技术专业人员对技术缓解贫富差距的期望较高。

在"互联网信息技术可以促进中国社会阶层的流动"社会期望上，期望"很强"的约为 16.0%；期望"较强"的约为 35.9%；期望"一般"的约为 30.4%；期望"较弱"的约为 13.2%；期望"很弱"的约为 4.6%；平均期望得分 3.45 分。可以看到，互联网信息技术专业人员对促进社会阶层流动的期望较高。

在"互联网信息技术可以促进言论和信息的传播自由"社会期望上，期望"很强"的约为 29.2%；期望"较强"的约为 46.5%；期望"一般"的约为 17.8%；期望"较弱"的约为 4.1%；期望"很弱"的约为 2.4%；平均期望得分 3.96 分。可以看到，互联网信息技术专业人员对互联网信息技术促进言论和信息自由期望很高。

从总体上看，互联网信息技术专业人员的期望从高到低依次为经济创新期望、言论和信息自由期望、文化繁荣期望、政治公平正义期望、促进社会流动期望、缓解贫富差距期望。从整体上看，互联网信息技术专业人员对互联网信息技术期望的内容全面，对技术承担的经济功能、政治功能、文化功能、社会功能期望程度较高，与研究预期基本保持一致。

为了进一步研究互联网信息技术期望整体特征，本研究汇总了期望分数，并且进行了聚类研究，结果见表 6 – 13。

表 6 – 13　技术的期望整体分数

单位：人，分

频数	最小值（M）	最大值（X）	平均值（E）	标准差
658	11	30	22.06	3.742

表 6 – 13 显示，互联网信息技术专业人员整体期望平均分数 22.06 分，期望最大值分数 30 分，最小值分数 11 分，标准差 3.742 分。参考整体设计最大分数 30 分，标准差 3.742 分，可以发现，互联网信息技术专业人员的互联网信息技术期望的分数主要集中在 18.318 ~ 26.802 分。其整体期望较高，呈现乐观、积极、向上的价值观取向。

为从整体上把握期望的分层情况，本研究选取互联网信息技术期望整体分数这个变量，并进行 "K – 平均值聚类" 分析，分为 "低" 和 "高" 两类，结果见表 6 – 14。

表 6 – 14　互联网信息技术期望分层状况

单位：人，%

期望分层		频数	百分比	有效百分比	累计百分比
有效	期望低	297	45.1	45.1	45.1
	期望高	361	54.9	54.9	100.0
总计		658	100.0	100.0	—

表 6 – 14 显示，互联网信息技术期望分层较为明显，期望低的约为 45.1%，期望高的约为 54.9%。综合表 6 – 13 和表 6 – 14 说明，互联网信息技术专业人员对互联网信息技术不仅整体期望水平高，而且在各个维度上的水平也比较高。这说明，互联网信息技术专业人员整体的价值观水平较高。

第二节　互联网信息技术专业人员职业地位获得概况

一　职业地位分层明显

在互联网信息技术界，不论专业技术如何、学历如何，获得职业地位和向上流动是互联网信息技术专业人员价值的重要实现。在了解互联网信息技术专业人员职业基本情况后，本研究选取"职务等级"这个原始指标合成"职业地位"，并进行"K-平均值聚类"分析，分为"低"和"高"两类，结果见表6-15。

表 6-15　职业地位状况

单位：人，%

职业地位		频数	百分比	有效百分比	累计百分比
有效	低职业地位	468	71.1	71.1	71.1
	高职业地位	190	28.9	28.9	100.0
总计		658	100.0	100.0	—

表 6-15 显示，低职业地位的有 468 人，约为 71.1%；高职业地位的有 190 人，约为 28.9%。可以看到，互联网信息技术专业人员的专业技术地位分层是较为明显的。为了深入了解职业状况，本研究对互联网信息技术专业人员的职业流动进行了详细考察。

二　职业流动程度高

作为职业地位获得的重要组成部分，职业流动是互联网信息技术专业人员实现个人价值和社会价值的重要途径。因此，本研究通过职业流动率、职业流动次数、职业流动频率三个方面考察了职业流动程度，结果如下。

（一）职业流动率高

职业流动的次数和强度是衡量职业流动率的重要标准之一。开放的工作组织特点决定了互联网信息技术专业人员的高职业流动特征。因此，本研究对其职业流动次数进行了深入考察，结果如下。

表 6-16 显示，没有经历职业流动的为 197 人，约为 29.9%；有 1 次职业流动经历的为 156 人，约为 23.7%；有 2 次职业流动经历的为 112 人，约为 17.0%；有 3 次职业流动经历的为 113 人，约为 17.2%；有 4 次职业流动经历的为 45 人，约为 6.8%；有 5 次职业流动经历的为 22 人，约为 3.3%；有 6 次及以上职业流动经历的为 8 人，约为 1.4%。

从整体上看，70.1% 的互联网信息技术专业人员发生了职业流动。该比例远高于 2015 年全国劳动力职业流动率 24.86%，[1] 远高于任娟娟调查的西安工

---

[1]　蔡禾. 中国劳动力动态调查：2015 年报告 [M]. 北京：社会科学文献出版社，2015：134.

程师职业流动率51.9%。同时，这个结论与2009年《重庆商报》针对IT白领职业流动的调查和《2014中国互联网职场报告》结论高度一致。

表6-16 职业流动次数

单位：人，%

职业流动次数		频数	百分比	有效百分比	累计百分比
有效	0	197	29.9	30.2	30.2
	1	156	23.7	23.9	54.1
	2	112	17.0	17.2	71.2
	3	113	17.2	17.3	88.5
	4	45	6.8	6.9	95.4
	5	22	3.3	3.4	98.8
	6	4	0.6	0.6	99.4
	8	1	0.2	0.2	99.5
	10	1	0.2	0.2	99.7
	11	1	0.2	0.2	99.8
	15	1	0.2	0.2	100.0
	总计	653	99.2	100.0	—
缺失	系统	5	0.8	—	—
总计		658	100.0	—	—

（二）职业流动平均次数高

众多研究显示，职业流动的平均次数更能说明互联网信息技术专业人员的职业地位获得状况。因此，本研究通过"整体职业流动""体制内职业流动""体制外职业流动"3个变量考察了互联网信息技术专业人员职业流动状况，结果见表6-17。

表6-17 职业流动平均次数

单位：人，次

职业流动	频数	最小值	最大值	平均值	标准差
体制外职业流动	391	1	15	2.4348	1.49879
体制内职业流动	65	1	8	1.9231	1.31467
整体职业流动	456	1	15	2.3618	1.48346

表6-17显示，从整体上看，互联网信息技术专业人员平均职业流动次数为2.3618次，标准差1.48346次，流动最大值为15次，最小值为1次。体制

外平均职业流动次数为 2.4348 次，标准差 1.49879 次，最大值为 15 次，最小值为 1 次；体制内平均职业流动次数为 1.9231 次，标准差 1.31467 次，最大值为 8 次，最小值 1 次。

可以发现，体制内流动平均次数要低于体制外，但整体流动平均次数和体制外流动平均次数高于任娟娟发现的西安工程师职业平均流动次数 2.18 次。该数据与 CSDN 对近万名互联网信息技术专业人员调查完成的《2011 年中国程序员薪水调查报告》结论相似：互联网信息技术专业人员最佳跳槽次数，最好不超过 3 次。① 这说明，互联网信息技术专业人员职业流动次数虽然较高，但是其职业流动也受到一定条件的局限。

由于互联网信息技术的开放性和颠覆性，互联网信息技术专业人员可能在体制内部流动的次数也会较多。因此，本研究详细考察了体制内和体制外的职业流动次数，结果见表 6 – 18 和表 6 – 19。

表 6 – 18　体制外职业流动次数

单位：人，%

	次数	频数	百分比	有效百分比	累计百分比
有效	1	124	31.7	31.7	31.7
	2	93	23.8	23.8	55.5
	3	105	26.9	26.9	82.4
	4	43	11.0	11.0	93.4
	5	19	4.9	4.9	98.2
	6	4	1.0	1.0	99.2
	10	1	0.3	0.3	99.5
	11	1	0.3	0.3	99.7
	15	1	0.3	0.3	100.0
总计		391	100.0	100.0	—

表 6 – 18 显示，体制外互联网信息技术专业人员中，发生了 1 次职业流动的为 124 人，约为 31.7%；发生了 2 次职业流动的为 93 人，约为 23.8%；发生了 3 次职业流动的为 105 人，约为 26.9%；发生了 4 次职业流动的为 43 人，约为 11.0%；发生了 5 次职业流动的为 19 人，约为 4.9%；发生了 6 次职业

---

① CSDN. 2011 年中国程序员薪水调查报告 ［EB/OL］. 2011 – 05 – 12. https：//www.douban.com/note/150356400/.

流动的为 4 人，约为 1.0%；发生了 10 次职业流动的为 1 人，约为 0.3%；发生了 11 次职业流动的为 1 人，约为 0.3%；发生了 15 次职业流动的为 1 人，约为 0.3%。从频次的集中程度来看，体制外的互联网信息技术专业人员职业流动次数主要集中在 1～3 次，且各个次数分布较为均匀。发生 4 次以上的职业流动次数则比较少。综合表 6 - 17 职业流动次数平均标准差来看，职业流动次数主要集中在 1～5 次，未出现高频数的极值。

表 6 - 19　体制内职业流动次数

单位：人，%

次数		频数	百分比	有效百分比	累计百分比
有效	1	32	49.2	49.2	49.2
	2	19	29.2	29.2	78.5
	3	8	12.3	12.3	90.8
	4	2	3.1	3.1	93.8
	5	3	4.6	4.6	98.5
	8	1	1.5	1.5	100.0
总计		65	100.0	100.0	—

表 6 - 19 显示，体制内互联网信息技术专业人员中，发生了 1 次职业流动的为 32 人，约为 49.2%；发生了 2 次职业流动的为 19 人，约为 29.2%；发生了 3 次职业流动的为 8 人，约为 12.3%；发生了 4 次职业流动的为 2 人，约为 3.1%；发生了 5 次职业流动的为 3 人，约为 4.6%；发生了 8 次职业流动的为 1 人，约为 1.5%。综合表 6 - 17 职业流动次数平均标准差来看，职业流动次数主要集中在 1～5 次，未出现高频数的极值。从职业流动频次的集中程度看，体制内互联网信息技术专业人员职业流动次数主要集中在 1～2 次，发生 3 次及以上的职业流动较少。

综合体制外和体制内两组职业流动次数数据以及其他高新科技行业调查数据，可以发现互联网信息技术专业人员的职业流动次数是比较高的。一方面说明，互联网信息技术产业相比生物技术、化工技术等行业发展更快更新、强度更大，互联网信息技术专业人员处于不断变化的产业环境，企业职业需求在不断变化；另一方面说明，由于互联网信息技术不断扩散，技术不断延伸至各个产业和地区，互联网信息技术专业人员需求极为旺盛，处于供不应求的优势地位；更深层地说明，由于互联网信息技术的"技术规制"，互联网信息技术本质上要求人员、技术、资本、信息等生产要素要突破地域、体制、民族、文化等障碍，实现高度流动和整合。

（三）职业流动频率高

职业流动率和职业流动次数以及平均职业流动次数能够在一定程度上反映出互联网信息技术专业人员职业流动状况，但是由于工龄的影响，工龄越长，可能其职业流动次数越多，工龄越短可能职业流动次数越少，也可能存在工龄短职业流动次数却越多，工龄越长职业流动次数却很少，其变量解释性存在一定的局限性。实际访谈中，互联网信息技术专业人员的跳槽是非常频繁的。因此，需要考察职业流动的强度即互联网信息技术专业人员在每个岗位上职业经历的时间。根据互联网信息技术界的一贯考评，本研究将用"职业月工龄/职业流动次数＝职业平均月工龄"即职业流动频率来研究互联网信息技术专业人员的职业流动情况，结果见表 6 - 20。

表 6 - 20　职业流动平均频率

单位：人，月

职业流动	频数	最小值	最大值	平均值	标准差
体制外职业流动	391	1	189.80	36.4287	30.83870
体制内职业流动	65	2	259.86	68.6442	63.74445
整体职业流动	456	1	259.86	41.0208	38.90813

注：最小值不足 1 月按照 1 月计算。

表 6 - 20 显示，互联网信息技术专业人员体制外职业流动平均频率为 36.4287 个月，最大值为 189.80 个月，最小值为 1 个月，标准差 30.83870 个月；体制内职业流动频率平均为 68.6442 个月，最大值为 259.86 个月，标准差 63.74445 个月；整体职业流动频率平均 41.0208 个月，最大值为 259.86 个月，最小值为 1 个月，标准差 38.90813 个月。从标准差看，三个变量的标准差都比较大，说明互联网信息技术专业人员职业稳定性差，流动频率高。

从整体职业流动平均频率值看，互联网信息技术专业人员在每个岗位上就业时间约为 41.0208 个月，约为 3 年半；体制外与体制内有较大的差异。体制内职业流动平均频率是体制外的 2 倍。与领英公司基于中国 1700 万用户的大数据形成的《2015 中国职场人跳槽报告》数据基本一致：中国职场人每份工作的平均在职时间仅为 34 个月。① 与 2014 年领英公司发布的《中国职场人士跳槽报告》数据基本一致：互联网信息技术专业人员是中国职业领域中流动性最大的职业群体，在职时间平均为 34 个月。② 可以发现，无论是体制内还是体制外，互联网信息技术专业人员的整体职业流动性极大，尤其是体制外的互联网信息技术专业人员流动性远远高于体制内的。这说明，体制外的环境更适应互联网信息技术专业人员的地位获得和价值的实现以及互联网信息技术的"技术规制"实现。

三 职务等级整体流动向上

职务等级流动是职业地位流动的重要衡量指标，其变化往往直接决定了地位的变化和个体价值的实现。众多研究发现，互联网信息技术专业人员职业流动往往就是为了获得更好的环境、发展机会、职业薪酬等优势以实现个人价值和社会价值。因此，本研究以"初职职务等级"与"现职职务等级"为变量，考察了互联网信息技术专业人员的职务等级流动状况，结果见表 6 - 21。

表 6 - 21 职务等级流动

单位：人，%

职务等级流动		频数	百分比	有效百分比	累计百分比
有效	职务等级向下流动	10	1.5	1.5	1.5
	职务等级平行流动	50	7.6	7.6	9.1
	职务等级向上流动	598	90.9	90.9	100.0
总计		658	100.0	100.0	—

表 6 - 21 显示，"职务等级向下流动"的为 10 人，约为 1.5%；"职务等级平行流动"的为 50 人，约为 7.6%；"职务等级向上流动"的为 598 人，约为 90.9%。这说明绝大部分的互联网信息技术专业人员通过个人努力实现了职业地位的向上流动。相比其他产业的白领、服务人员等群体，其职务等级流动拥有强大的优势。为了进一步探析职务等级流动特征，本研究考察了体制内和体制外的差异，结果见图 6 - 5。

---

① 领英报告主要调查的为体制外就业人员，未纳入体制内就业人员。

② LinkedIn：2014 年中国职场人士跳槽报告 平均在职时间 34 个月 [EB/OL]. 2014 - 10 - 20. http://www.199it.com/archives/282396.html.

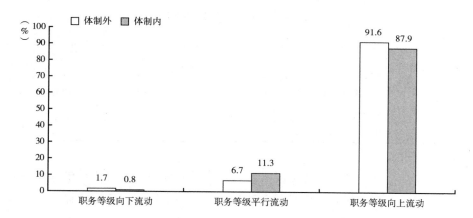

图 6 - 5　体制内与体制外职务等级流动对比

图 6 - 5 显示，体制外的互联网信息技术专业人员"职务等级向下流动"的约为总体的 1.7%，"职务等级平行流动"的约为总体的 6.7%，"职务等级向上流动"的约为总体的 91.6%。体制内互联网信息技术专业人员"职务等级向下流动"的约为总体的 0.8%，"职务等级平行流动"的约为总体的 11.3%，"职务等级向上流动"的约为总体的 87.9%。

可以看到，无论是体制内还是体制外，互联网信息技术专业人员的职务等级向上流动的趋势较强。这说明，不管是体制内还是体制外，互联网信息技术专业人员的工作组织晋升环境是相对开放和公平的。从深层上更说明，互联网信息技术的开放性给予了个体更多的地位获得机会和价值实现，互联网信息技术的"技术规制"获得了实现。

四　职业薪酬变化趋势整体向上

在以价值实现为导向的环境中，无论是体制内还是体制外，互联网信息技术专业人员的职业薪酬流动往往是衡量职业流动效果的重要标准。为此，本研究以"初职年薪等级"和"现职年薪等级"为变量，考察了职业薪酬流动状况，结果见表 6 - 22。

表 6 - 22 显示，相比"初职年薪等级"，"年薪等级下降"的为 34 人，约为 5.2%；"年薪等级没变"的为 330 人，约为 50.2%；"年薪等级上升"的为 294 人，约为 44.7%。从整体上看，年薪等级下降的很少，相当部分的互联网信息技术专业人员的年薪等级上升。

表 6-22　职务年薪变动状况

单位：人，%

薪酬变化		频数	百分比	有效百分比	累计百分比
有效	年薪等级下降	34	5.2	5.2	5.2
	年薪等级没变	330	50.2	50.2	55.3
	年薪等级上升	294	44.7	44.7	100.0
总计		658	100.0	100.0	—

但是结合职务等级流动情况来看，虽然大多数的互联网信息技术专业人员职务等级得到了晋升，但是职业薪酬等级上并未得到实质性的提升。这说明，就业在单位体制内的互联网信息技术专业人员职业薪酬是存在一定瓶颈的。所以就能够解释，互联网信息技术专业人员若要实现地位的最大提升，可能是走创业路线。Ucloud 季昕华、百姓网创始人王建硕、喜马拉雅 FM 创始人余建军、蜻蜓 FM 联合创始人杨廷皓等都是在公司发展到一定程度后，通过自主创业获得地位提升。这与《2015 年中国企业高管创业生存调查报告》的结论基本一致：过去两年，高管创业者占高管总人数的 28%。① 也与CSDN 和《程序员》杂志发起的"2013 年中国软件开发者薪资大调查"结论相似：有 54.96% 的互联网信息技术专业人员职业流动的目的是获得更高的工资。②

五　职业流向以体制内向体制外流动为主

职业流动的工作组织状况是考察互联网信息技术专业人员职业地位获得的重要方面，也是衡量互联网信息技术与社会互动关系的参考依据。因此，本研究考察了职业流动中单位性质、单位规模、单位规模变化中流动群体间差异等状况。

（一）职业流动中单位性质变化较大

职业单位体制变化是职业流动的重要衡量指标。因此，本研究考察了职业流动中单位性质的变化和体制内部的流动变化，结果见表 6-23。

---

① 2015 年中国企业高管创业生存调查报告 [EB/OL]. 2016-02-19. http：//www. chinaz. com/news/2016/0219/505993. shtml.

② 199IT.《程序员》杂志：2013 年中国软件开发者薪资调查报告 [EB/OL]. 2014-03-27. http：//www. 199it. com/archives/205080. html.

表 6 - 23　职业单位性质变动状况

单位：人，%

单位性质变动	流动方向	频数	占本群体百分比	占总体流动群体百分比
未跨单位体制流动	体制外流动	361	93.6	79.2
	体制内流动	25	6.4	5.5
跨单位体制流动	体制外流向体制内	30	42.9	6.5
	体制内流向体制外	40	57.1	8.8
总计		456	100.0	100.0

表 6 - 23 显示，职业流动中，"跨单位体制流动"的累计为 70 人，其中"体制外流向体制内"的有 30 人，约为发生"跨单位体制流动"的 42.9%、总体流动群体的 6.5%；"体制内流向体制外"的有 40 人，约为发生"跨单位体制流动"的 57.1%、总体流动群体的 8.8%。"未跨单位体制流动"的累计386 人，其中"体制外流动"的 361 人，约为"未跨单位体制流动"群体的93.6%；其中"体制内流动"的有 25 人，约为"未跨单位体制流动"群体的6.4%，占总体流动群体的 5.5%。

可以发现，一是体制内和体制外互联网信息技术专业人员存在相互职业流动；二是体制内和体制外内部均存在职业流动，但是体制外流动的强度大大高于体制内流动强度；三是体制外对体制内的职业流动吸引大，有相当部分的体制内互联网信息技术专业人员流向了体制外。这说明，体制外的开放、竞争、公平的环境能够促进互联网信息技术专业人员获得较高的职业地位，更好地实现互联网信息技术的"技术规制"。

（二）单位规模呈向上流动趋势

互联网信息技术专业人员职业流动中的单位规模变化直接反映了其追求地位上升的诉求和价值实现的特点。因此，本研究对比"初职单位规模"和"现职单位规模"指标，考察了互联网信息技术专业人员单位规模的变动情况，结果见表 6 - 24。

表 6 - 24 显示，发生职业流动的 456 人中，"流向更小规模"的互联网信息技术专业人员 66 人，约为 14.5%；"平行流动"的 232 人，约为50.9%；"流向更大规模"的 158 人，约为 34.6%。为了仔细了解流动趋势，本研究对"平行流动"群体的"初职单位规模"进行了考察，结果见表 6 - 25。

表6-24 单位规模变动状况

单位：人，%

单位规模变动		频数	百分比	有效百分比	累计百分比
有效	流向更小规模	66	14.5	14.5	14.5
	平行流动	232	50.9	50.9	65.4
	流向更大规模	158	34.6	34.6	100.0
总计		456	100.0	100.0	—

表6-25 "平行流动"群体的初职单位规模

单位：人，%

单位规模		频数	百分比	有效百分比	累计百分比
有效	X < 3	1	0.4	0.4	0.4
	3 ≤ X < 10	9	3.9	3.9	4.3
	10 ≤ X < 100	69	29.7	29.7	34.1
	100 ≤ X < 300	33	14.2	14.2	48.3
	X ≥ 300	120	51.7	51.7	100.0
总计		232	100.0	100.0	—

表6-25显示，"平行流动"群体中初职单位规模≥300人的为120人，约为51.7%；"100≤X<300"的为33人，约为14.2%。从整体上看，"平行流动"的互联网信息技术专业人员群体由于初职单位已经处于最高级，其单位规模的向上流动已经达到极限。综合表6-24和表6-25说明，互联网信息技术专业人员单位规模流动整体呈现向上的流动趋势。

（三）单位规模流动群体间差异小

为探析单位规模向下流动的互联网信息技术专业人员的职务等级特点，本研究对互联网信息技术专业人员的专业技术地位和职业地位进行了考察，结果见表6-26。

表6-26 单位规模向下流动群体的特征

单位：人，%

方向	类型	频数	百分比
流向更小规模	低专业技术地位	48	72.7
	高专业技术地位	18	27.3
	低职业地位	44	66.7
	高职业地位	22	33.3

续表

方向	类型	频数	百分比
平行流动	低专业技术地位	146	62.9
	高专业技术地位	86	37.1
	低职业地位	157	67.7
	高职业地位	75	32.3
流向更大规模	低专业技术地位	92	58.2
	高专业技术地位	66	41.8
	低职业地位	103	65.2
	高职业地位	55	34.8

表 6-26 显示，"流向更小规模"的互联网信息技术专业人员中低专业技术地位的为 48 人，约为本群体的 72.7%；高专业技术地位的为 18 人，约为本群体的 27.3%；低职业地位的为 44 人，约为本群体的 66.7%；高职业地位的为 22 人，约为本群体的 33.3%。

"平行流动"的互联网信息技术专业人员中低专业技术地位的为 146 人，约为本群体的 62.9%；高专业技术地位的为 86 人，约为本群体的 37.1%；低职业地位的为 157 人，约为本群体的 67.7%；高职业地位的为 75 人，约为本群体的 32.3%。

"流向更大规模"的互联网信息技术专业人员中低专业技术地位的为 92 人，约为本群体的 58.2%；高专业技术地位的为 66 人，约为本群体的 41.8%；低职业地位的为 103 人，约为本群体的 65.2%；高职业地位的为 55 人，约为本群体的 34.8%。

从整体上看，高低地位的互联网信息技术专业人员分布特征较为一致，三种单位规模流动群体内部的专业技术地位、职业地位特征差异较小。这说明互联网信息技术分散式结构导致互联网组织内部特征以及互联网信息技术专业人员群体间和群体内部的存在形态和构成的职业生态系统特征较为一致。简单地说，就是无论工作组织的大小，它们共同体现了互联网信息技术的分散式特征。也正如中国的俗语所说：麻雀虽小，五脏俱全。

六　职业流动的工具和价值理性水平较高

20 世纪初帕森斯提出"职业价值观"作为心理因素对个体的择业行为和工作情况有重要影响，20 世纪中后期威斯康辛地位获得模型中"职业抱负水平"和"教育抱负水平"对职业地位有重要影响。^① 可以发现，职业流动的价值判断对职业地位获得有深刻的影响。

因此，本研究以"职业流动的价值理性期望"和"职业流动的工具理性期望"为分析视角，从"提高技术""提高职务等级""提高收入""为公司和社会提供更好的服务""实现理想"等五个方面，考察了互联网信息技术专业人员的职业流动期望状态，结果见图 6 - 6。

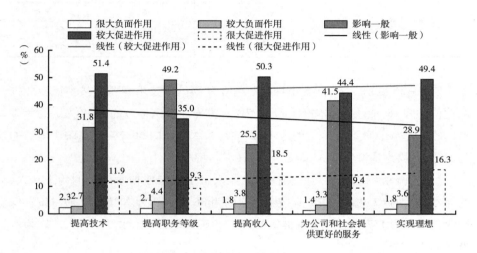

图 6 - 6 职业流动期望状况

根据访谈和文献分析，本研究将前三个方面作为判断职业流动的工具理性期望，将后两个作为判断职业流动的价值理性期望。

图 6 - 6 显示，在职业流动"提高技术"认识中，认为"很大负面作用"的约为 2.3%；认为"较大负面作用"的约为 2.7%；认为"影响一般"的约为 31.8%；认为"较大促进作用"的约为 51.4%；认为"很大促进作用"的约为 11.9%。可以发现，仅有 5.0% 的互联网信息技术专业人员认为职业流动不利于技术水平的提高，而有高达 63.3% 的互联网信息技术专业人员对职业流动抱有极大的期望，认为职业流动对技术提高有利。

在职业流动"提升职务等级"认识中，认为"很大负面作用"的约为

---

① 郑洁，阎力. 职业价值观研究综述 [J]. 中国人力资源开发，2005 (11)：11 - 16；范晓光，浙江省社会科学院社会学研究所. 威斯康辛学派挑战"布劳—邓肯"的地位获得模型 [N]. 中国社会科学报，2011 - 05 - 03 (012).

2.1%；认为"较大负面作用"的约为 4.4%；认为"影响一般"的约为
49.2%；认为"较大促进作用"的约为 35.0%；认为"很大促进作用"约
为 9.3%。可以发现仅有 6.5% 的人认为职业流动不利于职务等级提高，
44.3% 的人对职业流动抱有较大的期望，认为职业流动对职务等级提高
有利。

在职业流动"提升收入"认识中，其中认为"很大负面作用"的约为
1.8%；认为"较大负面作用"的约为 3.8%；认为"影响一般"的约为
25.5%；认为"较大促进作用"的约为 50.3%；认为"很大促进作用"约为
18.5%。可以发现仅有 5.6% 认为职业流动不利于收入提高，68.8% 对职业流
动抱有较大的期望，认为职业流动对收入提高有利。综合以上三个维度的数据
看，互联网信息技术专业人员的职业流动期望的工具理性较强。

在职业流动"为公司和社会提供更好的服务"认识中，其中认为"很大
负面作用"的约为 1.4%；认为"较大负面作用"的约为 3.3%；认为"影响
一般"的约为 41.5%；认为"较大促进作用"的约为 44.4%；认为"很大促
进作用"的约为 9.4%。可以发现，仅有 4.7 的人认为职业流动不利于其社
会价值的实现，有超过半数的人对职业流动抱有极大的期望，认为职业流动能
使自己为公司和社会提供更好的服务，实现自己的社会价值。

在职业流动能"实现理想"认识中，认为"很大负面作用"的约为
1.8%；认为"较大负面作用"的约为 3.6%；认为"影响一般"的约为
28.9%；认为"较大促进作用"的约为 49.4%；认为"很大促进作用"约为
16.3%。可以发现，仅有 5.4% 的人认为职业流动不利于理想实现，有 65.7%
的人对职业流动抱有极大的期望，认为职业流动能实现自己的理想。综合以上
两个维度的数据看，互联网信息技术专业人员的职业流动期望的价值理性的期
望强。

图 6-6 还显示，"影响一般""较大促进作用""很大促进作用"三条趋
势线波动小、坡度缓。这说明，互联网信息技术专业人员职业流动期望在
"工具理性"和"价值理性"两个维度上的分布是均衡的。具体说就是该群体
在职业流动期望上的工具理性和价值理性是高度统一的。这与互联网信息技术
专业人员职业价值观状况是相互印证的。这进一步说明，互联网信息技术专业
人员职业价值观具有开放性和自由性特征。这与互联网信息技术的"技术规
制"保持了较高的一致性。

第三节 互联网信息技术专业人员职业地位获得的影响因素研究

为了深入研究互联网信息技术对职业地位获得和社会流动的影响，本研究根据之前的研究基础对"制度性与非制度性因素"地位获得理论模型展开了实证考察。

一 职业地位研究假设

根据第四章的研究假设和指标设计要求，本节提出"制度性与非制度性因素"职业地位获得理论假设。

（一） 总假设

"制度性与非制度性因素"地位获得理论研究假设：互联网信息技术专业人员职业地位获得受到制度性与非制度性因素的共同影响，但非制度性因素影响占主导。互联网信息技术专业人员拥有的非制度性因素优势越多，获得的职业地位越高。其又分为以下分研究假设。

（二） 制度性因素研究假设

1. 社会历史发展机遇研究假设

互联网信息技术专业人员越早接触互联网信息技术，越容易获得较高的职业地位。其又可以分为以下 3 个分假设。

社会历史发展机遇研究假设 1：互联网信息技术专业人员 16 岁时所处的互联网历史发展机遇期越早，越容易获得较高的职业地位。

社会历史发展机遇研究假设 2：互联网信息技术专业人员接触电子游戏机时间越早，越容易获得较高的职业地位。

社会历史发展机遇研究假设 3：互联网信息技术专业人员接触互联网时间越早，越容易获得较高的职业地位。

2. 政治制度研究假设

互联网信息技术专业人员拥有中共党员身份的比没有拥有的更容易获得较高的职业地位。

3. 经济制度研究假设

互联网信息技术专业人员就职在体制内比体制外更容易获得较高的职业地位。其又可以分为 2 个分假设。

经济制度研究假设 1：互联网信息技术专业人员初职就职体制内的比体制外的更容易获得较高的职业地位。

经济制度研究假设 2：互联网信息技术专业人员现职就职体制内的比体制外的更容易获得较高的职业地位。

4. 户籍制度研究假设

互联网信息技术专业人员拥有的户籍优势越大，获得的职业地位越高。其又可以分为 3 个分假设。

户籍制度研究假设 1：互联网信息技术专业人员本人户籍优势越大，获得的职业地位越高。

户籍制度研究假设 2：互联网信息技术专业人员落户到工作地的比没有落户到当地的，更容易获得较高的职业地位。

户籍制度研究假设 3：互联网信息技术专业人员 16 岁户籍拥有的优势越多，获得的职业地位越高。

5. 教育制度研究假设

互联网信息技术专业人员拥有的教育制度优势越大，获得的职业地位越高。其又分为 7 个分假设。

教育制度研究假设 1：互联网信息技术专业人员最高学历越高，获得的职业地位越高。

教育制度研究假设 2：互联网信息技术专业人员最高学历是重点学校的比非重点的更容易获得较高的职业地位。

教育制度研究假设 3：互联网信息技术专业人员初中是重点学校的比非重点的更容易获得较高的职业地位。

教育制度研究假设 4：互联网信息技术专业人员高中是重点学校的比非重点的更容易获得较高的职业地位。

教育制度研究假设 5：互联网信息技术专业人员本科是重点学校的比非重点的更容易获得较高的职业地位。

教育制度研究假设 6：互联网信息技术专业人员硕士是重点学校的比非重点的更容易获得较高的职业地位。

教育制度研究假设 7：互联网信息技术专业人员博士是重点学校的比非重点的更容易获得较高的职业地位。

6. 地区分割研究假设

互联网信息技术专业人员拥有的区域优势越大，越容易获得较高的职业地位。其又可以分为以下 2 个分假设、6 个小分支研究假设。

地区分割研究假设：互联网信息技术专业人员在东部地区工作，比在中西部地区更容易获得较高的职业地位。其可以分为以下 3 个小分支研究假设。

地区分割研究假设 1：互联网信息技术专业人员出生地拥有的地区优势越大，获得的职业地位越高。

地区分割研究假设 2：互联网信息技术专业人员最高学历获得的地区优势越大，获得的职业地位越高。

地区分割研究研究 3：互联网信息技术专业人员工作地地区优势越大，获得的职业地位越高。

城市等级制度研究假设：互联网信息技术专业人员拥有的城市等级优势越大，获得的职业地位越高。

城市等级制度研究假设 1：互联网信息技术专业人员出生地城市等级越高，获得的职业地位越高。

城市等级制度研究假设 2：互联网信息技术专业人员最高学历获得的城市等级越高，获得的职业地位越高。

城市等级制度研究假设 3：互联网信息技术专业人员工作地区城市等级越高，获得的职业地位越高。

7. 工作组织研究假设

互联网信息技术专业人员就职的工作组织规模越大，获得的职业地位越高。其又可以分为 2 个分假设。

工作组织研究假设 1：互联网信息技术专业人员初职就职的工作组织规模越大，获得的职业地位越高。

工作组织研究假设 2：互联网信息技术专业人员现职就职的工作组织规模越大，获得的职业地位越高。

8. 家庭背景研究假设

互联网信息技术专业人员拥有的家庭背景优势越大，获得的职业地位越高。其假设又可以分为 4 个分假设。

家庭背景研究假设 1：互联网信息技术专业人员父亲社会经济地位越高，获得的职业地位越高。

家庭背景研究假设 2：互联网信息技术专业人员父亲最高学历越高，获得的职业地位越高。

家庭背景研究假设 3：互联网信息技术专业人员父亲户籍优势越大，获得的职业地位越高。

家庭背景研究假设 4：互联网信息技术专业人员父亲是中共党员的比非中共党员更容易获得较高的职业地位。

9. 性别分割制度研究假设

男性互联网信息技术专业人员比女性更容易获得较高的职业地位。

（三）非制度性因素研究假设

1. 个人努力程度假设

互联网信息技术专业人员个人努力程度越高，获得的职业地位越高。其又分为以下 6 个分假设。

个人努力程度研究假设 1：互联网信息技术专业人员工龄越长，获得的职业地位越高。

个人努力程度研究假设 2：互联网信息技术专业人员英语水平越高，获得的职业地位越高。

个人努力程度研究假设 3：互联网信息技术专业人员自费培训次数越多，获得的职业地位越高。

个人努力程度研究假设 4：互联网信息技术专业人员自费培训费用越高，获得的职业地位越高。

个人努力程度研究假设 5：互联网信息技术专业人员职业流动次数越多，获得的职业地位越高。

个人努力程度研究假设 6：互联网信息技术专业人员职业流动越强，获得的职业地位越高。

2. 社会网络关系研究假设

互联网信息技术专业人员拥有的社会网络关系优势越明显，获得的职业地位越高。其可以分为 4 个分假设。

社会网络关系研究假设 1：互联网信息技术专业人员初职获得使用弱关系的比使用强关系的更容易获得较高的职业地位。

社会网络关系研究假设 2：互联网信息技术专业人员现职获得使用弱关系的比使用强关系的更容易获得较高的职业地位。

社会网络关系研究假设 3：互联网信息技术专业人员社会网络关系越高，获得的职业地位越高。

社会网络关系研究假设 4：互联网信息技术专业人员社会网络关系越广，获得的职业地位越高。

3. 价值观研究假设

互联网信息技术专业人员拥有的价值观水平越高，获得的职业地位越高。其可以分为期望研究假设和技术规制价值观研究假设。

期望研究假设：互联网信息技术专业人员期望越高，获得的职业地位越高。

技术规制价值观研究假设：互联网信息技术专业人员拥有的价值观越符合互联网信息技术规制，获得的职业地位越高。其又可以分为 7 个分假设。

价值观研究假设 1：职业工具理性越高，互联网信息技术专业人员获得的职业地位越高。

价值观研究假设 2：职业价值理性越高，互联网信息技术专业人员获得的职业地位越高。

价值观研究假设 3：开放精神越高，互联网信息技术专业人员获得的职业地位越高。

价值观研究假设 4：自由精神越高，互联网信息技术专业人员获得的职业地位越高。

价值观研究假设 5：平等精神越高，互联网信息技术专业人员获得的职业地位越高。

价值观研究假设 6：共享精神越高，互联网信息技术专业人员获得的职业地位越高。

价值观研究假设 7：法制精神越高，互联网信息技术专业人员获得的职业地位越高。

二　模型变量设置

相关变量的类型、定义和赋值见表 6 - 27。

三　模型的构建与分析

根据之前的研究基础和研究假设，本研究认为有 47 个因素可能与职业地位的高低有关。故此，本研究采用基于 Wald 向前的 Logistic 回归分析方法，从众多可能的制度性因素和非制度性因素中筛选专业技术地位的显著性影响因素。

本次建模的因变量是职业地位（y），47 个社会因素构成的自变量名称、代码、分类、检验与表 6 - 28 一致。

表6-27 相关变量的类型、定义和赋值

名称	类型	分类	性质	定义	取值说明	检验假设
职业地位	定类	一	因变量	调查对象的职务等级状况	1=低职业地位;2=高职业地位	
本人中共党员身份	定类	制度性	自变量	调查者的中共党员身份	1=非党员;2=党员	政治制度研究假设
初(现)单位体制	定类	制度性	自变量	调查对象初(现)职单位性质	1=体制外(民营、外资企业等);2=体制内(党政事业单位、国企单位等)	经济制度研究假设1,2
初(现)职单位规模	定序	制度性	自变量	调查对象初(现)职单位规模状况	1=X<3;2=3≤X<10;3=10≤X<100;4=100≤X<300;5=X≥300	工作组织研究假设1,2
目前本人户籍	定类	制度性	自变量	调查对象户籍状况	1=农业户口;2=县级城市户口;3=市级城镇居民户口;4=省会城镇户口	户籍制度研究假设1
本人16岁户籍	定类	制度性	自变量	调查对象16岁时户籍状况	1=农业户口;2=县级城市户口;3=市级城镇居民户口;4=省会城镇户口	户籍制度研究假设3
是否落户工作地	定类	制度性	自变量	调查对象目前落户状况	1=否;2=是	户籍制度研究假设2
最高学历状况	定序	制度性	自变量	调查对象最高学历状况	1=大专及以下;2=本科;3=研究生	教育制度研究假设1
最高学历是否为重点	定类	制度性	自变量	调查对象最高学历，初中、高中、本科、硕士、博士就读学校是不是重点	1=没经历过;2=非重点;3=重点	教育制度研究假设2-7
出生地地区等级	定序	制度性	自变量	调查对象出生地区所属地区	1=西部地区;2=中部地区;3=东部地区	地区分割研究假设1
最高学历地区等级	定序	制度性	自变量	调查对象最高学历获得所属地区	1=西部地区;2=中部地区;3=东部地区	地区分割研究假设2
工作地区等级	定序	制度性	自变量	调查对象工作地所属地区	1=西部地区;2=中部地区;3=东部地区	地区分割研究假设3

续表

名称	类型	分类	性质	定义	取值说明	检验假说
出生地城市等级	定序	制度性	自变量	调查对象出生地的城市等级状况	1＝三线城市及以下；2＝二线城市；3＝一线城市	城市等级制度研究假设1
最高学历城市等级	定序	制度性	自变量	调查对象最高学历获得城市等级状况	1＝三线城市及以下；2＝二线城市；3＝一线城市	城市等级制度研究假设2
工作地城市等级	定序	制度性	自变量	调查对象最高学历获得城市等级状况	1＝三线城市及以下；2＝二线城市；3＝一线城市	城市等级制度研究假设3
父亲社会经济地位	定序	制度性	自变量	调查对象客观父亲社会经济地位等级	1＝下层；2＝中下层；3＝中层；4＝中上层；5＝上层	家庭背景研究假设1
父亲最高学历	定序	制度性	自变量	调查对象父亲学历状况	1＝小学；2＝初中；3＝高中以下/中专/中师/技校/职高；4＝大学专科；5＝大学本科及以上	家庭背景研究假设2
父亲中共党员身份	定类	制度性	自变量	调查对象父亲的党员身份	1＝否；2＝是	家庭背景研究假设4
父亲户籍	定类	制度性	自变量	调查对象16岁时父亲的户籍状况	1＝农业户口；2＝县级城市户口；3＝市级城镇居民户口；4＝省会城镇户口	家庭背景研究假设3
性别	定类	制度性	自变量	调查对象的性别	1＝女性；2＝男性	性别分割制度研究假设
工龄	定距	非制度性	自变量	调查对象从初职至今工作期年限	—	个人努力程度研究假设1
16岁时处于互联网历史发展机遇期	定序	制度性	自变量	调查对象16岁所处互联网发展机会期阶段	1＝引入阶段（1980～1993年）；2＝商业价值凸显阶段（1994～2005年）；3＝社会价值凸显阶段（2006～2016年）	社会发展历史机遇研究假设1

续表

名称	类型	分类	性质	定义	取值说明	检验假设
新接触电子游戏机时间	定序	制度性	自变量	调查对象接触电子游戏的时间	1＝大学及以上时期；2＝高中时期；3＝初中及以下	社会发展历史机遇研究假设2
新接触互联网时间	定序	制度性	自变量	调查对象接触互联网的时间	1＝大学及以上时期；2＝高中时期；3＝初中及以下	社会发展历史机遇研究假设3
英语水平	定序	非制度性	自变量	调查对象的英语水平	1＝比"CET6－425分"低很多；2＝比"CET6－425分"低一点,3＝与"CET6－425分"差不多；4＝比"CET6－425分"高一点；5＝比"CET6－425分"高很多	个人努力程度研究假设2
自费培训次数	定距	非制度性	自变量	调查对象自费参加专业技能培训的次数	—	个人努力程度研究假设3
自费培训费用	定距	非制度性	自变量	调查对象自费参加专业技能培训花费的投资	—	个人努力程度研究假设4
职业流动次数	定距	非制度性	自变量	调查对象跳槽的次数	跳槽次数	个人努力程度研究假设5
职业流动强度	定距	非制度性	自变量	调查对象跳槽强度	跳槽强度	个人努力程度研究假设6
初（现）职获得的弱关系的使用	定序	非制度性	自变量	调查对象获得初职时使用的关系类型	1＝强关系：家人或亲戚；现实生活工作中的同学、同事等朋友；线上微信、QQ等互联网自媒体朋友； 2＝弱关系：学校、工会、就业中心等政府相关管理组织,俱乐部、学会、行会等非政府社会组织,电视、电台、报纸、贴吧等传统媒体组织,互联网、BBS、网络招聘平台	社会网络关系研究假设1,2

续表

名称	类型	分类	性质	定义	取值说明	检验假说
社会网络关系高度	定序	非制度性	自变量	调查对象解决问题的"有用关系人"的地位等级状况	1=下层;2=中下层;3=中层;4=中上层;5=上层	社会网络关系研究假设3
社会网络关系广度	定距	非制度性	自变量	调查对象的手机好友人数	—	社会网络关系研究假设4
互联网信息技术期望	定距	非制度性	自变量	调查对象未来互联网信息技术促进地位获得的期望	—	期望研究假设
职业工具理性	定序	非制度性	自变量	调查对象现实职业目的是否因为好就业	1=弱;2=强	价值观研究假设1
职业价值理性	定序	非制度性	自变量	调查对象职业目的是否因为更容易实现地位获得	1=弱;2=强	价值观研究假设2
互联网开放精神	定序	非制度性	自变量	调查对象互联网信息技术开放精神	1=很弱;2=较弱;3=一般;3=较强;4=很强	价值观研究假设3
互联网共享精神	定序	非制度性	自变量	调查对象互联网信息技术共享精神	1=很弱;2=较弱;3=一般;3=较强;4=很强	价值观研究假设6
互联网自由精神	定序	非制度性	自变量	调查对象互联网信息技术自由精神	1=很弱;2=较弱;3=一般;3=较强;4=很强	价值观研究假设4
互联网平等精神	定序	非制度性	自变量	调查对象互联网信息技术平等精神	1=很弱;2=较弱;3=一般;3=较强;4=很强	价值观研究假设5
互联网法制精神	定序	非制度性	自变量	调查对象互联网信息技术法制精神	1=很弱;2=较弱;3=一般;3=较强;4=很强	价值观研究假设7

注：①根据中国社会科学院陆学艺教授团队的社会阶层等级划分标准,本书将其划分为五等级身份:1=下层:农民城乡无业失业半失业者阶层、农民工、农村技术工人、商业服务人员(或无)、职称服务人员,低级别商业服务人员(打零工等);2=农村中小型承包户或个体户,公司一般职员,无行政级别的一般科员,初级(或无)职称专业技术人员、低级别商业服务人员;3=中层:农村大型承包户,中层职员或办事人员,小雇主,中级别专业技术人员(如中级别医生、中级别建造师等职业);4=中上层:职称专业技术人员(如中级别教师、副高级别医生、中级别建造师等职业);5=上层:处级以上机关事业单位负责人、企业主、企业家、企业或公司负责人、高层职员,高级专业技术人员(如高级别教师、正高级别医生、高级别建造师等职业)。②本研究因研究需要和实际不设置控制变量。

表 6 - 28　职业地位初步模型自变量名称、代码、分类、检验假设一览

自变量名称	代码	分类	检验假设
性别	X_1	制度性	性别分割制度研究假设
工龄	X_2	非制度性	个人努力程度研究假设1
本人中共党员身份	X_3	制度性	政治制度研究假设
初职单位体制	X_4	制度性	经济制度研究假设1
现职单位体制	X_5	制度性	经济制度研究假设2
初职单位规模	X_6	制度性	工作组织研究假设1
现职单位规模	X_7	制度性	工作组织研究假设2
目前本人户籍	X_8	制度性	户籍制度研究假设1
是否落户工作地	X_9	制度性	户籍制度研究假设2
本人16岁户籍	X_{10}	制度性	户籍制度研究假设3
最高学历状况	X_{11}	制度性	教育制度研究假设1
最高学历是否为重点	X_{12}	制度性	教育制度研究假设2
初中是否为重点	X_{13}	制度性	教育制度研究假设3
高中是否为重点	X_{14}	制度性	教育制度研究假设4
本科是否为重点	X_{15}	制度性	教育制度研究假设5
硕士是否为重点	X_{16}	制度性	教育制度研究假设6
博士是否为重点	X_{17}	制度性	教育制度研究假设7
出生地城市等级	X_{18}	制度性	城市等级制度研究假设1
出生地地区等级	X_{19}	制度性	地区分割研究假设1
最高学历城市等级	X_{20}	制度性	城市等级制度研究假设2
最高学历地区等级	X_{21}	制度性	地区分割研究假设2
工作地城市等级	X_{22}	制度性	城市等级制度研究假设3
工作地区等级	X_{23}	制度性	地区分割研究假设3
父亲社会经济地位	X_{24}	制度性	家庭背景研究假设1
父亲最高学历	X_{25}	制度性	家庭背景研究假设2
父亲户籍	X_{26}	制度性	家庭背景研究假设3
父亲中共党员身份	X_{27}	制度性	家庭背景研究假设4
16岁时处于互联网历史发展机遇期	X_{28}	制度性	社会历史发展机遇研究假设1
新接触电子游戏机时间	X_{29}	制度性	社会历史发展机遇研究假设2
新接触互联网时间	X_{30}	制度性	社会历史发展机遇研究假设3
英语水平	X_{31}	非制度性	个人努力程度研究假设2
自费培训次数	X_{32}	非制度性	个人努力程度研究假设3
自费培训费用	X_{33}	非制度性	个人努力程度研究假设4
职业流动次数	X_{34}	非制度性	个人努力程度研究假设5
职业流动强度	X_{35}	非制度性	个人努力程度研究假设6
初职获得的弱关系的使用	X_{36}	非制度性	社会网络关系研究假设1

续表

自变量名称	代码	分类	检验假设
现职获得的弱关系的使用	X_{37}	非制度性	社会网络关系研究假设 2
社会网络关系高度	X_{38}	非制度性	社会网络关系研究假设 3
社会网络关系广度	X_{39}	非制度性	社会网络关系研究假设 4
互联网信息技术期望	X_{40}	非制度性	期望研究假设
职业工具理性	X_{41}	非制度性	价值观研究假设 1
职业价值理性	X_{42}	非制度性	价值观研究假设 2
互联网开放精神	X_{43}	非制度性	价值观研究假设 3
互联网自由精神	X_{44}	非制度性	价值观研究假设 4
互联网平等精神	X_{45}	非制度性	价值观研究假设 5
互联网共享精神	X_{46}	非制度性	价值观研究假设 6
互联网法制精神	X_{47}	非制度性	价值观研究假设 7

在建立 Logistic 模型时，本研究采用基于 Wald 向前的方法，关于进步概率的设置，本次建模进入值为 0.05，删除值为 0.10。进步概率是变量进入模型和从模型中提出的依据，如果变量的概率值小于等于进入值，该变量进入模型；当概率值大于删除值时，该变量被删除，删除值必定大于进入值。通过 Logistic 建模，最后得到的模型输出见表 6-29。

表 6-29 模型系数的 Omnibus 检验

项目		卡方	自由度	Sig.
步骤 11	步长(T)	3.991	1	0.046
	块	341.713	11	0.000
	模型	341.713	11	0.000

表 6-29 在模型系数 Omnibus 检验中，步长卡方值为 3.991，块卡方值为 341.713、模型卡方值为 341.713，三者的显著性检验值均小于 0.05，说明职业地位获得模型整体的拟合优度较好，模型的解释变量的全体与 Logit P 之间的线性关系显著，采用此模型是合理的。

表 6-30 显示，-2 对数似然值为 449.245，该数值大小一般，说明模型拟合效果一般，Cox & Snell R 平方和 Nagelkerke R 平方值分别为 0.405 和 0.579，值较大，职业地位获得模型方程解释回归差异明显，整体看模型拟合较为理想。

表 6 - 30 模型摘要

步长（T）	-2 对数似然	Cox & Snell R 平方	Nagelkerke R 平方
11	449. 245 *	0. 405	0. 579

注：* 估算在迭代号 6 终止，因为参数估算更改小于 0.001。

表 6 - 31 显示，Hosmer 和 Lemeshow 检验统计量，显著性 0.159 明显大于 0.05，所以支持假设，表示职业地位获得模型拟合度理想。

表 6 - 31 Hosmer 和 Lemeshow 检验

Step	卡方	自由度	Sig.
11	11. 822	8	0. 159

表 6 - 32 显示，433 名低职业地位的互联网信息技术专业人员被准确预测，正确率为 92.5%；131 名高职业地位的互联网信息技术专业人员被准确预测，正确率为 68.9%，总的准确率为 85.7%，说明预测效果理想。

表 6 - 32 模型预测表

单位：人，%

观察值			预测值		
			职业地位		百分比正确
			低	高	
步骤 11	职业地位	低	433	35	92. 5
		高	59	131	68. 9
	总体百分比				85. 7

注：分界值为 0.500。

表 6 - 33 中的模型显示，在 0.10 的显著性水平下，该模型所有参数都通过检验，也就是说，模型中的每个参数都显著有效，拒绝了 B = 0 的原假设。其中性别（X_1）、工龄（X_2）、是否落户工作地（X_9）、最高学历是否为重点（X_{12}）、本科是否为重点（X_{15}）、自费培训费用（X_{33}）、职业流动次数（X_{34}）、社会网络关系高度（X_{38}）、社会网络关系广度（X_{39}）、互联网信息技术期望（X_{40}）、互联网自由精神（X_{44}）这 11 个因素的系数都大于 0，其 OR 值都大于 1，说明这些因素对互联网信息技术专业人员的专业技术地位有正向的影响，得到的数学模型如下：

表 6-33　方程式中的变量

项目		B	S. E.	Wald	df	Sig.	OR[Exp(B) 值]
步骤11	性别(X_1)	0.635**	0.286	4.920	1	0.027	1.886
	工龄(X_2)	0.198***	0.030	44.539	1	0.000	1.220
	是否落户工作地 (X_9)	0.665**	0.252	6.950	1	0.008	1.945
	最高学历是否为重点 (X_{12})	0.853**	0.341	6.257	1	0.012	2.347
	本科是否为重点 (X_{15})	1.064***	0.238	20.018	1	0.000	2.898
	自费培训费用(X_{33})	0.231***	0.051	20.765	1	0.000	1.259
	职业流动次数(X_{34})	0.227**	0.084	7.330	1	0.007	1.254
	社会网络关系高度 (X_{38})	0.290**	0.112	60.724	1	0.010	1.337
	社会网络关系广度 (X_{39})	0.002***	0.000	19.476	1	0.000	1.002
	互联网信息技术期望 (X_{40})	0.060*	0.033	3.260	1	0.071	1.061
	互联网自由精神 (X_{44})	0.240**	0.121	3.911	1	0.048	1.271
	常量	-12.621	1.594	62.721	1	0.000	0.000

注：*** P < 0.001，** P < 0.05，* P < 0.10。

$$Z = -12.621 + 0.635 X_1 + 0.198 X_2 + 0.665 X_9 + 0.853 X_{12} + 1.064 X_{15} + 0.231 X_{33}$$
$$+ 0.227 X_{34} + 0.290 X_{38} + 0.002 X_{39} + 0.06 X_{40} + 0.24 X_{44}$$

$$P = \frac{e(Z)}{1 + exp(Z)}$$

其中，P 为专业技术职业地位为高的发生概率，当 P 接近或等于 1 时，认为较大可能性为高的专业技术地位，当 P 接近或等于 0 时，认为较大可能性为低的专业技术地位。接下来，就模型中的自变量对专业技术影响进行深入分析。

四　模型的解释

以最大系数影响因素工龄为参考，从模型的数据分析结果可以得出以下发现。

（1）工龄的系数为 0.198，Wald 值为 44.539，相应的 OR 值为 1.220，Sig. 值小于 0.001，说明在其他自变量不变的情况下，工龄越长，互联网信息技术专业人员的职业地位越高，个人努力程度研究假设 1 得到验证。

（2）自费培训费用的系数为 0.231，Wald 值为 20.765，相应的 OR 值为 1.259，Sig. 值小于 0.001，说明在其他自变量不变的情况下，自费培训费用越高，互联网信息技术专业人员的职业地位越高，个人努力程度研究假设 4 得到验证。

（3）本科是否为重点的系数为 1.064，Wald 值为 20.018，相应的 OR 值为 2.898，Sig. 值小于 0.001，说明在其他自变量不变的情况下，就读于重点本科学校的要比非重点本科学校的互联网信息技术专业人员的职业地位要高，教育制度研究假设 5 得到验证。

（4）社会网络关系广度系数为 0.002，Wald 值为 19.476，相应 OR 值为 1.002，Sig. 值小于 0.001，说明在其他自变量不变的情况下，社会网络关系广度越大，互联网信息技术专业人员的职业地位越高，社会网络关系研究假设 4 得到验证。

（5）职业流动次数系数为 0.227，Wald 值为 7.330，相应 OR 值为 1.254，Sig. 值小于 0.05，说明在其他自变量不变的情况下，互联网信息技术专业人员职业流动次数越多，获得的职业地位越高，个人努力程度研究假设 5 得到验证。

（6）是否落户工作地系数为 0.665，Wald 值为 6.950，相应 OR 值为 1.945，Sig. 值小于 0.05，说明在其他自变量不变的情况下，已经落户在工作地的互联网信息技术专业人员要比没有落户工作地的更容易获得较高的职业地位。户籍制度研究假设 2 得到验证。

（7）社会网络关系高度系数为 0.290，Wald 值为 60.724，相应 OR 值为 1.337，Sig. 值小于 0.05，说明在其他自变量不变的情况下，社会网络关系高度越高，互联网信息技术职业地位越高，社会网络关系研究假设 3 得到验证。

（8）最高学历是否为重点系数为 0.853，Wald 值为 6.257，相应 OR 值为 2.347，Sig. 值小于 0.05，说明在其他自变量不变的情况下，最高学历为重点学校比非重点学校的更容易获得较高的职业地位，教育制度研究假设 2 得到验证。

（9）性别系数为 0.635，Wald 值为 4.920，相应 OR 值为 1.886，Sig. 值小于 0.05，说明在其他自变量不变的情况下，男性比女性更容易获得较高的职业地位，性别分割制度研究假设得到验证。

（10）互联网自由精神系数为 0.240，Wald 值为 3.911，相应 OR 值为 1.271，Sig. 值小于 0.05，说明在其他自变量不变的情况下，互联网自由精神越高，互联网信息技术专业人员的专业技术地位越高，价值观研究假设 4 得到验证。

（11）互联网信息技术期望系数为 0.060，Wald 值为 3.260，相应 OR 值为 1.061，Sig. 值小于 0.10，说明在其他自变量不变的情况下，互联网信息技术期望越高，互联网信息技术职业地位越高，期望研究假设得到验证。

五 职业地位获得模型的总结

从自变量的影响程度看，互联网信息技术专业人员职业地位的影响因素中 11 个影响因素中 7 个为非制度性因素，4 个为制度性因素。其中，工龄因素相比其他因素影响力最大，Wald 值是自费培训费用因素的 2.1 倍，是本科是否为重点因素的 2.2 倍，是互联网信息技术期望因素的 13.7 倍。

从显著性因素影响分类看，互联网信息技术专业人员职业地位的显著性影响因素 11 个中 7 个为非制度性因素，4 个为制度性因素。其中非制度性因素为："工龄""自费培训费用""社会网络关系广度""社会网络关系高度""职业流动次数""互联网自由精神""互联网信息技术期望"，7 个非制度性因素深刻影响职业地位获得；制度性因素为："性别""本科是否为重点""最高学历是否为重点""是否落户工作地"。

除 11 个研究假设得到验证外，其余研究假设均未得到验证。但通过 Wald 值比较可以看到，互联网信息技术专业人员的职业地位主导影响因素为非制度性因素，本研究的"制度性与非制度性因素"地位获得理论总假设得到了验证。相对于专业技术地位，职业地位中的制度性影响因素的影响力增强了，整体的影响因素更为复杂。

第四节 讨论与结论

根据研究目的，本研究将讨论个人努力程度、价值观、社会网络关系等非制度性因素和性别分割制度、教育分流制度、户籍制度等制度性因素在职业地位获得过程中的作用和机制。

一 非制度性因素与职业地位获得

（一）个人努力程度与职业地位获得

二元逻辑分析显示：工龄、自费培训费用、职业流动次数对职业地位有着显著性的影响。为进一步验证和探析其成因，本研究分别对各个因素作了深入访谈。

1. 工龄与职业地位获得

二元逻辑分析显示，工龄越长，职业地位越高。大多数研究认为：工龄是衡量个体工作经验的重要指标。为了进一步验证个人努力程度对职业地位获得的影响，本研究进行了深入访谈。

YF，年龄 32 岁，北京某 IT 公司 CEO

工龄是 IT 经验、技术和财富积累的表现

学：为什么工龄越长，职务地位越高？

YF：互联网信息技术行业有两个特点：一是工作年限与职务提升呈正比；二是职业发展途径是开放的。在评定职务等级时有个重要指标就是工龄：1 年工龄为初级职务，2～3 年工龄为中级职务，3～5 年工龄为高级职务，5～10年工龄为资深职务。业内一般认为，工龄越长，专业技术和企业经验越高，相应的职业地位也就越高。另外，IT 的职业发展也是开放的，给予了每个 IT 人发展机会。职务等级可以有三条：技术路线、管理路线、创业路线。比如，走技术路线的，随着工龄的增长，技术好的职务会上调，技术不好的直接被淘汰，能留下继续干的，肯定都可以升职。但是到了一定年龄后，IT 的体力会出现一定的下降，大多年纪大的会走向管理路线。虽然直接收入相对没有那么多，但是其主要负责设计和指导，其职务等级相对较高。创业路线的就不用说了，直接自己当老板。还有特殊情况，熬年限的 IT。其他 IT 都跳槽走了，熬年限的 IT 职位也就上去了。显而易见，工龄越长，职业地位越高。这个是 IT 经验、技术和财富积累的表现。

访谈发现，工龄越长，职业地位越高。工龄与互联网信息技术专业人员的职业地位获得呈正相关关系。该研究结论与郭希贤基于"全国综合社会调查 2008年数据"的分析研究结论一致："工龄对体制内职业地位获得有显著性影响。"[①]该结论与王忠军的调查结论基本一致："工龄越长的企业员工，在企业外部劳动力市场上的竞争力越强。"[②] 也就是说工龄越长越容易获得较高的职业地位。

---

① 郭希贤. 个体性因素与体制内职业获得、流动——基于全国综合社会调查 2008 年数据的分析 [D]. 华中科技大学，2013.

② 王忠军. 企业员工社会资本与职业生涯成功的关系研究 [D]. 华中师范大学，2006.

究其原因，主要是因为互联网信息技术专业人员的工龄越长，其工作经验越丰富，对技术的把握程度越高，专业技术地位就越高，所获得的职业地位也就越高。从更深层次上讲，这是由互联网信息技术与专业技术人员的高度融合性以及互联网信息技术行业高技术导向性所决定的。专业技术人员的价值相比资本、权力在劳动中的作用日益凸显。正如卡斯特的"网络社会"理论所言："信息社会首先由技术来驱动，依赖技术精英领导方式来分配生产权力。"[1] 也正如托勒夫所认为的："整个信息社会正在经历劳动场所的力量转移，一种新型的拥有自主权的雇员出现了，他们的生产资料就是所有的知识。"因此，工龄作为专业技术和知识积累的重要标志在互联网信息技术专业人员职业地位获得过程中就有着显著性的影响。

2. 自费培训费用与职业地位获得

职业技能培训主要指在结束正规教育之后，对职业技能与技术的学习。[2] 自费培训费用是职业技能培训的重要衡量标准，也是重要的非制度影响因素之一，其对于个体增加人力资本和地位获得发挥着举足轻重的作用。Yao W 的实验结果认为：通过职业技能培训教育的互联网信息技术专业人员更能够得到单位的雇佣，而获得较高的职业地位。[3] 因此，为考察职业技能培训对职业地位获得的影响，本研究对职业技能培训的作用和形式以及效果进行了访谈。

NY，年龄 33 岁，广州某 IT 公司 CEO

培训是一种时间与资金的投资

学：为什么自费培训费用越高，职业地位越高？

NY：自费培训是一种时间与资金的投资。个人参加培训，目的是追求提升个人能力，实现自我增值，适应更高的职务，以获得更高的成就与收入。个人自费参加学习，钱花了，学习意愿是很强的，也自然会想办法学以致用，增强个人的竞争力，获得更高的职业地位。

---

① （加）文森特·莫斯可，凯瑟琳·麦克切尔. 信息社会的知识劳工 ［M］. 曹晋等译. 上海：上海译文出版社，2014：40.
② 王翔. 美国人力资本投资战略及其对我国的启示 ［D］. 吉林大学，2004.
③ Yao W. A Study on the Difference of IT Skill Between Retrained Professionals and Recent Graduates ［M］// Advances in Information Technology and Education. Springer Berlin Heidelberg, 2011：115 – 119.

　　为了进一步了解职业技能培训形式对职业地位的影响，本研究对外训和内训做了进一步访谈。

　　LW，年龄 39 岁，上海某 IT 公司 CEO

外训可以让 IT 为公司独当一面

　　学：为什么个体自费外训程度越高，职务等级越高？

　　LW：自费外训更有利于专业技术的掌握。这个要分两类人群。一类是已经就业的 IT。首先，个体主动性强，IT 自身愿意去学习，更愿意自己出钱，牺牲娱乐、休闲、家庭时间去培训，培训效果肯定比内训好。其次，外训能有效提升解决问题的能力。IT 去外训一般是遇到了公司内训和自身都解决不了的问题。培训后，能解决问题就等于他在公司占有专业技术优势，可以为公司独当一面，其职务等级肯定要向上升。另一类就是初职的高校大学生。因为学历教育获得的专业技能与市场需求有较大的差距，如果刚毕业的大学生能够花费半年进行专业的培训，其专业技术水平和初职就业的职务等级肯定比其他同龄人要高。

　　访谈表明，自费培训费用越高，职业技能培训程度越高，专业技术水平越高，获得的职业地位也就越高。该研究结论与陈旭峰等的研究结论高度一致：职业技能培训对劳动者阶层地位的获得存在显著影响。[1] 这与刘万霞基于国务院发展研究中心的研究结论基本一致：职业技能培训对劳动者的普通技能和择业能力有所提升。[2] 该结论也与人力资本理论代表 Gary Becker 的研究结论有相似性。该理论指出，"求职者自身的人力资本的存量越高，其生产能力也越高，相对于别的劳动者，就能获得更多的收入和更高的劳动力市场地位"。[3]

　　本研究认为其原因主要有以下三点。

　　一是互联网信息技术行业高度知识和技术密集性特点以及技术高淘汰性要求互联网信息技术专业人员不断增加新的知识以适应技术和行业的发展要求，

---

① 陈旭峰，田志锋，钱民辉. 教育培训对农民工市民化影响的实证研究［J］. 职教论坛，2011（30）：34－39.

② 刘万霞. 职业教育对农民工就业的影响——基于对全国农民工调查的实证分析［J］. 管理世界，2013（5）：64－75.

③ Gary Becker. Human Capital：A Theoretical and Empirical Analysis with Special Reference to Education［J］. Chicago：University of Chicago Press. 1964.

实现技术的发展和创新。正如人力资本理论认为：不同的职业可能需要不同的技能。不同的技能所需要的人力资本投资量是不同的。而不同的人力资本投资则意味着各个体对当前成本支出的负担以及对未来收益的等待也是各不相同的。

二是传统的工作组织不能适应瞬息万变的市场和技术更新的发展需求。由于在传统的学历教育和企业内训方面存在地域、时间、人员、技术等条件的局限，互联网信息技术专业人员提升专业技术水平最优的选择就是自费职业技能培训。

三是信息社会中的职业地位和职业权力获得途径发生了改变。正如技术控制学派丹尼尔·贝尔的"后工业社会"理论认为"新兴崛起的科学家和专业技术人员阶层通过教育、动员和交融以及使用新技术对公共资源整合等途径来获得和巩固其地位。"[①] 一方面，由于学历教育与市场需求的脱节，互联网信息技术行业动员了行业、技术、教育等各种资源形成了独立于学历教育之外的高度专业化和组织化的职业技能培训机构。另一方面，互联网信息技术专业人员也会更为积极地通过职业技能培训教育获得较高的专业技术水平，进而获得更高的职业地位。因此，自费培训费用越高，专业技术水平越高，互联网信息技术专业人员获得的职业地位也就越高。

3. 职业流动次数与职业地位获得

职业流动次数是指互联网信息技术专业人员在同行业更换单位的次数，也就是俗话说的"跳槽""换单位"等。作为人类历史上职业流动较为频繁的职业，互联网信息技术专业人员的职业流动在地位获得过程中发挥着重要的功能。为此，本研究对职业流动次数对职业地位获得的影响进行了深入访谈。

PWS，年龄 41 岁，北京某 IT 公司 CEO

跳槽适用于能力强的人，但也是有限度的

学：跳槽越多，职业地位越高？

PWS：这句话适用于能力强的人。一般来讲跳槽多的 IT 确实要比跳槽少的 IT 获得的职务等级要高。跳槽的人大多数拥有较强的能力和丰富的工作经验。会跳槽的人，往往在职业规划上最大限度地利用各种资源，跳槽到另外的公司获得升职和加薪。但是跳槽也是有限度的。一般职场跳槽 3 ~ 4 次就不容

---

① 秦麟征. 后工业社会理论和信息社会 ［M］. 沈阳：辽宁人民出版社，1986：178.

易跳了。在求职过程中，IT 会遇到一些问题，职位越高，挑战其实也越高。作为一个老板，招聘时也不愿意招聘一个能力很强但总是跳槽的人。这关系到公司的核心机密问题。稳定是一个公司需要特别考虑的因素。

为了解互联网信息技术专业人员高频职业流动的原因，本研究继续做了深入访谈。

PWS，年龄 41 岁，北京某 IT 公司 CEO

团队有人跳出，有人跳进，有利于知识的共享

学：为什么 IT 界跳槽如此频繁？

PWS：一是这个与互联网行业开放性相关。互联网团队发展需要知识多元化。随着工作和项目的推进，团队成员对知识熟识程度越来越高，同质化倾向越来越强，创新的可能性越来越低。团队有人跳出，有人跳进，有利于知识的共享。再说互联网市场本身就是开放的，需要通过人员的开放流动，实现人力资源的最优化配置。所以说，初职的 IT 跳槽是对的。企业毕竟只是职业发展的一个学习平台。二是目前 IT 发展太快，互联网人才需求量很大，各个公司都在到处挖人。三是由于互联网行业工作内容可复制性强，IT 跳槽后立刻就可以上项目。

访谈说明，职业流动次数越多，互联网信息技术专业人员的人力资源匹配度越高，实现的技术、个人和社会的价值越高，获得的职业地位也就越高。该结论与领英中国《2016 年互联网人才升职报告》结论基本一致："行业资深人士往往以成熟的管理能力和开阔的视野在跳槽后获得升职……年纪轻、资历浅的员工是跳槽进入互联网行业最多的群体，他们也获得了最大的升职空间。"也与《程序员》杂志对 IT "跳槽"的研究基本一致："作为一种纯粹以脑力劳动为'软资本'的职业群体，他们更重视所在企业提供的培训而使自身得到升值。另外，企业未来发展前景对于程序员也具有很大诱惑力。"[1]

本研究认为其原因主要有以下三点。

一是人才需求缺口大，尤其缺少有经验的互联网信息技术专业人员。这与新华社发布的数据高度一致：2014 年我国移动互联网行业应用开发人员需求

---

[1]　左美云，倪新．程序员跳槽的分析及对策 [J]．程序员，2003（11）：41－43.

量 200 多万人，可实际从业者不到 70 万人，预计今年整个互联网人才缺口在 400 万人，未来 5 年，中国互联网人才缺口将达 1000 万人。① 这也与淘宝大学的统计数据基本一致：中国电商人才的缺口达到 400 多万人，互联网行业对人才的需求在这几年呈几何增长。② 职业流动有利于实现人力资源的最优化配置和增值，为信息社会创造更多的价值。

二是互联网信息技术与专业技术人员高度融合性和兼容性特点，使互联网信息技术专业人员更加容易实现人身和技术的流动。职业流动的成本和难度相比其他行业更低。究其原因是互联网信息技术极大地促进了生产力的发展，不断重塑了现有的经济运行逻辑和规则，其要求人力资源在市场中得到最优化配置。正如马克思认为："机器大工业生产建立在现代科学技术基础上，大工业的本性决定了劳动的变换、职业的变动和工人的全面流动性。从科学技术上为打破旧式分工的凝固化、专门化展现了可能性，也为其提供了基础。"③

三是互联网信息技术"开放、自由、平等、共享"的"技术规制"决定了信息社会中的职业流动和互联网信息技术需要实现全面连接和流动。互联网信息技术解构了原有的相对封闭的劳动、经济、文化、社会、组织等结构，全面推动了生产力的发展和开放式连接。因此，职业流动程度越高，技术、人、资本、信息，就能够实现更大范围的连接，实现更大的价值，互联网信息技术专业人员获得的职业地位就越高。

（二） 价值观与职业地位获得

价值观是指："人们对于价值总的和根本的观点……价值观受人们的阶级地位和阶级利益的限制……不同历史环境、同一历史环境中不同的阶级，具有不同的价值观，即使同一阶级中的成员，其价值观也常常有多种表现形式……价值观制约和支配人们的道德活动。"④ 互联网信息技术专业人员的价值观对科学、技术以及个体的发展与创新有着重要的意义。可以发现，互联网信息技术的"技术规制"对个体和技术的影响已经得到了国外学者的高度关注。因

---

① 报告显示中国互联网人才缺口大　近半为硕士 ［EB/OL］．2016 - 06 - 30. http：// news. xinhuanet. com/info/2015 -08/07/c_ 134491671. htm.

② 任务易. 对互联网行业高跳槽率原因分析及跳槽四大建议 ［EB/OL］．2015 - 04 - 27. http：//baike. renwuyi. com/2015 -04/8943. html.

③ 许卫刚. 试论马克思的建设性思维 ［D］. 华中科技大学，2006：6.

④ 罗国杰. 中国伦理学百科全书 ［M］. 长春：吉林人民出版社，1993：270.

此，根据描述性分析和二元逻辑回归分析，本研究对互联网信息技术专业人员价值观中的两个显著性影响因素"互联网自由精神"和"互联网信息技术期望"进行了深入讨论。

1. 互联网自由精神与职业地位获得

互联网自由精神是指：互联网信息技术专业人员对互联网信息技术与信息交流、知识共享、技术所有、公民自由权利等关系所持的态度和价值取向总和。互联网自由精神与自由的"技术规制"紧密相关，它直接影响着互联网信息技术专业人员对技术和个体价值的实现。为此，本研究对互联网自由精神对职业地位获得的影响做了深入访谈。

WS，年龄 46 岁，杭州某著名 IT 公司董事长
没有自由的互联网等于死亡

学：为什么自由精神越高，职业地位越高？

WS：自由是互联网精神的内核，没有自由的互联网等于死亡。1994 年后的互联网信息技术就是依靠每个个体的自由加入和连接而生。只有符合互联网自由规律的软件和创新才会生机勃勃。阿里巴巴、滴滴的成功都来源于自由开放。特别是奇虎 360 公司主导的免费杀毒软件，用户可以自由使用免费杀毒软件，其直接就重塑了中国甚至全球的杀毒软件行业。因此，自由精神越高，越符合技术规律，技术创新越容易，个体获得的财富和地位越高，工作组织实现的价值也更大。

为了更深入把握"自由精神"对职业地位的影响，本研究做了进一步访谈。

DLY，年龄 42 岁，北京某著名 IT 公司董事长兼 CEO
互联网人的本质是自由人

学：为什么自由精神越高，职业地位越高？

DLY：互联网的本质就是自由，越符合自由的"技术规则"，获得的专业技术和支持越高，创造的价值也越高，获得的职业地位当然高。一般有创造性的人，可能会做出一个小专利，或者是一个小产品，所以他对这个知识产权的保护要求比较高，想最大限度获得资本支持，这类人不喜欢技术自由，掌握技术的目的就是挣钱。还有些"算是牛人的牛人"，但这种牛人就觉得，做的东

西就必须自己把着。这两类在 IT 里头不属于纯技术派，而是游走在资本、企业想法比较多的人里头。但是真正成为技术牛人，都是愿意普及技术和开源的，大家联合起来一起去做一件事情。我们 IT 界一直有股强大的力量就是开源软件运动。开源的人往往自由精神是很强烈的。好软件都是开源做起来的，封闭根本做不起来。IT 的发展就是这样，啥被控制和封闭，新的替代者就会跟上。因此，倾向于自由精神的互联网信息技术专业人员往往专业技术水平高，更容易获得高层互联网信息技术专业群体的认同，获得的职业地位也就较高。

访谈进一步印证了互联网信息技术专业人员的互联网自由精神越高，获得的职业地位越高。该结论与程苓峰的研究结论高度一致："互联网的生产力源头是自由人的自由联合……自由是无价的。最大的商业价值来自于给人自由。"① 该结论与不少学者的研究结论高度一致：在互联网自由精神的塑造下，拥有强烈自由精神的互联网信息技术专业人员的技术、个人和社会价值实现更大，其获得的地位更高。

本研究认为其原因主要有以下两点。

一是互联网信息技术的"技术规制"的本质要求。互联网信息技术在创立之初，就是按照"开放和去中心化"等特征发明和发展的。经过互联网信息技术专业人员的创新和努力，其逐步成为具有强烈现代意义的科学技术。互联网信息技术处于由客观公正性和公众利益优先性两条原则构建的一种兼顾科学建制和全社会的目标的开放规范框架之中。② 因此，互联网信息技术要求承载技术的个体应当遵从互联网信息技术的"开放、自由、平等、共享"的本质特点来实现个人和社会价值。

二是违反互联网信息技术"技术规制"将面临技术及其技术个体价值的削减。谷歌前首席执行官 Eric Emerson Schmidt 认为："国家干预对网络世界的冲击十分巨大……市场被规制时，原创革命放慢了步伐。"③ 因此，互联网信息技术专业人员保持高度的自由精神才能不断实现价值。2002 年互联网奠基

① 程苓峰. 自由人：互联网实现了自由人的自由联合，这是一个天翻地覆的时代 [M]. 北京：电子工业出版社，2014：2.
② 刘大椿. 科技伦理：在真与善之间 [J]. 伦理学研究，2002（2）：61 – 67.
③ （英）詹姆斯·柯兰等. 互联网的误读 [M]. 何道宽译. 北京：中国人民大学出版社，2014：123.

人 Vint Cerf 认为："互联网是每个人的互联网，但如果政府限制我们使用它，我们必须就忘我工作，使之不受限制、不受约束、不受规制。"① 赫伯特·席勒"信息与市场"理论也认为：由于互联网信息技术全球化和商业化设计之初的"开放、自由、共享、平等"的技术价值观存在，互联网信息技术对"资本""控制""政治"具有天然的排斥性。也就是说随着互联网信息技术"开放、自由、平等、共享"精神的注入和升华，互联网信息技术专业人员地位获得机制充满了积极的现代性，承担着克服人类制度主义缺陷的历史使命。其本质在于信息社会的技术运行和创新逻辑发生了根本性的改变。工业社会中呈现技术与资本的结合性，传统技术往往具有强烈的"排他性"，技术与技术人往往呈现相对分离的特征。但信息社会中的互联网信息技术的运行逻辑则要求实现高度的"技术规制"。因此，传统技术的"排他性"往往会阻碍自身自由与发展的可能，而互联网信息技术的"技术规制"会通过"自由参与"的途径获得更多技术人和消费者的智慧与支持，技术的创新环境和创新动力往往会得到极大改善。比如支付宝、滴滴因其共享性和开放性，最大限度地动员了社会资源，突破了原有的知识产权保护和利益格局，实现了个体、企业、社会价值的最大化，也促进了互联网信息技术的极大创新。可以说，自由的互联网信息技术的利用率是"轴承"似增长而不是简单的"倍数"似增长。因此，拥有强烈的自由精神的互联网信息技术专业人员更符合技术精神和发展规律，更容易获得较高的专业技术和资源支持，同时也更能够被互联网信息技术"科学共同体"所认同，其获得的职业地位也就越高。

2. 互联网信息技术期望与职业地位获得

互联网信息技术期望是指：互联网信息技术专业人员对互联网信息技术促进中国政治、经济、文化、社会发展的期望。对技术的期望是价值观的重要组成部分，其决定着个体对互联网信息技术所持的态度和对技术未来的价值判断，无时无刻不影响着技术人对技术的使用和创新，对地位获得有深刻的影响。

描述性分析和二元逻辑回归分析均显示互联网信息技术专业人员的"互联网信息技术期望"对职业地位获得有显著性影响，为此，本研究对互联网信息技术专业人员的"互联网信息技术期望"进行了深入访谈。

---

① Cerf V. The Internet is for Everyone ［J］. IETF RFC, 2002：3271.

MZY，年龄42岁，杭州某著名IT公司董事长兼CEO

领袖级的人物都是追逐前沿的人

学：为什么对互联网信息技术期望越高，职业地位越高？

MZY：领袖级的人物基本上是这样。这种人共同点就是追逐技术前沿，对技术持有极强的期望和反思。类似首席专家为公司做蓝图战略规划，他会实时地告诉你下一个热点在哪、趋势在哪。这种人专业技术可能不是最高，但是他们把各种因素联系整合起来描绘出项目或公司的发展场景，给你建议与风险分析。所以，这种人在公司往往处于核心地位。

为了进一步了解更大范围的互联网信息技术专业人员的情况，本研究再次做了深入访谈。

CC，年龄28岁，北京某著名IT公司技术总监

怀抱期望越高，职业地位越高

学：为什么对互联网信息技术期望越高，职业地位越高？

CC：要从三个方面讲。第一，怀抱期望，能接受更多的新鲜事物，投入的时间精力越多，对自身的专业技术努力程度也越高，获得的职业地位也越高；第二，IT还有个显著特点，就是动手能力强，越有想法，执行力就越强，这类人获得的职业机会也就越多；第三，IT是活到老学到老，每天都要吸收新的知识，对互联网信息技术期望越高，不断提升自己的动力就越高，获得较高职业地位的概率也越大。

访谈发现，对互联网信息技术的期望越高，互联网信息技术专业人员视野和技术胸怀越宽，获得的专业技术水平越高，获得的职业地位也越高。该结论与威斯康辛地位获得理论高度一致。同时也与众多学者的研究结论基本一致。这些研究都认为：拥有较强的期望能够促进个体的地位获得。

本研究认为其原因主要有以下三点。

一是互联网信息技术专业人员对互联网信息技术精神以及"技术规制"的遵从和实践，将获得较高的职业地位。虽然互联网信息技术的表现形式不同，但其精神实质和内涵是高度一致的。互联网信息技术专业人员获得技术和职业地位以及财富都是源于"开放、自由、平等、共享"的互联网信息技术价值实现。因此，对互联网信息技术精神和"技术规制"以及职业伦理的更好的实践必然对互联网信息技术抱有强烈的期望，其获得的职业地位也就越高。

二是互联网信息技术专业人员是具有强烈的价值观意识的"科学共同体"，越实践"技术规制"，其获得的认同和声望也就越高，获得的职业地位也就越高。正如默顿对工程师的理解：专业技术人员经济地位和职业地位具有强烈的价值取向性，他们不单单具有强烈生产体系的指挥倾向，还具有强烈的社会倾向和政治倾向。同时，专业技术人员通过对技术和忠诚等价值观取向的实践，实现自我角色的认定和扮演，形成了具有一定职业伦理和强烈社会阶层认同意识的群体，即默顿所说的"科学家共同体"。

三是抱有的期望越高，互联网信息技术专业人员获得的社会认同和承认程度越高，职业声望也就越高，获得的职业地位也就越高。正如阿克塞尔·霍耐特的"为承认而斗争"理论认为：个人成就和能力的实现是实践自我关系的一种特殊类型，这种自我关系允许个体通过社会重视和认可获得较高的地位。个体受到社会重视的同时也伴随着一种切实感觉到的信心，即个人的成就和能力将被其他社会成员承认。[①] 也就是说，互联网信息技术专业人员能够通过实现互联网信息技术的"技术规制"获得较高的社会认可和职业声望，进而获得较高的职业地位。

（三）社会网络关系与职业地位获得

"遍布整个组织的非正式网络，全面影响着员工的工作体验，也是他们寻求信息、解决问题和利用机会的重要途径。网络对于高绩效员工顺利完成工作任务、在众人之中脱颖而出起着核心作用。"[②] 人际交流和知识网络化能力被认为有利于增强互联网信息技术专业人员发展并巩固和他们的业务客户、同事之间的社会网络关系。[③] 社会网络关系越发达，互联网信息技术专业人员职业地位获得越高。因此，本研究分别从社会网络关系高度和广度两个方面做了进一步访谈。

---

① （德）阿克塞尔·霍耐特. 为承认而斗争 [M]. 胡继华译. 上海：上海人民出版社，2005：134 – 135.
② （美）加里·巴林杰，伊丽莎白·克雷格，罗布·克罗斯等. 画一张组织人脉图 [J]. 商业评论，2014（5）.
③ Geneviève Bassellier, Izak Benbasat. Business Competence of Information Technology Professionals: Conceptual Development and Influence on IT-business Partnerships [J]. MIS Quarterly, 2004, 28（4）：673 – 694.

DLY，年龄 42 岁，北京某著名 IT 公司董事长兼 CEO

关系越厉害，越能解决问题

学：为什么社会关系越厉害，获得的职业地位越高？

DIY：从价值实现方面讲，关系越厉害，从侧面反映了一个 IT 掌握资源的能力。就比如你有过硬的技术和研发团队以及产品，但是如果你没有一些厉害的关系，你就很难把产品搞到政府部门和其他用户中去，企业就难以实现价值。如果你关系厉害，在市场开拓这块也会很顺畅。可以说，关系越厉害，资源配置的能力和获取资源的能力越强，越能为公司解决问题，创造更大价值，获得的职业地位也就越高。从职业成长环境上讲，IT 拥有的人脉关系越强大，职业发展环境越有利，职业上升也就越容易；从职位上升看，关系越厉害，IT 越能接触到顶级的资源，升职或跳槽的资源越多，更容易把握升职机会。

为了进一步研究社会网络关系广度与职业地位获得的关系，本研究做了进一步访谈。

DLY，年龄 42 岁，北京某著名 IT 公司董事长兼 CEO

需要"了难关系"

学：为什么关系越多的 IT，获得的职务等级越高？

DLY：这个要区分不同的发展路线的 IT。对于走技术路线的 IT，人脉关系越多，技术交流更容易且更频繁，接触的公司内和公司外的项目也更多。因此，知识面更广，掌握的技术更高，获得的职业地位就高；走管理路线的 IT，关系越广，掌握的信息越多，支配的资源也越丰富，比较能为公司解决问题，其获得的职业地位也就越高；对于创业路线的 IT，关系就是血管，创业的 IT 不仅需要技术的关系，更需要市场的关系、企业生存的关系，按照湖南话讲就是要拥有更多的"了难关系"，创业企业才能生存发展。活了才有地位，死了啥都没有了。但不管走什么路线，关系越多，资源整合能力越强，市场开拓走的弯路越少，越能给企业带来新的渠道和发展灵感。

为了进一步研究体制内的社会网络关系与职业地位获得的关系，本研究做了进一步访谈。

CZH，年龄51岁，长沙某著名体制内IT单位领导

人事都是上级决定的，下级部门只有建议权

学：为什么体制内的IT社会网络关系越强，职业地位获得越高？

CZH：不管什么时候，为人处世都很重要。第一，跟用户以及上下级沟通越好，越容易让工作流畅，及时解决各种问题，自然口碑就好，升职评议时，更容易被推荐向上。第二，体制内的人事任命都是由上级部门决定的，下级部门只有建议权。因此，上面关系越厉害，只要工作还可以，升职还是比较容易的。第三，关系越厉害，能力越强。他们可以为单位或同事解决不少问题。上级领导一般不会阻碍这些人发展，其他同事也更不会反对。

从访谈可以发现，社会网络关系越强大，职业地位获得越高。该结论与大多数的学者的研究结论高度一致。他们都认为：社会网络关系越发达，职业地位获得越高。该结论也与程苓峰的研究结论高度一致："互联网的生产力源头是自由人的自由联合"。但与任锋的研究结论相反，他认为社会网络关系对获得较高的职业地位并不能产生较大的影响。

本研究认为原因主要有以下两点。

一是互联网信息技术开放的"技术规制"要求个体与个体间、组织与组织间形成发达的社会网络关系来实现高度的协作，以实现知识和技术的价值。正如马克卢普"知识生产"理论认为：知识社会的新型职业基本独立且协作紧密，如各种组织中从事知识生产的劳动力。[1] 因此，劳动中的个体拥有发达的社会网络关系，有利于劳动的完成和价值的实现，获得更高的职业地位。

二是互联网信息技术的"技术规制"和人类的社交本质要求高度一致。一方面，互联网信息技术开放的"技术规制"要求最大限度连接个人和组织，形成一个庞大的网络。另一方面，社交是人类生存和发展的本质需要，个体实现与他人的连接能够促进个体的价值实现。这种线上和线下形成的网络组织类似于德鲁克所说的与传统社会中的"结晶体型组织"迥然相对的信息社会中"流体型组织"。信息社会的开放性、动态性、可塑性、交融性，能够极大地促进知识传播和人类社会的发展与创新，也打破了人的固定性。个体在不断流动中必然形成发达的社会网络关系来促进知

---

① （美）弗里茨·马克卢普. 美国的知识生产与分配［M］. 孙耀君译. 北京：中国人民大学出版社，2007：32.

识和信息的交流，最大限度地实现了个体和社会价值。也正如卡斯特"网络社会"理论认为：网络社会就是围绕着流动建立起来的，资本的流动、信息的流动、影像声音的流动，这一切的流动支配了信息社会的经济、政治生活的过程，网络会支持这些流动，并让这些流动在时间中结合。① 互联网社会的流动落实到具体就是需要通过流动连接人与人、人与物、物与物的途径，实现支配功能。也就是说，形成一个发达的社会网络关系是互联网信息技术发展的要求和规律。也正如尼古拉斯等所说，"突破往往发生在相互合作的小圈子内，而网络能巩固和放大人们的才能。经验告诉我们，知识与技能的互补，让合作更富有成效，导致总体大于各组成部分的总和"。② 因此，互联网信息技术专业人员拥有发达的社会网络关系，更加符合互联网信息技术的"技术规制"和人类社会发展的规律，有利于个体和社会价值的实现和获得较高职业地位。

二 制度性因素与职业地位获得

（一）性别分割制度与职业地位获得

性别分割是指劳动者因性别的不同而从事不同类型的职业或岗位。"性别差异影响了几十年来 IT 技术的环境。"③ 为深入研究性别分割制度对互联网信息技术专业技术人员职业地位获得的影响，本研究进行了深入访谈。

SDF，年龄 35 岁，北京某 IT 公司技术总监

技术的关键岗位，女生从来都不是主角

学：同等条件下，女性获得的职业地位比男性要低吗？

SDF：大多数高职位都是被男 IT 占据。其原因主要集中在以下两点。一是公司对男性与女性的职业认识是不同的。虽然女性 IT 一直是稀缺的，但是大多数女性对 IT 业有种畏惧感，导致淘汰概率更大。你可以发现越到后期从事 IT 的大部分是男的，即使存在女 IT 也大多集中在做前端、做 UI 环节。二是岗位和生理特征决定了男性比女性强。男性比女性的体力和抗压能力更强，更能

---

① （美）曼纽尔·卡斯特. 千年终结［M］. 夏铸九等译. 北京：社会科学文献出版社，2006.

② （美）尼古拉斯·克里斯塔基斯，詹姆斯·富勒. 大连接［M］. 简学译. 北京：中国人民大学出版社，2013：182.

③ Claggett, Gwendolyn P. The Perception of Women Contending for First Place in the Information Technology World: A Qualitative Case Study［D］. Capella University, 2016.

适应高竞争性、高更新性、高强度、高压力以及长时间坐在电脑前工作的节奏。IT 是要熬夜加班的，女生是爱美丽的，男的能熬得起，女 IT 当然就不行。况且女生每个月还有生理期。相比之下，男 IT 的工作经历投入更大，也更容易升职。我换过几家公司，除了在财务、行政等领域，女生从来都不是技术关键岗位的主角。

为了进一步了解女性职业地位获得的情况，本研究深入访谈了负责 IT 人力资源的经理。

PWT，年龄 37 岁，性别女，北京某 IT 公司人力资源经理
用女 IT，企业成本不划算
学：为什么女性 IT 比男性 IT 更不容易升职？
PWT：一是从成本角度来说，对企业不划算。女生面临婚姻、婚后休产假等情况，这样至少要一年多的时间。如果生多胎，假期将更长。对于高速发展的公司，离开公司几个月，损失是很大的。在很多重要项目上甚至在项目环节上，公司使用男 IT 的成本和风险更低。二是家庭生活中女性总是主角。男性做 IT 十几年都没事，而女性就不行。女 IT 以后还要为回归家庭着想，到后期基本转型到了行政管理方面。而企业的行政岗位肯定要比技术岗位低。

从访谈可以发现，男性比女性更容易获得较高的职业地位。该结论与 Stack Overflow 针对全球 157 个国家的调查结论基本一致："软件开发者的男女比例分别是 92.1% 和 7.9%。IT 界是一个典型的'男权'世界。"同时该结论也与众多学者的研究结论基本一致：同一职业领域中，大部分女性劳动力集中在较低的职业地位，很难取得较高的职业地位。可以发现，互联网信息技术并未如技术未来学派所言那样：互联网信息技术是一切技术的终极版，是压倒一切、无坚不摧的力量。[①]
本研究认为其原因主要有以下三点。
一是生理特征、角色特征、家庭功能等特征和工作组织的要求有一定的冲突，以"价值"实现为导向的工作组织中存在较为强烈的性别不平等。

① （英）詹姆斯·柯兰等. 互联网的误读 [M]. 何道宽译. 北京：中国人民大学出版社，2014：4.

二是主观上的性别歧视依然较为严重。"男性和女性的价值体系很相似但不完全相同"，① 进一步强化了性别分割制度的道德判断和不平等影响，也使个体在组织背景下往往表现出更少的道德行为。

三是社会系统中的性别不平等深刻嵌入互联网信息技术的工作组织中。正如默顿的"社会结构"理论所认为的"科学、技术作为一个社会系统，其科学的外部和内部的社会系统既不能脱离整个社会环境，又应该有相对的自主性"。② 互联网信息技术专业人员职业地位获得的环境——科学、技术的发展在对社会发展和社会生活造成了巨大影响的同时，不断受到政治、经济、社会和文化因素的制约和影响。作为深刻嵌入单位中的职业地位亦受到性别分割制度的影响。

但是从性别的 Wald = 4.920 值比较发现，性别的影响因素相比个人努力程度影响相对较小。因此，本研究着重对个体如何克服性别不平等做了深入访谈。

YXL，年龄 46 岁，性别女，北京某 IT 公司技术总监
IT 业相对于其他行业女性更容易获得较高的职位

学：有没有女 IT 获得较高的职位呢？

YXL：有！职场中女性与男性相比的确处于劣势地位，但从事 IT 业的女性相对其他行业女性更容易获得较高的职位。路线不同，升职也不同。从技术路线看，如果单一从事某项技术开发，女性是不占优势的；从管理路线看，在男多女少的业内，女性自身的情商和魅力更容易组织一帮男 IT 完成项目，女性升职也较快；从创业路线看，女 IT 是关键的合伙人，如果男 IT 家庭不稳定，妻儿后方不安排好，创业失败风险极高。因此，升职高不高更多的是要求女 IT 找到适合自身的路线和专项，根据所处的实际环境最优化地组织资源，而不是像头牛拼命耕地。这主要是由 IT 业精细的分工和密切的协作特征决定的。项目要完成，就需要极强的沟通、协调、组织能力。女 IT 往往比男 IT 更有优势。相比我以前工作过的制造业、快消业、能源业，IT 业给女性的机会要多得多。

① Luay Tahat, Mohammad I. Elian, Nabeel N. Sawalha, Fuad N. Al-Shaikh. The Ethical Attitudes of Information Technology Professionals: A Comparative Study Between the USA and the Middle East [J]. Ethics and Information Technology, 2014, 16: 241-249.

② （美）罗伯特·K. 默顿. 社会理论和社会结构 [M]. 唐少杰等译. 南京：译林出版社，2006：序.

访谈发现，由于互联网信息技术"开放、自由、平等、共享"的"技术规制"，女性只要根据自身和技术以及环境的具体条件进行职业规划，就能够最大限度地降低性别分割制度的不公平的影响。该结论与部分学者的研究结论基本一致：劳动力市场存在的性别不平等依然存在，但随着经济和技术的不断发展，性别分割制度的不平等程度正在减轻。正如默顿所认为的那样，互联网信息技术虽然受到了社会环境的影响，但是由于其自主性特征以及技术的进一步扩散，技术逐渐在改变现实中的不平等状况。也正如奈斯比特的"信息社会"理论中认为的那样：计算机和互联网出现后，全球从工业社会过渡到信息社会，信息是最重要的资源，知识价值论会取代劳动价值论。① "信息虽然不是唯一资源，却是最重要的资源……知识的整体价值往往大于各部分之和。" 也就是说，信息社会中无论性别如何，受过良好教育、专业技术过硬的互联网信息技术专业人员的地位极高。因此，虽然性别分割制度的不平等影响依旧存在，但是互联网信息技术最大限度地减少了职业地位获得中的不平等。

（二）教育分流制度与职业地位获得

教育分流制度也叫分流教育制度，是教育体系中一项重要的制度安排。"它依据学生的学业考试成绩和学术取向测试，将学生分门别类，使之进入不同的学校和课程轨道，并按照不同的要求和标准，采用不同的方法，教授不同的内容，使之成为不同规格和类型的人才。"② "教育分流直接为学生从事不同职业和进入不同社会阶层奠定了基础。"③ 根据二元逻辑回归结果，本研究讨论"本科学历是不是重点"和"最高学历是不是重点"两个问题。

ZYQ，年龄 36 岁，北京某 IT 公司 CEO

本科是一个最能打基础的地方

学：为什么本科学历是重点学校的 IT 相比非重点的能获得较高职业地位？

ZYQ：这是一定的，从重点本科大学招聘来的 IT，就是比普通的学校出来的 IT 要强。这也是一个相对公平的体现，高考还是有一定作用的。本科是重

---

① （美）约翰·奈斯比特. 大趋势——改变我们生活的十个新方向 [M]. 梅艳译. 北京：中国社会科学出版社，1984：12.

② 陆伟，孟大虎. 教育分流制度的国际比较 [J]. 清华大学教育研究，2014（6）：48 – 58.

③ 方长春，风笑天. 阶层差异与教育获得——一项关于教育分流的实证研究 [J]. 清华大学教育研究，2005（5）：22 – 30.

点学校的肯定有他的过人之处，无论是情商还是智商都会比较高。对于硕士研究生，我招聘硕士的时候，更看重的是本科学校。例如紫光集团招聘时主要是看本科是不是重点，对硕士研究生不太感冒。因为他毕竟读了硕士，工作待遇要求也高，但是他的能力不见得比本科生高。考研和高考完全是两码事。我们招过两个清华的研究生，一个本科是清华的，另外一个是从外校考入清华的，这两个研究生差距很大。从外校考入的与本科是清华的能力差异很大。所以我们更看重的是 IT 本科是不是 985/211。至于硕士也会适当考虑，但是不是特别看重。

学: 能具体谈一下重点本科学校对职业地位的影响吗?

ZYQ: 一是在信息和资源配置上有差异。本科是一个最能打基础的地方，重点学校往往能够提供更多的机会和平台。在普通大学，最大困难就是你所获得的信息量和资源远远落后于重点学校。二是重点本科院校培养要求和质量更高。重点本科院校的计算机方面教育资源会比较好。培养出来的 IT 动手实践能力和英文也会比较好。三是创新精神有差异。进入普通大学要么鼓励你就业，要么鼓励你努力考研。例如我们山东的曲阜师范学院、滨州学院等普通大学一进大学就是鼓励你考研。这些普通大学普遍缺乏对创新意识与梦想意识的培养。重点大学和普通大学的最大区别在于重点大学鼓励学生追求自己的梦想，鼓励他们有自己的想法。而 IT 最大的动力就是一种创新的想法和追求梦想的动机和行动以及实现的平台。四是政策上的要求。在一定时期，公司在招募人才时是会优先考虑重点大学的。比如公司上市或者是高新科技项目申请时以及申请政府补贴时，各种政策都对公司员工学历有一定要求。因此，本科从重点学校出来的 IT 更容易获得较高的职业地位。

二元逻辑回归显示"最高学历是否为重点"Wald 值 = 6.257，相比"本科是否为重点"Wald 值 = 20.018 相对较少。为了进一步了解其影响，本研究做了进一步访谈。

YM，年龄 39 岁，性别女，广州某人力资源公司猎头
人比岗位还要多，不筛学历没办法
学: 为什么重点学校毕业的 IT 比普通学校更容易获得较高的职业地位?

YM: 要从三个方面讲。一是从选拔方面看。要分初职和现职两个方面讲。

初职筛选时，好岗位就这么几个，收到的简历数量是岗位数量的 N 倍。这种情况下，人力资源干的活就是筛学历，筛重点院校；现职筛选时，重点院校毕业的 IT 由于自身的学校优势，初职职业地位获得一般较高。只要个人努力，在跳槽或者本单位升职时他们都拥有较多的机会。二是从社会关系看。最高学历是重点院校毕业的 IT 拥有的导师、师兄、师姐、同学、朋友的关系更为丰富，他们升职和跳槽可以动员的资源相比普通学校的更多。三是从公司需求方面看。大多数的公司基本上有最高学历要求和项目经历要求。因此，最高学历是重点学校的 IT 获得较高的职业地位确实拥有优势。

学：为什么"本科是重点学校"的影响程度比"最高学历是重点学校"的大得多呢？

YM：这个主要是由于到后期 IT 能力获得的途径变化了。不管是什么学校毕业的 IT 出来工作三四年后，都会遇到一个职业地位发展瓶颈。他们提升自己能力的途径要么选择考研，要么进行培训。但是由于 IT 能力获得的主要途径是培训而非学历教育，所以到后期重点学校的影响虽然存在，但是影响程度也在个人的努力和职业教育投资因素影响下不断降低。

可以发现，教育分流制度在互联网信息技术专业人员职业地位获得过程中有着显著性的影响，本科为重点学校和最高学历为重点学校的互联网信息技术专业人员更容易获得较高的职业地位。该结论与部分学者的研究结论基本一致：教育分流制度尤其是高等教育分流制度对个体的地位获得有显著性影响。但该结论与部分学者的研究结论有部分相似。而与另一部分学者的研究结论不一致。这说明，信息社会并没有与传统的资本主义断裂，而是巩固和扩展了传统社会中的制度、文化、资本的继承和扩张。但是也要看到，教育分流制度对互联网信息技术专业人员的职业地位获得虽然有着显著性的影响，但是其影响相对个人努力程度因素较低。这说明互联网信息技术在受制于传统因素的同时，依然随着技术的扩散和创新不断实现技术公平和社会公平。

本研究认为原因主要有三点。

一是高等教育对互联网信息技术的发展依然有着巨大的影响。高等教育对互联网信息技术的创新和发展有深刻的影响。从美国的瑟夫博士（Vint Cerf）到罗伯特·卡恩（Robert Elliot Kahn）再到芬兰的贾科·奥卡瑞伦（Jarkko Oikarinen）和计算机科学家蒂姆·伯纳斯·李（Tim Berners-Lee）等对互联网信息技术的创新和发明过程，可以发现互联网信息技术的重大创新大多产生在高等教育环境之中。高等教育制度对互联网信息技术和互联网信息技术专业人员职业地位获得有着深刻影响。

二是互联网信息技术是"科学共同体"共同努力的结果。正如默顿的"社会结构"理论认为的那样，"科学、技术作为一个社会系统，其科学的外部和内部的社会系统既不能脱离整个社会环境，又应该有相对的自主性"。① 但具有强烈精神的和凝聚力的"科学共同体"及其建构的"教育"等途径不仅给生产生活生存带来了新的科学与技术的应用，而且深刻影响生产方式，更会影响社会决定，并会对技术人的日常活动和心理产生影响，时刻形塑政治、经济、社会、文化工作组织。

三是教育制度性因素依然深刻地影响职业地位获得的资源和途径。由于教育分流制度主要是由政治等资源塑造起来的，这使互联网信息技术专业人员获得职业地位既需要巨大的个人努力，也需要进入重点学校，获得教育分流制度拥有的优势。因此，互联网信息技术本质依然只是资本主义的延续。资本主义特征依然支配着信息领域的部分起源和运行。②

（三） 户籍制度与职业地位获得

户籍制度实际是对劳动力城乡市场的分割。"劳动力市场城乡间分割，在改革之前是政府推行重工业优先发展战略的需要，在改革以来则是受到城市利益集团的影响而得以维持……中国的城乡劳动力市场分割是传统体制的产物。"③ 由于户籍制度直接影响着资源配置和利益分配的制度，它优先向城市尤其是大城市倾斜。倾斜内容包括劳动就业、教育培训、医疗保健、养老福利等几乎所有的生活领域。对于要求实现"开放、自由、平等、共享"的互联网信息技术，户籍制度极大阻碍了信息社会中的流动，对社会分层与流动产生了极大的影响。随着市场经济的发展和户籍制度的调整，户籍制度不仅出现了城乡之间的不平等，更出现了城市内部之间、城市之间、农村内部之间、农村之间的不平等。

二元逻辑回归分析发现"是否落户工作地"对互联网信息技术专业人员

① （美）罗伯特·K. 默顿. 社会理论和社会结构 ［M］. 唐少杰等译. 南京：译林出版社，2006：序.

② （英）弗兰克·韦伯斯特. 信息社会理论（第三版）［M］. 曹晋等译. 北京：北京大学出版社，2011：345.

③ 蔡昉，都阳，王美艳. 户籍制度与劳动力市场保护 ［J］. 经济研究，2001（12）：41－49.

职业地位获得有着显著性影响，而"本人 16 岁户籍"状况对地位获得无显著性影响。为此，本研究首先对"本人 16 岁户籍"的户籍制度对职业地位获得的影响做了深入访谈，结果如下。

> YF，年龄 35 岁，北京某著名 IT 公司 CEO
>
> **程序员都是狗嘛！但凡有钱都不会让子女干的**
>
> 学：为什么出身户籍状况对 IT 职业地位获得没有影响？
>
> YF：一是 IT 的岗位强度大。码农都是狗嘛！干的是苦活，钱虽然多，但确实很辛苦。除非小孩对 IT 有兴趣，但凡有钱的人是不会让小孩干 IT 的。你看我的头发还剩下多少。二是出身状况对 IT 没影响。这个行业是技术型主导的，不是靠家庭关系或者出身，而是看个人的专业技术能力，不存在城里人和乡下人，不存在外部环境起绝对作用。

"本人 16 岁户籍"的户籍制度对互联网信息技术专业人员职业地位获得没有影响，实际上是指家庭背景因素对互联网信息技术专业人员职业地位获得没有影响。该结论与一般的研究结论是不一致的。以往的大多数研究证明了家庭背景因素对职业地位获得有着深刻的影响。正如劳伦斯·莱斯格"代码规则"理论认为，"网络社会可以让人们重整人与人之间的关系，增强公众的力量，破坏传统社会文化的约束……在信息技术的帮下，资本主义可以终结一切不公正，并创造出一个人人都能像企业家那样自由地实现人生价值的世界"。① 也正如汤姆·斯坦纳特－斯雷尔克德（Tom Steineert-Threlkeld）所说：互联网信息技术天生抵制几乎所有形式的规制的能力。可以说第一代互联网信息技术专业人员在设计之初，就将其价值理念根植在互联网之中。因此，在获得互联网信息技术专业地位和职业地位过程中户籍制度影响不显著。

那么，户籍制度是否通过其他方式或途径对职业地位获得产生影响呢？为此，本研究对"是否落户工作地"的户籍制度对职业地位获得的影响做了深入访谈，结果如下。

---

① （加）文森特·莫斯可. 数字化崇拜：迷思、权力与赛博空间 ［M］. 黄典林译. 北京：北京大学出版社，2010：99.

CK，年龄41岁，杭州阿里巴巴总公司某部门负责人

能落户的都比较厉害！职务都不低！

学：为什么能够落户到工作地的 IT 更容易获得较高的职业地位？

CK：这个要分两种情况。一是能落户的经济条件应该都比较好，在单位职务都不低。一般来说能够落户大城市的 IT 都比较厉害。北京、广州、上海落户都是积分制，必须有本事才能够条件，有本事的人当然职务高。二是能够落户的经济条件都比较好。落户最低门槛就是有经济实力购买到一套住房。

JXJ，年龄33岁，北京阿里巴巴某部门负责人

身心稳定了，更有利于知识积累

学：为什么能够落户到工作地的 IT 更容易获得较高的职业地位？

JXJ：落户在工作地的 IT 在医疗、小孩读书等方面都有了保障。城市和身份认同都相对较高。身心稳定了，工作稳定性比较高，能专心为单位服务，工作表现随之越好，因此职位级别容易提升。但是从更深层上讲，因为稳定下来生活比较有利于知识的积累。

由此看来，户籍制度虽然通过家庭背景因素没有对互联网信息技术专业人员地位获得产生影响，但是其通过劳动力市场的分割对职业地位获得产生了深刻影响。该结论与众多学者的研究结论高度一致：户籍制度依然通过住房、医疗、教育培训、托幼养老、劳动就业保障等途径对互联网信息技术专业人员的职业地位获得产生深刻影响。这种排他性劳动就业制度是这种福利体制的核心。[①] 在户籍制度对互联网信息技术专业人员职业地位获得的影响过程中可以发现，户籍制度虽然不能影响互联网信息技术专业人员获得专业技术地位，但是可以通过落户影响职业地位获得。落户的条件深刻地说明"制度""资本"等因素通过户籍制度依然对技术人和技术产生了深刻影响。这明显违背了"开放、自由、平等、共享"的技术特征和市场经济下要求资本、人力、信息、技术高流动性的基本准则。正如文森特·莫斯可团队的"知识劳工"理论认为的那样："资本的力量依然是强大的，无论技术的自由度和创新发展到何种程度，资本的异化功能都会深入每一个劳动者的毛细血管。知识劳动的原

---

① 蔡昉，都阳，王美艳. 户籍制度与劳动力市场保护 [J]. 经济研究，2001（12）：41 - 49.

材料是无形的，没有物质实体，虽然与制造业劳动不同，表面上看，知识工作者没有身体上严密的控制，工作形式是解放的，工作场地是自由的，其对劳动过程的强化程度却有增无减。自主性的工作越来越少，零碎的技术和工作越来越多，管理控制也越来越多。"①

由此发现，在职业地位获得过程中，互联网信息技术能够突破家庭制度、地区分割制度、社会发展机遇制度等制度性因素，但是在发展和扩散的过程中依然会受到性别分割制度、教育分流制度、户籍制度等制度性因素的深刻影响。

三　结论

根据实证研究和理论分析，本研究得出以下五个结论。

一是从内部上看，互联网信息技术专业人员职业地位竞争激烈，内部分层较为明显，但竞争环境相对公平开放。

二是从整体上看，互联网信息技术专业人员职业地位获得中"工龄""职业技能培训""职业流动次数"等个人努力程度因素有显著性影响；"社会关系的广度和高度"对职业地位获得有显著性影响；"互联网自由精神"与"互联网信息技术期望"等价值观因素有显著性影响；"性别""教育分流制度""户籍制度"等制度性因素对职业地位获得有显著性影响。

三是从比较上看，通过 Wald 值的比较可以发现，互联网信息技术专业人员职业地位影响因素中个人努力程度影响程度依然占据主导地位。互联网信息技术促进了中国社会阶层流动，有利于实现开放中国的建设，也有利于实现中国梦。

四是从互联网信息技术专业人员职业地位获得影响因素看，互联网信息技术的创新和发展以及个体的价值实现和地位获得更多地依靠个人的努力奋斗等非制度性因素。这深刻说明信息社会是相对公平和开放的。同时，也说明互联网信息技术正在改变传统社会的运行逻辑和资源配置方式，促进非制度性因素主导信息社会的发展和地位获得机制的改变。但是本研究也发现，制度性因素影响依然较大印证了技术在信息社会中的力量逐步崛起的同时国家和资本的力量依然对技术产生了深刻的影响。

---

① （加）文森特·莫斯可，凯瑟琳·麦克切尔. 信息社会的知识劳工［M］. 曹晋等译. 上海：上海译文出版社，2014：86－87.

　　五是互联网信息技术专业人员更能够通过个人的努力而非家庭背景或者制度性因素获得较高的职业地位，充分说明了信息社会具有较高的开放性和流动性。再次证明了互联网信息技术不仅跨越了长城，更跨越了阶层固化的藩篱，促进了人类社会的自由、平等、开放、绿色、协作发展。

互联网信息技术专业人员的社会经济地位获得

本章研究了互联网信息技术专业人员的社会经济地位概况、获得、特点、分层、影响因素以及原因。通过与第五章、第六章的对比，深入探析了制度性因素和非制度性因素在技术人群社会经济地位获得过程中的特点和运行逻辑，进而分析了互联网信息技术的"技术规制"与政治、资本、个人努力程度等方面的关系。最后，预测了中国人的地位获得机制和中国社会结构的发展特点和趋势。

第一节　互联网信息技术专业人员社会经济地位获得概况

作为以信息和市场为主导的信息社会，社会经济地位获得是地位获得最根本的衡量标准。根据实际访谈判断和文献分析，互联网信息技术专业人员社会经济地位最直接、最根本的标准就是"年收入"。其可以直接作为社会经济地位的指标。因此，本研究对互联网信息技术专业人员"年收入"状况进行了考察，结果如下。

一　客观社会经济地位处于社会中上阶层

个体的年收入状况、劳动收入状况是衡量客观社会经济地位的重要指标。本研究以"年收入""现职税前年薪""初职税前年薪"等指标考察互联网信息技术专业人员社会经济地位状况。结果见表7-1。

表7-1显示，互联网信息技术专业人员现职税前年薪平均15.5469万元，年收入最低的为3万元，收入最高的为100万元，标准差为11.29903万元；初职税前年薪平均6.57万元，年收入最低的为1万元，收入最高的为50万元，标准差约为4.768万元。比较来看，现职税前年薪是初职税前年薪的2.4

倍，现职税前年薪实现了大幅度提升。排除通货膨胀等因素，结合该群体平均工龄 5.9311 年，说明互联网信息技术专业人员经过努力，其收入每年都实现了较大幅度的增长，社会经济地位实现向上流动。但现职税前年薪标准差 11.29903 万元和初职税前年薪标准差 4.768 万元两个数值的差值较大，说明互联网信息技术专业人员收入差距在不断扩大，且现职的内部差距程度要远远大于初职。也就是说，互联网信息技术专业人员的社会经济地位分层是较为明显的。

表 7 - 1   现职和初职税前年薪状况

单位：人，万元

年薪状况	频数	最小值（M）	最大值（X）	平均值（E）	标准差
现职税前年薪	658	3.00	100.00	15.5469	11.29903
初职税前年薪	658	1	50	6.57	4.768

从数据本身看，排除工龄因素，初职税前年薪 6.57 万元也与中国互联网中心的《2014 年中国 IT 毕业生生存调查报告》结论基本一致：2014 年 IT 专业毕业生初职年薪约为 7.6 万元。[①] 本研究调查的现职税前年薪平均水平与国家统计局 2015 年信息传输、软件和信息技术服务业从业人员人均年薪 11.3 万元较为一致，与众达朴信从数据库中抽取了上千家覆盖全国各个地区的 IT 企业进行调研分析形成的《2014 年 IT 工程师薪酬调研报告》调查结果基本一致：互联网信息技术专业人员平均年薪约为 12.5 万元。[②] 与极客学院发布的《2016 年中国程序员职业薪酬报告》调查数据高度一致：一线城市互联网信息技术专业人员平均年薪约为 15.6 万元。[③]

为了避免极值或者异值的影响以及被调查者填写问卷的误差，本研究根据通常的收入分层方法对互联网信息技术专业人员社会经济地位状况进行了考察，结果见图 7 - 1。

图 7 - 1 显示，年收入 5 万元及以下人数约为 8.5%；年收入 5 万 ~ 9.9 万元约为 26.1%；年收入 10 万 ~ 14.9 万元人数约为 25.2%；年收入 15 万 ~ 19.9

① 2014 年中国 IT 毕业生生存调查报告 ［EB/OL］. 2016 - 05 - 30. http：//www.199it.com/archives/334431.html.

② 众达朴信.2014 年 IT 工程师薪酬调研报告 ［EB/OL］. 2016 - 06 - 01. http：//www.puxinhr.com/content/5_ 20141021145916.shtml.

③ 极客学院. 2016 年中国程序员职业薪酬报告 ［EB/OL］. 2016 - 06 - 16. http：//www.199it.com/archives/484914.html.

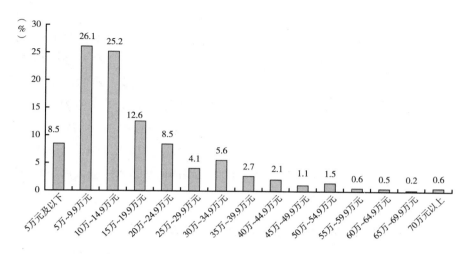

图 7 - 1　互联网信息技术专业人员收入层次状况

万元人数约为 12.6%；年收入 20 万 ~ 24.9 万元人数约为 8.5%；年收入 25 万 ~ 29.9 万元人数约为 4.1%；年收入 30 万 ~ 34.9 万元人数约为 5.6%；年收入 35 万 ~ 39.9 万元人数约为 2.7%；年收入 40 万 ~ 44.9 万元人数约为 2.1%；年收入 45 万 ~ 49.9 万元约为 1.1%；年收入 50 万 ~ 54.9 万元人数约为 1.5%；年收入 55 万 ~ 59.9 万元人数约为 0.6%；年收入 60 万 ~ 64.9 万元人数约为 0.5%；年收入 65 万 ~ 69.9 万元人数约为 0.2%；年收入 70 万元以上人数约为 0.6%。可以看出，收入层次趋势线的波峰主要集中在 5 万 ~ 9.9 万元、10 万 ~ 14.9 万元、15 万 ~ 19.9 万元 3 个收入层次阶段，约为总体的 63.9%。与表 7 - 1 比较可以发现趋势性和分布与平均值基本保持一致，这说明本次调查的数据准确性较高，互联网信息技术专业人员年收入基本为 15 万元左右。

　　结合表 7 - 1 和图 7 - 1 的数据看，可以发现互联网信息技术专业人员初职税前年薪是 2014 年中国劳动力平均总收入 3.5737 万元的 1.8 倍，现职税前年薪是其 4.4 倍。[①] 初职税前年薪分别是 2015 年全国城镇非私营单位就业人员年平均工资 6.2029 万元的 1.1 倍，更是 2015 年全国城镇私营单位就业人员年平均工资 3.9589 万元的 1.7 倍。[②] 而现职税前年薪超过的倍数更大，分别是其

① 蔡禾. 中国劳动力动态调查：2015 年报告 [M]. 北京：社会科学文献出版社，2015：161.
② 国家统计局. 2015 年各行业年平均工资标准表 [EB/OL]. 2017 - 5 - 30. http：// shebao. yjbys. com/zhengce/382043. html.

2.5 倍和 3.9 倍。可以看到，互联网信息技术专业人员的初职年薪要高于其他劳动群体。并随着工龄的增加，其年收入会持续性增加，远远超过其他行业人员。按照"中国劳动力动态调查"的数据划分：全国平均总收入达到 153546 元则为前 20% 的家庭，即富裕家庭。互联网信息技术专业人员的年收入就达到了富裕家庭标准。同时，该数据是后 20% 家庭总收入 7155 元的 21 倍以上，城市家庭平均总收入最低组家庭的 12 倍以上，农村家庭的 27 倍以上。[①] 这深刻说明，在以市场和信息为主导的社会中，互联网信息技术专业人员获得了巨大的社会财富和社会经济地位。确切地说，互联网信息技术专业人员的社会经济地位获得拥有明显的优势。

二 主观社会经济地位处于社会中间阶层

"阶层认同是个人在社会阶层结构中所占据位置的感知"。[②] 它是处于一定社会阶层地位的个体基于一定的客观条件，并综合个人的主观感觉而对社会的不平等状况和所处的社会经济地位做出的主观判断。虽然中国人的阶层认同意识依然处于十分复杂的状态，居民阶层认同与客观分层不一致和居民阶层认同依然比较模糊，[③] 但其依然是判断社会经济地位的重要依据。因此，本研究以"与同城市人相比""与同行同龄人相比"等考察了互联网信息技术专业人员主观社会经济地位，结果如下。

（一） 同城市人主观社会经济地位处于中层

在地域比较维度上，自身与同城市人相比的社会经济地位感知是衡量主观社会经济地位的重要指标之一。

表 7-2 显示，"与同城市人相比"主观社会经济地位层次中，认为自身社会经济地位处于"下层"的 73 人，约为 11.1%；处于"中下层"的 212 人，约为 32.2%；处于中层的 284 人，约为 43.2%；处于"中上层"的 83 人，约为 12.6%；处于"上层"的 6 人，约为 0.9%。总体上看 55.8% 的互联网信息技术专业人员的主观社会经济地位为中层或者中上层。

---

① 蔡禾. 中国劳动力动态调查：2015 年报告 [M]. 北京：社会科学文献出版社，2015：159 - 177.

② Jackman M R, Jackman R W. An Interpretation of the Relation Between Objective and Subjective Social Status [J]. American Sociological Review, 1973 (5)：569 - 582.

③ 胡荣，叶丽玉. 主观社会经济地位与城市居民的阶层认同 [J]. 黑龙江社会科学，2014 (5)：90 - 96.

表 7 - 2　与同城市人相比主观社会经济地位层次

单位：人，%

经济地位层次		频数	百分比	有效百分比	累计百分比
有效	下层	73	11.1	11.1	11.1
	中下层	212	32.2	32.2	43.3
	中层	284	43.2	43.2	86.5
	中上层	83	12.6	12.6	99.1
	上层	6	0.9	0.9	100.0
总计		658	100.0	100.0	—

（二）同行同龄人主观社会经济地位处于中层

在时间维度上，"与同行同龄人相比"的社会经济地位感知位置更能显示出互联网信息技术对地位获得的影响。因此，本研究对其进行了考察，结果见表 7 - 3。

表 7 - 3　与同行同龄人相比主观社会经济地位层次

单位：人，%

经济地位层次		频数	百分比	有效百分比	累计百分比
有效	下层	46	7.0	7.0	7.0
	中下层	156	23.7	23.7	30.7
	中层	333	50.6	50.6	81.3
	中上层	119	18.1	18.1	99.4
	上层	4	0.6	0.6	100.0
总计		658	100.0	100.0	—

表 7 - 3 显示，"与同行同龄人相比"主观社会经济地位层次中，认为自身社会经济地位处于"下层"的有 46 人，约为 7.0%；处于"中下层"的有 156 人，约为 23.7%；处于中层的有 333 人，约为 50.6%；处于"中上层"的有 119 人，约为 18.1%；处于"上层"的有 4 人，约为 0.6%。总体上看，68.7% 的互联网信息技术专业人员的主观社会经济地位为中层或者中上层。这说明，互联网信息技术专业人员获得社会经济地位拥有优势。

三　社会经济地位的内部差异明显

单位制和城市等级制度深刻影响地位获得。为此，本研究比较了不同单位体制和不同城市等级的互联网信息技术专业人员社会经济地位的获得与差异状况。

（一）客观社会经济地位体制外高于体制内

根据实际访谈和文献分析，互联网信息技术专业人员的社会经济地位在体制内和体制外单位中存在较大差异。因此，本研究对体制外和体制内的社会经济地位进行了比较，结果见图7-2。

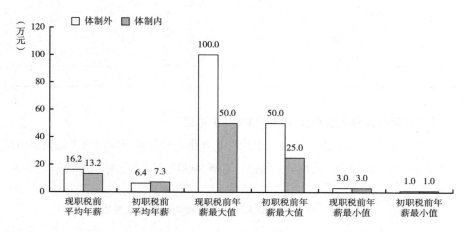

图7-2 体制外与体制内现职与初职年薪对比状况

图7-2显示，现职税前平均年薪方面，在体制外就业的互联网信息技术专业人员为16.2万元，体制内的为13.2万元，相差3万元，体制外现职税前平均年薪高出体制内22.8%；在初职税前平均年薪方面，体制外的互联网信息技术专业人员为6.4万元，体制内为7.3万元，相差1.1万元，体制内初职税前平均年薪高于体制外14.1%；现职税前年薪最大值方面，体制外为100万元，体制内为50万元，相差50万元，体制外高于体制内100%；初职税前年薪最大值方面，体制外为50万元，体制内25万元，相差25万元，体制外高于体制内100%；现职税前年薪最小值方面，体制外为3万元，体制内为3万元，体制内与体制外无差异；初职税前年薪最小值方面，体制外为1万元，体制内为1万元，体制内与体制外无差异。同时，从体制外现职税前年薪标准差11.82033万元和体制内现职税前年薪标准差8.31623万元可以发现，体制外和体制内的现职税前年薪内部差异都很大，且体制外年收入差异程度是体制内的1.4倍。

可以发现，体制内互联网信息技术专业人员除了在初职税前平均年薪方面具有一定优势外，在现职税前平均年薪、现职税前年薪最大值、初职税前年薪最大值等方面均处于劣势。在社会经济地位获得的初期，体制内工作组织确实利用其资源优势使部分成员的社会经济地位获得更为容易。但是随着市场和技术力量的影响，体制外的工作组织显示出巨大的优势，使体制外的个体更容易获得较高的社会经济地位，实现更大的个人、技术和社会价值。整体来看，体制外的工作组织和环境在实现社会经济地位获得方面更加具有优势。本研究认为其原因主要是：互联网信息技术的"技术规制"决定了信息、资源、人员、技术需要高度流动，互联网信息技术的创新和发展需要开放、竞争、公平的环境。"开放"的体制外的环境相比"封闭"的体制内更适宜这种要求，更加有利于社会经济地位的获得。

（二）主观社会经济地位体制外与体制内同处社会中层

为了进一步比较，本研究将"与同城市人相比主观社会经济地位层次""与同行同龄人相比主观社会经济地位层次"的等级转化为 5 等分计分，比较体制外与体制内互联网信息技术专业人员情况，结果见表 7 - 4。

表 7 - 4 体制外与体制内主观社会经济地位平均状况

单位：人，分

单位类型	频数	与同城市人相比主观社会经济地位层次	与同行同龄人相比主观社会经济地位层次
体制外	534	2.60	2.74
体制内	124	2.59	2.69

表 7 - 4 显示，与同城市人相比主观社会经济地位层次和与同行同龄人相比主观社会经济地位层次计分体制内与体制外相差不大，这说明无论是体制外，还是体制内的互联网信息技术专业人员的主观社会经济地位基本一致。

结合图 7 - 2，虽然体制外的客观社会经济地位要比体制内的高得多，其主观社会经济地位却同处社会中层。一方面，说明体制内和体制外的互联网信息技术专业人员的社会经济地位处于社会中层或中上层。另一方面，可能是由于体制内具有"低竞争、低强度、高稳定、高保障、较好的劳动条件、较高的声望"等特点弥补了客观社会经济地位的不足。而体制外则由于"高竞争、高强度、相对较差的劳动条件、较低的声望"等特点，互联网信息技术专业人员虽然客观社会经济地位较高，主观社会经济地位却相对较低。

这深层上说明两个问题：一是互联网信息技术专业人员可以通过互联网信息技术突破制度性因素实现社会经济地位获得和提升；二是技术对个体地位的

获得和提升也受到了制度设计和资源分配以及资本等制度性因素的影响，以致技术的影响和作用会发生变化甚至扭曲。

（三） 客观社会经济地位一线城市高于二、三线城市

本研究从城市等级制度层面考察了互联网信息技术专业人员的客观社会经济地位的分层状况，结果见表 7 - 5。

表 7 - 5　各线城市互联网信息技术专业人员的现（初）职年薪状况

单位：万元

年薪状况		最小值（M）	最大值（X）	平均值（E）	标准差
一线城市	现职税前年薪	3.00	100.00	18.2302	12.27669
	初职税前年薪	1	40	6.60	4.815
二线城市	现职税前年薪	3.00	72.00	13.2017	9.79426
	初职税前年薪	1	50	6.59	4.810
三线城市	现职税前年薪	3.00	30.00	12.1422	9.45714
	初职税前年薪	2	25	7.42	5.126

表 7 - 5 显示，北京、上海、广州、深圳等一线城市的互联网信息技术专业人员的"现职税前年薪"平均为 18.2302 万元，年薪最少的为 3 万元，年薪最多的为 100 万元，标准差 12.27669 万元；"初职税前年薪"平均为 6.60 万元，年薪最少的为 1 万元，年薪最多的为 40 万元，标准差 4.815 万元。可以看到，一线城市互联网信息技术专业人员社会经济地位很高。但从标准差 12.27669 万元发现，一线城市的互联网信息技术专业人员内部收入差距很大。

杭州、武汉、长沙等二线城市互联网信息技术专业人员的"现职税前年薪"平均为 13.2017 万元，年薪最少的为 3 万元，年薪最多的为 72 万元，标准差 9.79426 万元；"初职税前年薪"平均 6.59 万元，年薪最少的为 1 万元，年薪最多的为 50.0 万元，标准差 4.81 万元。可以看到，二线城市互联网信息技术专业人员收入较高。但从标准差 9.79426 万元发现，二线城市互联网信息技术专业人员内部收入差距较大。

中山、徐州、温州等三线城市互联网信息技术专业人员的"现职税前年薪"平均为 12.1422 万元，年薪最少的为 3 万元，年薪最多的为 30 万元，标准差 9.45714 万元；"初职税前年薪"平均为 7.42 万元，年薪最少的为 2 万元，年薪最多的为 25 万元，标准差 5.126 万元。可以看到，三线城市互联网信息技术专业人员收入也较高，但从标准差 9.45714 万元发现，三线城市的互联网信息技术专业人员的收入差异较大。

从"现职税前年薪"比较来看，一线城市是二线城市的 1.4 倍，是三线城市的 1.5 倍。"最多现职税前年薪"一线城市是二线城市的 1.4 倍，是三线城市的 3.3 倍。"最少现职税前年薪"方面，互联网信息技术界起步一样，都是 3 万元。这说明以下几个问题：一是相比 2014 年全国劳动力年收入 3.5737 万元，互联网信息技术专业人员社会经济地位很高；二是互联网信息技术专业人员社会经济地位内部差异非常大；三是一线城市互联网信息技术专业人员的社会经济地位要远高于二线和三线城市。

从"初职税前年薪"比较上看，一线城市与二线城市基本是 6.60 万元，但都低于三线城市 12.4%。"最多初职税前年薪"一线城市是二线的 80%，是三线城市的 1.6 倍；"最少初职税前年薪"，一线城市与二线城市一样，但仅仅是三线城市的 50%。这说明以下三个问题：一是一线城市的初职获得，更看重今后的发展，而不是就业时个体拥有的能力和过去的业绩；二是二线城市和三线城市的工作组织为了实现发展，其策略是在"初职税前年薪"上提高待遇吸引互联网信息技术专业人员来就业，实现工作组织目标；三是对比"现职税前年薪"指标，三线城市的互联网信息技术专业人员的社会经济地位向上流动的空间和机会很少。总的来看，城市等级制度对地位获得影响深刻，且体现出了制度性的不平等。因此，互联网信息技术专业人员要获得较高的社会经济地位就要去一线城市。

更深层上讲，这体现出政治、资本等制度性因素对互联网信息技术的"技术规制"的扭曲。一方面互联网信息技术专业人员能够依靠个人努力、个人所构建的社会网络关系等非制度性因素在一线城市获得较高的社会经济地位，另一方面制度性因素形成了"以大城市"为核心的资源分配方式，造成了互联网信息技术专业人员必须按照制度、政策、资本的安排去大城市寻求发展。而小城市人力、物力、财力等资源逐渐流失，其发展步伐会越来越慢，导致城市之间的极化差异越来越大，反过来又加剧了城市等级分割制度的不平等性。

（四）主观社会经济地位受城市制度影响内部出现异同

为比较不同城市等级影响下，互联网信息技术专业人员主观社会经济地位差异，本研究详细比较了一、二、三线城市互联网信息技术专业人员"与同城市人相比主观社会经济地位"和"与同行同龄人相比主观社会经济地位"状况，结果见表 7 - 6。

表7-6   各线城市的互联网信息技术专业人员社会经济地位状况

单位：分

社会经济地位		最小值（M）	最大值（X）	平均值（E）	标准差
一线城市	与同城市人相比主观社会经济地位	1	5	2.57	0.893
	与同行同龄人相比主观社会经济地位	1	5	2.88	0.835
二线城市	与同城市人相比主观社会经济地位	1	5	2.64	0.881
	与同行同龄人相比主观社会经济地位	1	5	2.77	0.813
三线城市	与同城市人相比主观社会经济地位	1	4	2.64	0.773
	与同行同龄人相比主观社会经济地位	1	5	2.76	0.883

表7-6显示，一线城市的互联网信息技术专业人员"与同城市人相比主观社会经济地位"平均得分2.57分；"与同行同龄人相比主观社会经济地位"平均得分2.88分。二线城市的互联网信息技术专业人员"与同城市人相比主观社会经济地位"平均得分2.64分；"与同行同龄人相比主观社会经济地位"平均得分2.77分。三线城市的互联网信息技术专业人员"与同城市人相比主观社会经济地位"平均得分2.64分；"与同行同龄人相比主观社会经济地位"平均得分2.76分。

从整体上看，一、二、三线城市互联网信息技术专业人员主观社会经济地位平均分都在2.57~2.88分区间。将两个主观经济地位变量合成后平均分数分别为2.725分、2.705分、2.700分，可以发现，三者分数差异较小，这说明互联网信息技术专业人员社会经济地位位于各个城市的中间及略偏上阶层，且各线城市的互联网信息技术专业人员主观社会经济地位差异不大。

但比较来看，"与同城市人相比主观社会经济地位"中二线城市和三线城市相等，略高于一线城市0.07分，这说明相对于一线城市而言，二、三线城市的互联网信息技术专业人员的主观社会经济地位感受要好。这可能是一线城市的高房价、高竞争性、高生活成本以及获得社会经济地位的不平等性等原因造成了其主观社会经济地位相对偏低。而二、三线城市由于相对较低的房价、相对较高的技术地位、相对较低的竞争性、相对较低的生活成本，其主观社会经济地位相对偏高。

在"与同行同龄人相比主观社会经济地位"中，一、二、三线城市的互联网信息技术专业人员计分分别为 2.88 分、2.77 分、2.76 分。这说明，在同行同龄人主观社会经济地位中一线城市的要比二、三线略高，二、三线城市无差异。这说明以下几个问题：一是由于北京、广州、深圳等一线城市拥有无可比拟的互联网信息技术资源和平台优势，互联网信息技术专业人员就业的公司或者完成的项目都具有国际性、全国性、高技术、高资本等特点，相对于同行同龄人，一线城市的互联网信息技术专业人员的个人价值和社会价值实现更大；二是虽然在互联网信息技术发展初期存在城市间的不平等，但是随着互联网信息技术的扩散和二、三线城市的发展建设，城市等级分割制度的不平等性逐渐缩小。从更深层上讲，虽然互联网信息技术在中国的初期发展存在不平等性，但是由于互联网信息技术的"技术规制"实践，互联网信息技术专业人员逐渐突破了政治、资本等制度性因素的阻碍，实现了较高的地位获得。

四　社会经济地位的分层明显

在了解互联网信息技术专业人员主客观社会经济地位情况后，本研究比较主客观社会经济地位的相关性，然后选取"年收入"这个原始变量进行"K－平均值聚类"分析，分为"低社会经济地位"和"高社会经济地位"变量，并借此对互联网信息技术专业人员内部的"社会经济地位"做进一步的考察，结果见表 7 - 7。

表 7 - 7　互联网信息技术专业人员社会经济地位状况

单位：人，%

社会经济地位		频数	百分比	有效百分比	累计百分比
有效	低社会经济地位	533	81.0	81.0	81.0
	高社会经济地位	125	19.0	19.0	100.0
总计		658	100.0	100.0	—

表 7 - 7 显示，"K－平均值聚类"后，低社会经济地位的有 533 人，约为 81.0%；高社会经济地位的有 125 人，约为 19.0%。

有研究显示，在多种因素影响下，中国民众对主客观社会经济评价往往会出现一定的误差。[①] 为了验证"K－平均值聚类"的后客观社会经济地位准确

---

① 胡荣，叶丽玉. 主观社会经济地位与城市居民的阶层认同 [J]. 黑龙江社会科学，2014（5）：90 - 96.

性，本研究将该变量与"与同城市人相比主观社会经济地位"和"与同行同龄人相比主观社会经济地位"进行了 Spearman 等级相关性分析，结果见表 7 - 8。

表 7 - 8　主客观社会经济地位相关性

项目		客观社会经济地位	与同城市人相比主观社会经济地位	与同行同龄人相比主观社会经济地位
Spearman 等级相关系数	客观社会经济地位 相关系数	1.000	0.393 **	0.381 **
	显著性（双尾）	0.000	0.000	0.000
	N	658	658	658
	与同城市人相比主观社会经济地位 相关系数		1.000	0.670 **
	显著性（双尾）		0.000	0.000
	N	658	658	658

注：** 相关性在 0.01 级别显著相关（双尾）。

表 7 - 8 显示，在主观社会经济地位相关性方面，"与同城市人相比主观社会经济地位"和"与同行同龄人相比主观社会经济地位"Spearman 相关系数为 0.67，P < 0.01，在 α = 0.05 的水平上拒绝原假设，这说明"与同城市人相比主观社会经济地位"和"与同行同龄人相比主观社会经济地位"之间存在极为显著的正相关。具体地讲就是，"与同城市人相比主观社会经济地位"越高，"与同行同龄人相比主观社会经济地位"越高。

在主客观社会经济地位相关性方面，"客观社会经济地位"和"与同城市人相比主观社会经济地位"Spearman 相关系数为 0.393，P < 0.01，在 α = 0.05 的水平上拒绝原假设，这说明"客观社会经济地位"和"与同城市人相比主观社会经济地位"之间存在极为显著的正相关。具体地讲就是，"客观社会经济地位"越高，"与同城市人相比主观社会经济地位"越高。

"客观社会经济地位"和"与同行同龄人相比主观社会经济地位"Spearman 相关系数为 0.381，P < 0.01，在 α = 0.05 的水平上拒绝原假设，这说明"客观社会经济地位"和"与同行同龄人相比主观社会经济地位"之间存在极为显著的正相关。具体讲就是，"客观社会经济地位"越高，"与同行同龄人相比主观社会经济地位"越高。

总的来说，不仅主观社会经济地位变量间有极为显著的正相关，而且主客观社会经济地位间也是极为显著的正相关。因此，本研究选取的"年收入"变量可以用来衡量互联网信息技术专业人员社会经济地位。

第二节　互联网信息技术专业人员社会经济地位流动概况

社会经济地位是互联网信息技术专业人员地位获得的最终的衡量标准，是专业技术地位和职业地位价值转化的最终结果，同时社会经济地位也是制度性与非制度性因素在技术人上的重要体现。可以说，社会经济地位的高低直接决定了互联网信息技术专业人员地位获得的高低。因此，本研究对互联网信息技术专业人员社会经济地位获得状况进行了考察。

一　父亲社会经济地位低

根据中国社会科学院陆学艺团队的研究结论，代际流动一般考察父亲的社会经济地位。因此，本研究考察了父亲的客观和主观社会经济地位状况，结果如下。

（一）父亲以"工农小市民"阶层为主

中国社会科学院陆学艺团队在《中国社会结构与社会建设》报告中按照职业类型等多个标准将中国社会划分为十大阶层。本研究根据其划分阶层标准和内容以及实际访谈考察了互联网信息技术专业人员父亲的客观社会经济地位状况，结果见表7-9。

表 7-9　客观父亲社会经济地位

单位：人，%

社会经济地位	频数	百分比	有效百分比	累计百分比
务农人员、农民城乡无业失业半失业者阶层（打零工等）	226	34.3	34.3	34.3
农村中小型承包户或个体户	95	14.4	14.4	48.8
公司一般职员或技术工人	111	16.9	16.9	65.7
农村大型承包户	13	2.0	2.0	67.6
无行政级别的一般科员	25	3.8	3.8	71.4
企业中层部门负责人	29	4.3	4.3	75.7
初级职称专业技术人员（如普通教师、医生、工程师）	30	4.4	4.4	80.1
科级机关事业单位负责人	25	4.1	4.1	84.2
小雇主	31	4.7	4.7	88.9

社会经济地位	频数	百分比	有效百分比	累计百分比
中级专业技术人员（如中级别教师、医生、工程师等职业）	25	3.8	3.8	92.7
处级以上机关事业单位负责人	16	2.4	2.4	95.1
企业家或企业高级部门负责人	6	0.9	0.9	96.0
高级专业技术人员（如高级别教师、医生、建造师等职业）	26	4.0	4.0	100.0
总计	658	100.0	100.0	—

表7-9显示，父亲的社会经济地位是"务农人员、农民城乡无业失业半失业者阶层（打零工等）"的226人，约为34.3%；"农村中小型承包户或个体户"的95人，约为14.4%；"公司一般职员或技术工人"的111人，约为16.9%；"农村大型承包户"的13人，约为2.0%；"无行政级别的一般科员"的25人，约为3.8%；"企业中层部门负责人"的29人，约为4.3%；"初级职称专业技术人员（如普通教师、医生、工程师）"的30人，约为4.4%；"科级机关事业单位负责人"的25人，约为4.1%；"小雇主"的31人，约为4.7%；"中级专业技术人员（如中级别教师、医生、工程师等职业）"的25人，约为3.8%；"处级以上机关事业单位负责人"的16人，约为2.4%；"企业家或企业高级部门负责人"的6人，约为0.9%；"高级专业技术人员（如高级别教师、医生、建造师等职业）"的26人，约为4.0%。人数前三位的分别是：务农人员、农民城乡无业失业半失业者阶层（打零工等），农村中小型承包户或个体户，公司一般职员或技术工人，约为总体的65.6%。可以说，互联网信息技术专业人员父亲是一支以"工农小市民"为主体的群体，其社会经济地位低，更说明互联网信息技术专业人员家庭背景很差。

（二）父亲社会经济地位呈现"葫芦形"结构

为了更加形象地说明互联网信息技术专业人员父亲社会经济地位分层状况，本研究根据社会分层标准对"客观父亲社会经济地位"进行了五等划分，结果见表7-10。

表7-10显示，五等分后的客观父亲社会经济地位下层人数226人，约为34.3%；中下层人数206人，约为31.3%；中层人数67人，约为10.2%，中上层人数111人，约为16.9%；上层人数48人，约为7.3%。65.6%的互联网信息技术专业人员父亲社会经济地位整体处于社会中下层和下层，只有

24.2%的父亲社会经济背景处于社会上层或中上层，即互联网信息技术专业人员整体家庭背景较差，呈现"葫芦状"。如图7-3所示。

表7-10　客观五等分父亲社会经济地位

单位：人，%

社会经济地位		频数	百分比	有效百分比	累计百分比
有效	下层	226	34.3	34.3	34.3
	中下层	206	31.3	31.3	65.7
	中层	67	10.2	10.2	75.8
	中上层	111	16.9	16.9	92.7
	上层	48	7.3	7.3	100.0
总计		658	100.0	100.0	—

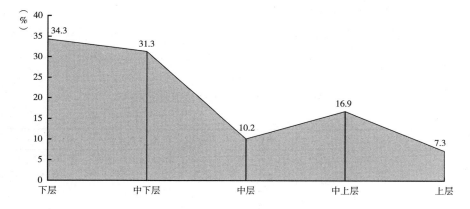

图7-3　父亲社会经济地位结构

图7-3这种"葫芦形"形态整体上具有"下大上小"特征，这与孙立平教授研究的中国整体社会经济地位"倒丁字"结构形态特征有相似之处，说明现实社会结构的不平等在互联网信息技术专业人员父亲社会经济地位上得以显现。两者的区别在于互联网信息技术专业人员的父亲所呈现的社会结构不平等程度相对于中国整体社会结构要低些。

同时，该形态有一定比例的"中上层"，这说明了互联网信息技术发展前期的"不平等"和技术扩散后的"相对平等"。"不平等"主要是由于互联网信息技术发展之初，只有拥有较好的经济实力的家庭、所处的城市等级较高的家庭才能获得互联网信息技术，条件相对较差的家庭是无法获得互联网信息技术的硬件和软件条件的。

技术扩散后的"相对平等"则主要是由于互联网信息技术大规模普及之后，随着技术扩散和连接以及硬件和软件成本的下降，条件相对较差的家庭能够相对平等地获得互联网信息技术。按照互联网信息界的观点，"互联网不再是富人的东西，这个世界则向着公平方向发展"。更深层次上讲，互联网信息技术的"技术规制"本质特征要求互联网信息技术不仅要连接少数的富人，更要连接更多的穷人；不仅要连接发达地区，更要连接欠发达地区；不仅要连接美国，更要连接世界。最终跨越制度、地域、意识形态，连接全人类，以实现全人类的自由发展。这样就改变了信息和资源的分配方式，让互联网信息技术专业人员能够克服家庭背景的制度劣势实现地位获得。正如劳伦斯·莱斯格"代码规则"理论认为，以互联网信息技术为基础建立的网络社会让人们重整人与人之间的关系，增强公众的力量，破坏传统社会文化的约束。[1]

（三）主观父亲社会经济地位低

本研究以"在您父亲生活的城市，您父亲的社会经济地位所处层次"来考察主观父亲社会经济地位，结果见表 7 - 11。

表 7 - 11　主观父亲社会经济地位

单位：人，%

社会经济地位		频数	百分比	有效百分比	累计百分比
有效	下层	120	18.2	18.2	18.2
	中下层	219	33.3	33.3	51.5
	中层	241	36.6	36.6	88.1
	中上层	67	10.2	10.2	98.3
	上层	11	1.7	1.7	100.0
总计		658	100.0	100.0	—

表 7 - 11 显示，主观父亲社会经济地位处于"下层"的 120 人，约为 18.2%；"中下层"的 219 人，约为 33.3%；"中层"的 241 人，约为 36.6%；"中上层"的 67 人，约为 10.2%；"上层"的 11 人，约为 1.7%。总体来看，人数处于第一位的是"中层"主观社会经济地位；第二位的是"中下层"主观社会经济地位；第三位的是"下层"社会经济地位。从整体看，互联网信息技术专业

---

① （美）劳伦斯·莱斯格. 代码2.0：网络空间中的法律 [M]. 李旭，沈伟伟译. 北京：清华大学出版社，2009.

人员的父亲主观社会经济地位不高。为了验证主客观社会经济地位准确性，本研究将父亲主客观社会经济地位进行了 Spearman 等级相关性分析，结果见表 7 – 12。

表 7 – 12　父亲主客观社会经济地位相关性

项目			客观父亲社会经济地位	主观父亲社会经济地位
Spearman 等级相关系数	客观父亲社会经济地位	相关系数	1.000	0.497 **
		显著性（双尾）	0.000	0.000
		N	658	658

注：** 相关性在 0.01 级别显著相关（双尾）。

表 7 – 12 显示，在父亲主客观社会经济地位相关性方面，Spearman 相关系数为 0.497，P < 0.01，在 $\alpha = 0.05$ 的水平上拒绝原假设，这说明"客观父亲社会经济地位"和"主观父亲社会经济地位"之间存在极为显著的正相关。"客观父亲社会经济地位"越高，"主观父亲社会经济地位"越高。因此，本研究选取的"客观父亲社会经济地位"变量可以用来衡量互联网信息技术专业人员父亲的社会经济地位。

二　代内流动以向上流动为主

由于研究条件限制和本研究主客观地位变量间的正相关性极强，对代内流动的考察将以"相比 5 年前，您的社会经济地位变化"为依据，结果见表 7 – 13。

表 7 – 13　与 5 年前相比主观社会经济地位流动状况

单位：人，%

流动状况		频数	百分比	有效百分比	累计百分比
有效	大幅度向下流动，生活水平较以前越来越差	11	1.7	1.7	1.7
	小幅度向下流动，生活水平较以前勉强维持	34	5.2	5.2	6.8
	没有明显的流动，生活水平较以前差不多	155	23.6	23.6	30.4
	小幅度向上流动，生活水平较以前提高了	380	57.8	57.8	88.1
	大幅度向上流动，生活水平较以前明显提高	78	11.9	11.9	100.0
总计		658	100.0	100.0	—

表 7-13 显示，"与 5 年前相比主观社会经济地位流动"中，"大幅度向下流动，生活水平较以前越来越差"的 11 人，约为 1.7%；"小幅度向下流动，生活水平较以前勉强维持"的 34 人，约为 5.2%；"没有明显的流动，生活水平较以前差不多"的 155 人，约为 23.6%；"小幅度向上流动，生活水平较以前提高了"的 380 人，占比 57.8%；"大幅度向上流动，生活水平较以前明显提高"的 78 人，约为 11.9%。从中可以看出，代际流动排在第一位的是"小幅度向上流动，生活水平较以前提高了"，整体向上流动的比例为 69.7%。这说明大部分互联网信息技术专业人员社会经济地位在向上流动。表 7-13 还显示，仅有极少数，约为 6.9% 的互联网信息技术专业人员社会经济地位向下流动。

三 代际流动"中层继承为主，中下层大幅向上"

本研究通过处理"与同城市人相比，自身主观经济地位"与"与同城市人相比，父亲主观经济地位"两个变量形成"社会经济地位代际流动"变量，结果见表 7-14。

表 7-14 社会经济地位代际流动

单位：人，%

	流动状况	频数	百分比	有效百分比	累计百分比
有效	代际向下流动	108	16.4	16.4	16.4
	代际平行流动	356	54.1	54.1	70.5
	代际向上流动	194	29.5	29.5	100.0
总计		658	100.0	100.0	—

表 7-14 显示，社会经济地位代际流动中，向下流动的 108 人，约为 16.4%；平行流动人数 356 人，约为 54.1%；向上流动人数的 194 人，约为 29.5%。总体上看，将近 30% 的互联网信息技术专业人员实现了代际社会经济地位向上流动；超过半数的继承了父亲的社会经济地位。为了进一步了解代际流动内部状况，本研究考察了各流动方式中父亲的社会经济地位分布状况，结果见图 7-4。

图 7-4 显示，除去"上层"这个极值，代际向上流动的互联网信息技术专业人员仅在"下层、中下层、中层"的父亲社会经济地位具有较大比例发生，而没有在"中上层"父亲社会经济地位发生。这一方面说明代际流动整

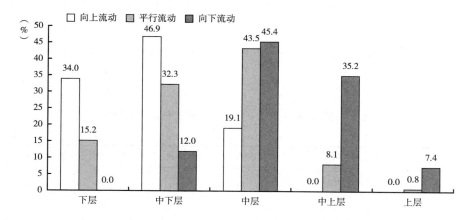

图 7 - 4　不同父亲社会经济地位的代际流动状况

体方向在向上，互联网信息技术赋予了家庭背景差的互联网信息技术专业人员
向上流动的机会；另一方面说明由于互联网信息技术发展时间较短，部分互联
网信息技术专业人员要达到"中上层和上层"的社会经济地位仍然需要不断
努力。从更深层上讲，影响互联网信息技术专业人员社会经济地位获得的更多
是非制度性因素，而非家庭背景等制度性的因素。

　　平行代际流动的互联网信息技术专业人员的父亲社会经济地位在各个阶层
都有分布。其中又以"中层和中下层"父亲社会经济地位为主。同时也有部
分互联网信息技术专业人员继承了"中上层和上层"父亲的社会经济地位。

　　除去"下层"这个极值，向下代际流动的互联网信息技术专业人员的父
亲社会经济地位在各个层面都有分布，大部分互联网信息技术专业人员经过努
力，暂时没有实现与父亲相当的社会经济地位。这其中又以"中层、中上层"
的父亲社会经济地位为主。这说明，互联网信息技术专业人员的社会经济地位
获得并未继承到父亲社会经济地位的优势。该群体要获得较高的社会经济地位
就必须通过一定时间的个人努力等非制度性因素获得。

　　总的来说，父亲社会经济地位为"下层和中下层"的互联网信息技术专
业人员是代际向上流动的主力军，而平行流动的主力军则以"中层"为主，
整个代际流动可以概括为"中层继承为主，中下层大幅向上"的特点。

四　社会经济地位流动期望较高

　　社会最怕的就是穷人失去向上流动的希望，绝望比贫穷更可怕。如果连承

载人类希望的科技之一的互联网信息技术的个体对社会都出现了绝望，那么，互联网信息技术的"技术规制"和以此构建的信息社会则是失败的。因此，本研究着重对互联网信息技术专业人员的社会经济流动期望进行了考察，结果见表 7 – 15。

表 7 – 15　未来 5 年后，本人社会经济地位变化情况

单位：人，%

社会经济地位变化		频数	百分比	有效百分比	累计百分比
有效	大幅度向下流动，生活水平较以前越来越差	7	1.1	1.1	1.1
	小幅度向下流动，生活水平较以前勉强维持	30	4.6	4.6	5.6
	没有明显的流动，生活水平较以前差不多	112	17.0	17.0	22.6
	小幅度向上流动，生活水平较以前提高了	319	48.5	48.5	71.1
	大幅度向上流动，生活水平较以前明显提高	190	28.9	28.9	100.0
总计		658	100.0	100.0	—

表 7 – 15 显示，关于问题"未来 5 年后，您认为您的社会经济地位变化"中，认为"大幅度向下流动，生活水平较以前越来越差"的 7 人，约为 1.1%；"小幅度向下流动，生活水平较以前勉强维持"的 30 人，约为 4.6%；"没有明显的流动，生活水平较以前差不多"112 人，约为 17%；"小幅度向上流动，生活水平较以前提高了"319 人，约为 48.5%；"大幅度向上流动，生活水平较以前明显提高"的 190 人，约为 28.9%。从整体上看，互联网信息技术专业人员社会经济地位期望呈上升趋势的占比为 77.4%，互联网信息技术专业人员对自身的社会经济地位期望较高。

这与关于农民、农民工、工人等群体的研究结论是相反的。更多的社会群体对社会的期望较低。结合表 7 – 2 结果，这一方面说明，互联网信息技术专业人员处于较高的社会经济地位；另一方面说明互联网信息技术能够促进互联网信息技术专业人员获得更多的向上流动机会，能够激发个体对互联网信息技术的期望。

第三节　互联网信息技术专业人员社会经济地位获得的影响因素研究

一　社会经济地位研究假设

根据第四章的研究假设和指标设计要求，本节将对"制度性与非制度性因素"社会经济地位获得理论假设进行验证和讨论。

（一）总假设

"制度性与非制度性因素"地位获得理论研究假设：互联网信息技术专业人员地位获得受到制度性与非制度性因素影响，非制度性因素影响占主导。互联网信息技术专业人员非制度性因素优势越高，获得的社会经济地位越高。

（二）制度性因素研究假设

互联网信息技术专业人员拥有的制度性优势越多，越容易获得较高的社会经济地位。

1. 社会历史发展机遇研究假设

互联网信息技术专业人员越早接触互联网信息技术，越容易获得较高的社会经济地位。其又可以分为以下 3 个分假设。

社会历史发展机遇研究假设 1：互联网信息技术专业人员 16 岁时所处的互联网历史发展机遇期越早，越容易获得较高的社会经济地位。

社会历史发展机遇研究假设 2：互联网信息技术专业人员接触电子游戏机时间越早，越容易获得较高的社会经济地位。

社会历史发展机遇研究假设 3：互联网信息技术专业人员接触互联网时间越早，越容易获得较高的社会经济地位。

2. 政治制度研究假设

互联网信息技术专业人员拥有中共党员身份的比没有拥有的更容易获得较高的社会经济地位。

3. 经济制度研究假设

互联网信息技术专业人员就职在体制内比体制外更容易获得较高的社会经济地位。其又可以分为 2 个分假设。

经济制度研究假设 1：互联网信息技术专业人员初职就职体制内的比体制外的更容易获得较高的社会经济地位。

经济制度研究假设 2：互联网信息技术专业人员现职就职体制内的比体制外的更容易获得较高的社会经济地位。

4. 户籍制度研究假设

互联网信息技术专业人员拥有的户籍优势越大，获得的社会经济地位越高。其又可以分为以下 3 个分假设。

户籍制度研究假设 1：互联网信息技术专业人员本人户籍优势越大，获得的社会经济地位越高。

户籍制度研究假设 2：互联网信息技术专业人员落户到工作地的比没有落户到当地的，更容易获得较高的社会经济地位。

户籍制度研究假设 3：互联网信息技术专业人员 16 岁户籍拥有的优势越多，获得的社会经济地位越高。

5. 教育制度研究假设

互联网信息技术专业人员拥有的教育制度优势越大，获得的社会经济地位越高。其又分为 7 个分假设。

教育制度研究假设 1：互联网信息技术专业人员最高学历越高，获得的社会经济地位越高。

教育制度研究假设 2：互联网信息技术专业人员最高学历是重点学校的比非重点的更容易获得较高的社会经济地位。

教育制度研究假设 3：互联网信息技术专业人员初中是重点学校的比非重点的更容易获得较高的社会经济地位。

教育制度研究假设 4：互联网信息技术专业人员高中是重点学校的比非重点的更容易获得较高的社会经济地位。

教育制度研究假设 5：互联网信息技术专业人员本科是重点学校的比非重点的更容易获得较高的社会经济地位。

教育制度研究假设 6：互联网信息技术专业人员硕士是重点学校的比非重点的更容易获得较高的社会经济地位。

教育制度研究假设 7：互联网信息技术专业人员博士是重点学校的比非重点的更容易获得较高的社会经济地位。

6. 地区分割研究假设

互联网信息技术专业人员拥有的区域优势越大，越容易获得较高的社会经济地位。其又可以分为以下 2 个分假设、6 个小分支研究假设。

地区分割研究假设：互联网信息技术专业人员在东部地区工作，比中西部地区的更容易获得较高的社会经济地位。其可以分为以下 3 个小分支研究假设。

地区分割研究假设 1：互联网信息技术专业人员出生地拥有的地区优势越大，获得的社会经济地位越高。

地区分割研究假设 2：互联网信息技术专业人员最高学历获得的地区优势越大，获得的社会经济地位越高。

地区分割研究研究 3：互联网信息技术专业人员工作地地区优势越大，获得的社会经济地位越高。

城市等级制度研究假设：互联网信息技术专业人员拥有的城市等级优势越大，获得的社会经济地位越高。

城市等级制度研究假设 1：互联网信息技术专业人员出生地城市等级越高，获得的社会经济地位越高。

城市等级制度研究假设 2：互联网信息技术专业人员最高学历获得的城市等级越高，获得的社会经济地位越高。

城市等级制度研究假设 3：互联网信息技术专业人员工作地区城市等级越高，获得的社会经济地位越高。

7. 工作组织研究假设

互联网信息技术专业人员就职的工作组织规模越大，获得的社会经济地位越高。其又可以分为 2 个分假设。

工作组织研究假设 1：互联网信息技术专业人员初职就职的工作组织规模越大，获得的社会经济地位越高。

工作组织研究假设 2：互联网信息技术专业人员现职就职的工作组织规模越大，获得的社会经济地位越高。

8. 家庭背景研究假设

互联网信息技术专业人员拥有的家庭背景优势越大，获得的社会经济地位越高。其假设又可以分为 4 个分假设。

家庭背景研究假设 1：互联网信息技术专业人员父亲社会经济地位越高，获得的社会经济地位越高。

家庭背景研究假设 2：互联网信息技术专业人员父亲最高学历越高，获得的社会经济地位越高。

家庭背景研究假设 3：互联网信息技术专业人员父亲户籍优势越大，获得的社会经济地位越高。

家庭背景研究假设4：互联网信息技术专业人员父亲是中共党员的比非中共党员更容易获得较高的社会经济地位。

9. 性别分割制度研究假设

男性互联网信息技术专业人员比女性更容易获得较高的社会经济地位。

（三）非制度性因素研究假设

1. 个人努力程度假设

互联网信息技术专业人员个人努力程度越高，获得的社会经济地位越高。其又分为以下6个分假设。

个人努力程度研究假设1：互联网信息技术专业人员工龄越长，获得的社会经济地位越高。

个人努力程度研究假设2：互联网信息技术专业人员英语水平越高，获得的社会经济地位越高。

个人努力程度研究假设3：互联网信息技术专业人员自费培训次数越多，获得的社会经济地位越高。

个人努力程度研究假设4：互联网信息技术专业人员自费培训费用越高，获得的社会经济地位越高。

个人努力程度研究假设5：互联网信息技术专业人员职业流动次数越多，获得的社会经济地位越高。

个人努力程度研究假设6：互联网信息技术专业人员职业流动越强，获得的社会经济地位越高。

2. 社会网络关系研究假设

互联网信息技术专业人员拥有的社会网络关系优势越明显，获得的社会经济地位越高。其可以分为4个分假设。

社会网络关系研究假设1：互联网信息技术专业人员初职获得使用弱关系的比使用强关系的更容易获得较高的社会经济地位。

社会网络关系研究假设2：互联网信息技术专业人员现职获得使用弱关系的比使用强关系的更容易获得较高的社会经济地位。

社会网络关系研究假设3：互联网信息技术专业人员社会网络关系越高，获得的社会经济地位越高。

社会网络关系研究假设4：互联网信息技术专业人员社会网络关系越广，获得的社会经济地位越高。

3. 价值观研究假设

互联网信息技术专业人员拥有的价值观水平越高，获得的社会经济地位越高。其可以分为期望研究假设和技术规制价值观研究假设。

期望研究假设：互联网信息技术专业人员期望越高，获得的社会经济地位越高。

技术规制价值观研究假设：互联网信息技术专业人员拥有的价值观越符合互联网信息技术规制，获得的社会经济地位越高。其又可以分为 7 个分假设。

价值观研究假设 1：职业工具理性越高，互联网信息技术专业人员获得的社会经济地位越高。

价值观研究假设 2：职业价值理性越高，互联网信息技术专业人员获得的社会经济地位越高。

价值观研究假设 3：开放精神越高，互联网信息技术专业人员获得的社会经济地位越高。

价值观研究假设 4：自由精神越高，互联网信息技术专业人员获得的社会经济地位越高。

价值观研究假设 5：平等精神越高，互联网信息技术专业人员获得的社会经济地位越高。

价值观研究假设 6：共享精神越高，互联网信息技术专业人员获得的社会经济地位越高。

价值观研究假设 7：法制精神越高，互联网信息技术专业人员获得的社会经济地位越高。

二　模型变量设置

相关变量的类型、定义和赋值见表 7 - 16。

三　模型的构建与分析

根据前文研究基础，本研究认为有 47 个因素与社会经济地位的高低可能有关。故此，本研究采用基于 Wald 向前的 Logistic 回归分析方法，从众多可能的制度性与非制度性因素中筛选社会经济地位的主要影响因素。

本次建模的因变量是社会经济地位（y），47 个社会因素构成的自变量，其相应的名称、代码、分类、检验与表 7 - 17 一致。

表7-16 相关变量的类型、定义和赋值

名称	类型	分类	性质	定义	取值说明	检验假说
社会经济地位	定类	—	因变量	调查对象的社会经济状况	1=低社会经济地位；2=高社会经济地位	—
本人中共党员身份	定类	制度性	自变量	调查者的中共党员身份	1=非党员；2=党员	政治制度研究假设
初（现）单位体制	定类	制度性	自变量	调查对象初（现）职单位性质	1=体制外（民营、外资企业等）；2=体制内（党政事业单位、国企单位等）	经济制度研究假设1,2
初（现）职单位规模	定序	制度性	自变量	调查对象初（现）职单位规模状况	1=X<3；2=3≤X<10；3=10≤X<100；4=100≤X<300；5=X≥300	工作组织研究假设1,2
目前本人户籍	定类	制度性	自变量	调查对象户籍状况	1=农业户口；2=县级城市户口；3=市级城镇居民户口；4=省会城镇户口	户籍制度研究假设1
本人16岁户籍	定类	制度性	自变量	调查对象16岁时户籍状况	1=农业户口；2=县级城市户口；3=市级城镇居民户口；4=省会城镇户口	户籍制度研究假设3
是否落户工作地	定类	制度性	自变量	调查对象目前落户状况	1=否；2=是	户籍制度研究假设2
最高学历状况	定序	制度性	自变量	调查对象的最高学历状况	1=大专及以下；2=本科；3=研究生	教育制度研究假设1
最高学历学校是否为重点	定类	制度性	自变量	调查对象最高学历，初中、高中、本科、硕士、博士就读学校是不是重点	1=没经历过；2=非重点；3=重点	教育制度研究假设2-7
出生地地区等级	定序	制度性	自变量	调查对象出生地地区等级状况	1=西部地区；2=中部地区；3=东部地区	地区分割研究假设1
最高学历地区等级	定序	制度性	自变量	调查对象最高学历获得所属地区	1=西部地区；2=中部地区；3=东部地区	地区分割研究假设2
工作地地区等级	定序	制度性	自变量	调查对象工作地所属地区	1=西部地区；2=中部地区；3=东部地区	地区分割研究假设3

续表

名称	类型	分类	性质	定义	取值说明	检验假说
出生地城市等级	定序	制度性	自变量	调查对象出生地的城市等级状况	1=三线城市及以下;2=二线城市;3=一线城市;	城市等级制度研究假设1
最高学历城市等级	定序	制度性	自变量	调查对象最高学历获得城市等级状况	1=三线城市及以下;2=二线城市;3=一线城市	城市等级制度研究假设2
工作地城市等级	定序	制度性	自变量	调查对象最高学历获得城市等级状况	1=三线城市及以下;2=二线城市;3=一线城市	城市等级制度研究假设3
父亲社会经济地位	定序	制度性	自变量	调查对象客观父亲社会经济地位等级	1=下层;2=中下层;3=中层;4=中上层;5=上层	家庭背景研究假设1
父亲最高学历	定序	制度性	自变量	调查对象父亲学历状况	1=小学;2=初中;3=高中以下/中师/技校/职专;4=大学专科;5=大学本科及以上	家庭背景研究假设2
父亲中共党员身份	定类	制度性	自变量	调查对象父亲的党员身份	1=否;2=是	家庭背景研究假设4
父亲户籍	定类	制度性	自变量	调查对象16岁时父亲的户籍状况	1=农业户口;2=城镇居民户口;3=市级城市户口;4=省会城镇户口	家庭背景研究假设3
性别	定类	制度性	自变量	调查对象的性别	1=女性;2=男性	性别分割制度研究假设
工龄	定距	非制度性	自变量	调查对象从初职至今工作年限	—	个人努力程度研究假设1
16岁时处于互联网历史发展机遇期阶段	定序	制度性	自变量	调查对象16岁所处互联网发展机遇期阶段	1=引入阶段(1980~1993年);2=商业价值凸显阶段(1994~2005年);3=社会价值凸显阶段(2006~2016年)	社会发展历史机遇研究假设1

新阶层的突破与坚守： 互联网信息技术专业人员地位获得

续表

名称	类型	分类	性质	定义	取值说明	检验假说
新接触电子游戏机时间	定序	制度性	自变量	调查对象接触电子游戏的时间	1＝大学及以上时期;2＝高中时期;3＝初中及以下	社会发展历史机遇研究假设2
新接触互联网时间	定序	制度性	自变量	调查对象接触互联网的时间	1＝大学及以上时期;2＝高中时期;3＝初中及以下	社会发展历史机遇研究假设3
英语水平	定序	非制度性	自变量	调查对象的英语水平	1＝比"CET6－425分"低很多;2＝比"CET6－425分"低一点;3＝与"CET6－425分"差不多;4＝比"CET6－425分"高一点;5＝比"CET6－425分"高很多	个人努力程度研究假设2
自费培训次数	定距	非制度性	自变量	调查对象自费参加专业技能培训的次数	—	个人努力程度研究假设3
自费培训费用	定距	非制度性	自变量	调查对象自费参加专业技能培训花费的投资	—	个人努力程度研究假设4
职业流动次数	定距	非制度性	自变量	调查对象跳槽的次数	跳槽次数	个人努力程度研究假设5
职业流动强度	定距	非制度性	自变量	调查对象跳槽强度	跳槽强度	个人努力程度研究假设6
初（现）职获得的弱关系的使用	定序	非制度性	自变量	调查对象获得初职时使用的关系类型	1＝强关系:家人或亲戚;现实生活工作中的同学、同事等朋友;线上微信、QQ等互联网自媒体朋友;2＝弱关系:学校、工会、就业中心、俱乐部、学会、行会等非相关管理组织、政府社会组织、电视、电台、报纸、贴吧等传统媒体组织;互联网、BBS、贴吧等网络招聘平台	社会网络关系研究假设1,2

续表

名称	类型	分类	性质	定义	取值说明	检验假说
社会网络关系高度	定序	非制度性	自变量	调查对象解决问题的"有用关系人"的地位等级状况	1=下层;2=中下层;3=中层;4=中上层;5=上层	社会网络关系研究假设3
社会网络关系广度	定距	非制度性	自变量	调查对象的手机好友人数	—	社会网络关系研究假设4
互联网信息技术期望	定距	非制度性	自变量	调查对象未来互联网信息技术促进地位获得的期望	—	期望研究假设
职业工具理性	定序	非制度性	自变量	调查对象职业目的是否为好就业	1=弱;2=强	价值观研究假设1
职业价值理性	定序	非制度性	自变量	调查对象职业目的是否为更包容	1=弱;2=强	价值观研究假设2
互联网开放精神	定序	非制度性	自变量	调查对象互联网信息技术开放精神	1=很弱;2=较弱;3=一般;3=较强;4=很强	价值观研究假设3
互联网共享精神	定序	非制度性	自变量	调查对象互联网信息技术共享精神	1=很弱;2=较弱;3=一般;3=较强;4=很强	价值观研究假设6
互联网自由精神	定序	非制度性	自变量	调查对象互联网信息技术自由精神	1=很弱;2=较弱;3=一般;3=较强;4=很强	价值观研究假设4
互联网平等精神	定序	非制度性	自变量	调查对象互联网信息技术平等精神	1=很弱;2=较弱;3=一般;3=较强;4=很强	价值观研究假设5
互联网法制精神	定序	非制度性	自变量	调查对象互联网信息技术法制精神	1=很弱;2=较弱;3=一般;3=较强;4=很强	价值观研究假设7

注：①根据中国社会科学院陆学艺教授团队的社会阶层等级划分标准，本书将其划分为五等份：1＝下层：务农人员，农民城乡无业失业半失业者阶层（打零工等）；2＝农村中小型承包户或个体户，无行政级别的一般办事员，初级（或无）职称技术工人，商业服务人员（或无）职称技术工人，低级别商业服务人员；3＝中层：农村大型承包户，无行政级别的一般科员，初级（或无）职称专业技术人员（如低级别教师、低级别医生、低级别建造师）；4＝中上层：科级机关事业单位办事员，中层职员或办事人员，中级专业技术人员（如中级别教师、副高级别医生、中级别建造师等职业）；5＝上层：处级以上机关事业单位负责人、企业家，企业或公司负责人，高层职员，高级专业技术人员（如高级别教师、正高级别医生、高级别建造师等职业）。②本研究因调研需要和实际不设置控制变量。

表 7-17　社会经济地位初步模型自变量名称、代码、分类、检验假设一览

自变量名称	代码	分类	检验假设
性别	X_1	制度性	性别分割制度研究假设
工龄	X_2	非制度性	个人努力程度研究假设1
本人中共党员身份	X_3	制度性	政治制度研究假设
初职单位体制	X_4	制度性	经济制度研究假设1
现职单位体制	X_5	制度性	经济制度研究假设2
初职单位规模	X_6	制度性	工作组织研究假设1
现职单位规模	X_7	制度性	工作组织研究假设2
目前本人户籍	X_8	制度性	户籍制度研究假设1
是否落户工作地	X_9	制度性	户籍制度研究假设2
本人16岁户籍	X_{10}	制度性	户籍制度研究假设3
最高学历状况	X_{11}	制度性	教育制度研究假设1
最高学历是否为重点	X_{12}	制度性	教育制度研究假设2
初中是否为重点	X_{13}	制度性	教育制度研究假设3
高中是否为重点	X_{14}	制度性	教育制度研究假设4
本科是否为重点	X_{15}	制度性	教育制度研究假设5
硕士是否为重点	X_{16}	制度性	教育制度研究假设6
博士是否为重点	X_{17}	制度性	教育制度研究假设7
出生地城市等级	X_{18}	制度性	城市等级制度研究假设1
出生地地区等级	X_{19}	制度性	地区分割研究假设1
最高学历城市等级	X_{20}	制度性	城市等级制度研究假设2
最高学历地区等级	X_{21}	制度性	地区分割研究假设2
工作地城市等级	X_{22}	制度性	城市等级制度研究假设3
工作地区等级	X_{23}	制度性	地区分割研究假设3
父亲社会经济地位	X_{24}	制度性	家庭背景研究假设1
父亲最高学历	X_{25}	制度性	家庭背景研究假设2
父亲户籍	X_{26}	制度性	家庭背景研究假设3
父亲中共党员身份	X_{27}	制度性	家庭背景研究假设4
16岁时处于互联网历史发展机遇期	X_{28}	制度性	社会历史发展机遇研究假设1
新接触电子游戏机时间	X_{29}	制度性	社会历史发展机遇研究假设2
新接触互联网时间	X_{30}	制度性	社会历史发展机遇研究假设3
英语水平	X_{31}	非制度性	个人努力程度研究假设2
自费培训次数	X_{32}	非制度性	个人努力程度研究假设3
自费培训费用	X_{33}	非制度性	个人努力程度研究假设4
职业流动次数	X_{34}	非制度性	个人努力程度研究假设5
职业流动强度	X_{35}	非制度性	个人努力程度研究假设6
初职获得的弱关系的使用	X_{36}	非制度性	社会网络关系研究假设1

续表

自变量名称	代码	分类	检验假设
现职获得的弱关系的使用	X_{37}	非制度性	社会网络关系研究假设2
社会网络关系高度	X_{38}	非制度性	社会网络关系研究假设3
社会网络关系广度	X_{39}	非制度性	社会网络关系研究假设4
互联网信息技术期望	X_{40}	非制度性	期望研究假设
职业工具理性	X_{41}	非制度性	价值观研究假设1
职业价值理性	X_{42}	非制度性	价值观研究假设2
互联网开放精神	X_{43}	非制度性	价值观研究假设3
互联网自由精神	X_{44}	非制度性	价值观研究假设4
互联网平等精神	X_{45}	非制度性	价值观研究假设5
互联网共享精神	X_{46}	非制度性	价值观研究假设6
互联网法制精神	X_{47}	非制度性	价值观研究假设7

在建立 Logistic 模型时，本研究采用基于 Wald 向前的方法，关于进步概率的设置，本次建模进入值为 0.05，删除值为 0.10。进步概率是变量进入模型和从模型中提出的依据，如果变量的概率值小于等于进入值，该变量进入模型；当概率值大于删除值时，该变量被删除，删除值必定大于进入值。通过 Logistic 建模，最后得到的模型输出如表 7－18 所示。

表 7－18　模型系数的 Omnibus 检验

项目		卡方	自由度	Sig.
步骤13	步长（T）	4.407	1	0.036
	块	326.104	13	0.000
	模型	326.104	13	0.000

表 7－18 在模型系数 Omnibus 检验中，步长卡方值为 4.407，块卡方值等于 326.104、模型卡方值是 326.104，三者的显著性检验值均小于 0.05，说明职业地位获得模型整体的拟合优度较好，模型的解释变量的全体与 Logit P 之间的线性关系显著，采用此模型是合理的。

表 7－19 显示，－2 对数似然值为 313.707，该数值较大，说明模型拟合效果理想，Cox & Snell R 平方和 Nagelkerke R 平方值分别为 0.391 和 0.628，这两个值较大，社会经济地位获得模型方程解释回归差异明显，从整体看模型拟合较为理想。

表 7 - 19　模型摘要

步长（T）	- 2 对数似然	Cox & Snell R 平方	Nagelkerke R 平方
13	313.707 *	0.391	0.628

注：* 估算在迭代号 7 终止，因为参数估算更改小于 0.001。

表 7 - 20 显示，Hosmer 和 Lemeshow 检验统计量，显著性 0.107 明显大于 0.05，所以支持假设，表示社会经济地位获得模型拟合度理想。

表 7 - 20　Hosmer 和 Lemeshow 检验

Step	卡方	自由度	Sig.
13	13.150	8	0.107

表 7 - 21 显示，513 名低社会经济地位的互联网信息技术专业人员被准确预测，正确率为 96.2%；79 名高社会经济地位的互联网信息技术专业人员被准确预测，正确率为 63.2%，总的准确率为 90.0%，说明预测效果理想。

表 7 - 21　模型预测表

	观察值		预测值		
			社会经济地位		百分比正确
			低	高	
步骤 13	社会经济地位	低	513	20	96.2
		高	46	79	63.2
	总体百分比				90.0

注：分界值为 0.500。

表 7 - 22 中的模型显示，在 0.05 的显著性水平下，该模型所有参数都通过检验，也就是说，模型中的每个参数都显著有效，拒绝了 B = 0 的原假设。其中性别（X_1）、工龄（X_2）、现职单位规模（X_7）、工作地城市等级（X_{22}）、英语水平（X_{31}）、自费培训费用（X_{33}）、社会网络关系高度（X_{38}）、社会网络关系广度（X_{39}）、职业价值理性（X_{42}）、互联网信息技术期望（X_{40}）、互联网平等精神（X_{45}）这 11 个因素的系数都大于 0，其 OR 值都大于 1，说明这些因素对互联网信息技术专业人员的社会经济地位有正向的影响。

表 7 - 22　方程式中的变量

项目		B	S. E.	Wald	df	Sig.	OR［Exp（B）值］
	性别（X_1）	0.871 **	0.357	5.363	1	0.021	2.287
	工龄（X_2）	0.214 ***	0.032	42.470	1	0.000	1.238
	现职单位体制（X_5）	-2.390 ***	0.548	17.760	1	0.000	0.099
	现职单位规模（X_7）	0.337 **	0.164	4.203	1	0.040	1.401
	工作地城市等级（X_{22}）	1.373 ***	0.299	21.086	1	0.000	3.949
	英语水平（X_{31}）	0.717 ***	0.126	32.255	1	0.000	2.048
	自费培训费用（X_{33}）	0.318 ***	0.054	34.774	1	0.000	1.374
	社会网络关系高度（X_{38}）	0.428 **	0.147	8.441	1	0.004	1.535
步骤 13	社会网络关系广度（X_{39}）	0.002 ***	0.000	15.818	1	0.000	1.002
	职业价值理性（X_{42}）	0.707 **	0.315	5.039	1	0.025	2.029
	互联网信息技术期望（X_{40}）	0.092 **	0.044	4.511	1	0.034	1.097
	互联网开放精神（X_{43}）	-0.313 **	0.151	4.268	1	0.039	0.732
	互联网平等精神（X_{45}）	0.469 **	0.174	7.271	1	0.007	1.598
	常量	-14.081	2.228	39.931	1	0.000	0.000

注：*** P < 0.001，** P < 0.05，* P < 0.10。

现职单位体制（X_5）、互联网开放精神（X_{43}）两个因素的系数为负数，并且其 OR 值小于 1，说明这两个因素对互联网信息技术专业人员的社会经济地位有负向的影响，得到的数学模型如下：

$$Z = -14.081 + 0.871 X_1 + 0.214 X_2 - 2.390 X_5 + 0.337 X_7 + 0.717 X_{31} + 0.318 X_{33} + 0.428 X_{38} + 0.002 X_{39} + 0.707 X_{42} + 0.092 X_{40} + 0.469 X_{45} + 1.373 X_{22} - 0.313 X_{43}$$

$$P = \frac{exp(Z)}{1 + exp(Z)}$$

其中，P 为社会经济地位为高的发生概率，P 接近或等于 1 时，认为较大可能性为高的社会经济地位，当 P 接近或等于 0 时，认为较大可能性为低的社会经济地位。接下来，就模型中的自变量对社会经济地位影响进行深入分析。

四 模型的解释

以最大系数影响因素工龄为参考，从模型的数据分析结果可以得出以下发现。

（1）工龄的系数为 0.214，Wald 值为 42.470，相应的 OR 值为 1.238，Sig. 值小于 0.001，说明在其他自变量不变的情况下，工龄越长，互联网信息技术专业人员的社会经济地位越高，个人努力程度研究假设 1 得到验证。

（2）自费培训费用的系数为 0.318，Wald 值为 34.774，相应的 OR 值为 1.374，Sig. 值小于 0.001，说明在其他自变量不变的情况下，自费培训费用越高，互联网信息技术专业人员的社会经济地位越高，个人努力程度研究假设 4 得到验证。

（3）英语水平系数为 0.717，Wald 值为 32.255，相应 OR 值为 2.048，Sig. 值小于 0.001，说明在其他自变量不变的情况下，英语水平越高，互联网信息技术专业人员的社会经济地位越高，个人努力程度研究假设 2 得到验证。

（4）工作地城市等级系数为 1.373，Wald 值为 21.086，相应 OR 值为 3.949，Sig. 值小于 0.001，说明在其他自变量不变的情况下，工作地城市等级越高，互联网信息技术专业人员的社会经济地位越高，城市等级研究假设 3 得到验证。

（5）现职单位体制系数为 −2.390，Wald 值为 17.760，相应 OR 值为 0.099，Sig. 值小于 0.001，说明在其他自变量不变的情况下，现职在体制外的互联网信息技术专业人员要比体制内的社会经济地位高，经济制度研究假设 2 得到反向验证。

（6）社会网络关系广度系数为 0.002，Wald 值为 15.818，相应 OR 值为 1.002，Sig. 值小于 0.001，说明在其他自变量不变的情况下，社会网络关系广度越大，互联网信息技术专业人员的社会经济地位越高，社会网络关系研究假设 4 得到验证。

（7）社会网络关系高度系数为 0.428，Wald 值为 8.441，相应 OR 值为 1.535，Sig. 值小于 0.05，说明在其他自变量不变的情况下，社会网络关系高度越高，互联网信息技术专业人员社会经济地位越高，社会网络关系研究假设 3 得到验证。

（8）互联网平等精神系数为 0.469，Wald 值为 7.271，相应 OR 值为 1.598，Sig. 值小于 0.05，说明在其他自变量不变的情况下，互联网平等精神越高，互联网信息技术专业人员社会经济地位越高，价值观研究假设 5 得到验证。

（9）性别系数为 0.871，Wald 值为 5.363，相应 OR 值为 2.287，Sig. 值小于 0.05，说明在其他自变量不变的情况下，男性比女性更容易获得较高社会经济地位，性别分割制度研究假设得到验证。

（10）职业价值理性系数为 0.707，Wald 值为 5.039，相应 OR 值为 2.029，Sig. 值小于 0.05，说明在其他自变量不变的情况下，职业价值理性强的比弱的更容易获得较高社会经济地位，价值观研究假设 2 得到验证。

（11）互联网信息技术期望系数为 0.092，Wald 值为 4.511，相应 OR 值为 1.097，Sig. 值小于 0.05，说明在其他自变量不变的情况下，互联网信息技术专业人员的互联网信息技术期望水平越高，其获得的社会经济地位越高，期望研究假设得到验证。

（12）互联网开放精神系数为 − 0.313，Wald 值为 4.268，相应 OR 值为 0.732，Sig. 值小于 0.05，说明在其他自变量不变的情况下，互联网信息技术专业人员的开放精神越高，其获得的社会经济地位越高，价值观研究假设 3 得到反向验证。

（13）现职单位规模系数为 0.337，Wald 值为 4.203，相应 OR 值为 1.401，Sig. 值小于 0.05，说明在其他自变量不变的情况下，互联网信息技术专业人员的现职单位规模越大，其获得的社会经济地位越高，工作组织研究假设 2 得到验证。

五　社会经济地位获得模型总结

从自变量的影响程度看，互联网信息技术专业人员社会经济地位的影响因素为 13 个。其中，9 个为非制度性因素，4 个为制度性因素。非制度性因素分别为"工龄""英语水平""自费培训费用""社会网络关系高度""社会网络关系广度""职业价值理性""互联网信息技术期望""互联网开放精神""互联网平等精神"；制度性因素为"性别""现职单位体制""现职单位规模""工作地城市等级"。其中，工龄因素相比其他因素影响力最大，与自费培训费用的 Wald 值相当，是工作地城市等级的 2.0 倍，是社会网络关系高度的 5.0 倍，是现职单位规模的 10.1 倍，是互联网信息技术期望的 9.4 倍。可以看到，9 个非制度性因素发挥了主导性作用，但是 4 个制度性影响因素依然深刻影响社会经济地位获得，本研究"制度性与非制度性"地位获得理论假设得到验证。相对于专业技术地位和职业地位的影响因素，社会经济地位的影响因素更为复杂和多样，制度性因素的影响程度更深。

第四节　讨论与结论

本研究将从非制度性与制度性因素两个大的方面讨论互联网信息技术专业人员社会经济地位获得过程中的作用和影响程度以及原因。

一　非制度性影响因素与社会经济地位获得

（一）个人努力程度与社会经济地位获得

"IT 行业竞争激烈，知识性员工对 IT 企业的发展具有重要作用。"[①] 因此，工作组织必须充分尊重和肯定互联网信息技术专业人员的工作和职业价值，才能实现工作组织目标。本研究发现，工龄、职业技能培训、英语水平对互联网信息技术专业人员的社会经济地位有着显著性的影响。为探析其中的原因，本研究将根据影响程度的大小依次展开讨论。

1. 工龄与社会经济地位获得

工龄越长意味工作经验越丰富，获得的社会经济地位也就越高。为此，本研究进一步研究"工龄对社会经济地位的影响"，访谈结果如下。

YF，35 岁，北京某著名 IT 公司 CEO

3 年工龄 25 万元标配，5 年工龄 50 万元标配

学：为什么工龄越长，综合年收入等级越高？

YF：不管是什么公司，入职时员工薪资水平基本差不多。随着工龄增长，每年都有调薪机会。当然调动幅度大小还是看个人。不考虑其他因素，相对来说随着工龄增长，企业经验和专业经验也在增长，专业技术水平越来越高，获得的职位等级也相对越高，年薪肯定越高。在北京 3 年有开发经验的 IT，25 万元年薪基本标配。有 5 年左右工作经验，技术过硬，能带人，能解决常规技术难题的 Leader 的年薪标配约 40 万元。

为了进一步了解体制内互联网信息技术专业人员社会经济地位状况，本研究做了进一步访谈。

---

① 胡孝德. 中小型 IT 企业员工流失问题的实证研究 [J]. 互联网天地，2015 (2)：80 - 88.

LYZ，43 岁，长沙某体制内 IT 公司

搞技术的，工资都高

学：为什么工龄越长，综合年收入等级越高？

LYZ：一是工龄越长，工作经验就越丰富，获得的职称和级别越高，收入也就越高。虽然体制内的 IT 比体制外的收入要低不少，但是体制内有一定的福利和保障，也就弥补了不足。二是工龄越长，越有可能兼职"挣外快"，收入也越高。高水平的 IT 工龄越长，劳动强度越低，工作自由度越高，越有可能兼职。说实在话，体制内的人基本在外面兼职一份工作。工龄越长的人，专业技术越好，办事老道，能够解决问题，很受市场欢迎。三是工龄越长，资历越高，掌握的资源也就越多。比如干部工龄越长，越有可能当领导。即使不当领导，作为"老人"，人家还是很受尊重的，啥都有保障。虽然这几年福利被砍了，但是时间更自由了，强度也降低了，收入通过其他途径也补回来了。所以说，体制内和体制外的 IT，工龄越长，收入越高。

可以看到，无论是体制外还是体制内，互联网信息技术专业人员工龄越长，社会经济地位越高。该结论与全球 IT 调查报告基本一致："为了防止有经验的老员工跳槽，美国加州的大公司纷纷提高了薪酬和奖金，例如《金融时报》称，毕业不久的初级工程师的薪酬去年上涨了 30% 至 50%……为了更好地奖励出色的员工，微软将使受奖员工比例由之前的 50% 提高到 80%。"[1] 这也与 CSDN 的《2016 年中国程序员职业薪酬报告》结论高度一致："1～3 年的工程师薪资水平差不多，但是具有 3～5 年工作年限的在薪酬待遇上就会有比较明显的提高。"[2] 该结论不仅与 CSDN 历年来的《中国程序员职业薪酬报告》结论高度一致，而且与其他学者的研究结论基本一致。也与美国 Drdobbs《2014 年美国程序员薪资调查报告》结论一致："对于老手的认可，他们的经验换来了更高的工资。"[3]

由于工龄的增加、工作经验的积累、专业技术水平的提高，互联网信息技术专业人员的技术价值得到了更大实现，也得到了资本和组织的承认。从深层

---

① 黄锴. 程序员的加薪指数 [N]. 21 世纪经济报道，2012 - 01 - 13（022）.

② 极客学院. 2016 年中国程序员职业薪酬报告 [EB/OL]. 2016 - 06 - 16. http：//www. 199it. com/archives/484914. html.

③ Drdobbs. 2014 年美国程序员薪资调查报告 [EB/OL]. 2014 - 05 - 28. http：//www. 199it. com/archives/232534. html.

次上讲，互联网信息技术专业人员在"信息社会"中的地位获得方面拥有无可比拟的优势，处于组织单位的核心位置，资本要实现增值，获得高额利润，就必须高度依赖互联网信息技术专业人员。正如文森特·莫斯可"知识劳工"理论所认为的那样："利益集团的发展都必须依赖技术和智力进行实施。"因此，互联网信息技术专业人员在信息社会中的地位获得拥有无可比拟的优势。也正如迪克森发现的："信息社会中技术创新听命于唯利润律令。'知识资本'逐渐成为技术资本主义经济中的内核之一，那些掌握了互联网信息技术的技术专家成为投资对象，传统资本期望从他们的技术和智力中获得相应的回报。"[①]更具体地讲，互联网信息技术专业人员通过智力与资本的结合成为"知识资本"，他们亦成为"知本家"。商业精英为拉拢互联网信息技术专业人员精英，给予了他们更多的财富和更自由的工作时间。因此，技术精英与商业精英密切合作，共同塑造了当今覆盖全球的"技术资本主义"，成就了一批批处于人类财富巅峰的互联网信息技术公司、团队和个人。更直观地讲，就是最大限度地给予互联网信息技术专业人员巨大的技术回报，使其获得更高的社会经济地位。

2. 职业技能培训与社会经济地位获得

自费培训是职业技能培训的重要组成部分。它是一种主动学习的方式方法，也是对人力资本的一种投资。一般学者认为，人力资本投资越高，劳动回报越高。前面的研究已经证明了该因素对专业技术地位和职业地位获得有着显著性影响，那么该因素对社会经济地位的影响如何，本研究做了进一步访谈。

WFY，29 岁，北京某 IT 公司某部门技术负责人

节约成本，当然愿意加薪

学：为什么自费培训费用越高，IT 的收入越高？

WFY：自费培训费用越高，职业技能培训的质量和强度也越高。同样在公司工作，如果能抽时间学习更多的专业技术知识，专业水平相对会提高更多。公司也无须投入更多人力物力去培训员工，便能获得更好的技术和员工。相对公司而言，减少投入成本，这样的 IT 即使薪酬多些公司也愿意。

---

① 韩强. 国外对中国共产党建设的研究述评 [J]. 马克思主义研究，2012（9）：145 – 152.

那么，作为一线的互联网信息技术专业人员，他们如何看待职业技能培训对社会经济地位提升的影响呢？本研究做了进一步访谈。

DF，25 岁，北京某 IT 公司某部门技术负责人

学习是调薪的大筹码

学：您如何看待自费培训对薪酬的影响？

DF：投入经费学习计算机语言越多，掌握的技能就越精细、越前沿。相对没有掌握新技能的 IT，我们在调薪时就有一大筹码。不调薪，我们就走人！

可以发现，自费培训费用越高，职业技能培训的质量和强度就越高，获得的社会经济地位也越高。该结论与大多数的学者研究结论基本一致，也与部分学者的研究结论不一致。其中原因在于，后者研究的群体是农民、农民工、工人等非知识密集型群体，而前者研究的均是知识密集型或技术密集型群体。正如人力资本理论代表明瑟认为的那样：不同的职业可能需要不同的技能，从而需要不同的人力资本投资量，而不同的人力资本投资则意味着各个人对当前成本支出的负担及对未来收益的等待是不同的。这在客观上要求个人之间的收入出现差别，以便对其人力资本投资方面的差别加以补偿。比如，对于当前成本支出较高、未来收益等待时间较长的个人来说，只有当其未来的预期工资收入与未投资者相比高出足够多的差额时，才能导致其实际投资行为。这也正如德鲁克的"知识社会"理论所认为的那样："知识社会是一个充满了流动、冲突、竞争的社会，大量知识工作者和非知识工作者之间将会发生冲突。知识的高价值属性，知识工作者的生产效率与产出价值将比非知识工作者高出数倍。非知识工作者往往伴随着知识工作者的发展和群体的扩大而被迫丧失职业地位。"[1] 这种趋势和特点直接导致非知识工作者和低知识工作者降低或丧失原有的社会经济地位，同时高知识工作者内部人员流动和竞争程度亦十分激烈。要获得较高的社会经济地位就必须在劳动中获得更多的知识。如此，获得质量更高的职业培训，就成为获得高质量知识的有效途径。同时，知识社会中的知识在财富分配上发挥着决定性作用。知识投资的回报往往是数倍实现。这正如"知识社会"理论所讲："伴随着技术的进步和知识的创新，新的类型劳动者——知识劳动者将会大量出现……他们在现代化组织中发挥的作用越

---

① 孙伟平．信息时代的社会历史观［M］．南京：江苏人民出版社，2010：22．

来越重要。"① 从宏观层面看，互联网信息技术专业人员处于知识社会财富分配的中心位置，在信息社会中已经获得了极为有利的社会经济地位。从微观层面看，信息社会中由于知识对于个体和个体智力的高度依赖，互联网信息技术专业人员往往处于组织运转的核心。任何单位在获得财富的同时必须将相当部分的财富分配给高技术专业人员。这正如中国互联网元老谢文所说："人力资本是公司的核心资产，最大限度地调动和利用人力资源资本是网络公司成功的关键。"② 因此，自费培训费用越高，培训的质量和强度越高，人力资本越高，互联网信息技术专业人员获得的社会经济地位也就越高。

3. 英语水平与社会经济地位获得

作为一种全球性的交流和技术开发语言，英语承载了全球大部分的知识和尖端技术。全球互联网信息技术发达国家，大部分是英语国家。掌握了英语，也就掌握了获得直接技术的工具，更有利于获得较高的社会经济地位。因此，本研究对该因素做了深入访谈，结果如下。

LM，30 岁，北京某 IT 公司某部门产品经理
互联网起源于英语，它是进入全球化的门票
学：为什么英语水平越高，收入越高？

LM：互联网起源于英语国家，不会英语怎么和国际接轨？它是门票。国外先进的技术和产品的表述清一色都是英语。像我们公司在南非和澳大利亚都有分公司，英语好的 IT 首先任海外执行官。老板一谈项目都是跟着走的。他们更容易实现公司的目标和价值，更容易获得老板的青睐。因此，薪酬往往比同等条件的 IT 高出 30%。

为了全面掌握情况，本研究再次访谈一位英语水平较差的互联网信息技术专业人员，结果如下。

ZSJ，42 岁，北京某 IT 公司创始人
就是英语不好，所以出来创业了
学：为什么英语水平越高，收入越高？

---

① 孙伟平. 信息时代的社会历史观 [M]. 南京：江苏人民出版社，2010：22.
② 谢文. 为什么中国没出 FACEBOOK [M]. 南京：凤凰出版社，2011：13.

ZSJ：我出生在农村，高考被骗到北京搞了一个自考函授点学习计算机。由于自己努力学，英语阅读不错，但是听力和口语不行。在日常的英语交流中，老板和同事随随便便说个单词，有时候我要想半天。我编程技术不差，就是英语不行，几次升职都因这个原因给否定了。后面，几个同事干脆说，他们英语好，你老张的技术好，别受这个气，出来创业吧！之后，我们就创立了这家公司。说实在的，英语实在太重要了。出国去谈项目，或者与老外谈项目都需要英语。我们在招聘 IT 的时候，同等条件下肯定录取英语好的。

在访谈中，我们发现使用英语进行技术交流和学习逐渐成为全球化的趋势，对互联网信息技术专业人员社会经济地位获得有着显著性的影响。为此，本研究针对英语对技术交流和学习的影响做了进一步访谈，结果如下。

QFZ，33 岁，北京某 IT 公司技术总监
丰富的在线教育平台学习都是英语
学：为什么英语水平越高，收入越高？
QFZ：目前最丰富的程序员在线教育平台基本上是英语，极个别是德语和法语。Coursera、Khan Academy、Lynda、2TOR 等互联网在线学习平台有着丰富的课程。英语好的 IT 就可以进行学习和交流。同时，最前沿的技术和最新的技术问题都会集中在国外的交流社区，只有英语好才能交流。英语越好，专业技术水平越高，薪酬自然越高。

通过访谈可以发现，英语水平越高，互联网信息技术专业人员的社会经济地位也就越高。该结论与 CSDN 发布的《2011 程序员薪资调查报告》《2013 程序员薪资调查报告》结论基本一致：英语水平越高，获得高薪资的比重越大，社会经济地位也就越高。[①] 该结论与部分学者的研究结论基本一致，也与少部分学者的研究结论不一致。其中原因可能在于：一是选择的研究对象存在差异；二是职业对英语以及知识的使用和依赖程度不一样。

本研究认为原因主要有两点。一是英语作为一门承载着互联网信息技术的主要语言载体，掌握英语有利于更好地掌握技术和进行技术交流。正如德鲁克的"知识社会"理论所认为的那样："知识社会中，知识本质上就是生产力。

---

① 常政. 2011 程序员薪资调查报告 [J]. 程序员，2011 (4)：26-29.

它像电流和货币一样嵌构于我们的生活和工作之中，已经成为衡量经济潜力和经济实力的重要标准。更好地掌握了英语，更有利于掌握知识，获得更高的社会经济地位"。二是更好地掌握英语，就更容易融入全球化的竞争中，使自身处于知识生产者的中上层，保持知识占有的优势地位，进而获得更高的社会经济地位。这也正如德鲁克的"知识社会"理论所认为的那样："当知识和信息成为全球流动的重要资源时，知识工作者的竞争和流动将更加激烈……在全球化过程中不存在国内国外之分。知识工作者面临的是全球专业技术人员的竞争。"① 因此，互联网信息技术专业人员更好地掌握了英语，就意味着能够更好地参与全球化的竞争，获得更高的专业技术优势，进而获得更高的社会经济地位。

（二）价值观与社会经济地位获得

互联网精神是指：互联网发生发展的思想基础，创造互联网的人们的精神气质，以及随互联网来到人间的精神元素，即互联网无声传送着的主张和生活与思维方式。② 持续不断且规模越来越大的开源软件运动表明，互联网信息技术在技术承载体——专业人员意识中与互联网精神保持了高度一致。因此，互联网精神所形成的思维和行动方式也被称为"互联网信息技术的技术准则"。实践和研究均说明了越符合互联网信息技术准则，获得的互联网信息技术优势越多，自我和社会价值实现也就越高。因此，本研究对互联网信息技术专业人员"职业价值取向""互联网平等精神""互联网开放精神""互联网信息技术期望"这四个要素与社会经济地位获得的关系进行了深入研究和讨论。

1. 职业价值观与社会经济地位获得

职业价值观反映的是人们的需要与社会属性之间的关系，是人们对社会职业的需要所表现出来的评价，它影响着人们的工作态度、劳动积极性，制约着生产力的发展水平。③ 互联网信息技术专业人员的职业价值观状况主要体现在对互联网信息技术专业人员这个职业的工具理性和价值理性评价上。为此，本研究对"持强烈的价值理性"的互联网信息技术专业人员做了深入访谈，结果如下。

---

① 孙伟平. 信息时代的社会历史观［M］. 南京：江苏人民出版社，2010：22.
② 胡启恒. 互联网精神［J］. 科学与社会，2013（4）：1 – 13.
③ 李志. 独生子女与非独生子女大学生职业价值观的比较研究［J］. 青年研究，1997（3）：33 – 37.

JM，37 岁，北京某 IT 公司架构师，快车软件设计参与者之一
改变中国的同时，挣到了人生最大一笔钱
学：您如何看待您的职业价值？

JM：我以互联网人为荣。我参与的团队所设计的互联网软件改变了中国。我认为 IT 很有价值，很有前途！

学：能具体讲下吗？

JM：你看现在很多行业都是乘着互联网的东风，借助互联网这个平台。我们当时的想法就是想通过这个软件尝试改变中国的士垄断状况！为了实现这个梦想，我们团队 24 小时不间歇工作，破解了不少外国先进软件，突破了一个个技术瓶颈。那段时间，我们直接把床搬到了公司，基本不下楼，天天吃外卖！但是我们成功了！我们的软件颠覆了传统出租行业。传统出租车以前要交纳份子钱，一辆车 5000～6000 元，交完份子钱以后他们赚的钱才是自己的钱，60% 的基本上被抽走了。现在滴滴改变了传统局面。一是服务了全社会。打车软件只抽取 20% 左右的提成，剩下的钱全是司机的，节约的全是乘客的钱，等于藏富于民。二是优化整合了社会资源，节约了社会成本。打车软件可以以最快速度实现约车服务，省时省力，最大限度地调动了闲置的劳动力、车辆、资金，节约了社会财富。若全面实施网约车，仅的士燃油补贴，我们这个软件每年可以为国家节约 60 亿元人民币。三是有利于中央和地方的财税制度改革。出租车行业的黑幕比比皆是，中央财政很难获取应有的税收利益。网约车的出现，使政府可以直接向网约车公司征税。这样就可以最大限度地减少地方利益集团对国家利益的损害。我们这个创意是利国利民，我一辈子都感到荣耀！当然，我也挣到了人生的最大一笔钱。

为了进一步了解互联网信息技术专业人员职业价值观对社会经济地位的影响，本研究再次进行了深入访谈。

XLF，34 岁，北京某 IT 公司董事长兼 CEO
越有理想，干劲越大
学：为什么越有理想的 IT，收入越高？

XLF：越有理想，干劲越大，对技术的认识越深刻。互联网的本质是连接一切。如果不敢想敢做，干事业哪里会有魄力和判断力。比尔·盖茨、马云、刘强东、雷军哪一个成功的互联网人没有远大的理想。我记得阿里巴巴的口号

是"让天下没有难做的生意！"、雷军的口号是"希望未来小米可以带动中国工业"。他们有理想就有动力，认为自身的所作所为所想越有价值，动力也就越大，越容易创业成功。它也可以说是"互联网的共产主义理想的引导力"。

访谈发现，职业价值理性越高，互联网信息技术专业人员社会经济地位也越高。该结论与部分学者的研究结论基本一致：对职业抱有的价值理性判断越强，获得的职业地位越高，社会经济地位也就越高。个体对职业价值的判断直接影响人的主观能动性。职业价值判断越高，主观能动性越强，人的行动力和创造力越强，实现的价值越高。究其原因主要有两点。

一是由于后工业时代中轴原理特点，不仅互联网信息技术本身具有强烈的价值观，而且承载技术的个体和群体同样具备强烈的意识倾向。当外部与内部意识倾向相对统一时，个体和群体往往会表现出高度的积极性和主观能动性。信息社会中，由于互联网信息技术专业人员的崛起，他们通过自身掌握的资源不断强化特有的价值观，对维系传统地位的传统的文化进行割裂和重塑。正如JM 的访谈所说：互联网信息技术巨大的动力就在于对自我职业的高度认可和个人以及社会的价值实现。正如技术控制学派的判断：知识生产者通过技术的设计与控制不断形成自我的技术和社会认识价值观。同时，通过沟通、交流、学会、行会、兴趣、爱好逐渐形成相互认同的"技术圈子"，即"价值观共同体"，在社会经济地位中相互确定各自的位置，促进地位的机制良性形成。

二是所形成的"技术规则"和"技术的价值观"对符合其要求的个体和群体，具有强大的促进作用。这种作用不仅有利于个体和群体的价值实现，更有利技术本身价值的实现。具体地讲，互联网信息技术通过"技术规制"不断传递和输出自己的价值观。若要使用其设计或创新机器和技术，就必须遵守"技术规制"。互联网信息技术专业人员在"技术规制"实践中实现了对其他人的"同化"或者"驯化"，不断"复制"自己的价值观，获得声望和权威，让自我处于较高的地位。这种职业价值观也成为互联网信息技术专业人员区别于其他阶层的显著标签。例如信息社会中的"网盲与网络精英""网络精英中的黑客、灰客、红客"，就是阶层外部与内部价值观地位分层的典型案例。通过职业价值观取向的分层，技术不仅给予了这类互联网信息技术专业人员更多的动力和声望，更通过"科学共同体"赋予了他们获得地位的资源和发展机会，不断巩固和确定互联网信息技术的"技术规制"的实现。

2. 互联网平等精神与社会经济地位获得

互联网平等精神源于互联网信息技术所形成的载体具有分布式和去中心化特征，这决定了互联网信息技术内部和外部是一个相对开放、自由、平等的世界。正如前文讨论的那样：在这个技术世界中，互联网信息技术专业人员之间的信息和知识的交流、交往和交易，剥去了权力、财富、身份、地位、容貌的标签，在网络组织中成员之间彼此平等相待。数据分析发现：互联网平等精神越高的互联网信息技术专业人员，越符合互联网信息技术的"技术规制"，越能够把握住技术的本质和内涵，专业技术地位就越高，社会经济地位也就越高。因此，本研究对互联网平等精神和专业技术地位获得的影响进行了如下访谈。

RCC，37 岁，北京某 IT 公司 CEO
连接一切的前提就是平等
学：为什么越反对严格的知识产权保护的 IT，其收入越高？

RCC：一根网线、一台电脑，任何人任何时候都可以平等地使用互联网上的资源和信息。互联网的成功在于技术跨越了国界、地域、种族、文化等阻隔将全球连接了起来。不能就技术讲技术，互联网信息技术首先必须是平等，才能和其他事物连接。只要连接到事物，就能实现资源、信息的流通和整合。大连接、大数据、大合作，网络因小而大，因大而小。拥有更加强烈的平等精神的 IT 人更容易受到同行和投资者以及服务者的青睐，能够实现项目的落地和价值。比如望京和双井的"小菜鲜"App，就是着眼于几块钱的小生意和处于底层的"菜贩子"做起来了。滴滴打车自己没有车，也是着眼于"单个的车辆和司机"做起来了。所以说，平等是互联网连接一切的前提。这就如同佛家所言："众生平等。"所以佛教千年不衰，互联网信息技术也一样。严格的知识产权保护，将知识、信息、资源全部圈起来了，本质上就是将人与人、人与物放置在一个不平等的位置。技术创新就很难了！

为了进一步了解"反对严格知识产权保护"的态度对互联网信息技术专业人员社会经济地位获得的影响，本研究再次做了深入访谈，结果如下。

PYJ，35 岁，杭州某 IT 公司技术总监
山寨就是发财！"技术变现"能力强得很！
学：为什么越反对严格的知识产权保护的 IT，其收入越高？

PYJ："反对严格的知识产权"实质就是"山寨！"一方面，互联网发展到今天，开源肯定是必需的。因为互联网信息技术之前就是依靠 IT 人放弃专利实现了全球连接，如果你搞严格的知识产权保护，就成就不了互联网。另一方面，反对严格的知识产权就是"山寨"。从经营的视角讲，"山寨"就是发财！你不需要投入任何研发费用就可以"拿来"用。再加上"山寨"反应快、价格低、实用性强、市场广阔，"技术变现"的能力强得很！

为了进一步了解一线互联网信息技术专业人员的情况，本研究再次做了深入访谈，结果如下。

CC，24 岁，杭州某 IT 公司一线编程员
只要有利于完成项目，代码能用就赶紧用！
学：为什么越反对严格知识产权代码的 IT，其收入越高？
CC：对于我们来说，代码封闭不封闭无关紧要，关键是要挣钱！我们这些程序员、码农，你觉得我们缺什么？缺钱！只要有利于完成项目代码，能用就赶紧用！

从访谈可以发现，不管是想真正推动技术发展，还是仅仅想通过互联网信息技术获取财富的互联网信息技术专业人员，所持的平等精神越高，越符合互联网信息技术的"技术准则"和"技术价值观"，其获得的社会经济地位越高。究其原因主要有两点。

一是互联网信息技术"平等""技术规则"能够促进技术的创新和价值实现。从以太网之父罗伯特·梅特卡夫关于互联网开源软件会失败的预言破灭到开源运动的蓬勃发展，都可以印证互联网平等精神极大地促进了互联网信息技术专业人员的创新积极性以及互联网信息技术的创新发展。反过来，技术的创新又极大地给予了互联网信息技术专业人员社会财富，使其获得较高的社会经济地位。正如技术未来学派的劳伦斯·莱斯格"代码规则"理论认为的那样："互联网是一个充满了自由的新社会，网络社会规制者就是代码，即塑造网络空间的各种软件和硬件。"① 现实生活中社会运行的机制是通过宪法、法律及其他规范性文件来规制，而网络社会中"代码"就是法律。更重要的在于网

---

① 刘曙光．劳伦斯·莱斯格：代码：塑造网络空间的法律［J］．网络法律评论，2007（1）．

络社会中的代码不是被发现出来的，而是互联网信息技术专业人员通过技术、思考、价值判断、设计理念等制造出来的。代码不仅为自由或自由意志的理想呈现最大的希望，也为其带来了最大的威胁。作为网络社会的规制的制定者——互联网信息技术专业人员的地位是举足轻重的。他们通过编码建筑，或筑构，或编制这网络空间，使之最大限度地保护网络社会最接近原本的"自由开放"价值理念。不管外界如何去规制网络，网络在开放、自由、平等、共享等方面的本质属性从未变过。因此，越是符合"技术规则"和"技术价值观"的互联网信息技术专业人员越容易获得更多的技术、信息、资源，越容易获得较高的社会经济地位。

二是互联网信息技术革命发展趋势是水平方向的。互联网信息技术是一种水平发生的革命。"互联网带来的改变并没有局限在一个垂直的领域里，而是渗入各个专业领域、各个行业，发生在每个流程或者细节当中。因此，互联网犹如水一般模糊了工业时代专业与专业、行业与行业、组织与组织、个人与个人之间曾经泾渭分明的界限。"[①] 这就要求互联网信息技术专业人员必须平等地使用技术和推动技术发展，才能顺应"技术规制"和"技术价值观"，更好地实现技术增值，获得更高的社会经济地位。

3. 互联网开放精神与社会经济地位获得

互联网开放精神与"自由软件精神"类似，它的核心理念在于"用户应该控制计算机，控制他们使用的程序，所以自由软件讨论的是自由问题，无关乎价格。是'自由'不是'免费'。"[②] 其最核心的问题是对"开源代码"的态度。

（1）资本与技术高度结合下的互联网开放精神

对"互联网开放精神"的数据进行分析发现：互联网信息技术专业人员的"开放精神"越低，获得的社会经济地位反而越高。因此，本研究对公司各层次的人员做了深入访谈，结果如下。

WZ，42 岁，北京某 IT 公司董事长兼 CEO

公司不是纯做技术，第一位目的是挣钱

学：为什么越支持封闭代码的 IT，收入越高？

WZ：从公司的立场看是符合逻辑的！由于劳动保障和国民福利差异，国

---

① 余晨. 看见未来：改变互联网世界的人们 [M]. 杭州：浙江大学出版社，2015：48.

② 余晨. 看见未来：改变互联网世界的人们 [M]. 杭州：浙江大学出版社，2015：218.

内 IT 创业环境不是很好，创业的风险极高。IT 拿了老板的钱，就要为老板负责。老板拿了客户的钱，就要为资本负责。所以，在资本的压力下，公司研究出一个产品或者专利都是希望"这个产品只有我家有，别人家没有"。清一色地都希望实现利润最大化。做公司不是纯做技术，做公司的目的第一位是挣钱。

为了了解中层的互联网信息技术专业人员"开放精神对社会经济地位的影响"状况，本研究再次做了详细的访谈，结果如下。

XY，28 岁，北京某 IT 公司技术负责人
一辈子可能就只有这么一个发财的机会
学：为什么越支持封闭代码的 IT，收入越高？

XY：我辛苦写的软件是有成本的，是要挣钱养家的。开源或者免费使用只能是技术大牛的事情，因为他们不缺钱。我的一个软件设计如果遇到好的机会就可以发财了！一辈子可能只有这么一次发财的机会。所以写出的软件必须卖钱！

为了了解下层的互联网信息技术专业人员"开放精神对社会经济地位的影响"状况，本研究再次做了详细的访谈，结果如下。

TL，23 岁，广州某 IT 公司一线人员
技术可以私下交流，但生意毕竟是生意
学：如果你用开源代码开发一款热门软件，你会封闭还是开放软件？

TL：技术可以私下交流，但生意毕竟是生意。软件不能开放。创业是什么？就是将自己的智力、财力、人力进行发明和创造，得到市场和客户的认可。设计软件是花了心血的，肯定要尽最大努力找到风投，获得资金，为进一步创新打基础。只有这样才能保障技术创新主体的可持续。

可以发现，公司中的互联网信息技术专业人员的高、中、低各个层次虽然在技术交流层面都表现出了互联网开放精神，但是在公司经营层面上对开放代码的态度都表现出了强烈的利益倾向，呈现强烈的"反互联网开放精神"倾向。"'封闭代码'的流通量与日俱增，这是'自由主义失灵'

的证据。"① 这与美国学者 Oz E 对互联网信息技术专业人员对软件盗版和黑客攻击的道德态度研究结论高度一致。

本研究认为其原因主要有两点。

一是互联网信息技术专业人员比其他专业人员对于复制软件与获取计算机和通信资源更有经验，更受益于盗版软件和黑客攻击，这可能部分解释他们更高地做出此类行为的倾向。②

二是资本要实现增值可以通过对技术人价值观的影响和控制，有效地确保资本与技术的高度结合。随着资本与技术的高度结合以及封闭式知识产权保护，互联网信息技术的"技术规制"被现实的政治、资本所影响，呈现强烈的利益倾向性。资本也同时反馈给这些符合"市场规则"的互联网信息技术专业人员更多的财富，以确保资本与技术的高度结合，来维护资本增值。就连卡斯特的"网络社会"理论都认为："互联网企业家圈内，流行的是优秀技术创新成果，他们所崇尚的是新式的社会生活和个人的技术实力，他们通过这种技术力量逐渐控制整个世界，这意味着他们获得了大量的社会财富，这种金钱至上的企业家文化征服了世界，并把互联网变成我们社会的中枢。"③ 网络化的商业模式已经成为电子信息类企业的主要运行方式，众多大型互联网公司都是围绕互联网重新组织公司生产来做大的。也正如文森特·莫斯可团队的"知识劳工"理论认为的那样："资本的力量依然是强大的，无论技术的自由度和创新发展到何种程度，资本的异化功能都会深入每一个劳动者的毛细血管。"④ 可以看到，资本主义建立起来的传播系统和技术对知识劳工的劳动过程进行了较高程度的控制，并以此扩展了劳工过程的商品化，最终导致个体和其工作成了管理信息系统的一种延伸。⑤ 访谈中互联网信息技术专业人员对利益的强烈追逐以及实现利益的途径，无不印证了资本通过强大的财富吸引知识

① （英）詹姆斯·柯兰等．互联网的误读 [M]．何道宽译．北京：中国人民大学出版社，2014：107.

② Oz E. Organizational Commitment and Ethical Behavior：An Empirical Study of Information System Professionals [J]. Journal of Business Ethics, 2001, 34 (2)：137 – 142.

③ （美）曼纽尔·卡斯特．网络星河 [M]．郑波，武炜译．北京：社会科学文献出版社，2007.6：79.

④ （加）文森特·莫斯可，凯瑟琳·麦克切尔．信息社会的知识劳工 [M]．曹晋等译．上海：上海译文出版社，2014：86 – 87.

⑤ （加）文森特·莫斯可，凯瑟琳·麦克切尔．信息社会的知识劳工 [M]．曹晋等译．上海：上海译文出版社，2014：152.

工作者，从而实现"异化"和"控制"。

（2）技术创新下的互联网开放精神

互联网开放精神最大的体现之一就是要"开源代码"，反对"封闭代码"。从技术角度看，"互联网是一个充满了自由的新社会，网络社会规制者就是代码，即塑造网络空间的各种软件和硬件。"① 为此，本研究对具有强烈"互联网开放精神"的互联网信息技术专业人员进行了深入访谈，结果如下。

RZ，39 岁，北京某 IT 独立开发者

实现了财务自由，但放弃了成长和自我

学：为什么越支持封闭代码的 IT，其收入越高？

RZ：我完全同意！早期进入 IT 公司的同学基本实现了财务自由，过着半退休的生活。做"封闭代码"的都挣到钱了。但是他们现在的技术如何呢？被淘汰了！因为互联网的生命力在于开源。2005～2009 年全世界的牛人开源一大批项目。从 Java 的 Spring 框架，到 ORM 框架，再到 AOP 模型，奠定了全球开源的基础。世界也因此涌现了一大批开源技术大牛。

学：你和他们的收入状况相比如何？

RZ：我每年收入三四十万元，估计只有他们的 1/3。但是日子过得没有压力。他们现在可以通过炒房等资本运作获得财富。

学：你和他们最大的区别是什么？

RZ：他们因为对金钱的过度追逐，而放弃了成长和自我。他们外面虽然很光鲜、稳妥、安逸，但是互联网世界时刻充满了竞争性。他们逐步被技术所淘汰，也被资本所抛弃。所以互联网人必须开放，要有理想，要开源。行内有句老话："提供一段好的代码，很多人可以用，多牛啊！"

从访谈可以发现，倾向于"封闭代码"的互联网信息技术专业人员社会经济地位相对于同时期的"开源代码"的人确实要高很多。但是从时间发展视野看，长期的"技术与资本的高度结合"不仅使个体和个体价值观受到"异化"，更违背了"技术规制"和"技术价值观"，必然导致个体后续的推动力和创新力不足，并为资本所抛弃，最终被互联网信息技术所淘汰。

本研究认为原因主要是：互联网信息技术开放的"技术规制"的本质需

---

① 刘曙光．劳伦斯·莱斯格：代码：塑造网络空间的法律［J］．网络法律评论，2007（1）．

求。互联网信息技术的开放需求不仅体现在技术上的开放和竞争上的开放，而且在于整个相关产业链甚至是"跨界"产业链的竞争。因此，违背了互联网信息技术的"技术规制"的后果是严重的，结果只能是被淘汰。比如，诺基亚，虽然得益于"资本和技术的高度结合"，但最终还是毁灭于"反互联网开放精神"的价值观。在参与国际移动互联网手机竞争的过程中，谷歌、苹果保持了"互联网开放精神"态度，"利用了自己的操作系统，整合了产业链的上下游，从而使自己成为整个产业链的主导者。谷歌通过构建安卓联盟，建立起了一个以谷歌为核心，基础芯片厂商、终端设备制造商、移动电信运营商、软件开发商等共同参与的安卓产业生态系统。苹果打造的则是一个完全由自己控制的由芯片、操作系统、软件商店、零部件供应厂商、组装厂、零售体系和App 开发者组成的强大生态系统。"① 而诺基亚未能跟上"互联网开放精神"，没有及时参与整个产业链整合的竞争，导致其互联网产业模块的衰落。恰恰相反的是，处于互联网信息技术劣势地位的中国大陆地区，经过一批中国互联网信息技术专业人员的"开放"式的"学习"、"模仿"、"发明"及"创新"，发明了"山寨机""一卡双号机""老年机""小米手机""锤子手机"等智能手机，以高性能和低廉的价格普及全球市场，极大实现了互联网全球"大连接"，大规模扩散了互联网信息技术，同时互联网信息技术专业人员获得了巨大财富和较高的地位。

4. **互联网信息技术期望与社会经济地位获得**

前文的讨论发现，互联网信息技术期望对专业技术地位和职业地位有着显著性影响。社会经济地位获得模型数据也显示：互联网信息技术期望越高，互联网信息技术专业人员的社会经济地位获得越高。为此，本研究从影响社会经济地位的四个方面"职业动机""创业发展""职业付出""发展机会"，对"互联网信息技术期望对社会经济地位获得的影响"做了深入访谈，结果如下。

LXD，34 岁，广州某 IT 公司技术总监

我就认准了计算机能改变命运

学：为什么对互联网信息技术期望越高，收入越高？

LXD：对互联网信息技术的期望越高，付出的也会越多，当然收入也多些。一分耕耘一分收获。我们这个级别的岗位，都是咬牙坚持过来的。

---

① 陆峰．诺基亚帝国衰落给 IT 产业发展的启示［N］．中国电子报，2012－10－16（003）．

学：能具体谈下吗？

LXD：我是农村出身的，大专生。当时学 IT 的原因就是看到国外比尔·盖茨没读大学就通过学计算机成功了。我也想成功！所以，我在打工时一直坚信，"他们没读大学都能成功，我一个大专生也行！"其间，有人约我去做化学、做销售、做房地产等，我都拒绝了。我就认准了计算机能改变命运，是时代的前沿。所以一直坚持到了现在！结果成功了！

为了研究互联网信息技术期望对互联网信息技术专业人员"创业发展"的影响，本研究再次进行了深入访谈，结果如下。

ZL，34 岁，北京某 IT 公司合伙人兼技术总监
连想法都没有的 IT 肯定不会付出
学：为什么对互联网信息技术期望越高，收入越高？

ZL：IT 对技术的期望越高，确立的目标越高，热情和动力也越高，更愿意去投入，甚至愿意为目标去牺牲。期望越高，也有利于首创精神、冒险精神、以苦为乐、灵活专注等创业品质的形成。创业是很辛苦、很孤独的！是智力、体力、资金高额的付出。IT 只有期望越高，胸怀和超越精神才会越大，在意志和行动上才能战胜困难，创业成功的可能性才越大。一个连想法都没有的 IT 肯定不会付出！

为了进一步了解互联网信息技术期望对互联网信息技术专业人员"发展机会"的影响，本研究再次做了深入访谈。

ZQF，35 岁，北京某 IT 公司 CEO
必须站得高，才能把握机会
学：为什么期望越高的 IT，收入越高？

ZQF：收入高，具体地讲就是职场上的成功人士。"互联网＋"潮流发展迅猛，要成为成功人士就必须站得高。而要站得高，首先就要对互联网信息技术有深刻认识和高度期望。只有看好互联网，才能实现"互联网＋"的商业模式，才能实现"跨界商业模式"，才能找到合适的创业项目。你会发现那些在 IT 圈子里，有些神经亢奋，每天滔滔不绝的、干活卖力拼命的 IT 更受到"风投"的热衷。判断一个 IT 团队是否值得投资，关键要看团队和团

队 Leader 的精神气质。记得马云说过一句话："他们忽悠别人，首先自己就要坚信。"

　　这些访谈从多个方面显示，对互联网信息技术期望越高，获得的社会经济地位越高。该结论与相当部分学者的研究结论高度一致。这些研究都认为：对互联网信息技术期望越高，获得的社会经济地位越高。但该结论与有的学者的研究结论相反。

　　本研究认为原因主要有三点。

　　一是互联网信息技术期望对个体的思维创新和创业有着巨大的推动作用，不仅能够促使个体和团体主动去克服困难，而且能使个体和团队进行"跨界"行业和利益的整合，实现更大技术创新和技术增值。互联网在跨界进入其他领域的时候，思考的都是如何才能够将原来传统行业链条的利益分配模式打破，把原来获取利益最多的一方干掉，这样才能够重新洗牌。正如业内俗语："反正这块市场原本就没有我的利益，因此让大家都赚钱也无所谓。"正是基于这样的思维，才诞生出新的经营和赢利模式以及新的公司。而身处传统行业的人士在进行互联网转型的时候，往往非常舍不得或不愿意放弃依靠垄断或信息不对称带来的既得利益。因此，往往想得更多，把互联网信息技术当成一个工具，思考的是怎样提高组织效率、如何改善服务水平，实现更大的利润。所以传统企业在转型过程中很容易受到资源、过程以及价值观的束缚及阻碍。① 互联网信息技术行业与传统行业思维方式的差异，直接导致本身处于信息社会核心地位的互联网信息技术专业人员在商业竞争中处于更加主动的地位，更加游刃有余地实现社会财富的创造和分配。因此，互联网信息技术专业人员对互联网信息技术的期望越高，主观能动性越强，获得的社会经济地位也就越高。

　　二是互联网信息技术行业特点与人力资本回报之间的互动关系使互联网信息技术专业人员对技术抱有极高的期望，能够最大限度地调动人力资本，实现人力资本价值。"调动人力资本更重要、更普遍、更持久的办法应该是交换……互联网信息技术行业普遍实行的现代高科技企业制度是目前所能看到的最能调动人力资本的交换制度……与其他产业相比，网络人士的工作热情最大，干劲最大，创新最多，持续性最长，成功的故事最动听，成功的创业者和

---

① 搜狐网. 读懂这 6 大商业模式，你就知道怎么"互联网＋"了［EB/OL］. 2016 – 07 – 23. http://mt.sohu.com/20160723/n460685343.shtml.

投资者的金钱回报也最客观。"① 正是由于互联网信息技术行业高额的人力资本回报特点，互联网信息技术专业人员对互联网信息技术保持了极高的期望，不断为企业和技术目标而奋斗，最大限度地创造了技术和个体价值，获得了极高的社会经济地位。

三是互联网信息技术专业人员具有强烈的"价值观"，符合互联网信息技术的技术规制，更能够获得"科学共同体"的认同和支持，获得更高的社会经济地位。互联网精神的全球热捧以及互联网思维的全球传播都证明了，互联网信息技术专业人员群体在不断地传递互联网信息技术的"技术规制"以及价值观，以赢得世界的尊重和认同，获得更高的地位。正如默顿所理解的那样：专业技术人员经济地位和职业地位具有强烈的价值取向性，他们不单单具有强烈生产体系的指挥倾向，还具有强烈的社会倾向和政治倾向。同时，互联网信息技术专业人员通过互联网信息技术的"技术规制"实践，实现了自我角色的认定和扮演，形成了具有一定职业伦理和强烈社会阶层认同意识的群体，即科学家共同体。② 因此，互联网信息技术期望越高，互联网信息技术专业人员获得的社会经济地位越高。

（三） 社会网络关系与社会经济地位获得

人是社会关系的总和，人的天性决定了人有交流的欲望和动机，需要与他人保持不断的联系。社会网络关系作为一种特殊形式的资本，能够为创业者提供物质资本、技术经验、信息资源和情感支持，从而促进创业并提高其经营绩效。更重要的是，互联网信息技术的本质要求之一就是要平等地连接到每个人，它能最大限度地实现人"相互连接"的天性。同时，社会对实现这种人类本质需求的技术和技术人的反馈和回报往往十分丰厚。"拥有最多连接关系的人，常常收获最高的奖赏。"③ 前文的分析和讨论研究均发现了：发达的社会网络关系对互联网信息技术专业人员的专业技术地位获得、职业地位获得有着显著性的正向影响。那么，其对互联网信息技术专业人员社会经济地位获得影响状况如何？本研究分别从体制外和体制内两个群体的"社会网络关系的广度"和"社会网络关系的高度"两个方面对该因素做了深入访谈，结果如下。

---

① 谢文. 为什么中国没出 FACEBOOK ［M］. 南京：凤凰出版社，2011：13.
② 孟义南. 试论我国网络道德教育的完善——以治理网络暴力为视角 ［J］. 湖北警官学院学报，2016（1）：63－66.
③ （美）尼古拉斯·克里斯塔基斯，詹姆斯·富勒. 大连接 ［M］. 简学译. 北京：中国人民大学出版社，2013：186.

FY，37 岁，北京某 IT 公司产品经理

人脉决定生死

学：为什么关系越多，IT 收入越高？

FY：走不同发展路线的 IT 都需要人脉广。走专业技术路线的 IT 人脉越广，接触的项目越多，专业技术知识和工作经验也越多，获得的年薪也相应地提升；走管理路线的 IT 人脉越广，掌握的人力资源越多、交际能力越强，有利于提高个人和业务综合能力，其职务自然上升更快，等级也越高，收入也就越高；走创业路线的 IT，人脉越广，资源和信息获得途径也就越多，解决问题的路子也多。在市场开拓时能少走弯路，最大限度规避风险。更重要的是人脉越广，项目讨论越充分，组织决策越科学，越能给企业带来新的发展灵感和渠道。行内有句老话："人脉决定生死。"

为了研究"社会网络关系的高度"对互联网信息技术专业人员社会经济地位获得的影响，本研究再次做了深入访谈，结果如下。

FY，37 岁，北京某 IT 公司产品经理

关系越厉害，政府和市场越顺畅

学：为什么社会关系越厉害，IT 收入越高？

FY：从产品价值的实现上看，你有销售团队、有研发团队、有自己的产品，但是如果没有关系，关键大客户摆不平等于白搭。比如你有政府关系，就可以把产品搞到政府部门去。同样，关系越厉害，市场开拓这块也会越顺畅。关系越厉害，越能形成利益同盟，产品的竞争力更强，实现的公司价值更大，IT 的经济回报当然也更高。

从这两个访谈可以清晰地看到，社会网络关系越强，体制外的互联网信息技术专业人员的社会经济地位越高。那么，与体制外运行逻辑有较大差异的体制内的人员情况如何呢？本研究再次做了深入访谈，结果如下。

YS，45 岁，长沙某国企部门负责人

关系越广，接的项目也越多，收入也越高

学：为什么关系越广，收入越高？

YS：朋友多了，路好走嘛！老话了！这要从正常工作和非正常工作时间两个时间段讲。正常工作时间节点分为公事和私事两个方面。从公事角度看，关系越多，解决问题的能力越强。互联网信息技术既涉及体制内的，也涉及体制外的。因此，关系越广，越能够及时找到技术支持解决问题，保障工作的顺利完成。本职工作做好了，提拔机会肯定大。提拔了收入肯定高，福利肯定多。从私事角度上看，人生活在世界上，总要遇到医疗、教育、技术、感情等各种各样的问题。你关系越多越丰富，办事能力越强，上下级对你满意程度越高，测评、表彰、奖励大家都拥护你，提拔也快。非正常工作时间节点主要是由体制内工作性质决定的。技术人员主要是搞保障的，相对体制外的，工作强度低，自主的时间多，因而体制内的往往会再接外面的项目。关系越广，接的项目越多，收入也越高。

为了研究体制内"社会网络关系高度"对互联网信息技术专业人员社会经济地位获得的影响，本研究再次做了深入访谈，结果如下。

YS，45 岁，长沙某国企部门负责人

任命权始终在上面

学：为什么关系越厉害，收入越高？

YS：从提拔上看，体制内向上走的评价标准比较复杂。不像体制外的单位是绩效导向，解决多少问题，给什么职务，给多少钱。体制内任命权始终在上面，所以关系越厉害，在提拔的时候越占优势；从经济回报看，关系越厉害，可能获得的技术支持和资源也会越大，遇到技术和项目困难时，能及时解决问题。项目完成越好，经济回报自然越高。

从访谈中可以发现，无论是体制外还是体制内，社会网络关系越发达，互联网信息技术专业人员获得的社会经济地位越高。该结论与一些学者的研究结论高度一致："地位会通过人际交往和交换或者顺从发生转换"[①]；社会网络关系越发达，获得的社会经济地位越高。本研究认为其原因主要有以下三点。

一是互联网信息技术开放的"技术规制"和价值实现逻辑，与社会网络

---

① （美）乔尔·波多尼. 地位的信号 [M]. 张翔，艾云等译. 上海：上海人民出版社、格致出版社，2011：15.

关系实现"大连接"的要求高度一致。"互联网为所有人而生……互联网信息技术的高度发展源于先驱者的发明和慷慨，创业者的勇气和汗水，无数网民的热情参与。这些力量哪怕再微小，也能通过网络汇聚起来。"① "在网络经济中，东西越充足，价值就越大。"② "尽管社会网络关系可以帮助我们做我们仅靠自己做不了的事情，它往往也会赋予具有良好连接关系的人更多的权力。结果拥有更多连接关系的人，常常收获最高的奖赏。"③ 具体来说，互联网信息技术的成功就源于"大连接"所形成的极为发达的社会网络关系。个体通过网络不断连接可以无限扩展的社会网络关系，同时所形成的社会网络关系又不断实现了个体的信息的传输、流动、共享，反过来又扩展了网络，进而促进了互联网信息技术的发展和创新。作为实现这一重要环节的技术承担者——互联网信息技术专业人员拥有发达的社会网络关系则更有利于这一互动关系的实现，其相应的经济回报也是丰厚的。正如卡斯特所认为的那样："我们正在经历外向信息时代的转型，该时代最重要的特征就是连接人、结构和国家的网络扩展……而在信息劳动急剧增多的情况下，他们比过去的劳动力更让人满意，更个性化……信息劳动力作为革新和创造财富的力量……他们能够在时代洪流中应对自如"。④

二是发达的社会网络关系是技术与个体的价值实现的重要途径。信息社会中的运行逻辑以人为主体，实现技术价值的途径是人，而技术实现价值的目的也是人。"网络经济的一个重要规律是梅特卡夫法则，就是网络价值与网络用户数平方呈正比。"⑤ 发达的社会网络关系不仅意味人与人的连接范围得到了延伸，而且意味着互联网信息技术也得到了最大限度的扩散，更意味着信息和权力横向分散出去，人与人之间更加平等地使用信息和创造价值，最终有利于人的全面发展和价值实现。正如约翰·奈斯比特的"信息社会"理论所认为的那样："网络使权力的形式从垂直方向转变为水平方向，这对个人来说是一大解放……网络状结构则把权力赋予个人，网络中的人愿意互相促进。"⑥ "在

---

① 余晨. 看见未来：改变互联网世界的人们［M］. 杭州：浙江大学出版社，2015：序.
② 杨培芳. 网络经济的六个基本定律［J］. 中国信息界，2012（6）：80.
③ 尼古拉斯·克里斯塔基斯，詹姆斯·富勒. 大连接［M］. 简学译. 北京：中国人民大学出版社，2013：186.
④ （英）弗兰克·韦伯斯特. 信息社会理论（第三版）［M］. 曹晋等译. 北京：北京大学出版社，2011：130－160.
⑤ 杨培芳. 网络钟型社会：公共理性经济革命［M］. 北京：商务印书馆，2011：276.
⑥ （美）约翰·奈斯比特. 大趋势——改变我们生活的十个新趋向［M］. 孙道章等译. 北京：新华出版社，1984：272.

网络结构内部，信息本身是使人们平等相待的巨大力量。网络组织之所以属于平等主义，并非只是因为其成员人人平等。相反，在网络组织内，其成员相互之间均平等相待，因为重要的东西是信息，信息是使成员平等相待的巨大力量。"① 因此，互联网信息技术专业人员拥有发达的社会网络关系更加符合"技术规制"，其承载和实践个体更容易获得技术的经济回报。

三是发达的社会网络关系有利于互联网信息技术专业人员实现"资本和技术最大增值"和高额的经济回报以及既得地位优势的巩固。当今互联网信息技术行业的成功，在某种程度上是由于"互联网信息技术的平等化使用"和"互联网与商业的结合"。由于互联网信息技术专业人员在信息生产、传输、运用等方面的先赋性优势，互联网信息技术专业人员处于"技术资本主义"和"媒介帝国主义"以及"军事—工业—传播—教育复合体"的核心地位。发达的信息网络和社会网络关系不仅使组织内部之间实现了连接，而且将资本与技术、市场与技术、需求与产品、行业与行业之间进行了更大的连接，最终实现了"企业资本主义"在规模和范围上的扩张，进而实现"跨国帝国"。通过"企业资本主义"和"跨国帝国"的发展与巩固，互联网信息技术专业人员反过来获得了技术发展所需的资金、人员、科学技术以及高额的经济回报。综观互联网信息技术及其塑造的商业帝国发展历程可以发现，互联网信息技术连接到哪里，社会网络关系也就连接到哪里，资本、信息、技术、人力也延伸到哪里。因而社会网络关系越发达，资本和技术越倾向于与这样的互联网信息技术专业人员相结合。"毫无疑问，社会精英通过构建满足他们的社会网络关系而获取利益……如果你很富有，你就能够吸引更多的朋友，朋友多了，致富的门路也就多了。技术的最新发展让这种情形有进一步恶化的趋势。如果人们能很容易地在社会网络关系找到想找到的人或信息，那么，社会连接关系和成功的良性循环就会形成社会放大镜，让更多的权力和财富集中到已经拥有它们的那些人手中。"也就是说，拥有发达社会网络关系的互联网信息技术专业人员不仅受到资本和技术的青睐而获得巨大财富，同时其发达的社会网络关系更会巩固其既有的优势，以确保其社会经济地位的巩固。更本质地讲，发达的社会网络关系加剧了技术界的"马太效应"。

---

① （美）约翰·奈斯比特. 大趋势——改变我们生活的十个新趋向 [M]. 孙道章等译. 北京：新华出版社，1984：262.

二　制度性因素与社会经济地位获得

技术源于人的需求。"人类创造了信息技术，创造了信息时代、网络社会，同时信息技术的普及和应用、信息时代和网络社会又塑造甚至创造了人本身。"① 正如马克思所讲："人创造了环境，同样，环境也创造人。"② 因此，作为社会资源和社会财富的主要环境——制度性因素在互联网信息技术以及承载主体技术人的生命发展历程中打下了深刻烙印。根据社会经济地位影响因素的数据分析结果，本研究根据影响程度对"城市等级制度""单位制""性别分割制度"三个方面进行深入探讨。

（一）城市等级制度与社会经济地位获得

城市是科研、经济、组织的基本模型，同时它也被新型的社会技术组织（即信息化模式）和制度重组决定。城市等级制度也称为城市建制制度或城市分级制度，是国家根据人口规模、城市功能、资源特征等标准对城市进行分层的制度。不同等级城市的政治、经济、文化、社会、信息、网络等方面的资源配置有极大差异。互联网信息技术与城市的"时间和空间"呈现相互影响的关系。一方面城市承载了技术的创新与发展的物质条件，另一方面互联网信息技术也重新塑造了城市的"时间与空间"。它们的互动关系不仅实现了信息的高度流通，而且为个体的发展和价值实现提供了资源和机会以及平台。数据分析显示，城市等级越高，互联网信息技术专业人员的社会经济地位越高。

因此，本研究从"个体价值实现"和"工作组织价值实现"两个方面对城市等级制度对社会经济地位获得的影响进行了深入访谈，结果如下。

YB，34 岁，北京某 IT 公司技术总监
90％的资源和99％的大公司集中在一线城市
学：为什么 IT 工作的城市等级越高，收入越高？

YB：一是一线城市生活成本高，消费高，收入自然要比二、三线城市高；二是城市等级越高，行业竞争越激烈，技术历练越强，个人的专业技术水平会

---

① 孙伟平. 信息时代的社会历史观［M］. 南京：江苏人民出版社，2010：464.
② 中共中央马克思恩格斯列宁斯大林著作编译局. 马克思恩格斯选集［M］. 北京：人民出版社，1995：95.

越高，自然收入也会更高；三是一线城市工作强度更大，加班更多，相应地收入肯定更多；四是一线城市完成的项目更大更多，经济回报自然更多。北上广深一线城市集中了90%的互联网资源和99%的互联网大公司。因此，一线城市的IT的工作收入肯定比二、三线的要高。

为了进一步了解"一线城市对工作组织价值实现"的影响，本研究继续做了深入访谈，结果如下。

TW，35岁，北京某IT公司董事长

一线城市成功机会更大，价值实现更高

学：为什么IT工作的城市等级越高，收入越高？

TW：一线城市比二线城市在市场、资本、政策、人力、智力、氛围、环境、价值实现等方面拥有无可比拟的优势，公司成功率的可能性更大，实现的价值更大。一是一线城市的市场成熟度更高，消费人群更集中。一线城市集聚了庞大的有消费能力的人口基数和消费需求，实现商业项目有基础。典型例子，比如互联网快餐产业。融资上十几亿美元的饿了么和美团公司在几百个城市里疯狂"烧钱"，但只有在上海和北京是盈利的。而其他城市，活动减少，消费结束。因此，办公司肯定要到一线城市，市场和消费人群都在。二是资本集中。北上广深一线城市集中了90%的互联网发展所需的国际和国内资本。举个例子，互联网快餐行业。与上海饿了么团队同时期的还有西安的非凡网。截止到2015年8月，位于一线城市的饿了么团队累计完成了F轮系列融资，累计获得融资超过8亿美元。而西安的非凡网应该还没有获得融资，且逐步会被淘汰。在二、三线城市办公司最大的瓶颈在于"资本家都集中在一线城市"。三是政策把握快。"春江水暖鸭先知"，公司要发展，必须紧跟时政。北京各个部委附近到处都是互联网公司的联络点。稍有风吹草动，北京的公司就能进行调整，甚至积极对政策表达建议。举个例子，网约车就是典型。滴滴如果不是在北京，让北京人和北京领导感觉舒服方便，估计早就被灭了。四是优质人才集中。办公司没有人不行，一线城市集中了中国最好的文化资源。不管是找员工，还是找技术专家，一线城市肯定可以解决。如果回到二、三线城市，经常会碰到招不到人的问题。因为人才都聚在互联网巨头或者其他创业公司里面了。五是智力资源集中。城市等级越高，集聚的高校资源越多，科技转化的项目和文化资源更容易获得。这是科技公司的必要条件。六是城市文化开

放。一线城市各种文化兼容并包，社会的开放程度相对于二、三线城市更高，非常适合互联网的发展。北京城到处涌动着 IT 创业的冲动和财富梦想。公司在一起讨论交流的多，创业机会更多，发展更有优势。七是相对公平公正。一线城市法制建设好，没有那么多"关系"影响。办公司和做项目阻力相对小。八是价值实现高。如果你的产品足够好，在北上广能够卖上百万元，但在二、三线城市恐怕打个对折都不一定有人要，甚至会被人忽略。

　　从访谈中可以发现，城市等级越高，不仅互联网信息技术专业人员实现的价值更大，获得的社会经济地位越高，而且工作组织的价值实现也越大。可见，城市等级制度深刻影响了互联网信息技术专业人员的地位获得。该结论与前十年和最新的研究结论高度一致。2004 年《程序员》杂志对互联网信息技术专业人员的薪资调查发现："地域对软件人员的薪资有很大的影响。北京、上海、深圳、杭州等一线城市是程序员的最爱……北京以其政治、文化、经济优势集中了近 19% 的软件开发者，上海、深圳各占 13%、10%，而杭州以其良好的自然环境、人文环境及政府环境也吸引了 5% 的软件人才……拥有高校资源的一线城市先天性地占据着开发人才的绝对优势。"[1] 这也与 2006 年 CSDN《中国软件开发者年度薪资调查报告》的研究结论一致：互联网信息技术人才进一步向大城市集聚。北京、上海、广东地区大部分互联网信息技术专业人员不仅处于薪资金字塔的顶端，而且平均薪资涨幅在 7.5% 左右。[2] 2014 年 IT 之家根据 IT 匿名填写的百万条的薪酬数据统计显示："北京 IT 互联网行业工资最高，平均工资为 9420.14 元。其次，上海、深圳、广州、杭州位居全国前列。"[3] 这也与拉勾网和 InfoQ 根据互联网公司数据及 200 万互联网从业人员的薪资数据发布的《2015 IT 职业发展白皮书》结论一致："从城市看，IT 行业六大城（北京、上海、深圳、杭州、广州和成都）中，平均月薪当属北京最高，约 12400 元/月。可见作为 IT 行业发展的'国家队'，北京的 IT 从业

① 孟迎霞，霍泰稳. 软件人，今年薪资知多少——中国程序员 2004 年薪资调查报告与现状报道［J］. 程序员，2004（12）：30-37.
② 刘龙静. 2006 年程序员更"薪福"了吗？——中国软件开发者薪资调查报告（摘选）［J］. 程序员，2007（10）：23-24.
③ 数读：城市平均工资调查 IT 从业者北京收入最高［J］. 人力资源管理，2015（4）：1.

人员收入明显处于领先位置。"① Gamasutra 发布的《2014 年美国游戏开发者薪酬调查报告》显示："互联网信息技术专业人员收入排列前三的地区，分别是位于加利福尼亚州、华盛顿州、南加州的一线城市。"② 但该结论与部分学者的研究结论有一定的差异。他们的调查发现：二、三线城市的互联网信息技术专业人员的薪资涨幅要高于一线城市，且收入差距正在缩小。这说明，随着互联网信息技术的进一步扩散和深入发展，技术正在缩小城市等级制度造成的不平等性。

本研究认为原因主要有以下三点。

一是从具体层面上讲，不同等级城市的信息化程度和进程有差异，导致组织和个体的价值实现出现较大差异。《2006～2020 年国家信息化发展战略》明确指出："信息化是充分利用信息技术，开发利用信息资源，促进信息交流和知识共享，提高经济增长质量，推动经济社会发展转型的历史进程。"③ 由于历史、政治、经济、资源、文化等方面的原因，一线城市比二、三线城市的信息化进程更早，信息化程度更高，拥有信息、资本、人力等方面的优势更大，能够更好地为组织和个体的价值实现提供更多的条件。比如，一线城市既可以让组织获得发展所需要的资源，又可以让互联网信息技术专业人员短期得到工作积累和专业技术水平的提高。因此，中国和美国的最尖端的软件企业均分布于经济发达的一线城市以及沿海城市。"相反，二、三线城市高级人才少，名气低，交流与探讨的视野受到限制，产业环境落后，公司不够规范，是大多数IT 人才不愿回到生活更舒适的二线城市长期发展的重要原因。"④

二是互联网信息技术的发展受到了历史和环境的制约，但又有相对的自主性。其不仅改变了环境，更改变了组织和个体的价值实现。互联网信息技术的发展源于军事和政治需求，其成功源于商业和社会需求。但其在获得巨大内生力的同时，又在不断塑造外部环境。正如默顿"社会结构"理论所认为的那样："科学、技术作为一个社会系统，其科学的外部和内部的社会系统既不能

---

① 大统计：12 张图揭秘 2016 年互联网职场薪酬 ［EB/OL］. 2016 - 04 - 28. http：// mt. sohu. com/20160428/n446666985. shtml.

② Gamasutra：2014 年美国游戏开发者薪酬调查报告 ［EB/OL］. 2014 - 07 - 23. http：// www. 199it. com/archives/258202. html.

③ 中共中央办公厅，国务院办公厅. 2006～2020 年国家信息化发展战略 ［M］. 北京：中国法制出版社，2006：1.

④ 2014 年中国 IT 毕业生生存调查报告 ［EB/OL］. 2015 - 03 - 23. http：//www. 199it. com/ archives/334431. html.

脱离整个社会环境,又应该有相对的自主性……科学、技术的发展在对社会发展和社会生活造成了巨大影响的同时,不断受到政治、经济、社会和文化因素的制约和影响。"① 因此,拥有政治、经济、社会、文化、科技等优势的一线城市能够极大地促进技术和组织以及个体价值的实现。"新的生产过程和设备不可避免对生产工人之间的社会关系网产生影响。生产方式的变化带来了工作程序的变化,这种变化改变了工人们直接的社会环境"。②

三是互联网信息技术的"技术规制"的实现能够缩小城市之间的差距。信息流动是信息社会的本质需求,也是"技术规制"的要求。信息要实现最大限度的流动,必须实现互联网信息技术的大规模扩散。一线城市作为信息资源高度集中的区域,其资源和信息必然会流向二、三线城市,并逐步提升二、三线城市信息化水平,形成整体区域内的高度信息化。正如卡斯特所认为的那样:"与历史相适应的技术变革正在改变人们生活的基本范围:时间和空间,即增加了人工的工作时间中的生产力,并且消除了空间距离。"③ "互联网能通过改变时空的物质基础来构建一个新的流动空间,网络能够通过改变时间和空间的物质基础来新建一个全新的流动空间。网络社会就是围绕着流动建立起来的,资本的流动,信息的流动,影像声音的流动,这一切流动支配了经济、政治生活的过程,网络会支持这些流动,并让这些流动在时间中结合。"④ 因此,随着信息化程度的进一步提升,二、三线城市的信息流动程度会逐渐增强,信息流动也会伴随着资本、文化、政策、人力等资源流动实现技术增值和价值实现。

(二) 单位制与社会经济地位获得

"波敦克效应"认为:"机构的研究条件和研究气氛对科学家的产出具有举足轻重的作用。"⑤ 数据显示,"单位体制"和"单位规模"对互联网信息技术专业人员的社会经济地位有着显著的影响。因此,本研究对这两个因素的影响做了深入访谈,结果如下。

---

① (美)罗伯特·K. 默顿. 社会理论和社会结构 [M]. 唐少杰等译. 南京:译林出版社,2006:序.
② (美)罗伯特·K. 默顿. 社会理论和社会结构 [M]. 唐少杰等译. 南京:译林出版社,2006:834-835.
③ 崔保国. 信息社会的理论与模式 [M]. 北京:高等教育出版社,1999:75.
④ (美)曼纽尔·卡斯特. 千年终结 [M]. 北京:社会科学文献出版社,2006.
⑤ 王志田. 科学界的社会分层效应 [J]. 科学技术与辩证法,1991(2):39-40.

1. 现职单位体制与社会经济地位获得

单位是指获取劳动所得的工作组织。"单位"在再分配经济中有特殊的内容和意义，其包括转型经济时期国有和非国有的工作组织。① 这里所讲的单位体制实质是中国经济转型中双轨制的体现。它是指：经济体内同时存在计划经济和市场经济两个部门。随着改革的深入进行，双轨制退出历史舞台，但是不同所有制部门的差异并未完全消失。② 虽然双轨制日益退出历史舞台，但现今不同单位制中劳动者的薪资福利、工作稳定性和社会经济地位以及所塑造出来的劳动条件和劳动氛围等依然存在较大的差异。进入不同的单位也就意味着拥有不同的生活机遇。因此，本研究分别从单位体制工作条件、环境以及氛围进行了深入访谈，结果如下。

MSC，36 岁，北京某 IT 公司董事长

运行逻辑不一样

学：为什么体制外的 IT 比体制内收入要高？

MSC：一是职能不同，收入不同。国企和政府没有比较正规的 IT 部门或者信息部、科技部。体制内的 IT 基本属于信息维护管理人员，尤其是政府公务员。体制内信息技术方面都是外包给公司，公司把技术、资料、产品全部整理好交付给相关人员维护管理就成。所以在体制内 IT 都是维护管理人员，而不是 IT 开发人员。而开发人员比维护管理人员的收入肯定要高。二是维护型和开发型的互联网信息技术专业人员的思维方式是不同的，这直接导致技术存在较大差异。前者倾向于保守，后者倾向于开放。互联网信息技术的提高需要开放性思维。久而久之，体制内和体制外 IT 专业技术水平和收入差距也会越来越大。

为了进一步探析单位体制对互联网信息技术专业人员社会经济地位的影响，本研究进行了访谈，结果如下。

XZ，41 岁，广州某 IT 公司技术总监

---

① 边燕杰，李路路，李煜等. 结构壁垒、体制转型与地位资源含量 [J]. 中国社会科学，2006 (5)：100 - 109.

② 陈琳，葛劲峰. 不同所有制部门的代际收入流动性研究——基于劳动力市场分割的视角 [J]. 当代财经，2015 (2)：3 - 11.

加班越多，创造价值越大，收入当然越多

学：为什么体制外的 IT 要比体制内收入高？

XZ：体制外比体制内加班多得多！体制内的中兴公司和体制外的华为公司就是典型例子。华为工程师每天加班 8 个小时以上。有时项目一来，工程师直接就把床搬到了公司；而中兴加班就少得多。所以现在中兴的市值仅为华为的 1/6，中兴的工程师年薪也是华为的一半。更重要的是，体制外的工程师的项目多，专业技术水平提升快。有体制外 5 年工作经验的 IT 年薪估计会在 30 万～50 万元，而体制内的 IT 估计只有 10 万～15 万元。而且，今后的技术和收入差距也会越来越大。不是考虑家庭、地域、父母等问题，一般 IT 不会进入体制内单位。

从访谈中可以发现，单位体制对互联网信息技术专业人员的职能定位、劳动付出、价值创造等方面有着深刻的影响，这直接导致专业技术水平产生较大的差异，进而影响劳动价值的创造和实现以及地位的获得。因此，体制外的互联网信息技术专业人员要比体制内获得的社会经济地位要高。该结论与 2014 年 CSDN 携手《程序员》杂志发起的 "2013 年中国软件开发者薪资大调查" 的结论高度一致："高收入开发者占比最大的前三行业：游戏、互联网、金融……低收入开发者占比最大的前三行业：零售/物流、政府、制造。"[①] 该结论与目前主流的行业报告结论基本一致：高薪酬的互联网信息技术专业人员主要集中在体制外的单位。这也与美国知名开发者问答论坛 Stack Overflow 对全球 173 个国家、近 6 万份开发者调查的结论基本一致：高薪酬开发者主要集中在苹果、微软等企业。但该结论与一些学者的研究结论不一致：由于制度性资源配置因素，体制内的劳动力相对于体制外的更容易获得较高的收入，获得较高的社会经济地位。可以发现，前后研究对象同为劳动者，单位制对其社会经济地位获得的影响和逻辑却完全相反。差异主要在于，本研究的对象主要集中在技术群体，而后者的研究更倾向于非技术群体。那么，没有制度优势的体制外单位为何能够促进互联网信息技术专业人员地位获得呢？

本研究认为原因主要有以下三点。

一是信息社会中知识和人力资本的价值实现途径主要是商品化。具体来

---

① 魏兵. 2013 年中国软件开发者薪资调查报告［J］. 程序员，2014（3）：26－29.

说，互联网信息技术价值实现和技术人地位获得主要是依靠市场来实现的，而非"体制内"的"非市场资源"。由于体制外的经济比体制内拥有更强的资源整合和价值评价能力，技术和作为技术承载者的人能够在市场上得到相对公平的价值衡量。因此，体制外的互联网信息技术专业人员比体制内获得的社会经济地位更高。

二是体制外单位的环境和运行逻辑更符合互联网信息技术的"技术规制"，更能够促进技术和人力资本的价值实现。体制内单位将再分配资源控制在单位壁垒之内，也将劳动力捆绑起来，不允许跨壁垒的自由流动，外部劳动力市场的两个调节机制不发生实质作用。[①] 因此，体制内单位更倾向于相对封闭、意识保守、流动固化、管理官僚化等趋势。这直接导致体制内的单位更容易出现互联网信息技术专业人员的职业与报酬不对等、人岗不匹配、产品跟不上市场需要等问题，进而产生错位、资源浪费甚至价值丧失等问题。历史发展反复证明了：互联网信息技术创新和发展需要"开放、绿色、灵活、竞争"的外部环境。而体制外的单位更开放、更灵活、更活跃，更有利于资本与技术、市场与技术的紧密结合，更有利于充分竞争，更有利于实现资源的最优化配置。因而，体制外单位能够实现最大的技术的市场和个人价值，互联网信息技术专业人员也因此获得了较高的社会经济地位。正如彼得·德鲁克的"知识社会"理论所认为的那样："知识社会中的每一个人，人的固定性由于社会的流动性打破了，其必须伴随知识的流动而流动甚至被重塑。"[②] 信息社会逐渐形成了与传统社会中的"结晶体"特征迥然不同的"流体"特征。"'流体'知识社会对'结晶体'传统社会的重塑，知识社会组织外部和内部虽然充满了混乱和不稳定，但是其释放出来的创新和机遇可以极大地推进人类的发展。"[③] 而体制外单位的组织特征正好符合这种"流动"的社会特征和要求。

三是体制外单位更符合互联网信息技术市场和工作组织的要求，有利于技术、个体和社会价值的实现。由于互联网信息技术进步和信息的日益透明，互

① 边燕杰，李路路，李煜等. 结构壁垒、体制转型与地位资源含量 [J]. 中国社会科学，2006（5）：100-109.
② （美）彼得·德鲁克. 后资本主义社会 [M]. 张星岩译. 上海：上海译文出版社，1998：63.
③ （美）彼得·德鲁克. 后资本主义社会 [M]. 张星岩译. 上海：上海译文出版社，1998：63.

联网精神不断向全社会渗透。其不仅冲破了体制对资源的约束，而且促进了开放经济、共享经济、大众经济等新经济的发展，个体价值能够在开放、平等、协作的市场环境中获得充分实现。而这种环境更多集中在体制外单位之中，体制内单位依然受到政治意识形态、官僚主义、计划经济意识形态等因素的影响。因此，体制外互联网信息技术专业人员比体制内的实现的价值更大，获得的社会经济地位更高。

2. 现职单位规模与社会经济地位获得

现职单位规模对社会经济地位获得影响一直都是学术界研究的热点问题。"大量的实证研究发现，企业规模—工资效应在各国不同程度地存在。"① 各种研究均发现：单位规模越大，收入越高，获得的社会经济地位也越高。根据数据分析，本研究也有类似的发现：互联网信息技术专业人员的现职单位规模越大，其获得的社会经济地位越高。

因此，本研究分别对大型和小型工作组织中的互联网信息技术专业人员社会经济地位获得状况进行了访谈。

XZ，41 岁，广州某大型 IT 公司技术总监

大企业收入和股票分红很明显！

学：为什么单位规模越大，收入越高？

XZ：华为初期和现在就很典型。华为初期，公司处于创业阶段，产品转化率和市场占有率都低，所以它的利润率也比较低。华为现在规模大了，其技术水平和产品竞争力极高，市场份额也越来越大，技术创新和规模效益也就上来了。单位依靠科技进步所带来的收益也越来越大，这个时候每个人创造的价值也会越大，所以收入越高。并且大公司后期的股票分红，也是大企业很明显的优势！

ZZY，36 岁，北京某小型 IT 公司老总

小企业工资像脉冲，像糖葫芦，忽高忽低

学：为什么单位规模越大，收入越高？

ZZY：是这样的！从小企业来说，它的工资像脉冲似的，像糖葫芦，忽高

---

① 陆云航，刘文忻. 民营制造业中的企业规模－工资效应 [J]. 经济理论与经济管理，2010（6）：73－79.

忽低。但是大公司就不会出现薪酬不稳定的情况。小企业风险比较大，在支付不了的时候，薪酬就会下降。同样的干三年，大公司相对比较稳定，个人工资水平和职位也会随着年限、资历、经验、专业技术水平而提高，小公司就不一定了。

访谈发现，单位规模越大，互联网信息技术专业人员的社会经济地位越高。该结论与 2014 年 CSDN 携手《程序员》杂志发起的"2013 年中国软件开发者薪资大调查"的结论高度一致："企业规模与软件开发者的收入呈正相关，企业规模越大，员工收入越高。在研发人员超过 1000 人的公司，高收入软件开发者占 34.66%，而在规模为 500～999 人、300～499 人的公司中，高收入软件开发者分别占 24.62%、20.41%。"① 该结论也与美国 Drdobbs 对 2200 名美国的程序开发人员调查所形成的《2014 年美国程序员薪资调查报告》的结论高度一致："工资延续着长期以来的趋势：公司越小，IT 部的钱越少。反之亦然，大公司（资产百亿美元以上）给的待遇最好。"②研究共同显示：现职单位规模越大，互联网信息技术专业人员获得的社会经济地位越高。

本研究认为其原因主要有以下三点。

一是单位规模越大，资金、人才、技术等诸多资源优势越明显，为个体价值实现提供了更大的平台和更多的机会。单位规模较大资源往往比较丰富，而规模较小的单位往往资源比较匮乏，给予个体的发展机会和价值实现往往也会有较大的差异。

二是规模效应有利于"流量不等值定律"的实现，对技术、个体和社会价值实现产生深刻的影响。"流量不等值定律"是指：在互联网领域，行业排名第一的企业市场份额可能是 70%，第二的可能是 20%，其他的占 10%，但是排名第二的价值不及第一的 1/10。它也被称为"互联网行业的马太效应"，即用户只选择最好的。③ 这就决定了单位规模与市场份额具有相互促进的作用，规模越大越有利于市场份额占有，市场份额越大越有利于单位实现规模效应。所以，单位规模越大，"流量不等值定律"效应越明显，互联网信息技术

① 魏兵. 2013 年中国软件开发者薪资调查报告 [J]. 程序员，2014（3）：26－29.

② Drdobbs. 2014 年美国程序员薪资调查报告 [EB/OL]. 2014－05－28. http://www.199it.com/archives/232534.html

③ 张浩. 互联网之美 [M]. 北京：清华大学出版社，2013：3.

专业人员创造和实现的价值越大，获得的社会经济地位越高。

三是单位规模优势是互联网信息技术的"技术规制"和资本利益最大化要求的高度统一。信息社会的本质特征要求互联网信息技术实现连接一切，实现资源、信息、资金的高度开放和流动。拥有规模优势的单位更有利于实现内部连接和外部连接。互联网信息技术能够有效实现各种资源的整合和价值实现，不断促进互联网信息技术最大限度地扩散。同时，从全球视野来看，资本通过互联网信息技术和技术人员建立起了一个庞大的资本技术组织。庞大的组织建立实现了资本的最大化的延伸和影响，确保了每个毛细血管的每个细胞的价值实现。当然，作为技术的承载个体，个人价值的实现和经济回报也是高额的。正如文森特·莫斯可的"知识劳工"理论所认为的那样："这种组织跨越传统时空限制，超越了地理界限，以跨国公司为组织，实现了资本主义的全球延伸和资本主义的剥削。"① 它正如赫伯特·席勒的"信息与市场"理论所认为的那样：技术资本主义阶段，随着新技术、电子工业和计算机化开始取代机器和机械化，信息和知识开始在生产过程中，以及在社会和日常生活的组织中扮演着日益重要的角色。反观行业特征，那些互联网信息技术专业人员通过与资本的结合成为"知本家"、"智本家"、技术资本家等，技术精英与商业精英密切合作，共同塑造了当今覆盖全球的大型跨国公司，成就了一批批处于人类财富巅峰的互联网信息技术公司、团队和个人。现阶段的"互联网＋"和"＋互联网"的经济发展战略无不显示"企业资本主义通过技术与资本已经将触角牢牢地插入全球每个城镇和每个家庭，其具有比传统资本主义更强的渗透力和侵略性"。② 因此，拥有规模优势的工作组织，能最大限度地实现技术、资本、个体和组织价值，互联网信息技术专业人员能获得更高的社会经济地位。

（三）　性别分割制度与社会经济地位获得

"虽然工业化和计算的发展使妇女和男人的生活更加接近"，③ 但"在漫长的科学进程中，科学为男人所独占；直到 20 世纪，'男科学家'这个词差不

---

① （加）文森特·莫斯可. 数字化崇拜：迷思、权力与赛博空间 [M]. 黄典林译. 北京：北京大学出版社，2010：6.

② （英）弗兰克·韦伯斯特. 信息社会理论（第三版）[M]. 曹晋等译. 北京：北京大学出版社，2011：162 - 163.

③ （美）乔纳森·科尔，斯蒂芬·科尔. 科学界的社会分层 [M]. 赵佳苓等译. 北京：华夏出版社，1989：410.

多能作为'科学家'的同义词。即使今天，这种局面也没有多大改变"。① "女科学家的薪水比男子少得多，甚至在控制了任职机构的类型、学术级别和任职时间长短这些变量之后，还是这样。"② 众多研究显示：性别分割制度的不平等在互联网信息技术行业主要体现为较为严重的横向和纵向隔离。横向隔离，指的是男女在互联网信息技术行业中的构成比例与其在全部劳动力人口中的比例不一致。纵向隔离，指的是男女在互联网信息技术行业中级别分工的不同，男子从事高级别的工作，而女子从事低级别的工作，亦即所谓的"玻璃天花板现象"。因而，互联网信息技术领域中女性的职业回报相对于男性是较低的。

本研究的数据在专业技术地位获得方面显示了相反的结论，但是在社会经济地位获得方面显示了高度一致的结论。为了进一步研究性别分割制度对互联网信息技术专业人员的社会经济地位的影响，本研究进行了深入访谈。

首先，本研究从男性的角度对性别分割制度对社会经济地位获得的影响进行了访谈，结果如下。

SDF，35 岁，北京某 IT 公司技术总监

男 IT 敢于去牺牲

学：为什么男 IT 比女 IT 收入要高？

SDF：基本是这样的，男 IT 就是 IT 狗、程序猿。所以从体力上来讲，男生敢于去牺牲，加班强度比女性大得多，所以收入会更多。但是业内也不缺乏代码能力很强的女 IT。但女 IT 的智力、生活、生理等问题可能导致她们投入的时间和精力不会太多。因此，很多女 IT 会转岗到管理路线，而男 IT 可以坚持走技术路线或者创业路线。一般来说，技术路线和创业路线的收入比管理路线更高。

其次，为了全面了解性别分割制度对女性互联网信息技术专业人员社会经济地位的影响，本研究从女性的角度进行了访谈，结果如下。

---

① （美）乔纳森·科尔，斯蒂芬·科尔. 科学界的社会分层［M］. 赵佳苓等译. 北京：华夏出版社，1989：142.

② （美）乔纳森·科尔，斯蒂芬·科尔. 科学界的社会分层［M］. 赵佳苓等译. 北京：华夏出版社，1989：148.

XSN，36 岁，女，北京某 IT 公司产品经理

女人还是要回归家庭的

学：为什么男 IT 比女 IT 收入要高？

XSN：是这样的，一是生理上的差异。男 IT 在处理代码时能力比较强，经验也会比较多点。这是因为男 IT 工作时间多些，加班也比较多。因为生理、生活、感情等问题，女 IT 并不适合高强度加班和学习。二是职业发展路线差异。走技术路线的话，我们一般也没有男 IT 干得那么久。男 IT 可能干 10 年都没问题，而女 IT 则需要考虑转岗，要为回归家庭做准备。到后期基本上会转型到管理路线。管理路线当然就比技术路线的收入低。技术路线越到后期男 IT 会越多，而女 IT 大多集中在低强度的岗位，所以男 IT 收入要高于女性。

众多研究也发现，职场中存在普遍的性别歧视的制度和现象。为了进一步研究性别分割制度对女性互联网信息技术专业人员的社会经济地位的影响，本研究做了进一步访谈，结果如下。

GWS，33 岁，广州某 IT 公司 CEO

女 IT 事真多！

学：为什么男 IT 比女 IT 收入要高？

GWS：一是能力方面，逻辑思维上女的要差些。IT 界天然属于男性，代码编写男的速度就要比女的快。二是职业方面，生理期、怀孕期、哺乳期、年休假，职业间隔停停走走，我一般建议女 IT "找个人嫁了"或者直接去当家庭主妇，照顾家庭也是一种职业。女 IT 相对于男 IT 成本高多了。三是团队照顾方面，女 IT 不能搞娱乐活动。喝不了酒，喝了酒还要照顾，确保安全。加班出差样样都要单独搞。吃饭单独带，饮料单独买，房间单独开。不像男 IT，"革命 IT 一块砖，哪里需要哪里搬"。四是职业位置安排方面，女 IT 当上司，下面的人很难会服气。女 IT 事真多！

第四章专业技术地位获得模型显示：性别分割制度对专业技术地位没有显著性影响，这说明女性互联网信息技术专业人员在完成项目和工作强度以及个人努力程度上并不低于男性。但社会经济地位获得模型和访谈可以发现明显的性别不平等。其不平等主要集中在评价歧视、心理歧视、能力歧视、生育歧视、职业歧视、晋升歧视等六个方面。无论是从职业环境，还是从职业发展来

看，女性互联网信息技术专业人员在社会经济地位获得中都存在较为严重的性别不平等。该结论与 CSDN 的《软件人，今年薪资知多少——中国程序员2004 年薪资调查报告与现状报道》的结论高度一致："软件开发，让女性走开，开发者世界是一块绝对属于男性的天地。被调查者中有 97% 的人员属于男性……在软件公司中工作的女性很少。而从事一线编码工作的女性则是少之又少。一方面，软件开发这种技术创新与高挑战性、高压力的工作，男性更易于取得成果。另一方面，也有一部分中小企业对女性程序员不重视，甚至同工不同酬。这也让一些希望就职此行业的女性永远地离开了这块阵地。"① 该结论与国外的研究结论高度一致。游戏开发者网站 Gamasutra 发布的《2014 年美国游戏开发者薪酬调查报告》显示："2013 年美国男性游戏行业从业者平均年薪为 85074 美元，而女性从业者平均年薪仅为 72882 美元。换句话说，美国男性游戏从业者每赚 1 美元，女从业者则只能赚到 86 美分。"② 这也与科尔兄弟在 30 多年前的研究结论高度一致："女科学家中间有一种广泛的看法：她们的薪水比男子少得多，甚至在控制了任职机构的类型、学术级别和任职时间长短这些变量之后，还是这样。从各种来源得到的数据往往都证实这种看法。"③该结论与一些学者的研究高度一致，与另一些学者的研究结论却有一定的差异，其主要原因在于：不同的行业中，性别分割制度的影响程度不同。

本研究认为主要原因在于以下三点。

一是互联网信息技术没有改变性别分割制度的基础。"不同性别之间存在着显著的差异，这些基于生理和社会因素之上的性别差异是职业性别歧视产生的基础。"④ 性别分割制度产生的重要基础是生理差异和社会差异。经济运行逻辑与女性生育责任的冲突会直接导致女性互联网信息技术专业人员在职业发展中体力、精力等跟不上工作组织的发展要求。虽然信息时代，信息交流和职业发展对生理和体力的要求在下降，脑力劳动逐渐占据劳动力市场的主导地位，但是在"利润指挥棒"的作用下，工作组织的运行仍然支持着"男

---

① 孟迎霞，霍泰稳. 软件人，今年薪资知多少——中国程序员 2004 年薪资调查报告与现状报道 [J]. 程序员，2004（12）：30 - 37.

② Gamasutra：2014 年美国游戏开发者薪酬调查报告 [EB/OL]. 2014 - 07 - 23. http://www.199it.com/archives/258202.html.

③ （美）乔纳森·科尔，斯蒂芬·科尔. 科学界的社会分层 [M]. 赵佳苓等译. 北京：华夏出版社，1989：148.

④ 陆方文. 职业性别歧视：原因和对策——谈女大学生、女研究生为何找工作难 [J]. 妇女研究论丛，2000（4）：4 - 9.

性优先"的选择。在社会因素方面，性别的社会差异在物质层面上表现为男女分工不同。① 经历几十年的妇女解放运动，信息社会赋予女性互联网信息技术专业人员参与信息劳动的权利，但是深植几千年的家庭分工和家庭角色扮演依然存在。因此，人们在观点上更多地认为"女 IT 更应该回归家庭""女 IT 不适应行业""男 IT 更能够牺牲"，产生了一系列的性别歧视。在性别分割制度影响下，即使在专业技术地位相同的情况下，男性比女性更容易获得较高的职业竞争优势和职业地位，进而获得更高的社会经济地位。

二是性别分割制度在社会系统中存在的性别歧视的"累积劣势"效应影响深刻。可以说，除了短暂的母系社会外，围绕以父权为核心所建立起来的社会系统确保了男性在社会权利和地位上均大大高于女性，并且一直延续至信息社会。虽然经历了几十年的妇女解放运动，但是相比几千年的"累计劣势"效应的影响而言，这种解放的作用是有限的，影响是局部的。正如科尔兄弟所指出的那样："'累积劣势'效应使一种社会系统能在某一时间按普遍主义和合理性的原则对待某一科学家群体，但仍然有可能歧视那个群体……掌握了资源分配的人觉得不给予女科学家经济资助是正确的，因为她们用这些资金做出的重大研究成果的可能性比较小。"② 即使是妇女解放程度极高的科学界，性别分割制度所造成的"累积劣势"效果也十分明显。因此，在互联网信息技术行业中，女性比男性更难获得较高的社会经济地位。

三是技术和资本利益高度结合和最大化要求，使性别分割制度在劳动力市场产生强烈的横向和纵向分隔。互联网信息技术建立起了一个庞大的、高速的、高效率的资源整合网络，缩小了男性与女性获得专业技术水平以及劳动效果之间的差距，也最大限度实现了市场对资源的优化配置。人们无不期待后工业时代的市场能够使男女更加平等，劳动力市场更加开放。但是，"市场可能既不会产生经济上令人满意的效率结果，也不会产生社会上理想的平等结果"。③ "从事社会劳动是男女共有的职能，也是唯一受市场承认的劳动。市场

① 陆方文. 职业性别歧视：原因和对策——谈女大学生、女研究生为何找工作难［J］. 妇女研究论丛，2000（4）：4 - 9.

② （美）乔纳森·科尔，斯蒂芬·科尔. 科学界的社会分层［M］. 赵佳苓等译. 北京：华夏出版社，1989：163.

③ （美）查尔斯·沃尔夫. 市场或政府［M］. 谢旭译. 北京：中国发展出版社，1994：17 - 18.

只对那些进入市场并可以进行交换的劳动给予认可。其他劳动，无论是生儿育女，还是从事一般家务劳动，尽管它们对社会和家庭有着极为重大的积极意义，但它们不具有市场价值，不可能带来市场意义上的收益。而且，这部分没有市场价值的劳动总是要占据一定的时间和精力，有时甚至会排挤正常的工作，如生育会直接影响工作时间，这是显性的，而隐性的则是对工作精力的影响，过重的家务劳动负担会使女性不能精力充沛地工作。用人单位聘用人员的目的是获得能够带来市场价值的那部分劳动，通过这部分劳动支付工资来获得用人单位自身的经济收益，任何市场主体不愿意为非市场劳动支付成本。因此，聘用男性是经济的选择。"①

可以看到，由于技术和资本的高度结合，信息经济的存在和发展同样遵从着"利润听命律"的指挥，资本考虑的更多的是如何去增值，在资本增值面前是没有地域、没有时间、没有性别的。皮尤研究中心曾提出一套理论，称女性职业生涯出现间断的频率更高，女性往往会抽出更多时间照顾家庭，而这样的职业阶段影响了她们的长期收入。② 正如马克思主义阶层理论所认为的那样："随着技术进步导致生产剩余，社会平等和彼此共享让位于私有财产，最后是阶级等级制度。"③ 作为阶级制度的较高形式即资本主义制度使男性统治更为强大。互联网信息技术和性别分割制度同属整个社会系统，技术受制于现实的社会系统。为了维护传统社会既得利益群体优势的延续性和稳定性，性别分割制度的利益获得者依然会动员其支配的制度性资源对互联网信息技术施加影响。同样，互联网信息技术系统也会表现出其相应的特点来延续男性在该领域的优势。正如默顿的"社会结构"理论所认为的那样："科学是独立的社会的系统或制度，但科学、技术作为一个社会系统，其科学的外部和内部的社会系统既不能脱离整个社会环境，又应该有相对的自主性。"④ 科学、技术的发展在对社会发展和社会生活造成巨大影响的同时，不断受到政治、经济、社会和文化因素的制约和影响。先进技术的进步对群体地位获得的影响不仅取决于

① 陆方文. 职业性别歧视：原因和对策——谈女大学生、女研究生为何找工作难 [J]. 妇女研究论丛，2000（4）：4-9.
② Gamasutra：2014 年美国游戏开发者薪酬调查报告 [EB/OL]. 2014-07-23. http://www.199it.com/archives/258202.html.
③ （美）约翰·J. 麦休尼斯. 社会学（第 14 版）[M]. 风笑天等译. 北京：中国人民大学出版社，2015：402.
④ （美）罗伯特·K. 默顿. 社会理论和社会结构 [M]. 唐少杰等译. 南京：译林出版社，2006：序.

商品生产能力的提高和财富获取的增加，更取决于该群体在社会中所处的结构。① 虽然资源得到了更优化的配置，社会生产力得到了极大的发展，但性别分割制度对互联网信息技术的不平等影响依然深刻存在。概括地讲，性别分割制度历经人类文明社会几千年，根植在广泛的社会系统，其并不会由于互联网信息技术二三十年的影响而发生根本性的变化。因此，男性互联网信息技术专业人员比女性更容易获得更高的社会经济地位。

三　结论

根据实证研究和理论分析，本研究得出以下七个结论。

一是从外部视角看，互联网信息技术专业人员的客观社会经济地位和主观社会经济地位存在一定的差异，但整体的社会经济地位处于社会的中上层。

二是从内部视角看，在制度性与非制度性因素的影响下，互联网信息技术专业人员社会经济地位分层较为明显。社会经济地位的竞争十分激烈，但竞争环境是相对公平和开放的。

三是从影响因素上看，非制度性因素和制度性因素共同对互联网信息技术专业人员的社会经济地位获得发生影响，但非制度性的影响因素起到了主导性的作用。在非制度性因素方面，"工龄""自费培训费用""英语水平"等个人努力程度因素有显著性影响；"社会网络关系高度""社会网络关系广度"两个因素有显著性影响；"职业价值理性""互联网平等精神""互联网开放精神"等三个价值观因素有显著性影响。制度性因素方面，"工作地城市等级""现职单位体制""现职单位规模""性别"等四个制度性因素对社会经济地位获得有显著性影响。

四是从比较的视野看，相比专业技术地位和职业地位影响因素，互联网信息技术专业人员社会经济地位的影响因素以非制度性因素为主，但社会经济地位的影响因素呈现更大的复杂性和多样性。相比专业技术地位和职业地位的影响程度，制度性因素在这一过程中表现出了更大的影响力。

五是从社会运行上看，互联网信息技术专业人员社会经济地位获得的环境和条件是开放的，流动是激烈的。从更深层面上讲，信息社会进程中的中国社会阶层流动更快，社会开放程度更高，政治、经济等制度性的影响在不断减

---

① （美）罗伯特·K. 默顿. 社会理论和社会结构［M］. 唐少杰等译. 南京：译林出版社，2006：834-835.

弱，但影响依然强大。

六是从 STPP 的视野看，互联网信息技术正在改变传统社会的运行逻辑和资源配置方式，技术的力量不断促进市场资源的最优化配置，也最大化实现了个人价值，更通过对公共政策的影响不断促进中国社会的公平、正义和开放的目标实现，最终有利于中国梦的实现。但由于科学技术属于社会系统的有机部分，制度性因素长久甚至永远将对个体的社会经济地位产生深刻的影响。

七是社会经济地位获得是技术和个体价值实现的最显著标志。互联网信息技术专业人员更能够通过非制度性因素获得较高的社会经济地位，说明信息社会拥有较高的开放性和流动性。这再次证明了互联网信息技术跨越了阶层固化，促进了人类社会开放、全面、平等发展。

第八章

研究发现与反思

第一节　研究发现

本书分析了互联网信息技术专业人员地位的内涵、特点以及制度性与非制度性因素对地位获得的影响，并特别关注了价值观和互联网信息技术的"技术规制"对地位获得的影响，以此探析互联网信息技术专业人员的地位获得机制，增加对当今中国社会结构和社会流动以及互联网信息技术的"技术规制"的理解和认识。通过模型分析和讨论，本研究做出以下结论。

一　互联网信息技术专业人员获得的地位层次高

本研究认为，互联网信息技术专业人员的专业技术地位、职业地位、社会经济地位要远远高于其他社会阶层，地位处于社会的中上层位置。信息社会中，互联网信息技术专业人员通过个人的努力和奋斗可以获得相应的地位。无论是从地位获得水平来看，还是从地位获得的途径以及可持续性来看，互联网信息技术专业人员地位获得都具有明显的优势且层次高。

二　互联网信息技术专业人员的地位获得环境呈现高度开放特点

本研究认为，互联网信息技术创造的环境充分发挥了市场的资源配置作用，使互联网信息技术专业人员的地位获得突破了政治、经济、教育、户籍、性别等制度性壁垒，促进了个体、技术和社会的价值实现，改变了社会运行的逻辑和资源分配规则以及地位获得机制，呈现高度开放特点。

三　互联网信息技术专业人员的地位获得影响因素的构成十分复杂

从整体的影响因素看，"工龄""自费培训费用""社会网络关系"均对互联网信息技术专业人员地位获得有正向显著性影响，体现了非制度性因素极高的平等性；"英语水平"和"互联网平等精神"对专业技术地位和社会经济地位有正向显著性影响，体现了非制度性因素较高的平等性；"性别"和"互联网信息技术期望"对职业地位和社会经济地位获得有深刻影响，前者体现了传统制度性因素严重的不平等性，后者则体现了非制度性因素较高的平等性；"单位制"对专业技术地位和社会经济地位获得有负向显著性影响，但这种影响体现了新型的制度性因素较高的平等性；"教育分流制度"和"户籍制度"依然对职业地位获得有显著性正向影响，体现了传统的制度性因素极高的不平等性；"职业流动"对职业地位获得有正向显著性影响，体现了非制度性因素较高的平等性；"城市等级制度"对社会经济地位获得有正向显著性影响，体现了新型的制度性因素较高的不平等性；在价值观念层面，"互联网自由精神"对职业地位获得有正向显著性影响，体现了非制度性因素的平等性；由于资本的异化作用，"互联网开放精神"对社会经济地位获得有负向显著性影响，体现了非制度性因素较高的不平等性。

四 制度性与非制度性因素共同对地位获得产生深刻的影响，但非制度性因素发挥了主导性作用

本研究通过对制度性与非制度性因素以及信息社会中4个理论学派的理论进行分析后认为，非制度性因素和制度性因素共同对互联网信息技术专业人员的地位获得产生深刻的影响，非制度性因素发挥了主导性作用。这说明，个体和市场的力量正在取代国家和制度力量的舞台中心地位。具体而言：在非制度性影响因素方面，一是个人努力程度与互联网信息技术呈现相互促进的关系。本研究认为，由于互联网信息技术的"技术规制"实践，个人的努力程度成为地位获得和向上流动的重要影响因素，甚至是决定性的因素。互联网信息技术能够将人的主体性和主观能动性提升到较高的水平，最大限度地实现个体、技术、信息的价值。另外，本研究认为个人努力的程度反过来也促进了互联网信息技术的创新和"技术规制"维护。二是社会网络关系发达程度对地位获得的作用得到了强化。本研究认为，社会网络关系是人类社会存在和发展的基本组织形式，实现社会网络连接也是人类的本质需求。社会网络关系的发达程度一定程度决定了地位获得和价值实现程度。尤其是互联网信息技术通过全球互联形式，将社会网络关系最大限度地连接到了个人和组织的现实世界和精神世界，高度强化了社会网络关系，实现了信息、技术、资源的互联互通，实现

了个体、技术和社会的价值。三是个体价值观和互联网信息技术"技术规制"对地位获得的影响极为深刻。本研究认为，价值观是人的主观能动性的核心构成因素，对人的思想和行为以及技术的创新发展有着极为重要的影响。互联网信息技术在设计之初就融入了互联网信息技术专业人员赋予的价值观。通过不断地创新和发展，该价值观逐步形成了互联网信息技术特有的"开放""自由""平等""共享"的"技术规制"，促进了互联网信息技术的创新和发展。另外，互联网信息技术专业人员在设计、编程、运用代码时高度地融入自身和需求者的价值观。这种带有明显意识形态的代码或者产品也不断强化了其他社会成员对互联网信息技术的"技术规制"和价值观的认可。

五　制度性因素影响虽然逐渐减弱，但新型的制度性因素的影响逐渐显现

以往影响地位获得的制度性因素主要是户籍制度、家庭背景、经济制度、政治制度等，而信息社会中的制度性因素则主要集中在性别分割制度、单位制度等方面，资本与政治的异化作用对技术的影响随着时代的变迁，其表现形式和内容发生了相应的变化，但其本质未发生变化。尤其值得注意的是性别分割制度的不平等性对地位获得的影响长远而深刻。本研究认为性别分割制度的不平等影响，将伴随着人类社会的发展存在下去。同时，随着互联网信息技术的发展和扩散以及个人努力程度在地位获得过程中的影响力的增长，女性获取技术和资源的平等性将大幅度提高，性别分割制度的不平等在一定程度上将得到缓解。

六　互联网信息技术经历了由不平等到相对平等的历史发展过程

本研究认为，从历史的维度来看，互联网信息技术经历了由不平等到相对平等的历史发展过程。互联网信息技术的发源是不平等的，但发展结果是相对平等的。20世纪90年代前，互联网信息技术发源和创新动力主要来自政治和军事等制度性因素，主要是增加抗风险能力，实现军事和政治目的。这一阶段，互联网信息技术主要掌握在军事精英和科学家手中，大众是无法接触和使用的。可以说，由于历史条件的限制，20世纪90年代前的互联网信息技术是极为不平等的。但是，这一阶段的互联网信息技术已经被当时的互联网信息技术专业人员注入了"开放、自由、平等、共享"的"技术规制"。伴随着20世纪90年代技术与资本的结合，庞大的商业帝国将互联网信息技术延伸到了

人类社会的每个角落。更重要的是，市场"自由、开放、平等"的规则和互联网信息技术的"技术规制"以及人类对"自由、平等、社交"的本质追求三者高度一致，极大促进了个体、技术和社会价值实现互联网信息技术的创新。同时，伴随这一历史进程，互联网信息技术开始扩散到每个个体，同时也赋予了个体获得信息和使用信息的权利，逐渐解构了以往通过信息封闭和控制实现统治的权力社会运行逻辑及地位获得机制。因此，20世纪90年代之后的Web1.0、Web2.0、Web.3.0、工业4.0以及人工智能时代，互联网信息技术专业实现了全球化的扩散，不仅促进了人的全面和自由的发展，而且促进了信息社会不断向"开放、自由、平等、共享"的方向发展。但也要看到，政治和资本异化作用无时不在，它们通过技术和资本塑造起来的不平等将延续至整个互联网信息技术和信息社会的发展进程中。

七 互联网信息技术的"技术规制"实践，最大限度地摆脱了资本和政治的异化，促进了环境的开放和活力，实现了技术本身的进化

本研究认为，互联网信息技术的创新发展和升级换代过程就是摆脱被异化的过程。这种技术进化的内在动力主要来源于互联网信息技术"开放、自由、平等、共享"的"技术规制"实践，使其自身获得了更多的连接体、信息、资源等，极大地拓展了网络覆盖的广度和深度，实现了一种相对的开放环境。同时，互联网信息技术的进化过程，一定程度上也缓解了代际和代内不公平问题。由于技术的不断进步和升级，以往的技术和人员将会被"新技术"及其掌握者所代替，旧技术的累积优势将会减弱甚至消失，使互联网信息技术和互联网信息技术专业人员的地位获得环境始终保持开放和竞争的状态。

八 互联网信息技术影响力具有一定的有限性

本研究认为，互联网信息技术特有的"开放、自由、平等、共享"的"技术规制"对地位获得的规制和资源配置有较大的重塑作用，且对资本和政治具有排斥性。但是由于互联网信息技术属于社会系统的一部分和技术的"商品化"过程，互联网信息技术并未像技术未来学派那样发挥绝对性的作用，资本和政治依然对互联网信息技术和互联网信息技术专业人员的地位获得规制产生一定的异化，技术的有限性得到了进一步检验。这种影响不会完全扭曲互联网信息技术的"技术规制"以及地位获得的规制。但是要注意到，一旦发生较大程度的扭曲，技术环境活跃度就会降低，技术发展就会受阻，甚至凋敝。

第二节　相关建议

一　技术创新推动价值实现

地位获得说到底是个体、技术和社会的价值实现。互联网信息技术作为现代社会最高意义上的革命力量之一，不仅成为生产力发展的中坚力量，而且使互联网信息技术专业人员的地位处于信息社会的核心位置。因此，要以技术创新推动价值实现。

（一）尊重互联网信息技术的"技术规制"

互联网信息技术的"开放、自由、平等、共享"的"技术规制"是技术和人的价值观的延伸，其不仅给予了互联网信息技术创新和地位获得持续性的动力，而且通过"技术规制"的实现不断获取创新发展的动力。同时，由于"技术规制"的实现，信息社会尤其是信息经济和技术领域往往会呈现高迭代、高竞争、高强度等特征，会导致经济组织、政治组织、技术组织出现"封闭、排斥、狭隘"等问题，这不仅导致互联网信息技术创新和协同发展受到阻碍，更会导致资源的浪费，对整个信息社会的创新发展产生不利影响。因此，制定和实施各种组织策略首先要尊重互联网信息技术的"技术规制"，营造出适应互联网信息技术发展的环境和社会氛围，增进社会各界对技术与互联网信息技术专业人员的职业认同和价值认同，促进互联网信息技术的创新和行业发展以及专业人员的价值实现。

（二）搭建开放自由的交流平台

研究发现，市场、技术、个体发展的本质需求高度一致，其都需要实现开放和连接。搭建开放自由的交流平台有助于实现资源、信息、资本、人才最大限度地沟通和交流，有助于促进互联网信息技术的创新和互联网信息技术专业人员的地位获得。由于市场经济自发性和政治组织管理滞后性的缺陷，需要主动通过各界运作搭建开放自由的交流平台，政治组织要减少行政干预，防止行业垄断、恶性竞争等问题。只有在尊重互联网信息技术的"技术规制"基础上，经过多方合作，才能打通资源、信息、资本、人才渠道，搭建开放自由的交流平台，促进组织与组织、个体与个体、组织与个体之间的连接和资源整合，最大限度地实现技术和人的价值。

（三） 推动本土计算机编程语言开发

研究发现，互联网信息技术的"技术规制"要求技术和信息实现开放和平等以及最大化地使用。受历史因素的影响，计算机编程语言的主流依然是英语，这形成了一定的语言和技术壁垒，没有让更多的汉语系或其他语系的个体参与到互联网信息技术的竞争和创新之中，也导致中国在互联网信息技术领域比较被动，这与中国庞大的应用研究是不相称的。因此，各界应该积极推动本土计算机编程语言开发，让更多的中国人能够在编辑语言上发出自己的声音，让中国能够更好地参与国际互联网信息技术创新和竞争，推动全球互联网信息技术的创新发展。

二　教育改革促进资源获取公平

教育不仅影响地位获得的资源分配，更影响地位获得的机会。不管是学历教育还是非学历教育，教育始终是影响地位获得的重要因素。因此，各界应该积极推动教育改革，促进互联网信息技术最大化地扩散，缓解各个阶层地位获得中的不平等性。

（一） 改革教育分流制度

互联网信息技术专业人员地位获得的过程中教育分流制度的不平等性不仅体现在地区之间、城乡之间，更体现在城市与城市之间、城市内部之间。以往依靠行政力量实施的教育分流制度已经不能适应信息社会中"开放、自由、平等、共享"的本质要求，已经成为阻碍个体通过个人努力和奋斗实现地位获得的制度性藩篱。因此，必须坚持公平公正的教育改革理念，改革教育分流制度，让更多的个体和地区获得平等的教育机会，获得相对公平的地位和资源，促进个体和技术的价值实现。

（二） 坚持高等教育普及政策

研究发现，高等教育能够为个体地位获得提供较好的机会、平台、社会网络关系等各种资源，最大限度减少家庭背景、城市等级制度、性别分割制度等不平等因素的影响，更能够使个体通过努力和奋斗等非制度性途径获得相应的地位。因此，坚持高等教育普及政策，让更多的个体获得相对平等的高等教育机会和资源，能够有效地促进技术创新和个体的价值实现，破除阶层流动的藩篱。

（三） 大力扶持民办培训机构

研究发现，职业技能培训教育在促进个体地位获得过程中发挥着重要影响。市场和技术创新发展日新月异，仅仅依靠单一的政府投资和支持职业培训远远不能适应市场需求。因此，各界要以技术和市场为中心，尊重市场和技术规律，通过补贴、税收、放开资质、发挥行业协会监管等方式构建积极的政策环境，充分发挥市场的调控能力，按照市场需求培养专业技术人员，弥补传统教育制度中存在的弊端，让渴望获得技术和资源的个体获得相应的机会和资源，获得相应的地位和价值实现，缓解互联网信息社会中的发展不平等问题。

（四）推动英语教育普及

一方面，在互联网信息技术领域，英语依旧是最主流且最为重要的交流语言，其不仅表现在获得专业技术地位方面，也表现在交流和传播技术方面。由于互联网信息技术能够实现国际化交流、沟通、合作，也能够实现技术的国际化创新，更能实现互联网信息技术开放的"技术规制"。因此，个体熟练运用英语就显得极为重要。另一方面，传统发达国家在互联网信息技术的研究与应用方面起步较早，积累了大量以英语为载体的技术文本，学习和研究这些技术以及相关经验能够有效推动中国在互联网信息技术创新发展中更加积极作为，同时也能使中国在一定时期内赶上发达国家水平并进行平等交流和合作，而这一切的基石就是以英语教育普及为基础。

三　制度改革促进价值实现

部分制度性因素正在阻碍技术和人的价值实现，但缺乏制度的保障，信息社会的不平等性问题又会凸显。因此，深化制度改革，搭配现阶段利益格局，释放更多有利于实现个体和技术价值的政策红利，是深化其他体制改革的重中之重。

（一）扫除户籍制度壁垒

研究发现，户籍制度依然是阻碍互联网信息技术"技术规制"和价值实现的重要的制度性因素。受市场、制度、资源等众多因素的影响，互联网工作组织为了自身的发展，大多选择了政治、经济、文化、信息、人力资源集中的北京、上海、广州、深圳等大型城市，这使互联网信息技术专业人员需要迁居到大城市才能寻找到适合的岗位。但是这些城市的户籍壁垒往往是最为严重的，阻碍了互联网信息技术专业人员的职业流动和地位获得以及工作组织的价值实现。但为了实现地位获得，他们不可能轻易离开这些城市，工作组织也无法最大限度地发挥人力资本的价值。这不仅造成了个体和工作组织的发展困境，更使这群拥有较高技术的人员受到了不平等的对待，扭曲了"技术规制"，违背了技术和个体价值实现的本质，极大阻碍了技术、人力、信息等方面的开放流动。因此，必须彻底扫除户籍制度壁垒。

（二）完善就业保障制度

一方面，由于市场和技术的发展需求，互联网信息技术专业人员职业地位普遍呈现高流动和高强度特征；另一方面，互联网信息技术专业人员家庭背景较差，大多来自中小城市，毫无疑问受到了户籍制度的壁垒影响。在户籍制度改革进程缓慢的现实背景下，这使他们在就业保障以及社会福利保障等方面存在相当大的缺失和不平等，造成互联网信息技术专业人员较为严重的身心问题，也阻碍了技术、人力、信息、资本的价值实现，不利于他们对政治合法性和合理性的认同，导致党的统一战线无法牢固确立。因此，不仅需要深化户籍制度改革，更需要完善就业保障制度，提升保障水平，确保互联网信息技术专业人员能够得到相对公平的待遇。

（三）给予女性更多保障

性别分割制度的不利影响和 IT 职业高强度、高压力、高竞争的特点，家庭角色的责任，历史性的性别歧视环境以及不平等的工作环境会导致女性个体地位获得及其家庭出现较为严重的问题，不利于其价值实现。因此，国家、行业、组织应该给予女性互联网信息技术专业人员更多的保障。不仅要在劳动保障上加强对女性群体的支持，做到实质上的公平，更要在观念上最大限度避免性别歧视。

四 积极合作实现协调发展

产业集群效应以及"数字鸿沟"的存在，使城市之间、城乡之间、组织与组织之间的互联网信息技术水平以及人才质量的差距日益扩大。同时，技术资源的不平衡所引起的区域间激烈的资源争夺战，影响了互联网信息技术专业人员地位获得的外部环境的稳定性，并对互联网信息技术的发展造成损害。因此，从区域和组织的合作交流角度出发，整合区域内多方资源，营造整体性的技术创新发展氛围，是推动互联网信息技术和价值实现以及促进技术公平的主要途径。

（一）积极扶持中小城市建设

研究发现，目前主要的互联网企业集中于大型城市，这在带来集群优势的同时，也使相关基础设施投资之间的差距在城市之间越来越明显。小城市因数量多且分散也常常处于信息社会发展的劣势地位。这导致城市之间的差距越来越大，中小城市在吸引企业方面会处于越来越尴尬的地位，最终也会影响信息社会的发展和互联网信息技术的"技术规制"实现。因此，国家应该加强中小城市的基础设施建设，为未来的技术和行业的转移以及当地工作组织的升级做好准备，促进技术和人的价值实现及地位获得机制完善，推动技术的相对公平发展，整体性地进入信息时代。

（二）尊重体制外工作组织

研究发现，受单位体制的影响，体制内的工作组织不利于技术创新和个体价值实现，体制外工作组织的效果则相反。由于制度性的优势，体制外的企业往往处于政策劣势，体制内的从业者相对于体制外的从业者拥有更好的资源和机会，能够获得较高的地位。但是互联网信息技术的创新发展需要高度竞争和开放的环境，体制外的工作组织承担了技术创新和价值实现使命。因此，社会各界应该尊重体制外的工作组织，并积极向其学习，促进体制间的相互交流，实现平等竞争和协同发展，促进互联网信息技术创新，完善地位获得机制。

（三）加强对"中小微"组织扶持

互联网信息技术的创新来源于"开放、自由、平等、共享"，以往单一依靠大型垄断工作组织创新的时代已经过去了，而"技术规制"实现需要更多"中小微"工作组织的积极参与和竞争。因此，国家、行业等社会各界应该促进互联网"中小微"企业的发展，特别是在其起步阶段，出台专门的扶持政策，保障其在资金、社会资源、信息资源等方面的获得权，推动其在初期的发展，逐渐形成发展的合力，提升社会整体创新创业环境，实现个体、技术及社会的价值实现，不断完善地位获得机制。

第三节　研究不足和展望

由于研究条件和精力有限，本研究主要存在以下三个不足：一是种族研究是国际研究的重要方面，但本研究没有进行种族假设的设计；二是研究对象局限于中国大陆范围，没有引入国际化研究对象，国际研究视野有待提高；三是由于研究精力和能力局限，定量研究没有采用结构方程等分析方法，与国际地位获得模型的可比性有待加强。

今后研究的方向主要有五个方面：一是研究对象可以扩展到国际范围，可以对美国、欧盟、印度、澳大利亚、日本、韩国、伊朗等发达与发展中国家和地区的互联网信息技术专业人员地位获得进行国际化研究；二是研究对象和范围可以扩大至同一地区不同国籍的互联网信息技术专业人员，对其进行跨文化的研究；三是应该积极研究在不同所有制中的外企、国企、民企等工作组织中互联网信息技术专业人员的地位获得，考察互联网信息技术与政治、资本的关系；四是要高度关注信息社会中个体、技术的价值实现，社会资源获得和使用的不平等，地区之间信息技术资源的不平等，技术与资本异化等问题；五是要继续跟踪调查互联网信息技术专业人员地位获得后的价值观和行为，重点考察其在地位获得和社会流动以及二代子女地位获得中的行为和不平等性。

附　录

附录1　互联网信息技术专业人员地位获得问题调查问卷^①

　　尊敬的 IT 工程师，您好！ "互联网信息技术深刻改变了中国社会" 和 "中国社会阶层流动日益固化" 已经成为中国社会的基本特征，也成为社会各界需要达成共识，并予以重视和亟待解决的问题。

　　受中国工程院委托课题 "互联网与数字出版传播研究" 之托，以及探究互联网信息技术专业人员的地位获得问题的需要，我与课题组以及 "大数据 199IT" 等组织联合设计编写了该问卷，亟待您给予积极的配合和支持。

　　对问卷问题的回答，没有对错之分，您只要根据平时的想法和实际情况回答就可以。其中有部分问题较为复杂，却极为重要，其将对本人的研究以及随后的政策内参产生重要影响，希望您能认真回答。

　　请您不要有任何顾虑。我们在以后的科学研究、政策分析以及观点评论中发布的是大量问卷的信息汇总，而不是您个人、家庭、村委会/居委会的具体信息，不会造成对您个人、家庭、村委会/居委会信息的泄露。

　　对您的耐心和热心，我们表示由衷感谢！

　　祝您工作顺利，家庭幸福，生活快乐！

"互联网与数字出版传播研究" 课题组
中南大学科技创新与社会发展研究中心
二〇一六年十二月二日

---

　　①　本问卷为问卷星电子问卷。

S1. 请问您出生 （ ） 年 （ ） 月 （ ） 日；户籍地是： （ ） 省 （ ） 市 （ ） 县 （ ）乡

S2. 您的性别是？ 男□ 女□

第一部分　地位获得部分

A. 专业技术地位的获得

A1. 从小学到您的最高学历为止，您接受的每一阶段 "重点/非重点" 学校等级是 （肄业生按照毕业生同等对待；该问题极为重要，请您耐心且仔细回答）：

学历阶段	重点学校	非重点学校	我没有经历这个学历过程
小学阶段			
初中阶段			
高中/中专/中师/技校/职专阶段			
非全日制大专阶段			
全日制大学专科阶段			
非全日制本科阶段			
全日制大学本科阶段			
非全日制硕士研究生阶段			
全日制硕士研究生阶段			
博士研究生阶段			

A2. 您的最高学历获得时间是： （ ） 年；毕业地是： （ ） 省 （ ） 市

A3. 您的第一份工作开始年份： （ ） 年；您现在这份工作开始年份： （ ） 年

A4. 截止到 2016 年 1 月您获得了多少本软件、计算机、互联网等与职业相关的技术证书：高级证书 （ ） 本；中级证书 （ ） 本；初级证书 （ ） 本

A5. 截止到 2016 年 1 月您自费进行了多少次专业技术培训？累计花了多少学费？

次数： （ ） 次；累计学费： （ ） 万元

A6. 相比 "CET 6 级 425 分" 水平，您目前的英语水平是：

比 "CET6 – 425 分" 低很多□；

比 "CET6 - 425 分" 低一点□；

与 "CET6 - 425 分" 差不多□；

比 "CET6 - 425 分" 高一点□；

比 "CET6 - 425 分" 高很多□

A7. 截止到 2016 年您和您的团队已经完成或者正在完成的项目：

项目	小型项目 （5 万 ~ 50 万元）	中型项目 （50 万 ~ 300 万元）	大项目 （300 万 ~ 500 万元）	特大项目 （500 万元以上）
数量				

B. 职业地位获得和职业流动

B - 1. 现职地位获得

B1. 现在这个岗位的税前年薪约（　）万元

B2. 您主要使用什么计算机语言：（　）（该问题极为重要，希望您尽力填写相对准确的数据。您提供的所有信息将受到严格保密）

B3. 进入该单位时，您的学历是：

高中以下□；

非全日制大专□；

全日制大学专科□；

非全日制本科□；

全日制普通大学本科□；

全日制重点大学本科□；

非全日制普通大学硕士研究生□；

非全日制重点大学硕士研究生□；

全日制普通大学硕士研究生□；

全日制重点大学硕士研究生□；

博士研究生□

B4. 您目前的单位体制是：

体制内（党政事业单位、国企单位等）□；

体制外（民营、外资企业等）□

B5. 您是通过何种途径获得现在的工作的：

家人或亲戚□；

现实生活工作中的同学、同事等朋友□；

线上微信、QQ 等互联网自媒体□；

学校、工会、就业中心等政府相关管理组织□；

俱乐部、学会、行会等非政府社会组织□；

电视、电台、报纸等传统媒体组织□；

互联网、BBS、贴吧等网络招聘平台□

B6. 按照年薪从低到高顺序，您目前处于公司哪个层次：

下层□；

中下层□；

中层□；

中上层□；

上层□

B7. 您现在的职务是：

一般程序员或相当的职务□；

高级程序员/高级软件工程师或相当的职务□；

项目管理负责人/深度专家/建站或外包公司负责人或相当的职务□；

部门管理人员/自己成立工作室/架构师或相当的职务□；

总监或者 CEO/相关技术科学家/独立研发者或相当的职务□

B8. 您现在的单位规模是（X 代表人数）：

X < 3□；

3 ≤ X < 10□；

10 ≤ X < 100□；

100 ≤ X < 300□；

X ≥ 300□

B9. 您是否更倾向于做开放式软件或者服务：

是□；

否□

B10. 以下哪些说法符合您选择目前职业的动机（可多选）：

好就业□；

工资高□；

挣钱快□；

前景好□；

我个人的兴趣爱好和理想实现□；

这个职业受到社会认可和尊重□；

打破论资排辈的传统，获得更多的发展机会□

B－2. 初职职业地位状况

B11. 您的第一份工作（转正工作）岗位的税前年薪约（　）万元（该问题极为重要，希望您尽力填写相对准确的数据）

B12. 您在第一个单位工作了（　）年

B13. 进入第一个单位时您的学历是：

高中以下□；

非全日制大专□；

全日制大学专科□；

非全日制本科□；

全日制普通大学本科□；

全日制重点大学本科□；

非全日制普通大学硕士研究生□；

非全日制重点大学硕士研究生□；

全日制普通大学硕士研究生□；

全日制重点大学硕士研究生□；

博士研究生□

B14. 您的第一份工作单位体制是：

体制内（党政事业单位、国企单位等）□

体制外（民营、外资企业等）□

B15. 您是通过何种途径获得第一份工作的：

家人或亲戚□；

现实生活工作中的同学、同事等朋友□；

线上微信、QQ 等互联网自媒体□；

学校、工会、就业中心等政府相关管理组织□；

俱乐部、学会、行会等非政府社会组织□；

电视、电台、报纸等传统媒体组织□；

互联网、BBS、贴吧等网络招聘平台□

B16. 年薪从低到高，您当时处于公司哪个层次：

下层□；

中下层□；

中层□；

中上层□；

上层□

B17. 您第一份工作职务是：

一般程序员或相当的职务□；

高级程序员/高级软件工程师或相当的职务□；

项目管理负责人/深度专家/ 建站或外包公司负责人或相当的职务□；

部门管理人员/自己成立工作室/架构师或相当的职务□；

总监或者 CEO/相关技术科学家/独立研发者或相当的职务□

B18. 您第一个工作单位规模是（X 代表人数）：

X < 3□；

3 ≤ X < 10□；

10 ≤ X < 100□；

100 ≤ X < 300□；

X ≥ 300□

B－3. 职业流动状况

B19. 从您第一份工作开始到现在，您是否有变动过工作：

是□；

否□

B20. 您最近一次变动工作离 2016 年多长：（ ）年

B21. 截止到 2016 年 1 月前您变动过（ ）次工作

B22. 职业流动对您的影响是：

项目	很大负面作用	较大负面作用	没影响	较大促进作用	很大促进作用
B22－1 职业流动对技术水平的提高					
B22－2 职业流动对职业收入的提高					
B22－3 职业流动对职务等级的提高					
B22－4 职业流动使您为公司和社会提供了更好的服务					
B22－5 职业流动对您理想的实现					

B23. 未来十年，综合多种因素，您更倾向于以下哪种职业发展路线：

创业路线□；

技术专家路线□；

管理路线□；

其他□

C. 社会经济地位

C1. 您本人和您的父亲的社会经济地位各属于所在哪个层次：

层次	C1－1 在您工作的城市，您的社会经济地位处于	C1－2 在您父亲生活的城市,您父亲的社会经济地位处于	C1－3 在同行的同龄人中，您的社会经济地位处于
下层			
中下层			
中层			
中上层			
上层			

C2. 您的社会经济地位流动状况和期望：

流动状况和期望	C2－1 相比 5 年前,您的社会经济地位变化	C2－2 未来 5 年后,您认为您的社会经济地位变化
大幅度向下流动,生活水平较以前越来越差		
小幅度向下流动,生活水平较以前勉强维持		
没有明显的流动,生活水平和以前差不多		
小幅度向上流动,生活水平较以前提高了		
大幅度向上流动,生活水平较以前明显提高		

C3. 您目前住房的购买情况是：

父母支持很大,他们已经为我购得房屋且无贷款	
父母支持较大,他们付了首付,但我需要自己还贷款	
父母支持还可以,他们和我一起支付首付,但我需要自己还贷款	
父母尽力尽心了,但我有能力支付首付且还贷款	
父母尽力尽心了,但我无力支付首付,只能租住房屋或住单位宿舍	

第二部分　影响因素部分

E. 家庭背景

E1. 您父亲最高学历：

小学及以下□；

初中□；

高中/中专/中师/技校/职专阶段□；

大学专科□；

大学本科及以上□

E2. 您父亲的地位：

务农人员、农民城乡无业失业半失业者阶层(打零工等)	
农村中小型承包户或个体户;公司一般职员;中高级技术工人、商业服务人员;初级(或无)职称技术工人、低级别商业服务人员	
农村大型承包户;无行政级别的一般科员;初级(或无)职称专业技术人员(如低级别教师、低级别医生、低级别建造师等职业)	
科级机关事业单位负责人;中层职员或办事人员;小雇主;中级专业技术人员(如中级别教师、副高级别医生、中级别建造师等职业)	
处级以上机关事业单位负责人;企业家;企业或公司负责人、高层职员;高级专业技术人员(如高级别教师、正高级别医生、高级别建造师等职业)	

E3. 您父亲是不是中共党员：

是□；

否□

E4. 您父亲的户籍是：

农业户口	
非农业户口	
县级城市户口	
市级城镇居民户口	
省会城镇户口	

F. 互联网信息技术的接触

F1. 互联网信息技术的接触时间：

请您认真回忆接触互联网信息技术的时间	F1-1 第一次接触电子游戏或电子学习产品是在什么时候	F1-2 第一次接触互联网是在什么时候	F1-3 编写第一个程序是在什么时候
大学及毕业后			
高中			
初中			
小学及以下			

F2. 请您认真回忆，您是在以下哪个地方第一次接触电子游戏或者互联网：

地点	第一次接触电子游戏或电子学习产品	第一次接触互联网
自家或亲戚家		
同学朋友处		
学校		
网吧、游戏室		
其他，请注明		

F3. 请您认真回忆，电子游戏或互联网对您从事这个职业的影响：

影响	电子游戏或电子学习产品	互联网
没任何影响		
有较小影响		
有一些影响		
有较大影响		
有很大影响		

G. 社会网络关系

G1. 您的手机有多少个联系人（ ）；微信有多少个联系人（ ）（您可以使用 QQ 同步手机或将微信联系人下拉至最下端即可查看数量）

G2. 相比手机，微信、QQ 等社交工具对扩大您和朋友亲密程度的影响是：

有很差的影响□；

有较差的影响□；

没影响□；

有较好的影响□；

有很好的影响□

G3. 情景假设：如果您遇到一个依靠自身无法解决的困难，但是依靠某个"有用的关系人"却可以解决的问题，那么这个"有用的关系人"最有可能是谁？

现实生活工作中的同学、同事等朋友□；

家人或亲戚□；

线上微信、QQ 等互联网自媒体□；

政府管理组织□；

社会公益团体组织□；

电视、电台、报纸等传统媒体组织□；

网站、BBS、贴吧等互联网组织□；

其他（ ）

G4. 情景假设：那么，这个"有用的关系人"的职业或身份地位可能处于：

务农人员、农民城乡无业失业半失业者阶层（打零工等）	
农村中小型承包户或个体户；公司一般职员；中高级技术工人、商业服务人员；初级（或无）职称技术工人、低级别商业服务人员	
农村大型承包户；无行政级别的一般科员；初级（或无）职称专业技术人员（如低级别教师、低级别医生、低级别建造师等职业）	
科级机关事业单位负责人；中层职员或办事人员；小雇主；中级专业技术人员（如中级别教师、副高级别医生、中级别建造师等职业）	
处级以上机关事业单位负责人；企业家；企业或公司负责人、高层职员；高级专业技术人员（如高级别教师、正高级别医生、高级别建造师等职业）	

G5. 情景假设：当您遇到连这个"有用的关系人"都解决不了的"困难"，您最有可能求助（限选 2 个）：

现实生活工作中的同学、同事等朋友□；

家人或亲戚□；

线上微信、QQ 等互联网自媒体□；

政府管理组织□；

社会公益团体组织□；

电视、电台、报纸等传统媒体组织□；

网站、BBS、贴吧等互联网组织□；

其他（　）

H. 互联网信息技术专业人员价值观取向

项目	请问,您在多大程度上同意以下关于互联网的态度和看法（单选）	非常不同意	比较不同意	一般	比较同意	非常同意
H1. 互联网信息技术专业人员对地位获得外部环境影响的期望	H1－1 我认为互联网信息技术不能促进中国政治的公平正义					
	H1－2 我认为互联网信息技术可以促进中国经济的发展创新					
	H1－3 我认为互联网信息技术不能促进中国文化的传播繁荣					
	H1－4 我认为互联网信息技术可以缓解中国社会的贫富分化					
	H1－5 我认为互联网信息技术不能促进中国社会阶层的流动					
	H1－6 我认为互联网信息技术可以促进言论和信息的传播自由					
H2. 互联网信息技术对内部驱动的影响	H2－1 我认为互联网信息技术不能提高我的社会经济地位					
	H2－2 我认为互联网信息技术可以提高我的经济收入					
	H2－3 我认为互联网信息技术不能增加我的职业发展机会					
	H2－4 我认为互联网信息技术可以增加我和我的家人的教育机会					
H3. 工具理性	H3－1 我认为 IT 工程师职业只是一个谋生的工具					
H4. 价值理性	H4－1 我因自己是 IT 工程师而感到自豪和光荣					

续表

项目	请问,您在多大程度上同意以下关于互联网的态度和看法（单选）	非常不同意	比较不同意	一般	比较同意	非常同意
H5. 身份认同	H5-1 如果我是富人,我也与其他富人群体不一样					
	H5-2 我认为黑客可以代表我们互联网开放平等的精神					
H6-1. 互联网开放精神	H6-1-1 我认为苹果、微软垄断代码是违背开放精神的行为					
	H6-1-2 我认为类似于"乌云"等技术交流社区能够促进互联网的自由发展					
H6-2. 互联网自由精神	H6-2-1 我认为中国应实施更严格的互联网"实名制"					
	H6-2-2 我认为美国政府应彻底追捕维基百科创始人阿桑奇和"棱镜门"当事人斯诺登					
H6-3. 互联网平等精神	H6-3-1 我认为严格的知识产权保护会让知识共享更加平等					
	H6-3-2 相比法律工具,受到现实生活中的不公正,我会更容易使用互联网维权					
H6-4. 互联网共享精神	H6-4-1 我赞成百度文库、豆瓣等平台通过共享文档而谋取利益					
	H6-4-2 我认为个人通过开源代码编写的软件知识产权完全属于个人					
H7. 法制精神	H7-1 我认为应该严厉打击"骇客"人士行为					
	H7-2 我赞成重判"快播案件"的主要涉案人员					
	H7-3 我认为"快播只做技术平台,跟内容无关,快播技术平台无罪!"很有道理					
	H7-4 淘宝、京东等平台应该对其平台的"假货"现象承担直接责任					

续表

项目	请问,您在多大程度上同意以下关于互联网的态度和看法（单选）	非常不同意	比较不同意	一般	比较同意	非常同意
H8. 荣耀精神	H8-1 马化腾、马云、李彦宏等中国本土互联网企业家比乔布斯、比尔·盖茨、马克·扎克伯格等美国互联网企业家更能代表互联网企业家精神					
	H8-2 王健林、潘石屹等房地产企业家比马化腾、马云、李彦宏等互联网企业家更能代表中国企业家精神					
	H8-3 董明珠、梁稳根等制造业企业家比马化腾、马云、李彦宏等互联网企业家更能代表中国企业家精神					
	H8-4 中石化、晋能等能源企业家比马化腾、马云、李彦宏等互联网企业家更能代表中国企业家精神					
H9. 工程师精神	H9-1 我认为"互联网信息技术是无国界的,互联网信息技术科学家也是无国界的"					
	H9-2 我认为姚明、刘翔等体育明星比马化腾、马云、李彦宏等互联网企业家更能推动中国社会发展					
	H9-3 我认为刘德华、范冰冰等娱乐明星比马化腾、马云、李彦宏等互联网企业家更能推动中国社会发展					
	H9-4 我认为钱学森、屠呦呦、鲁迅等中国学者比马化腾、马云、李彦宏等互联网企业家更能推动中国社会发展					

J. 个人背景资料

J1. 请问,您现在生活的城市是:（）省（）市

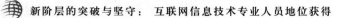

J2. 请问，以下哪一项最适合用来形容您的年收入（年收入请包括所有收入类型，包括股票、分红等）：

收入区间	请选择
5 万元以下	
5 万 ~ 9.9 万元	
10 万 ~ 14.9 万元	
15 万 ~ 19.9 万元	
20 万 ~ 24.9 万元	
25 万 ~ 29.9 万元	
30 万 ~ 34.9 万元	
35 万 ~ 39.9 万元	
40 万 ~ 44.9 万元	
45 万 ~ 49.9 万元	
50 万 ~ 54.9 万元	
55 万 ~ 59.9 万元	
60 万 ~ 64.9 万元	
65 万 ~ 69.9 万元	
70 万元及以上	

J3. 目前，您的落户是否落在您工作的城市：

是□；

否□

J4. 您是不是中共党员：

是□；

否□

户口类型	J5. 您 16 岁时候的户口属性是	J6. 您目前的户口属性是
农业户口		
非农户口		

J7. 如果是非农户口，请问户口所在地为：

户口类型	您 16 岁时候的户口属性是	您目前的户口属性是
县级城镇居民户口		
地市级城镇居民户口		
省会城镇居民户口		

J8. 以下哪个名词更合适您：

黑帽子□；

灰帽子□；

白帽子□；

红帽子□；

其他（　　　）

附录2 互联网信息技术专业人员地位获得问题的 访谈提纲

一 专业技术地位获得部分访谈内容

1. 为什么工龄越长，IT 的专业技术地位越高？

2. 为什么初职单位为体制外比体制内 IT 专业技术要高？而现职没有差异？

3. 为什么 IT 自费培训学习语言的投入越高，专业技术地位越高？

4. 为什么英语水平越高，专业技术地位越高？

6. 为什么男 IT 比女 IT 专业技术地位要高？

7. 为什么 IT 自费培训的投入越高，专业技术地位越高？

8. 为什么关系越多的 IT，专业技术水平越高？

9. 为什么关系越厉害的 IT，专业技术水平越高？

10. 为什么越倾向于较为宽松的知识产权保护观点的 IT，专业技术水平越高？

11. 为什么传统的学历教育对专业技术水平影响不大？

12. 为什么家庭背景对专业技术水平的影响不大？

12. 为什么党员身份对专业技术水平的影响不大？

13. 为什么户籍对专业技术水平影响不大？

二 职业地位获得和流动部分访谈内容

1. 为什么工龄越长，职务等级越高？

2. 为什么落户在工作地的 IT 比未落户在工作地 IT，职务等级要高？

3. 为什么本科是重点大学出来的 IT 比本科不是重点大学出来的职务等级要高？

4. 为什么重点大学出来的 IT 比本科不是重点大学的职务等级要高？

5. 为什么男 IT 比女 IT 职务等级要高？

6. 为什么 IT 自费培训的投入越高，职务等级越高？

7. 为什么跳槽多的 IT 比跳槽少的职务等级要高？

8. 为什么关系越多的 IT，职务等级越高？

9. 为什么关系越厉害的 IT，职务等级越高？

10. 为什么越倾向于"苹果、微软垄断代码是违背开放精神的行为"的 IT，职务等级越高？

11. 为什么对互联网信息技术期望越高的 IT，职务等级越高？

12. 为什么传统的学历教育对职业地位获得影响不大？

13. 为什么家庭背景对职业地位获得影响不大？

14. 为什么党员身份对职业地位获得影响不大？

三　社会经济地位获得的访谈内容

1. 为什么工龄越长，综合年收入等级越高？

2. 为什么在工作城市的等级越高，综合年收入越高？

3. 为什么体制外的 IT 比体制内的综合年收入要多？

4. 为什么单位规模越大，IT 的综合年收入越多？

5. 为什么本科是重点大学出来的 IT 比非重点大学的综合年收入要多？

6. 为什么最高学历是重点大学出来的 IT 比非重点大学的综合年收入多？

7. 为什么男 IT 比女 IT 综合年收入要多？

8. 为什么 IT 自费培训的投入越高，综合年收入越高？

9. 为什么跳槽多的 IT 比跳槽少的综合年收入要高？

10. 为什么关系越多的 IT，综合年收入越高？

11. 为什么关系越厉害的 IT，综合年收入越高？

12. 为什么对互联网信息技术期望越高的 IT，综合年收入越高？

13. 为什么越倾向于较为宽松的知识产权保护观点的 IT，综合年收入越高？

14. 为什么越倾向于"苹果、微软垄断代码是违背开放精神的行为"的 IT，年收入越高？

15. 为什么对互联网信息技术期望越高的 IT，收入越高？

16. 为什么传统的学历教育对收入获得影响不大？

17. 为什么家庭背景对收入获得影响不大？

18. 为什么党员身份对收入获得影响不大？

四　自由部分访谈

1. 您对当前互联网信息技术对中国社会尤其是社会阶层的影响如何看？

2. 您认为中国的社会阶层流动是相对开放，还是相对固化呢？

3. 互联网信息技术在您的生命中扮演的角色和功能如何？

4. 互联网信息技术对您获得现在的地位影响如何？

5. 您对互联网信息技术对世界和中国以及自身未来有何期待？

参考文献

一、中文文献

（一）著作类

［1］100offer. 年薪 20 万到 80 万的进击——高端程序员如何跳槽［M］. 杭州：浙江出版传媒集团数字传媒有限公司，2015.

［2］（美）阿尔文·托夫勒，海蒂·托夫勒. 财富的革命［M］. 吴文忠等译. 北京：中信出版社，2006.

［3］（美）阿尔文·托夫勒. 权力的转移［M］. 吴迎春，傅凌译. 北京：中信出版社，2006.

［4］（美）阿尔文·托夫勒. 未来的冲击［M］. 秦麟征等译. 贵阳：贵州人民出版社，1985.

［5］（德）阿克塞尔·霍耐特. 为承认而斗争［M］. 胡继华译. 上海：上海人民出版社，2005.

［6］（美）巴伯. 科学与社会秩序［M］. 顾昕译. 上海：三联书店，1991.

［7］（古希腊）柏拉图. 理想国［M］. 郭斌和，张竹明译. 北京：商务印书馆，1986.

［8］（美）保罗·格雷厄姆. 黑客与画家［M］. 阮一峰译. 北京：人民邮电出版社，2013.

［9］（美）彼得·德鲁克. 后资本主义社会［M］. 张星岩译. 上海：上海译文出版社，1998.

［10］（美）彼得·德鲁克. 巨变时代的管理［M］. 朱雁斌译. 北京：机械工业出版社，2009.

［11］边燕杰等. 社会网络与地位获得［M］. 北京：社会科学文献出版社，

2012.

[12]（法）布迪厄. 文化资本与炼金术［M］. 包亚民译. 上海：上海人民出版社，1997.

[13]（美）C. 赖特·米尔斯. 白领——美国的中产阶级［M］. 杨小东等译. 杭州：浙江人民出版社，1987.

[14] 蔡禾. 中国劳动力动态调查：2015 年报告［M］. 北京：社会科学文献出版社，2015.

[15]（美）查尔斯·沃尔夫. 市场或政府［M］. 谢旭译. 北京：中国发展出版社，1994.

[16] 程苓峰. 自由人：互联网实现了自由人的自由联合，这是一个天翻地覆的时代［M］. 北京：电子工业出版社，2014.

[17] 崔保国. 信息社会的理论与模式［M］. 北京：高等教育出版社，1999.

[18]（美）达尔·尼夫. 知识经济［M］. 樊春良等译. 珠海：珠海出版社，1998.

[19]（美）戴维·格伦斯基. 社会分层（第 2 版）［M］. 王俊译. 北京：华夏出版社，2005.

[20]（美）丹尼尔·贝尔. 后工业社会的来临——对社会预测的一项探索［M］. 高铦等译. 北京：新华出版社，1997.

[21] 邓伟志. 社会学辞典［M］. 上海：上海辞书出版社，2009.

[22] Easy（陈理捷）. 程序员必读的职业规划书［M］. 北京：机械工业出版社，2015.

[23]（英）弗兰克·韦伯斯特. 信息社会理论（第三版）［M］. 曹晋等译. 北京：北京大学出版社，2011.

[24]（美）弗里茨·马克卢普. 美国的知识生产与分配［M］. 孙耀君译. 北京：中国人民大学出版社，2007.

[25] 高丽华. 软件精英是这样炼成的［M］. 北京：高等教育出版社，2010.

[26] 郭良. 网络创世纪［M］. 北京：中国人民大学出版社，1998.

[27] 郝克明等. 应用学科高层次专门人才培养途径多样化研究［M］. 北京：人民教育出版社，1991.

[28]（美）赫伯特·席勒. 大众传播与美帝国［M］. 刘晓红译. 上海：译文出版社，2013.

[29]（美）赫伯特·席勒. 思想的管理者［M］. 王怡红译. 台北：远流出版

公司，1996．

[30] （法）霍尔巴赫．自然的体系 ［M］．管士滨译．北京：商务印书馆，
1977．

[31] 蒋美仕，雷良等．科学技术与社会引论 ［M］．长沙：中南大学出版社，
2005．

[32] （美）Ka Wai Cheung．卓越程序员密码 ［M］．北京：人民邮电出版社，
2012．

[33] （美）凯文·凯利．必然 ［M］．周峰，董理，金阳译．北京：电子工业
出版社，2016．

[34] （美）劳伦斯·莱斯格．代码2．0：网络空间中的法律 ［M］．李旭，沈
伟伟译．北京：清华大学出版社，2009．

[35] 雷之宇，孙颖，陈新．程序员学管理 ［M］．北京：清华大学出版社，
2008．

[36] 李春玲．中国城镇社会流动 ［M］．北京：社会科学文献出版社，1997．

[37] 李军林等．信息时代的媒介素养 ［M］．长沙：湖南人民出版社，2010．

[38] 李路路，孙志祥．透视不平等：国外社会阶层理论 ［M］．北京：社会
科学文献出版社，2002．

[39] 李强，刘强等．互联网与转型中国 ［M］．北京：社会科学文献出版社，
2014．

[40] 李强．中国城市中的二元劳动力市场与底层精英问题 ［M］．厦门：鹭
江出版社，2000．

[41] （美）理查德·迈克斯韦尔．信息资本主义时代的批判宣言：赫伯特·
席勒思想评传 ［M］．张志华译．上海：华东师范大学出版社，2015．

[42] （美）林南．社会资本：关于社会结构与行动的理论 ［M］．张磊译．上
海：上海人民出版社，2005．

[43] 刘大椿，何立松等．现代科技导论（第2版） ［M］．北京：中国人民大
学出版社，2009．

[44] 刘大椿．科学技术哲学导论（第2版）） ［M］．北京：中国人民大学出
版社，2005．

[45] 刘晓红．纪念还是继承？：重读赫伯特·席勒 ［M］．上海：上海交通大
学出版社，2014．

[46] 陆学艺．当代中国社会结构 ［M］．北京：社会科学文献出版社，2010．

[47]（美）罗伯特·K. 默顿. 社会理论和社会结构 [M]. 唐少杰等译. 南京：译林出版社, 2006.

[48] 罗国杰. 中国伦理学百科全书 [M]. 长春：吉林人民出版社, 1993.

[49]（德）马克思, 恩格斯. 马克思恩格斯全集 [M]. 北京：人民出版社, 1956.

[50]（美）曼纽尔·卡斯特. 网络社会：跨文化的视角 [M]. 周凯译. 北京：社会科学文献出版社, 2009.

[51]（美）曼纽尔·卡斯特. 网络社会的崛起 [M]. 夏铸九, 王志弘等译. 北京：社会科学文献出版社, 2001.

[52]（美）曼纽尔·卡斯特. 网络星河 [M]. 郑波, 武炜译. 北京：社会科学文献出版社, 2007.

[53]（白俄）莫罗佐夫. 技术至死：数字化生存的阴暗面 [M]. 张行舟, 闾佳译. 北京：电子工业出版社, 2014.

[54] 莫雨. 一个程序员的奋斗史 [M]. 北京：人民邮电出版社, 2013.

[55] N216, 张磊, 吉阳. 程序员成长路线图：从入门到优秀 [M]. 北京：机械工业出版社, 2011.

[56]（美）尼古拉斯·克里斯塔基斯, 詹姆斯·富勒. 大连接 [M]. 简学译. 北京：中国人民大学出版社, 2013.

[57]（美）欧文·拉兹洛. 人类的内在限度：对当今价值、文化和政治的异端的反思 [M]. 黄觉等译. 北京：社会科学文献出版社, 2004.

[58]（美）乔尔·波多尼. 地位的信号 [M]. 张翔, 艾云等译. 上海：上海人民出版社、格致出版社, 2011.

[59]（美）乔纳森·科尔, 斯蒂芬·科尔. 科学界的社会分层 [M]. 赵佳苓等译. 北京：华夏出版社, 1989.

[60] 秦麟征. 后工业社会理论和信息社会 [M]. 沈阳：辽宁人民出版社, 1986.

[61] 邱林川. 信息时代的世界工厂：新工人阶级的网络社会 [M]. 桂林：广西师范大学出版社, 2013.

[62]（法）让·鲍德里亚. 物体系 [M]. 林志明译. 上海：上海人民出版社, 2001.

[63] 史东承, 梁超. 信息与通信技术学科概论 [M]. 北京：清华大学出版社, 2011.

[64] 孙伟平. 价值哲学方法论 ［M］. 北京：中国社会科学出版社，2008.

[65] 孙伟平. 信息时代的社会历史观 ［M］. 南京：江苏人民出版社，2010.

[66] （法）托马斯·皮凯蒂. 21 世纪资本论 ［M］. 巴曙松，陈剑，余江等译. 北京：中信出版社，2014.

[67] （加）文森特·莫斯可，凯瑟琳·麦克切尔. 信息社会的知识劳工 ［M］. 曹晋等译. 上海：上海译文出版社，2014.

[68] （加）文森特·莫斯可. 数字化崇拜：迷思、权力与赛博空间 ［M］. 黄典林译. 北京：北京大学出版社，2010.

[69] 谢文. 为什么中国没出 FACEBOOK ［M］. 南京：凤凰出版社，2011.

[70] 谢宇. 中国民生发展报告 2014 ［M］. 北京：北京大学出版社，2014.

[71] 阎毅. 信息科学技术概论 ［M］. 武汉：华中科技大学出版社，2008.

[72] 杨培芳. 网络钟型社会：公共理性经济革命 ［M］. 北京：商务印书馆，2011.

[73] 余晨. 看见未来：改变互联网世界的人们 ［M］. 杭州：浙江大学出版社，2015.

[74] 余源培等. 哲学辞典 ［M］ 上海：上海辞书出版社，2009.

[75] （美）约翰·J. 麦休尼斯. 社会学（第 14 版）［M］. 风笑天等译. 北京：中国人民大学出版社，2015.

[76] （美）约翰·奈斯比特. 2000 年大趋势 ［M］. 北京：天下文化出版股份有限公司，1990.

[77] （美）约翰·奈斯比特. 大趋势——改变我们生活的十个新趋向 ［M］. 孙道章等译. 北京：新华出版社，1984.

[78] （美）约翰·奈斯比特. 亚洲大趋势 ［M］. 蔚文译. 北京：外文出版社，1996.

[79] （美）詹姆斯·柯兰等. 互联网的误读 ［M］. 何道宽译. 北京：中国人民大学出版社，2014.

[80] 张岱年. 文化与价值 ［M］. 北京：新华出版社，2004.

[81] 张浩. 互联网之美 ［M］. 北京：清华大学出版社，2013.

[82] （新加坡）郑永年. 技术赋权 ［M］. 邱道隆译. 北京：东方出版社，2014.

[83] 致远协同研究院. 互联网＋工作的革命 ［M］. 北京：机械工业出版社，2015.

[84] 中共中央马克思恩格斯列宁斯大林著作编译局. 马克思恩格斯选集 [M]. 北京: 人民出版社, 1995.

[85] 宗本, 张苗生. 信息工程概论 [M]. 北京: 科学出版社, 2011.

（二） 期刊类

[86] 边燕杰, 李路路, 李煜等. 结构壁垒、体制转型与地位资源含量 [J]. 中国社会科学, 2006 (5).

[87] 边燕杰, 张文宏. 经济体制、社会网络与职业流动 [J]. 中国社会科学, 2001 (2).

[88] 卞秉彬. 35 岁, 程序员的死亡年龄 [J]. 软件工程师, 2007 (1).

[89] 蔡昉, 都阳, 王美艳. 户籍制度与劳动力市场保护 [J]. 经济研究, 2001 (12).

[90] 常政. 2011 程序员薪资调查报告 [J]. 程序员, 2011 (4).

[91] 陈凡, 程海东. 科学技术哲学在中国的发展状况及趋势 [J]. 中国人民大学学报, 2014 (1).

[92] 陈共德. 政治经济学的说服——美国传播学者赫伯特·席勒的媒介批评观 [J]. 新闻与传播研究, 2000 (2).

[93] 陈丽萍, 刘森林. 人力资本视角下英语水平对大学生就业的影响 [J]. 青年研究, 2015 (5).

[94] 陈琳, 葛劲峰. 不同所有制部门的代际收入流动性研究——基于劳动力市场分割的视角 [J]. 当代财经, 2015 (2).

[95] 陈尚义. 软件工程师的十个"不职业"行为 [J]. 程序员, 2009 (10).

[96] 陈世华. 媒介帝国主义和思想管理: 重读赫伯特·席勒 [J]. 国际新闻界, 2013 (2).

[97] 陈万球, 欧阳雪倩. 习近平网络治理思想的理论特色 [J]. 长沙理工大学学报 (社会科学版), 2016 (2).

[98] 陈晓鹏. 雷军和他的程序员 [J]. 软件工程师, 2001 (8).

[99] 陈心想. 找到"弱关系"的力量——社会网络结构和职业机遇 [J]. 书屋, 2012 (12).

[100] 陈旭峰. 职业技能培训对农民阶层地位获得影响的实证研究 [J]. 陕西行政学院学报, 2014 (1).

[101] 成晓旭. 正确地做事与做正确的事同样重要: 一位软件工程师的 6 年总结 [J]. 今日电子, 2008 (2).

[102] 橙子. 程序员六大职业素养 [J]. 程序员，2007 (11).

[103] 崔峻峰. 也谈 IT 人的"薪"情 [J]. 软件工程师，2008 (1).

[104] 戴世富，韩晓丹. 移动互联网时代纸媒转型策略 [J]. 中国出版. 2015 (1).

[105] 邓建伟：论地位获得研究 [J]. 宁夏党校学报，2001 (6).

[106] 丁乙乙，任彩玲. 过劳死梦魇笼罩下的 IT 精英 [J]. IT 时代周刊，2006 (8).

[107] 方长春，风笑天. 阶层差异与教育获得——一项关于教育分流的实证研究 [J]. 清华大学教育研究，2005 (5).

[108] 冯平. 面向中国问题的哲学 [J]. 中国社会科学，2006 (6).

[109] 郭贵春，成素梅. 也论科学哲学研究的方向——兼与吴彤教授商榷 [J]. 哲学动态，2003 (12).

[110] 郭娟. 女程序员的 20，30 和 40 [J]. 中国信息化，2008 (7).

[111] 海子. 人才缺口巨大职业前景广阔——软件测试工程师成 IT 就业新热点 [J]. 网络与信息，2005 (4).

[112] 韩磊. 不安分的 2004 与震荡的 2005～2004 中国程序员大调查 [J]. 程序员，2005 (1).

[113] 何雁. 工程师·父亲·慈善家——记微软董事长兼首席软件设计师比尔·盖茨 [J]. 企业文化，2003 (5).

[114] 何志永. 程序员考证融入课程教学的实施与探索 [J]. 价值工程，2012 (36).

[115] 胡启恒. 互联网精神 [J]. 科学与社会，2013 (4).

[116] 胡荣，叶丽玉. 主观社会经济地位与城市居民的阶层认同 [J]. 黑龙江社会科学，2014 (5).

[117] 胡孝德. 中小型 IT 企业员工流失问题的实证研究 [J]. 互联网天地，2015 (2).

[118] 华驰，廖海，朱建成. IT 工程师成长历程中的关键阶段研究 [J]. 武汉职业技术学院学报，2015 (1).

[119] 黄洁华，伊丽思·阿蒂约. 我国 IT 行业女经理职业脚本研究 [J]. 华南师范大学学报（社会科学版），2005 (1).

[120] 江波. 零成本激励——从人力资源视角激励 IT 工程师 [J]. 对外经贸，2004 (1).

[121] 姜万昌. 省属重点高校卓越工程师计划软件工程实践探讨 [J]. 黑龙江科技信息, 2012 (28).

[122] 蒋文保, 范勇. 评析网络黑客现象 [J]. 自然辩证法通讯, 2001 (1).

[123] 晋利珍. 改革开放以来中国劳动力市场分割的制度变迁研究 [J]. 经济与管理研究, 2008 (8).

[124] 景杰. 高等教育: 构建和谐社会的重要工具——兼论社会流动中高等教育的功能限制 [J]. 江苏高教, 2005 (6).

[125] 军规二十二. 手游程序员跳槽引爆天价索赔案 [J]. 法律与生活, 2015 (13).

[126] 康晓强, 陈小强, 李海荣. 冲破阶层固化和利益固化的藩篱, 为全面深化改革扫清障碍——"中国社会发展问题高端论坛·2014"综述 [J]. 科学社会主义, 2014 (4).

[127] 雷建丽. 程序员的职业转型 [J]. 中小企业管理与科技 (上旬刊), 2009 (1).

[128] 李春玲, 李实. 市场竞争还是性别歧视——收入性别差异扩大趋势及其原因解释 [J]. 社会学研究, 2008 (2).

[129] 李春玲. 教育地位获得的性别差异——家庭背景对男性和女性教育地位获得的影响 [J]. 妇女研究论丛, 2009 (1).

[130] 李春玲. 文化水平如何影响人们的经济收入——对目前教育的经济收益率的考察 [J]. 社会学研究. 2003 (3).

[131] 李殿仁. 现代社会的"神经系统"——高新通信技术一瞥 [J]. 求是, 1994 (19).

[132] 李骏, 顾燕峰. 中国城市劳动力市场中的户籍分层 [J]. 社会学研究, 2011 (2).

[133] 李伦. 自由软件运动与科学伦理精神 [J]. 上海师范大学学报 (哲学社会科学版), 2005 (6).

[134] 李伦. 作为互联网精神的自由、开放和共享——兼谈技术文化价值的生成 [J]. 湖南文理学院学报 (社会科学版), 2006 (3).

[135] 李明斌, 孙莉霞. 论新社会阶层是中国共产党重要的执政资源 [J]. 中州学刊, 2009 (4).

[136] 李铭. 非程序员也能成高手 [J]. 电脑编程技巧与维护, 2005 (10).

[137] 李强, 刘强, 陈宇琳. 互联网对社会的影响及其建设思路 [J]. 北京

社会科学，2013（1）.

[138] 李强. 中国亟待开放农民工步入社会中间阶层的通道 [J]. 党政干部参考，2011（2）.

[139] 李劼. 程序员个性品格的模糊评价模型 [J]. 现代商贸工业，2008（3）.

[140] 李实，丁赛. 中国城镇教育收益率的长期变动趋势 [J]. 中国社会科学，2003（6）.

[141] 李士坤. 论哲学的批判精神 [J]. 理论探讨，2014（4）.

[142] 李志. 独生子女与非独生子女大学生职业价值观的比较研究 [J]. 青年研究，1997（3）.

[143] 廖明月. 浅析组织对程序员工作压力的应对策略 [J]. 东方企业文化，2012（6）.

[144] 林南，敖丹. 社会资本之长臂：日常交流获取工作信息对地位获得的影响 [J]. 西安交通大学学报（社会科学版），2010（6）.

[145] 林南，俞弘强. 社会网络与地位获得 [J]. 马克思主义与现实，2003（2）.

[146] 刘大椿. 互联网与现代性的哲学——虚拟技术的现代性问题 [J]. 自然辩证法研究，2004（12）.

[147] 刘大椿. 科技伦理：在真与善之间 [J]. 伦理学研究，2002（2）.

[148] 刘精明. 市场化与国家规制——转型期城镇劳动力市场中的收入分配 [J]. 中国社会科学. 2006（5）.

[149] 刘利，马慧琼. 信息化对女性就业问题的影响——基于我国女性 IT 人才就业现状的研究 [J]. 就业与保障，2015（Z1）.

[150] 刘龙静. 2006 年程序员更"薪福"了吗？——中国软件开发者薪资调查报告（摘选）[J]. 程序员，2007（10）.

[151] 刘龙静. 回顾过去，展望"钱"景——2007 年软件开发者薪资调查报告 [J]. 程序员，2008（2）.

[152] 刘如鸿. 从性格看技术人员的软技能 [J]. 程序员，2011（1）.

[153] 刘胜艳. 使用 PSP 对软件工程师的素质影响浅析 [J]. 湖北经济学院学报（人文社会科学版），2012（4）.

[154] 刘曙光. 劳伦斯·莱斯格：代码：塑造网络空间的法律 [J]. 网络法律评论，2007（1）.

［155］刘万霞. 职业教育对农民工就业的影响——基于对全国农民工调查的实证分析［J］. 管理世界，2013（5）.

［156］刘小娟，邓春平，王国锋等. 基于角色重载与知识获取的IT员工跨边界活动对工作满意度的影响［J］. 管理学报，2015（9）.

［157］刘昕. 华为的发展历程及其薪酬战略［J］. 中国人力资源开发，2014（10）.

［158］刘一骝. 传感器如同人的感觉器官［J］. 软件，2008（7）.

［159］刘艺. 程序员如何掌握计算机英语［J］. 程序员，2002（2）.

［160］刘玉. Framework与程序员教育［J］. 河北职业技术学院学报，2005（4）.

［161］卢苇，李红梅，张红延. 精英型软件工程师人才培养模式的探索与实践［J］. 中国大学教学，2010（2）.

［162］陆方文. 职业性别歧视：原因和对策——谈女大学生、女研究生为何找工作难［J］. 妇女研究论丛，2000（4）.

［163］陆伟，孟大虎. 教育分流制度的国际比较［J］. 清华大学教育研究，2014（6）.

［164］陆益龙. 户口还起作用吗——户籍制度与社会分层和流动［J］. 中国社会科学 2008（1）.

［165］陆云航，刘文忻. 民营制造业中的企业规模—工资效应［J］. 经济理论与经济管理，2010（6）.

［166］（美）马克·格兰诺维特. 弱关系的力量［J］. 国外社会学，1999（4）.

［167］孟岩. 创新源于兴趣——Andy Rubin独家专访［J］. 程序员，2008（1）.

［168］孟迎霞，霍泰稳. 软件人，今年薪资知多少——中国程序员2004年薪资调查报告与现状报道［J］. 程序员，2004（12）.

［169］聂盛. 我国经济转型期间的劳动力市场分割：从所有制分割到行业分割［J］. 当代经济科学，2004（6）.

［170］潘正磊. 铿锵攻瑰更从容——女程序员自我成就三步曲［J］. 程序员，2011（3）.

［171］彭玉泉. IT人才培养过程中的学历与职业教育相互结合［J］. 中国科教创新导刊，2007（10）.

［172］邵雨舟. 程序设计人员应具备的基本素质［J］. 北京市经济管理干部学院学报，2004（1）.

［173］施文祥. 性格决定成败——软件开发人员如何成长［J］. 程序员，2009（6）.

［174］十字舵. 软件工程师：IT 行业里的"大众情人"［J］. 中国大学生就业，2009（5）.

［175］数读：城市平均工资调查 IT 从业者北京收入最高［J］. 人力资源管理，2015（4）.

［176］苏日娜，范剑波，于华. "卓越软件工程师"人才培养模式探索［J］. 中国国情国力，2010（12）.

［177］孙远太. 城市居民社会地位对其获得感的影响分析——基于 6 省市的调查［J］. 调研世界，2015（9）.

［178］谭强. 压死骆驼的最后一根稻草，在我们手中［J］. 程序员，2014（9）.

［179］唐月伟. 漫漫 IT 培训路，几多"功成"程序员［J］. 成才与就业，2002（10）.

［180］王甫勤. 人力资本、劳动力市场分割与收入分配［J］. 社会，2010（1）.

［181］王怀超. 突破利益固化的藩篱为深化改革扫清障碍——在"中国社会发展问题高端论坛·2014"上的致词［J］. 科学社会主义，2014（4）.

［182］王庆岭，宋贤钧. 培育软件工程师——ACCP 教育产品分析［J］. 兰州石化职业技术学院学报，2002（2）.

［183］王威海，顾源. 中国城乡居民的中学教育分流与职业地位获得［J］. 社会学研究，2012（4）.

［184］王永翔. 从"程序员"到"行业专家"［J］. 程序员，2008（3）.

［185］王宇翔. 血性与狼性——产品经理与团队的塑造［J］. 程序员，2008（8）.

［186］王志田. 科学界的社会分层效应［J］. 科学技术哲学研究，1991（2）.

［187］魏兵. 2012 年软件开发者薪资调查报告［J］. 程序员，2013（2）.

［188］魏兵. 2013 年中国软件开发者薪资调查报告［J］. 程序员，2014（3）.

［189］魏兵. 2014 年中国软件开发者调查报告［J］. 程序员，2014（7）.

［190］巫强. 大学毕业生起薪决定因素研究——来自某工业园区 IT 企业薪酬

调查的证据 [J]. 高等财经教育研究, 2010 (2).

[191] 吴超英, 程超. 用 PSP 塑造合格的软件工程师 [J]. 计算机教育, 2007 (22).

[192] 吴莲贵, 易瑜. 基于岗位需求的高职软件技术专业模块化课程体系的构建与实践 [J]. 职教与经济研究, 2012 (1).

[193] 吴庆才. 中关村 17 万 IT 人年龄低、学历高 [J]. 党建文汇: 下半月版, 2002 (13).

[194] 吴彤. 论科学哲学研究的方向 [J]. 哲学动态, 2004 (6).

[195] 吴晓刚. 中国的户籍制度与代际职业流动 [J]. 社会学研究, 2007 (6).

[196] 吴曜圻. 软件工程师的十种社会属性 (上) [J]. 软件工程师, 2006 (6).

[197] 吴愈晓, 吴晓刚. 1982～2000: 我国非农职业的性别隔离研究 [J]. 社会, 2008 (5).

[198] 吴愈晓, 吴晓刚. 城镇的职业性别隔离与收入分层 [J]. 社会学研究, 2009 (4).

[199] 吴愈晓. 教育分流体制与中国的教育分层 (1978～2008) [J]. 社会学研究, 2013 (4).

[200] 吴愈晓. 社会关系、初职获得方式与职业流动 [J]. 社会学研究, 2011 (5).

[201] 习近平. 改革是由问题倒逼而产生 [J]. 党政论坛 (干部文摘), 2013 (12).

[202] 肖峰, 张坤晶. 信息革命与社会主义新形态 [J]. 当代世界与社会主义, 2014 (2).

[203] 肖骏, 刘玉青, 黄霞. 基于内容分析法的 IT 驻点外包员工离职因素研究 [J]. 管理学报, 2015 (10).

[204] 邢文珊. 程序员的职业困惑与职业发展方向 [J]. 职业时空, 2005 (18).

[205] 行舟. 程序员之路 [J]. 程序员, 2008 (3).

[206] 许晓辉. "金山" 程序员团队的四大修为 [J]. 全国新书目, 2008 (10).

[207] 杨继绳, 张弘. 正在固化的社会阶层 [J]. 社会科学论坛, 2011

（12）.

[208] 杨培芳. 网络经济的六个基本定律 [J]. 中国信息界，2012（6）.

[209] 杨学太. 互联网＋的O2O产品设计模式发展趋势 [J]. 华侨大学学报（哲学社会科学版）. 2015（4）.

[210] 杨中华，汪勇. 程序员技能需求：基于内容分析法的分析 [J]. 现代情报，2007（8）.

[211] 叶安胜，周晓清. 软件工程专业卓越工程师计划人才培养探索 [J]. 福建电脑，2012（12）.

[212] 佚名. 程序员的七种武器 [J]. 程序员，2007（2）.

[213] 阴成林. 浅析IT从业人员工作倦怠 [J]. 软件工程师，2011（5）.

[214] 殷登祥. 论STS及其历史发展（上）[J]. 哲学动态，1994（9）.

[215] 尹华山. 程序员学习能力提升三要素 [J]. 程序员，2013（2）.

[216] 余红，刘欣. 单位与代际地位流动：单位制在衰落吗？[J]. 社会学研究，2004（6）.

[217] 余红，刘欣. 地位取得研究及其发展 [J]. 华中理工大学学报（社会科学版），2000（3）.

[218] 詹得雄. 从思想和行动上应对"颜色革命" [J]. 红旗文稿，2016（5）.

[219] 张盖伦，陈澍祎. 孟兵：卖的是肉夹馍，玩的是互联网 [J]. 大学生，2014（11）.

[220] 张浩斌. 经济学视角下程序员的知识结构研究 [J]. 经济师，2015（1）.

[221] 张红，孟宪青，齐晓峰. "软件工程师职业道德与责任"课程教学实践 [J]. 计算机教育，2012（10）.

[222] 张宏岩. 我国软件外包产业对外语技能需求的现状分析 [J]. 计算机教育，2009（9）.

[223] 张全景. 文化霸权与颜色革命 [J]. 思想政治工作研究，2015（11）.

[224] 张顺，郭小弦. 求职过程的微观分析：结构特征模型 [J]. 社会，2012（3）.

[225] 张文宏，刘琳. 职业流动的性别差异研究———一种社会网络的分析视角 [J]. 社会学研究，2013（5）.

[226] 张襄誉. 结构分割与求职行为———对上海市失业人员的实证研究 [J].

社会，2005（3）.

[227] 张英奎，李洋. IT 行业程序员主动离职影响因素分析［J］. 江苏商论，
2013（30）.

[228] 张展新. 劳动力市场的产业分割与劳动人口流动［J］. 中国人口科学，
2004（2）.

[229] 赵靖. 程序员转行应谨慎［J］. 软件工程师，2008（9）.

[230] 赵子祥，曹晓峰，王策. 西方社会阶层与社会流动理论研究述评［J］.
中国社会科学，1988（6）.

[231] 郑洁，阎力. 职业价值观研究综述［J］. 中国人力资源开发，2005
（11）.

[232] 郑路. 改革的阶段性效应与跨体制职业流动［J］. 社会学研究，1999
（6）.

[233] 职业软件测试工程师国际认证势在必行——本刊专访 Cert—IT（策越）
总裁 Thomas Michel 先生［J］. 软件产业与工程，2012（4）.

[234] 钟明. 程序员中的"钢铁侠"［J］. 程序员，2008（7）.

[235] 周小兵. 必须高度警惕和防范"颜色革命"［J］. 红旗文稿，2016
（4）.

[236] 左美云，路斌. 解析程序员老化［J］. 程序员，2003（12）.

[237] 左美云，倪新. 程序员跳槽的分析及对策［J］. 程序员，2003（11）.

[238] 左轻侯. 如何成为一名优秀的程序员［J］. 程序员，2006（3）.

（三）学术与学位论文类

[239] 曹中. 基于小波神经网络的传感器校正和补偿的研究与实现［D］. 南
京航空航天大学，2006.

[240] 陈昌曙. 保持技术哲学研究的生命力［C］//中国自然辩证法研究会第
五次全国代表大会文件，2001.

[241] 程毓. IT 企业知识员工满意度与离职倾向的关系研究［D］. 南京师范
大学，2010.

[242] 郭希贤. 个体性因素与体制内职业获得、流动——基于全国综合社会
调查 2008 年数据的分析［D］. 华中科技大学，2013.

[243] 黄静琳. IT 外企核心员工流失研究［D］. 云南财经大学，2015.

[244] 李旻，周虹，施雯. 农村地区影响父母对子女教育投资的因素分析
——以河北承德农村地区为例［C］//中国数量经济学会 2006 年会论

文集，2006.

[245] 李霓. "80 后" IT 业知识型员工个性倾向、职业锚类型与职业生涯关系研究 ［D］. 吉林大学，2007.

[246] 廖明月. 工作压力对 IT 企业职业初期程序员工作倦怠影响研究 ［D］. 中南大学，2012.

[247] 刘强. 地位争得：流动人口的地位获得研究 ［D］. 清华大学，2014.

[248] 刘羽. 我国软件工程师工作倦怠的影响因素研究 ［D］. 东北大学，2009.

[249] 吕学璋. 成都市 IT 企业员工工作压力、工作倦怠与离职意愿关系研究 ［D］. 西南财经大学，2011.

[250] 马娜超. IT 企业员工心理契约违背、工作倦怠与工作幸福感的关系研究 ［D］. 河北经贸大学，2015.

[251] 钱逊. 各得其所，各安其位——定位致和之道 ［C］//国学论衡第一辑——甘肃中国传统文化研究会学术论文集，1998.

[252] 任娟娟. 工程师群体的地位获得问题研究 ［D］. 南开大学，2013.

[253] 宋华忠. 新社会阶层的兴起与中国共产党领导权实现路径 ［D］. 中国社会科学院，2013.

[254] 王翔. 美国人力资本投资战略及其对我国的启示 ［D］. 吉林大学，2004.

[255] 王晔. IT 工程师组织承诺与自我效能感、组织支持感的关系研究 ［D］. 南京师范大学，2013.

[256] 王运阳. 中国共产党的新社会阶层理论及其路径选择 ［D］. 武汉理工大学，2008.

[257] 王忠军. 企业员工社会资本与职业生涯成功的关系研究 ［D］. 华中师范大学，2006.

[258] 杨燕. IT 行业软件工程师的工作场所学习研究 ［D］. 华东师范大学，2007.

[259] 杨志洪. IT 工程师工作生活质量调查研究及其对离职意愿的影响分析 ［D］. 上海外国语大学，2013.

[260] 张弢. 深圳 IT 企业离职现状调查及对策分析 ［D］. 华中师范大学，2012.

[261] 张艳超. IT 企业技术型员工个人——组织价值观契合对组织承诺的影

响研究 ［D］. 内蒙古财经大学，2015.

［262］赵明. IT 企业员工目标定向、工作投入、延迟满足的关系研究 ［D］. 曲阜师范大学，2015.

［263］郑杨硕. 信息交互设计方式的历史演进研究 ［D］. 武汉理工大学，2013.

［264］朱春蕊. 北京 IT 企业员工离职影响因素及对策研究 ［D］. 华北理工大学，2015.

［265］宗昊. 社会分层对高等教育公平影响的实证研究 ［D］. 山西师范大学，2015.

（四）报纸和研究报告类

［266］北京大学企业研究中心. 软件工程师在流失 ［N］. 中国经济时报，2000 - 08 - 15.

［267］杜冰. 中国家庭收入基尼系数达 0. 61 ［N］. 金融时报，2012 - 12 - 10.

［268］范晓光. 威斯康辛学派挑战"布劳 - 邓肯"的地位获得模型 ［N］. 中国社会科学报，2011 - 05 - 03.

［269］工业和信息化部信息化和软件服务业司. 支撑制造强国和网络强国建设开启信息化和软件服务业新征程 ［N］. 中国电子报，2015 - 12 - 24.

［270］顾舟峰. 欧盟启动"数字就业"计划 ［N］. 人民邮电，2013 - 03 - 20.

［271］黄锴. 程序员的加薪指数 ［N］. 21 世纪经济报道，2012 - 01 - 13.

［272］陆峰. 诺基亚帝国衰落给 IT 产业发展的启示 ［N］. 中国电子报，2012 - 10 - 16.

［273］宋冰. 美国"程序员世界"无门槛 ［N］. 第一财经日报，2014 - 08 - 07.

［274］仪芳媛. 软件测试工程师缘何有价无市 ［N］. 科技日报，2006 - 03 - 20.

［275］中国互联网络信息中心. 第 36 次中国互联网络发展状况统计报告 ［R］. 北京：中国互联网络信息中心，2015 - 07 - 23.

二、英文文献

（一）著作类

［276］Bauder H. Labor Movement: How Migration Regulates Labor Markets ［M］. Oxford University Press, 2006.

［277］Becker G S. Human Capital: A Theoretical and Empirical Analysis, with

Special Reference to Education ［M］. University of Chicago Press，2009.

［278］ Bian Y. Work and Inequality in Urban China ［M］. State University of New York Press，1994.

［279］ Bourdieu P. Distinction：A social Critique of the Judgement of Taste ［M］. Harvard University Press，1984.

［280］ Burt，Ronald. Structural Holes：The Social Structure of Competition ［M］. Cambridge：Harvard University Press，1992.

［281］ Das G. India Unbound：The Social and Economic Revolution from Independence to the Global Information Age ［M］. New York：Anchor Books，2002.

［282］ Entwisle B，Henderson G. Re－drawing Boundaries：Work，Households，and Gender in China ［M］. University of California Press，2000.

［283］ Ericsson K A，Charness N，Feltovich P J，Hoffman R R. The Cambridge Handbook of Expertise and Expert Performance ［M］. Cambridge University Press，2006.

［284］ Freeman L. The Development of Social Network Analysis ［M］. Vancouver：Empirical Press，2006.

［285］ Laslett，Peter. A Fresh Map of Life：The Emergence of the Third Age ［M］. London：Weidenfeld and Nicolson，1989.

［286］ Lin N. Social Resources and Social Mobility：A Structural Theory of Status Attainment. in Social Mobility and Social Structure ［M］. New York：Cambridge University Press，1990.

［287］ Norris P. Digital Divide：Civic Engagement，Information Poverty，and the Internet Worldwide ［M］. Cambridge University Press，2001.

［288］ Schultz T W. The Economic Value of Education ［M］. New York：Columbia University Press，1963.

［289］ Servon L J. Bridging the Digital Divide：Technology，Community and Public Policy ［M］. Blackwell Publishers，Inc. 2002.

［290］ Spence A M. Market Signaling：Informational Transfer in Hiring and Related Screening Processes ［M］. Harvard University Press，1974.

［291］ Whyte M K，Parish W L. Urban Life in Contemporary China ［M］. University of Chicago Press，1985.

［292］ Yao W. A Study on the Difference of IT Skill Between Retrained Professionals and Recent Graduates ［M］//Advances in Information Technology and Education. Springer Berlin Heidelberg, 2011.

（二）学术与学位论文类

［293］ Boatright C M. A Quantitative Examination of the Effect of Work Design on Turnover Intention of Information Technology Professionals ［D］. Capella University, 2014.

［294］ Claggett G P. The Perception of Women Contending for First Place in the Information Technology World: A Qualitative Case Study ［D］. Capella University, 2016.

［295］ Clark E A. Women as Chief Information Officers in Higher Education: A Mixed Methods Study of Women Executive Role Attainment in Information Technology Organizations ［D］. Boston College, 2013.

［296］ Gallivan M, Truex Iii D P, Kvasny L. An Analysis of the Changing Demand Patterns for Information Technology Professionals ［C］// ACM SIGCPR Conference on Computer Personnel Research. ACM, 2002: 1 – 13.

［297］ Granovetter M S. Changing Jobs: Channels of Mobility Information in a Suburban Community ［D］. Harvard University. 1970.

［298］ Kowal J, Roztocki N. Gender and Job Satisfaction of Information Technology Professionals in Poland ［C］// Hawaii International Conference on System Sciences Conference. 2016: 3625 – 3634.

［299］ Lee P C B. Career Strategies, Job Plateau, Career Plateau, and Job Satisfaction Among Information Technology Professionals ［C］// ACM SIGCPR Conference on Computer Personnel Research. ACM, 1999: 125 – 127.

［300］ Lee P C B. The Social Context of Turnover Among Information Technology Professionals ［C］//Proceedings of the 2002 ACM SIGCPR Conference on Computer Personnel Research. ACM, 2002: 145 – 153.

［301］ Lee P. Changes in Skill Requirements of Information Systems Professionals in Singapore ［C］// Proceedings of the 35th Annual Hawaii International Conference on System Sciences（HICSS'02） – Volume 8. IEEE Computer Society, 2002: 264 – 264.

［302］ Lin N. Social Resources and Instrumental Action, In Social Structure and Network Analysis ［C］. Beverly Hills, CA: Sage, 1982: 131 – 145.

［303］ Mofulatsi, Carol. IT Professional Premature Turnover in IT Transformation Programs: Telecommunication Industry ［D］. University of Pretoria, 2016.

［304］ Mohammed, Rammah Ghanim. The Role of Social Media in Empowering the Involvement of Women in Information Technology Workforce in Iraq ［D］. Universiti Utara Malaysia, 2016.

［305］ Tan M, Igbaria M. Exploring the Status of the Turnover and Salary of Information Technology Professionals in Singapore ［C］. Conference on Computer Personnel Research. ACM, 1993: 336 – 348.

［306］ Watanabe S. Job – searching: A Comparative Study of Male Employment Relations in the United States and Japan ［D］. Los Angeles: University of California , 1987.

（三）期刊类

［307］ Albin M, Otto R W. The CIS Curriculum: What Employers Want from CIS and General Business Majors ［J］. Journal of Computer Information Systems, 1987, 27 （4）: 15 – 19.

［308］ Ang S, Slaughter S. Turnover of Information Technology professionals: The Effects of Internal Labor Market Strategies ［J］. Acm Sigmis Database, 2004, 35 （3）: 11 – 27.

［309］ Barnes, John. Class and Committees in a Norwegian Island Parish ［J］. Human Relations, 1954, （7）: 39 – 58.

［310］ Bassellier G, Benbasat I. Business Competence of Information Technology Professionals: Conceptual Development and Influence on IT – Business Partnerships ［J］. Mis Quarterly, 2004, 28 （4）: 673 – 694.

［311］ Beasley R E. Telework and Gender: Implications for the Management of Information Technology Professionals ［J］. Industrial Management & Data Systems, 2001, 101 （8 – 9）: 477 – 482.

［312］ Bellakhal R, Mahjoub M B. Estimating the Effect of Vocational Training Programs on Employment and Wage: The Case of Tunisia ［J］. Economics Bulletin, 2015, 35 （3）.

［313］ Blanton J E, Schambach T, Trimmer K J. Factors Affecting Professional

Competence of Information Technology Professionals [J]. Acm Sigcpr Computer Personnel, 1998, 19 (3): 4 – 19.

[314] Bowlby R L, Schriver W R. Non – Wage Benefits of Vocational Training: Employability and Mobility [J]. Industrial & Labor Relations Review, 1970, 23 (4): 22.

[315] Fuller C J, Narasimhan H. Information Technology Professionals and the New – rich Middle Class in Chennai (Madras) [J]. Modern Asian Studies, 2007, 41 (1): 121 – 150.

[316] Cain, Glen G. The Challenge of Segmented Labor Market Theories to Orthodox Theory: A Survey [J]. Journal of Economic Literature, 1976, 14 (4): 1215 – 1257.

[317] Chakrabarti S, Guha S. Differentials in Information Technology Professional Category and Turnover Propensity: A Study [J]. Global Business Review, 2016, 17 (3).

[318] Chen Y H, Lin T P, Yen D C. How to Facilitate Inter – organizational Knowledge Sharing: The Impact of Trust [J]. Information & Management, 2014, 51 (5): 568 – 578.

[319] Davis J A. Status Symbols and the Measurement of Status Perception [J]. Sociometry, 1956, 19 (3): 154 – 165.

[320] Donnithorne A. China's Cellular Economy: Some Economic Trends Since the Cultural Revolution [J]. China Quarterly, 1972, 52 (52): 605 – 619.

[321] Dyer J H, Nobeoka K. Creating and Managing a High – performance Knowledge – sharing Network: The Toyota Case [J]. Strategic Management Journal, 2000, 21 (3): 345 – 367.

[322] Eckhardt A, Laumer S, Maier C, et al. The Effect of Personality on IT Personnel's Job – related Attitudes: Establishing a Dispositional Model of Turnover Intention Across IT Job Types [J]. Journal of Information Technology, 2016, 31 (1): 48 – 66.

[323] Eve R A. "Adolescent Culture," Convenient Myth or Reality? A Comparison of Students and Their Teachers [J]. Sociology of Education, 1975, 48 (2): 152 – 167.

[324] Fan C C. Migration and Labor – market Returns in Urban China: Results

from a Recent Survey in Guangzhou [J]. Environment and Planning A, 2001, 33（3）：479－508.

[325] Fan C C. The Elite, the Natives, and the Outsiders: Migration and Labor Market Segmentation in Urban China [J]. Annals of the Association of American Geographers, 2002, 92（1）：103－124.

[326] Fitzenberger B, Kunze A. Vocational Training and Gender: Wages and Occupational Mobility Among Young Workers [J]. Oxford Review of Economic Policy, 2005, 21（3）：392－415.

[327] Gardner H, Shulman L S. The Professions in America Today: Crucial but Fragile [J]. Daedalus, 2005, 134（3）：13－14.

[328] Ge C, Kankanhalli A, Huang K W. Investigating the Determinants of Starting Salary of IT Graduates [J]. Acm Sigmis Database, 2015, 46（4）：9－25.

[329] Goel R K, Hasan I. An IT professional's Dilemma: Be an Entrepreneur or a Consultant? [J]. NETNOMICS: Economic Research and Electronic Networking, 2005, 7（1）：17－25.

[330] Granovetter M S. The Strength of Weak Ties [J]. The American Journal of Sociology, 1973, 78（6）：1360－1380.

[331] Granovetter M. The Strength of Weak Ties: A Network Theory Revisited [J]. Sociological Theory, 1983, 1（1）：201－233.

[332] Guha S, Chakrabarti S. Differentials in Attitude and Employee Turnover Propensity: A Study of Information Technology Professionals [J]. Global Business and Management Research, 2016, 8（1）：1.

[333] Jackman M R, Jackman R W. An Interpretation of the Relation Between Objective and Subjective Social Status [J]. American Sociological Review, 1973, 38（38）：569－82.

[334] Jin K G, Drozdenko R, Bassett R. Information Technology Professionals' Perceived Organizational Values and Managerial Ethics: An Empirical Study [J]. Journal of Business Ethics, 2007, 71（2）：149－159.

[335] Lounsbury J W, Sundstrom E, Levy J J, et al. Distinctive Personality Traits of Information Technology Professionals [J]. Computer & Information Science, 2014, 7（3）：38－49.

[336] Jin K G, Drozdenko R G. Relationships Among Perceived Organizational Core Values, Corporate Social Responsibility, Ethics, and Organizational Performance Outcomes: An Empirical Study of Information Technology Professionals [J]. Journal of Business Ethics, 2010, 92 (3): 341 – 359.

[337] Kabia M. Contributions of Professional Certification and Information Technology Work Experience to Self – reported Job Performance [J]. Dissertations & Theses – Gradworks, 2012, 8 (2): 96 – 97.

[338] King R C, Xia W, Campbell Quick J, et al. Socialization and Organizational Outcomes of Information Technology Professionals [J]. Career Development International, 2005, 10 (1): 26 – 51.

[339] Kleist V F. Social Networking Ties and Low Interest, Underrepresentation and Low Status for Women in Information Technology Field [J]. Sex Roles, 2012, 66 (66): 253 – 255.

[340] Koh S H, Lee S, Yen D C, et al. The Relationship Between Information Technology Professionals' Skill Requirements and Career Stage in the E – commerce Era: An Empirical Study [J]. Journal of Global Information Management, 2004, 12 (1): 68 – 82.

[341] Lee P C B. Career Goals and Career Management Strategy Among Information Technology Professionals [J]. Career Development International, 2002, 7 (7): 6 – 13.

[342] Lee P C B. Turnover of Information Technology Professionals: A Contextual Model [J]. Accounting, Management and Information Technologies, 2000, 10 (2): 101 – 124.

[343] Leiner B M, Cerf V G, Clark D D, et al. A Brief History of the Internet [J]. ACM SIGCOMM Computer Communication Review, 2009, 39 (5): 22 – 31.

[344] Lin N, Bian Y. Getting Ahead in Urban China [J]. American Journal of Sociology, 1991, 97 (3): 657 – 688.

[345] Ashcroft L. Raising Issues of Salaries and Status for Library/information Professionals [J]. New Library World, 2003, 104 (4/5): 164 – 170.

[346] Lin N. Social Networks and Status Attainment [J]. Annual Review of Sociology , 1999, 23: 467 – 487.

［347］ Lounsbury J W, Moffitt L, Gibson L W, et al. An Investigation of Personality Traits in Relation to Job and Career Satisfaction of Information Technology Professionals ［J］. Journal of Information Technology, 2007, 22 （2）: 174 – 183.

［348］ Tahat L, Elian M I, Sawalha N N, et al. The Ethical Attitudes of Information Technology Professionals: A Comparative Study Between the USA and the Middle East ［J］. Ethics and Information Technology, 2014, 16 （3）: 241 – 249.

［349］ Marsden P V, Hurlbert J S. Social Resources and Mobility Outcomes: A Replication and Extension ［J］. Social Forces, 1988, 66 （4）: 1038 – 1059.

［350］ Maudgalya T, Wallace S, Salem N D S. Workplace Stress Factors and 'Burnout' Among Information Technology Professionals: A Systematic Review ［J］. Theoretical Issues in Ergonomics Science, 2006, 7 （3）: 285 – 297.

［351］ Meng X, Zhang J. The Two – tier Labor Market in Urban China: Occupational Segregation and Wage Differentials Between Urban Residents and Rural Migrants in Shanghai ［J］. Journal of Comparative Economics, 2001, 29 （3）: 485 – 504.

［352］ Murrell A J, James E H. Gender and Diversity in Organizations: Past, Present, and Future Directions ［J］. Sex Roles, 2001, 45 （5 – 6）: 243 – 257.

［353］ O'Boyle E J. An Ethical Decision – making Process for Computing Professionals ［J］. Ethics & Information Technology, 2002, 4 （4）: 267 – 277.

［354］ Oz E. Organizational Commitment and Ethical Behavior: An Empirical Study of Information System Professionals ［J］. Journal of Business Ethics, 2001, 34 （2）: 137 – 142.

［355］ Menon P, Thingujam N S. Recession and Job Satisfaction of Indian Information Technology Professionals ［J］. Journal of Indian Business Research, 2012, 4 （4）: 269 – 285.

［356］ Santhanam R, Seligman L, Kang D. Postimplementation Knowledge Transfers to Users and Information Technology Professionals ［J］. Journal of Management Information Systems, 2007, 24 （1）: 171 – 199.

［357］ Dhar R L. Reality Shock: Experiences of Indian Information Technology (IT) Professionals ［J］. Work, 2013, 46 （3）: 251 – 262.

［358］ Rosenfeld R A. Sex Segregation and Sectors: An Analysis of Gender

Differences in Returns from Employer Changes [J]. American Sociological Review, 1983, 48 (5): 637 – 655.

[359] Rutner P, Riemenschneider C, O'Leary – Kelly A, et al. Work exhaustion in Information Technology Professionals: The Impact of Emotion Labor [J]. Acm Sigmis Database, 2011, 42 (1): 102 – 120.

[360] Sewell W H, Haller A O, Portes A. The Educational and Early Occupational Attainment Process [J]. American Sociological Review, 1969, 34 (1): 82 – 92.

[361] Shu X, Bian Y. Market Transition and Gender Gap in Earnings in Urban China [J]. Social Forces, 2003, 81 (4): 1107 – 1145.

[362] Spilerman S. Careers, Labor Market Structure, and Socioeconomic Achievement [J]. American Journal of Sociology, 1977, 83 (3): 551 – 593.

[363] Goles T, Hawk S, Kaiser K M. Information Technology Workforce Skills: The Software and IT Services Provider Perspective [J]. Information Systems Frontiers, 2008, 10 (2): 179 – 194.

[364] Tremblay D G, Genin E. Money, Work – Life Balance and Autonomy: Why do IT Professionals Choose Self – Employment? [J]. Applied Research in Quality of Life, 2008, 3 (3): 161 – 179.

[365] Witt L A, Burke L A. Selecting High – Performing Information Technology Professionals [J]. Journal of Organizational & End User Computing, 2002, 14 (4): 37 – 50.

[366] Wu X, Treiman D J. The Household Registration System and Social Stratification in China: 1955 – 1996 [J]. Demography, 2004, 41 (2): 363 – 384.

[367] Yang Y. Urban Labour Market Segmentation: Some Observations Based on Wuhan Census Data [J]. China Review, 2003, 3: 145 – 158.

[368] Zang X. Labor Market Segmentation and Income Inequality in Urban China [J]. The Sociological Quarterly, 2002, 43 (1): 27 – 44.

后　记

　　书稿写作 4 年，打磨 4 年，从岳麓山辗转到清华园，几度出入军营，历经 8 年终于出版。这是我献给我的人生，我的父母曹礼银、胡忠菊，我的家人彭婉丽、曹哲瀚，以及导师的礼物，也是对我这 12 年学习的总结、检验以及价值观的重塑，更是对互联网时代的一种回应。结合 2020 年新冠肺炎疫情期间，防疫口罩、中国知网价格暴涨等，我更加坚信技术创新发展有赖于政府、市场、技术、人四者的有机联系：政府要当好守夜人，放水养鱼；市场要尽力克服缺陷，充分发挥资源配置能力；技术创新要根据人和自然的需求设计，不能被"异化"；技术人更要坚守"技术规制"的信仰。我坚信，中国的腾飞必须坚持改革开放，只有改革才有出路，不改革只有死路一条。

　　面对著作，要感谢互联网信息时代和科技兴国战略实施，让我有机会经历和感受这个时代的到来和巨变，让我成为互联网信息技术科技浪潮中的弄潮儿。可以说，我的发展、成长、塑形具有明显的互联网信息技术烙印。我发展于博客时代，成长于互联网商业帝国建立时代，塑形于互联网信息技术和知识高度结合时代。没有互联网的发展，就没有我的成长和现在。可以说，我自身就是互联网影响下的小标本。因此，我坚信：互联网信息技术与人类社会永恒延续！即使人类社会发展中传统力量如此的牢固，但技术的力量依然将重塑这个时代，尤其是权力、财富、信息和资源的分配。

　　完成著作可谓呕心沥血，我感受深刻，得益于"心忧天下难，敢为天下先"的精神支柱。正是湖湘文化精神的激励和鼓励，让我敢做一线问题、交叉学科、哲学难题、社会热点，我始终都认为，湖南人做学问应该结合社会问题和实际，湖南人做学问必须盯住国家和社会的热点问题。居于中国文化腹地的人不能仅盯着财富和声望去做学问，而必须敢于承担国家使命和民族大义以及科技前沿任务。

　　此外，还要依靠"结硬寨，打呆仗"的勇气。选题的确定先后经历 3 次变动，一方面必须按照科学技术哲学学科的要求，另一方面必须聚焦中国和互联网时代的热点问题，更重要的是要结合自身兴趣和学科要求。在一年多的讨论和试错过程中，我出现过焦虑、紧张、兴奋、激动、彷徨、不惑等多种情绪，最终在多种条件综合下得以确立这个题目。该题目确立后我先后与刘大椿、左高山、李侠、余乃忠、李强、李斌、章辉美、吕鹏、奚广庆、谢俊贵、何明升、罗教讲等学界友人进行了充分讨论，大家都在题目和论文完成的演进过程中给予我很多的指点和智慧。在随后的实证研究中，为了获得写作的第一手资料，我先后转战湖南、北京、上海、广东、江苏、甘肃、湖北等 8 个省份13 个市县。从湖湘文化之地岳麓山下到改革开放前沿的广州大学城，从明亮的教室到温馨的家里，从施工工地到杂乱无章的库房，从礼堂门外的树林中到作战指挥车上，从文雅的大学生活到紧张而残酷的一线处突，都会看到一个身穿雅服或者战斗迷彩服的人在不断调研、撰写和修改。我带着著作战斗在高校的第一线、互联网信息技术与信息发展的第一线。简单地说，著作是在携笔从戎和信息发展大潮过程中形成、发展、完成的。在这个过程中，突发的一场眼疾虽曾中断过写作过程，但是我和我的团队没有放弃。既然读了就必须给自身、家庭、友人、组织一个交代。可以说，这篇论文凝聚了幸福、使命、职责、忠孝、信任、苦难、嫉妒、嘲讽、不解、困惑、服从、反抗、斗争多种人类心理和实际行动，但是只要有"亮剑"精神，困难就可以克服，至少可以将损失降至最低。

　　当回首 12 年并不平坦的求学历程，并做一个阶段性的总结之时，临时涌现的虽是因如释重负而想放声高歌、一醉方休的冲动，铭刻心灵、铭感五内和受用终生的却是，恩师章辉美、蒋美仕、楚树龙教授"学为人师，行为世范"的崇高品德、海纳百川般的广阔胸襟、身体力行式的严谨治学、循循善诱式的谆谆教诲。为此，要衷心地感谢恩师对我始终如一的真诚关怀和无限激励。

曹渝

2020 年 7 月于清华园

图书在版编目（CIP）数据

　　新阶层的突破与坚守：互联网信息技术专业人员地
位获得 / 曹渝著. 北京：社会科学文献出版社，
2021.3
　　ISBN 978 - 7 - 5201 - 7771 - 9

　　Ⅰ.①新… Ⅱ.①曹… Ⅲ.①互联网络 - 信息技术 -
专业技术人员 - 研究 Ⅳ.①TP393.4②C962

　　中国版本图书馆 CIP 数据核字（2021）第 016666 号

新阶层的突破与坚守：互联网信息技术专业人员地位获得

著　　者 / 曹　渝

出 版 人 / 王利民
责任编辑 / 张　超

出　　版 / 社会科学文献出版社·皮书出版分社（010）59367127
　　　　　　地址：北京市北三环中路甲 29 号院华龙大厦　邮编：100029
　　　　　　网址：www.ssap.com.cn
发　　行 / 市场营销中心（010）59367081　59367083
印　　装 / 三河市龙林印务有限公司

规　　格 / 开　本：787mm × 1092mm　1/16
　　　　　　印　张：26.5　字　数：476　千字
版　　次 / 2021 年 3 月第 1 版　2021 年 3 月第 1 次印刷
书　　号 / ISBN 978 - 7 - 5201 - 7771 - 9
定　　价 / 138.00 元

本书如有印装质量问题，请与读者服务中心（010 - 59367028）联系